Der

Waldwegbau

und

seine Vorarbeiten.

Von

Karl Schuberg,
Professor der Forstwissenschaft am gr. Polytechnikum zu Karlsruhe.

Erster Band.

Die Instrumente, die allgemeinen Grundsätze und die Vorarbeiten.

Mit zahlreichen in den Text gedruckten Holzschnitten, einer lithographirten Tafel und einem Anhang.

Berlin, 1873.
Verlag von Julius Springer.
Monbijouplatz 3.

Softcover reprint of the hardcover 1st edition

ISBN-13: 978-3-642-90379-3 e-ISBN-13: 978-3-642-92236-7
DOI: 10.1007/ 978-3-642-92236-7

Vorwort.

Die Vorträge über Waldwegbau erfreuen sich seltsamer Weise erst in neuerer Zeit einer Aufnahme an der größeren Zahl der deutschen Forstlehranstalten, während an anderen seit Jahren, an der Forstschule des hiesigen Polytechnikums seit Jahrzehnten „Waldweg- und Wasserbau" einen selbstständigen forstlichen Lehrgegenstand bildet.

In Uebereinstimmung damit gilt in der badischen Forstverwaltung längst der Grundsatz, daß der Wegbau zur Berufsthätigkeit des Forstbeamten gehöre und seit vollen drei Jahrzehnten hat sich ein rühriges Bauwesen entwickelt, höchst ergiebig in seinen Erfolgen und bald von allgemeiner Anerkennung getragen.

Gerade in der ersten Entwicklungszeit kam dem Bestreben, planmäßig und korrekt zu bauen, das Ersinnen besserer und bequemerer Instrumente zu Hilfe. Der Gefällstock Boussat's gab die Anregung. Die Gefällmesser Mayer's, Wasmer's und Anderer folgten. Bessere Ausrüstung, Schulung, Erfahrung führten zu größeren Unternehmungen, deren wirthschaftlicher Segen weit über die Waldgrenzen hinaus empfunden ward.

Daß überhaupt der Waldwegbau im deutschen Gebirgsland eine größere Wichtigkeit und Verbreitung erlangte, weil sein Bedürfniß hier am fühlbarsten und ein hoher „Effekt" sicher war, ist ebenso erklärlich als bekannt; nur entfaltete er sich nicht überall gleich rasch.

In der forstlichen Literatur blieb H. Karl's kleines lesbares Werk 20 Jahre lang eine beinahe isolirte Erscheinung. Dann traten gleichzeitig drei forstliche Lehrer Süd-Deutschlands, zum Theil gestützt auf langjährige eigene Erfahrungen, mit größeren Arbeiten in die Lücke ein. Indessen, ein umfassendes Lehrbuch mangelte mir, als ich vor sechs Jahren, bei meiner Berufung aus 18jähriger wirthschaftlicher Berufsthätigkeit an die hiesige Forstschule, für den Vortrag des Waldwegbaues meinem Wunsche gemäß Dengler's Nachfolger wurde.

Wenn nun in gegenwärtigem Werke versucht ist, mit sorglicher Auswahl und Bearbeitung auch jener Bausteine, welche Andere vor mir beitrugen, ein Lehrgebäude aufzuführen, so leitete dabei die doppelte Absicht, darin dem Anfänger die unentbehrlichen theoretischen Grundlagen, dem bauthätigen Forstwirthe die daraus abgeleiteten Bauregeln als leicht anwendbare Lehrsätze anzubieten und derart meine bescheidenen Kräfte auf einem Gebiete nutzbar zu machen, auf welchem nur Wenige ebenso durch ausübende als durch lehrende Wirksamkeit zur nöthigen Ueberschau Gelegenheit gewinnen.

Ueber den Umfang, welchen ich gewählt, können die Ansichten getheilt sein. Manche geodätische Werke geben auch die einfacheren Instrumente, so z. B. Baur's „Lehrbuch der niederen Geodäsie"; aber nicht überall ist man geneigt, sie in den geodätischen Unterricht aufzunehmen.

Ebenso läßt sich die Nothwendigkeit, für den Waldwegbau die Methoden der Kurvenabsteckung ausführlich zu behandeln, wohl bestreiten, jedoch ihre zu kärgliche Berücksichtigung noch schwerer vertheidigen.

Der in den einschlägigen Gebieten Heimische wird mein Bemühen selbstständiger abgerundeter Darstellung alles Wesentlichen nicht verkennen. Einzelne Paragraphen, welche ohne Störung des Zusammenhangs sich überschlagen lassen, sind mit zwei † bezeichnet.

Bei der Fülle des Stoffs mußte auf das Zusammenfassen in Einem Bande verzichtet werden. Die Vorarbeiten des Wegbaues als Iter Band seien hiemit dem Gebrauche geboten, möglichst so angelegt, daß Anschauung zum völligen Verständniß hilft; deswegen die große Anzahl von Figuren, weitaus die Mehrheit eigene Entwürfe, für deren treffliche Wiedergabe durch Gewinnung eines tüchtigen Xylographen die Verlagshandlung dankenswerthe Fürsorge getragen hat. Wohlmeinende Winke über Ergänzungen und Verbesserungen, deren Bedürfniß ich gerne anerkenne, werden eine dankbare Aufnahme finden.

Den zweiten Theil, welcher die Bauarbeiten und ihre Kostensätze und Anschläge, die Wegpflege, die Bausysteme und Netzlegung ꝛc. bringen soll, hoffe ich binnen Jahresfrist folgen lassen zu können.

Bei Bezeichnung der Maaßeinheiten folgte ich im Wesentlichen den bekannten Vorschlägen des „Verbands deutscher Architekten- und Ingenieur-Vereine", wonach

^{m} Meter, ^{dm} Dezimeter, ^{zm} Zentimeter, ^{mm} Millimeter, ^{Km} Kilometer, ^{HA} Hektar, ^{A} Ar, $\square^{m}$ Quadratmeter, ^{Z} Zentner, ^{K} Kilogramm u. s. w., jedoch (statt Kb^{m}) abkürzend ^{k,m} Kubikmeter, $^{k/zm}$ Kubikzentimeter u. s. w.

Schließlich soll nicht unerwähnt bleiben, daß ich Herrn Forstpraktikant Burger (derzeit in Meßkirch) für die Beihülfe bei Aufstellung der Rechnungstabellen und vielfache Nachrechnungsarbeiten zu Dank verpflichtet bin.

Karlsruhe im Mai 1873.

Der Verfasser.

Inhalt des ersten Bandes.

		Seite.
I. Einleitung		1
II. Literatur		4
III. Eintheilung		5
Erster Haupttheil.		
Erstes Kapitel.		
Allgemeine Betrachtungen und Begriffe	§ 1.	7
Zweites Kapitel.		
Die Gefällmessung, die Messungsfehler und Verfahren ihrer Verbesserung	§ 2.	9
Drittes Kapitel.		
Die Methoden des Nivellirens	§ 3.	15
Das Vorwärtsnivelliren	§ 4.	16
Das Nivelliren aus der Mitte	§ 5.	17
Vergleichung der beiden Nivellirmethoden	§ 6.	20
Viertes Kapitel.		
Die Instrumente und Hilfswerkzeuge		
a. Das Princip der im Wegbau gebräuchlichen Instrumente	§ 7.	21
b. Die Hilfswerkzeuge	§ 8.	23
Die Setzlatte	§ 9.	23
Die Nivellir- oder Meßlatten	§ 10.	23
Die Visirkreuze	§ 11.	28
c. Bau und Handhabung der Instrumente		
Die Senkelinstrumente	§ 12.	30
α. ohne Visirvorrichtung		
Die Setzwage	§ 13.	31
Die Bergwaze	§ 14.	34
β. mit Visirvorrichtung		
Die Baumhöhenmesser	§ 15.	35
Der Quadrantenstock	§ 16.	36
Der Schwarzwälder Gefällmesser	§ 17.	36
Der Bose'sche Senkelrahmen	§ 18.	38
Der Hurth'sche Gefällmesser	§ 19.	41
Der Gefällmesser Desaga's	§ 20.	42
Der Gefällstock	§ 21.	43
Der Drainir-Gefällmesser	§ 22.	47
Der Mayer'sche Patent-Gefällmesser	§ 23.	48
Die Röhren-Instrumente	§ 24.	50
Die Libellen-Instrumente	§ 25.	51
α. Die Libellen-Setzwagen	§ 26.	54
β. Die Nivellirdiopter	§ 27.	55
γ. Die Fernrohr-Instrumente	§ 28.	65

Fünftes Kapitel.
Die Anwendungen des Nivellirens — Seite.
Unterscheidung der Anwendungen und des Zwecks .... § 29. 71
Das Profil-Nivellement .... § 30. 74
Das Flächen-Nivellement .... § 31. 77
Bildliche Darstellung der Nivellement-Ergebnisse .... § 32. 85
Hauptregeln und Uebungen beim Nivelliren .... § 33. 87

Zweiter Hauptheil.

Der Waldwegbau
I. Abschnitt. Allgemeines.
Erstes Kapitel.
Begriff, Zweck und Nutzen .... § 34. 90
Zweites Kapitel.
Die Grundsätze des Wegbaues.
1. Der Zusammenhang mit einem Wegnetz .... § 35. 97
2. Von den Verhältnissen, welche den Wegbau beeinflussen .. § 36. 101
a. Der Standort
Die Lage .... § 37. 102
Aeußerer Zustand und Beschaffenheit des Bodens. § 38. 110
Das Klima .... § 39. 112
b. Die wirthschaftlichen Verhältnisse
Die Flächengröße .... § 40. 113
Waldzustand, Absatz und Betrieb .... § 41. 114
c. Die Eigenthumsverhältnisse .... § 42. 116
d. Die Anforderungen auf Sicherheit, Annehmlichkeit und Schönheit der Wege
Rücksichten der Sicherheit .... § 43. 118
Schönheit und Annehmlichkeit der Wege .... § 44. 120
3. Die Anforderungen an Längen- und Querrichtung der Wege § 45. 121
Drittes Kapitel.
Die im Walde gebräuchlichen Fuhrwerke und ihre Ansprüche an den Wegbau.
a. Art und Bau der Fuhrwerke .... § 46. 128
Vergleichung zwischen Wagen und Karren .... § 47. 137
Das Gewicht und die zulässige Belastung der Fuhrwerke § 48. 140
b. Die bewegenden Kräfte .... § 49. 142
c. Einfluß der Fuhrwerke und Zugkräfte auf den Wegbau .. § 50. 151
II. Abschnitt. Die technischen Vorarbeiten für den Einzelbau.
Erstes Kapitel.
Ermittlung des Wegzuges im Allgemeinen oder Aufsuchen der Zugsrichtungen .... § 51. 153
A. Aufsuchen der Zugslinie .... § 52. 153
I. Absteckung in der Ebene .... § 53. 154
II. Absteckung im Gebirge .... § 54. 157
1. Aufsuchen eines Wegzugs in bestimmter Richtung § 55. 157
Von der stufenweisen Gefällveränderung .. § 56. 167
2. Aufsuchen der Wegrichtung nach dem Gefäll .. § 57. 169
3. Verbindung beider Verfahren .... § 58. 171
III. Abrundung der Winkelzüge in der vertikalen und horizontalen Ebene ... . § 59. 173

		Seite
1. Gefällabrundung in den Wechselpunkten	§ 60.	173
2. Absteckung der Kurven	§ 61.	175
Methoden der Kurvenabsteckung	§ 62.	178
Kurvenabsteckung durch direktes Aufsuchen der Bogenpunkte	§ 63.	187
Absteckung von Nichtkreisbögen	† § 64. †	199
3. Die Absteckung zusammengesetzter Kurven	§ 65.	207
Lösung einiger hierher gehöriger Aufgaben	† § 65a. †	210
Absteckung ohne Verkürzung des Wegzugs	§ 66.	216
4. Die Absteckung der Bögen aus kleinstem Halbmesser		
Die Größe der geringst-zulässigen Bogenhalbmesser	§ 67.	223
Die geringste Breite der kleinsten Wegbögen	§ 68.	230
Absteckung von Rampen und Wendplätzen	§ 69.	236
B. Erste Durchführung der Kurvenzüge	§ 70.	246
Zweites Kapitel.		
Von den Querprofilen.		
1. Aufnahme derselben	§ 71.	248
2. Die Wegbreite	§ 72.	251
3. Die Böschungen oder Ausladungen	§ 73.	252
4. Die Straßen- und Abzugsgräben	§ 74.	256
5. Die graphische Darstellung	§ 75.	260
Drittes Kapitel.		
Berechnung und Ausgleichung der zu bewegenden Massen.		
1. Berechnung der Querschnitte	§ 76.	264
2. Berechnung der Kubikmassen	§ 77.	267
3. Ausgleichung von Ab- und Auftrag	§ 78.	275
Viertes Kapitel.		
Auftrag der endgiltigen Zugslinien.		
1. Graphische Arbeit	§ 79.	293
2. Uebertrag auf das Gelände		
Räumung der Baufläche	§ 80.	297
Der Lattengestellbau	§ 81.	298
Anfertigung von Musterstücken	§ 82.	302
Anhang. Tabellen.		
Gebrauchserläuterung		303
I. Tafel der Potenzen 2, 3, $^1/_2$, $^1/_3$		309
II. „ der natürlichen Zahlen der trigonometrischen Funktionen		314
III. „ zur Bestimmung der Bogenlänge, Sehne, Bogenhöhe und Schenkellänge für Zentriwinkel von 1—180°		316
IV. „ zur Berechnung der Zu- oder Abnahme der Querprofilflächen in Folge von Hebung oder Senkung		312

Der Waldwegbau.

I. Einleitung.

In den von Natur günstigen Lagen bewegt sich der größere Verkehr und bilden sich seine Mittelpunkte. Hier wächst die Bevölkerung am meisten und mit ihrem Wohlstand mehren sich ihre Bedürfnisse. Genügt die nächste Production in Art und Menge nicht mehr, so geschieht Umschau nach entfernteren Gegenden, welche die Stoffe des größten Begehrs billiger oder besser und zahlreicher liefern. Erzeugnisse des eigenen Gebiets gehen über den Verbrauch und bleiben liegen. Andere Gebiete kommen in den nämlichen Fall mit den ihnen eigenthümlichen Waaren. Die Preisextreme führen zum Waarentausch und allmählig vermittelt der Handel lebhaftere Beziehungen zwischen den großen und kleinen Märkten. Die Preisunterschiede der Absatzorte müssen jedoch beträchtlich sein, um die Arbeitsleistung und Gefahr des Beischaffens zu lohnen. Erst gute Verkehrsstraßen lassen den Handel auch von kleineren Preisunterschieden einen möglichen Gewinn erhoffen. Seine wohlthätige Vermittlung gewinnt an Ausdehnung mit der Entwicklung der Verkehrsanstalten.

Im Kulturstaat beschafft und erhält die Staatsgewalt die Allen dienlichen Verkehrseinrichtungen zu Wasser und zu Land im Namen und zu Gunsten der Gesammtwirthschaft. Selbst Kulturaufgabe, werden sie mächtige Hebel materiellen und geistigen Fortschreitens. Der Staat bestellt dazu eigene technische Behörden und überträgt ihnen, um dem lebhafteren Pulsschlag unseres wirthschaftlichen Lebens zu entsprechen, immer großartigere Aufgaben, deren Bewältigung nur möglich, wenn die Befassung damit ausschließlicher Lebensberuf ist. Dennoch muß der Weg der Arbeitstheilung nach zwei Richtungen beschritten werden: Die Staaten selbst überlassen einen Theil der großen Verkehrsanstalten der Privatunternehmung, weil die Aufgabe zur Ueberlastung wird — und bestellen besondere Behörden für die verschiedenen Berufszweige.

Nebstdem bleiben noch zahlreiche Aufgaben im engeren Kreise des Gemeindehaushalts, sonstiger Verbände und auf dem großen Tummelplatz der Privat-Industrie, wo der Civil-, Berg-, Maschinen-Ingenieur u. s. w. seine Kenntnisse und Erfahrungen verwerthen kann, und bleiben eine Menge nöthiger Bauten in Feld und Wald, an Wasserläufen, Seen und Teichen im Interesse der Grundbesitzer. Die Berufung von Männern mit beschränkterer Sachkenntniß, Erfahrung und Genügen im engeren Arbeitsgebiet gewährt den Betheiligten die Aussicht, ihre Zwecke billiger und mit einfacheren Hilfsmitteln zu erreichen. Selbst bei Bevorzugung ausgebildeter Techniker dürfen die Betheiligten nicht alle ohne Verständniß der Sache sein: Wünsche sind darzulegen, die Anordnungen des Technikers in Vollzug zu setzen, Verträge abzuschließen, Abrechnungen zu pflegen, die Instandhaltung ist zu überwachen.

Alle, deren Beruf der Bodenanbau oder -Abbau ist, befinden sich eigentlich in dieser Lage. Der Land- und Forstwirth, Gärtner, der Bergmann bedürfen für Erzeugung, Ernte und Absatz oder sonstige Zwecke eigene Ab- und Zufahrtsanstalten und innere Verkehrsverbindungen und müssen dieselben so gut einrichten, als Mittel, Umstände und Wissenschaft es thun lassen. Das ist Lebensbedingung der Wirthschaft. Ein Wald, wenn vorher Urwald, eignet sich zum Hereinziehen in den wirthschaftlichen Kreislauf, sobald mindestens die Productionskosten aus seinen Erträgen gedeckt werden und diese ersetzen sich in dem Maße leichter, als der Verkehr mit den nächsten Märkten sich zum besseren Absatz aller Erzeugnisse ausdehnt und der Innenverkehr die Kosten der Aufbereitung, Beibringung ꝛc. verkleinert. Billiger, rascher, leichter, sicherer und weniger versehrt müssen die Erzeugnisse zu Markt oder zum Ausgebot gelangen, um den Wettbewerb mit Anderen zu bestehen und mit dem Reinertrag den Werth des Besitzes zu steigern. Die Güter gerade, welche der Waldeigenthümer auf weiten Flächen in großen schwerfälligen Massen alljährlich ausbietet, bedürfen der größten Absatzerleichterung, weil ein großer Theil einen beschränkten Markt und im Verhältniß der Masse einen zu niedrigen Preis hat, welcher durch theuren Transport über bahnloses Gelände schon auf kurze Strecken in unzuträglicher Weise vervielfacht wird. Gute Bringungsanstalten gehören daher zu den ersten Vorbedingungen eines geordneten Forstbetriebs. Durch Wassertransport können sie längere Zeit umgangen werden. Sowie jedoch die Holzpreise höher steigen, wird die Qualitätsminderung durch das Flößen bedeutend genug, um die Herstellung von Landwegen zu lohnen, wie mehrfache Vorgänge zeigen.

Wer heutzutage einem forstlichen Betrieb vorsteht, muß nach allen Seiten seine Anforderungen, wie Zeit und Umstände sie hervorbringen, kennen und zu erfüllen wissen. Beim Forstwirth, nicht beim Ingenieur, ist volles Verständniß vorauszusetzen, um die Waldwegbauten als wichtige Betriebsunternehmungen ins Werk zu setzen. Er muß sorgen, daß der Aufwand dafür ein productiver für den Waldeigenthümer sei, d. h. daß der wirthschaftliche Nutzen, welcher durch die erzielte größere Tauschfähigkeit der Walderzeugnisse sich voraussichtlich ergibt, in einem befriedigenden Verhältniß zum Bauaufwand stehe.

Das forstlich-technische Bauwesen hat, weil es rein wirthschaftlicher Natur, selten oder nie eine monumentale Richtung. Sicherheit, Brauchbarkeit und Dauer bei geringstem Kapitalaufwand bilden den leitenden Gesichtspunkt. Eingehende Kenntniß aller wirthschaftlichen Verhältnisse eines Waldes befähigt erst zu einem sicheren Urtheil darüber, welche Vortheile die Waldwegbauten bieten, ob und bei welchem Kostenaufwand sich ihre Ausführung noch lohnt. Deswegen darf letztere nicht überall dieselbe sein, sondern muß in mannigfaltigen Formen den örtlichen Verhältnissen sich unterordnen.

Sind die Bauten vollendet, so bringt ihr anhaltender Gebrauch unvermeidliche Abnutzungen und Beschädigungen, zuweilen mit Störungen des Verkehrs. Deren Behebung muß schnell folgen, eine Arbeit, welche nicht von entfernt wohnenden Technikern erwartet, sondern von dem bald zur Stelle befindlichen Betriebsbeamten angeordnet und überwacht werden soll. Sind die Bauten nur in vorübergehendem Gebrauch, so sind um so weniger kostspielige Zuthaten zulässig; das nächst verfügbare Material, die billigsten und nächsten Arbeitskräfte sind zu benutzen, deren Quelle dem Localbeamten am ehesten bekannt und zugänglich ist. Die Grenze zwischen den Aufgaben des Forstwirths und des s. g. Kunsttechnikers ist hier keine bestimmte, die Gewerbefreiheit erkennt anderswo derartige Grenzen auch nimmer an. Wo das persönliche Geschick und Verständniß eines Forstwirths aufhört, sein Selbstvertrauen ihn verläßt, mag er dem anderen das Feld räumen, zuweilen je eher, desto besser! Selbst dann sollte unseren Forstwirthen hinlängliches Sachverständniß eigen sein, um über Entwürfe ihre Ansicht äußern und bei der Ausführung mitwirken zu können, denn alle Weganlagen müssen im engsten Zusammenhang unter sich und mit dem Forstbetrieb bleiben. Eine Uebereinstimmung ist sogar nach verschiedenen Seiten hin nöthig. Die Beseitigung der natürlichen Verkehrshemmungen im Walde begünstigt die Intensität der Wirthschaft nicht allein in Bezug auf die Erzeugnisse, sondern auch in Bezug auf die Cirkulation der thätigen Betriebskräfte und eine zweckmäßige Gestaltung der Wegzüge kommt wiederum ebensogut den Fuhrmitteln und Zugkräften als der Güterverbringung selbst zu gut. Je nach beiden Richtungen hin müssen die Bauten mehrfache Anforderungen befriedigen und Schwierigkeiten überwinden. Daher müssen sie verschiedene Systeme und Ausdehnungen annehmen und sich in ihren Fortschritten immer mehr specialisiren je nach den Erzeugnissen, den verfügbaren Kräften und den gebräuchlichen Transportmitteln.

Der nie geahnte Aufschwung und die allgemeine Umgestaltung des öffentlichen Verkehrswesens durch Erfindungen, Unternehmungsgeist und wissenschaftliche Fortschritte mußten ihre Folgen bis in die entferntesten Wälder tragen und dort befruchtend durch Aufwecken oder Beleben der Wirthschaft wirken. Seit einigen Jahrzehnten ist denn der Thätigkeitsdrang rühriger einsichtiger Forstwirthe ebenfalls in eine wenn auch bescheidenere Bahn der Verkehrsentfaltung gerathen und manche Waldgegenden erfreuen sich, Dank der beharrlichen und erfolgreichen Bemühung Jener, bereits der günstigsten wirthschaftlichen Zustände. Wo an manchen Orten vor Kurzem noch die Forstwirthe sich große Leistungen einbildeten, wenn sie einige Tausend Meter einfachster Erdwege mit erträglichen Gefällverhältnissen planirt hatten, wendet man sich heute der Entwicklung eines durchdachten Systems wohlgebahnter Fahrstraßen zu, welchen sogar die „Techniker von Fach" ihre Anerkennung nicht versagen können.

Wenn der Forstwirth darauf sinnt, seiner Wirthschaft den höchsten Effekt abzuringen, vermögen die sinnreichst ausgedachten Formeln, selbst wenn die nöthigen Erfahrungszahlen zur Verfügung ständen, uns noch keinen Wegweiser über die richtigste Bewirthschaftungsweise zu liefern, bevor für die Forste jene Vortheile vorgesehen sind, welche ein regelmäßiges Wegnetz und gute Einrichtungen zur ausgiebigen Benutzung der Wasserläufe oder zum Schutze gegen Gewässer gewähren. Eine unserer ersten Pflichten ist die Fürsorge hiefür. Ein gewisser Grad von Kenntnissen darf keinem Forstmanne mehr fehlen, um diese Pflichten in ihrer ganzen Bedeutung erfassen und in vollem Umfang erfüllen zu können, nicht über die Berufsgrenzen des Wirthschafters hinaus, aber genügend, daß man in Wirklichkeit Betriebsführer zu sein oder zu werden vermöge. Mit Zurathhalten der verfügbaren Mittel das Nöthige möglichst zu leisten und auf Dauer zu schaffen, mit Beherrschung des Stoffs, seiner Ziele bewußt, das Geschaffene stetig weiter zu entwickeln und allmählig durch musterhafte Leistungen die Mitwelt zu gewinnen und zu überzeugen — soll sein Bestreben sein.

Schon allzuoft haben unüberlegte theure Versuche, verfehlte unbrauchbare Anlagen gerade im Gebiete des Waldwegbaues der öffentlichen Meinung ein bedenkliches Mißtrauen eingeflößt und die Betheiligten von dringlichen Verbesserungen auf lange Zeit wieder abgeschreckt. Wer heutzutage deutsche Forste besucht, kann mit Befriedigung wahrnehmen, daß Vieles besser geworden, daß nicht selten die Bevölkerung mit lebhafter Theilnahme auf die Schöpfungen ihrer Forstwirthe hinblickt und mit Lust und Anerkennung sich der gewonnenen Vortheile und ihres Genusses erfreut, gestern vielleicht noch mißtrauischer Widersacher, heute beredter Lobspender!

II. Literatur.

Die Entwicklung und Vervollkommnung des Waldwegbaues hat bisher größtentheils auf empirischem Wege stattgefunden. Die Erklärung ist darin zu suchen, daß die Forstwirthe meistens zu wenig theoretische Grundlagen aus der Schule ins Berufsleben mitnahmen, was die Mittheilung der hier erst durch langjährige Uebung erringbaren Erfahrungen ungemein erschweren mußte. Umgekehrt vermag der forstliche Theoretiker den Gegenstand nicht umfassend und erschöpfend zu behandeln und in seinem Wesen darzustellen, wenn er nicht geraume Zeit selbst darin thätig gewesen. Eine weitere Schwierigkeit liegt in der richtigen Begrenzung des Stoffs, weil es kaum umgangen werden kann, denselben theilweise der Ingenieurwissenschaft zu entnehmen und doch anderseits dem Forstmann viele Kenntnisse aus diesem Gebiet nicht wohl zuzumuthen sind. Durch eine gewissenhafte Sichtung und Verarbeitung der unentbehrlichsten Lehren der Straßen- und Wasserbaukunde, unter Ausscheidung alles Dessen, was dem Berufe des Forstwirths fremd ist und seinen Bauzwecken ferner steht, während zugleich die eigenen reinforstlichen Erfordernisse, welche nicht der allgemeine Straßenbau, sondern das Wesen unseres Wirthschaftsbetriebs aus seinem Erfahrungsschatz zu liefern hat, noch eine theoretische Bearbeitung und Entwicklung durchlaufen, — wird es vielleicht gelingen, die Lehre des Waldwegbaues zu einem mehr abgerundeten Ganzen zu gestalten. Was hauptsächlich noch hier mangelt, das ist die Lehre von den Wegbau-Systemen, vom Waldwegnetz, von den Kostensätzen und Bauanschlägen, ist der statische und statistische Theil. Die werthvollsten Beiträge hiezu hat bisher Ed. Heyer geliefert.

Benutzbar in Manchem sind die Werke über Straßen- und Brückenbau, wie:

Wesermann, Handbuch des Straßen- und Brückenbaues, 1830.

Umpfenbach, Theorie des Neubaues, der Herstellung und Unterhaltung der Kunststraßen, Berlin 1830.

Sganzin, Grundsätze der Straßen-, Brückenbau- rc. Kunde (Uebersetzung von Lehritter und Strauß), Regensburg 1832.

Steenstrup, Leitfaden zur Anlage und Unterhaltung der Landstraßen, Beurtheilung ihrer Kosten, Vehikel und Frequenz, Kopenhagen 1843.

M. Becker, der Straßen- und Eisenbahnbau in seinem ganzen Umfange, 3. Aufl. Stuttgart 1870.

Ahlburg, der Straßenbau, mit Einschluß der Konstruktion der Straßenbrücken, Braunschweig 1870.

A. v. Kaven, Vorträge über Ingenieur-Wissenschaften, Abtheil. 1. Der Wegebau, Hannover 1870.

Die hier und in verwandten Schriften (Pechmann, Vincent, Hagen, Weisbach u. And.) gegebenen Lehren behandeln jedoch die eigentlichen Kunstbauten und sind daher mit Vorsicht auf den Waldwegbau zu übertragen.

Die älteste Arbeit von forstlichem Standpunkt, welche von Transporteinrichtungen handelt, ist das bekannte

„Handbuch für Holztransport- und Floßwesen" von K. F. V. Jägerschmid, Erster Band, Karlsruhe 1827.

Ausschließlich den Wegbau behandelte erstmals

H. Karl, Anleitung zum Waldwegbau, Stuttgart und Tübingen bei Kotta, 1842.

Als kleinere Schrift ist zu erwähnen:

Neidhardt, der Waldwegbau, 1852

und beachtenswerth ist

E. Braun, über die Anlage von Schneisensystemen, Darmstadt 1855.

Umfassendere Monographien erschienen im verflossenen Jahrzehent beinahe gleichzeitig folgende:

L. Dengler, Weg-, Brücken- und Wasserbaukunde für Land- und Forstwirthe 2c., Stuttgart bei Schweizerbart, 1863.

K. Scheppler, das Nivelliren und der Waldwegbau, Aschaffenburg bei C. Krebs, 1863.

Dr. Ed. Heyer, Anleitung zum Bau von Waldwegen, Giesen bei Ricker, 1864.

In den Werken über Forstbenutzung ist gewöhnlich dem Wegebau ein kurzer Abschnitt gewidmet, so in K. Gayer's rühmlich bekanntem Werke, 2. Aufl. 1868.

Zerstreutes Material, jedoch in auffallend geringer Menge, enthalten einige Zeitschriften, namentlich die Allgem. Forst- und Jagdzeitung in einer Anzahl von Jahrgängen (von Faustmann, E. Heyer u. And.).

III. Eintheilung.

Soweit die älteren Forstschriftsteller des Waldwegbaues gedachten, theilten sie ihn der Forstbenutzung und Technologie zu. Unter diesem Theile der Forstwissenschaft konnte er nur eine dürftige Behandlung erfahren, aus welcher er sich spät zur selbständigen Disciplin erhoben hat, um unseres Bedünkens ein wichtiges Zubehör der Betriebslehre zu werden.

Ueber die Grenzen der Waldwegbaulehre kann man insoferne verschiedener Meinung sein, als manche Materien hereingezogen oder als unentbehrliche Vorkenntniß vorausgesetzt werden können. Der allgemeinen wissenschaftlichen Grundlage entnommen, vom Standpunkte des berufsthätigen Forstwirths behandelt und der eigentlichen Wegbaulehre vorangestellt, erscheinen sie Vielen als erwünschte Beigabe: sowohl Anfängern, als Praktikern, welche die s. g.

Vorkenntnisse gerne in ihrer Verbindung mit einer fesselnden Berufsarbeit erörtert sehen. Das Vorausschicken eines allgemeinen Theils bietet auch Jenen, welche in einer Druckschrift oder in Lehrvorträgen den Waldwegbau abhandeln, die Erleichterung, eine Reihe von Gesichtspnnkten vorweg festzustellen und dadurch viele Wiederholungen und Verweisungen zu vermeiden. Im Besondern hat die Waldwegbaulehre zuerst die allgemeinen Grundsätze darzulegen, ihnen die Vorgänge und Erfordernisse des Einzelbaues folgen zu lassen und zwar einentheils die Absteckung, anderntheils die Bauarbeit, um in folgerichtiger Entwicklung schließlich zu zeigen, wie die Weganlagen als wesentliche Betriebsanstalt in die Wirthschaft sich einfügen und in organischem Zusammenhang mit ihr dienstbar werden.

Demgemäß ergibt sich folgende Eintheilung:

Erster Haupttheil. Das Nivelliren zu Zwecken des Wegbaues.
- Allgemeines;
- Methoden;
- Instrumente;
- Anwendungen.

Zweiter Haupttheil. Der Einzelbau.
- Allgemeine Begriffe, Zweck, Grundsätze;
- die Waldfuhrwerke;
- die technischen Vorarbeiten;
- die Bauarbeiten und Kostenüberschläge.

Dritter Haupttheil. Der Gesammtwegebau im Betriebe.
- Die Umstände des Baubetriebs;
- die örtlichen Modifikationen der Bauten;
- die Wegunterhaltung;
- die Wegbausysteme;
- das Waldwegnetz.

Vierter Haupttheil. Statistik des Waldwegbaues.

Erster Haupttheil.

Das Nivelliren behufs des Wegbaues.

Erstes Kapitel.

Allgemeine Betrachtungen und Begriffe.

§ 1.

Allen Messungen an unserer Erdoberfläche dient zur Sicherheit in Rechnung und Zeichnung eine Hauptrichtung als Grundlage: die horizontale (Wage-Linie). Sie läßt sich jederzeit auffinden als Senkrechte zur Vertikalen (Lothlinie), d. h. zu der Richtung des freifallenden Körpers oder der kürzesten Linie, welche von irgend einem Punkte innerhalb oder außerhalb der Erde zu deren Mittelpunkt führt. (Die Lothlinie wird vom ruhig hängenden Blei oder Loth angezeigt, die Wagelinie auch direkt aus dem Gleichgewicht der Flüssigkeiten gefunden.)

Bei der beiläufigen Kugelgestalt der Erde muß jede Vertikale eines Geländepunkts (und deren Fläche) mit der Vertikalen (Linie und Fläche) eines zweiten Punkts einen Winkel bilden, welcher jedoch erst bei namhafter Entfernung der Punkte meßbar wird und z. B. auf 1000^{m} bei mittl. Erdhalbmesser 32,4 Sekunden beträgt. Noch bis zu einer Entfernung zweier Punkte an der Erdoberfläche, daß der Winkel ihrer Lothlinien 1/4 Grad (alter Theilung) ausmacht, d. h. bis auf eine Bogenlänge von nahezu 28 Kilom., kann Bogen, Sehne und Tangente als nahe zusammenfallend angesehen werden. Größere geodätische Vermessungen wären bei dieser Annahme fehlerhaft. Für unsere Zwecke jedoch werden die Lothlinien und ihre Flächen als parallel angenommen, und stellen sich demgemäß auch die wagrechten Linien und Flächen als parallel dar.

So ergeben sich verschiedene Begriffe des Horizonts: als Kugelfläche aufgefaßt der wahre, als Kreisfläche der scheinbare Horizont.

a. Werden die Horizontal-Ebenen aller Punkte von gleicher Höhe (Entfernung x von der Erdmitte) als eine Kugelhülle gedacht, so ergibt sich der „wahre Horizont“ dieser Punkte, an welchen sich die Horizonte aller höheren und niedrigeren Punkte koncentrisch auf- bezieh. einlegen. Stellt man sich die Erdoberfläche als Ein großes Meer vor, aus welchem nur Inseln als Festland hervorragten, und sieht von der Rotation der Erde, deren Kraft das Wasser mehr zum Aequator drängt, sowie von den Bewegungen von Ebbe und Fluth ab, so würde die elastische Beweglichkeit des Wassers, den Gesetzen der Schwere sich fügend, die Erde völlig kugelig gestalten. Wir hätten dann Einen durchweg gleichen Meereshorizont und die Erhebungen über die Meeresfläche könnten mit ihren vertikalen Abständen alle auf diesen einen Horizont bezogen werden, es würde die

Schwierigkeit wegfallen, welche das aus verschiedenen Gründen ungleiche Niveau unserer Meere dem Wunsche entgegenstellt, in die Höhenbestimmungen auch der entferntesten Höhenpunkte eine Uebereinstimmung zu bringen. Die verschiedene Niveauhöhe der Meere nöthigt uns vielmehr, von dem gleichheitlichen Begriff Eines Meeresniveaus Abstand zu nehmen und die „Lage über der Meeresfläche" durch Nennung des Meeres, auf dessen (schwankendes) Niveau eine Angabe sich bezieht, etwas zu präcisiren.

b. Gegenüber dem wahren Horizont eines Punktes heißt die Tangentialebene, welche im rechten Winkel zur Lothlinie denselben Punkt zum Centrum hat, wenn sie als eine vom Himmelsgewölbe begrenzte Kreisfläche gedacht wird, der „scheinbare Horizont" und, weil letzterer sich gewöhnlich unserem Auge als ein Kreis darbietet, welcher den uns sichtbaren Himmel begrenzt, auch Gesichtskreis. Steigen wir im gleichen Erddurchmesser um n Einheiten, so gelangen wir in n dem ersten parallele ebene Flächenschichten scheinbarer Horizonte und Kugelschichten wahrer Horizonte. Treten wir dagegen in gleicher Höhe seitwärts, so gelangen wir, weil in einem anderen Erddurchmesser, auch in einen anderen scheinbaren Horizont, während wir im wahren verharren. *)

Bei den Messungen behufs Wegbauten kommen so kleine wag- und lothrechte Abstände in Betracht, daß schon der Vortheil großer Arbeitsvereinfachung dazu führen würde, den scheinbaren Horizont zu Grund zu legen, selbst auf Gefahr kleiner Ungenauigkeiten, welche oft hinter anderen größeren Fehlern völlig verschwänden.

Die Messung wag- und lothrechter Linien und die Winkelmessung in den Ebenen beider Richtungen bildet die nächste Grundlage aller für den Wegbau erforderlichen Messungsarbeiten, welche sich stets auf die horizontale Projektion beziehen, nämlich auf die Ebene des scheinbaren Horizonts am Anfangs- oder Endpunkt. Die Größen lothrechter Erhebung: Höhen, wenn über, Tiefen oder Tieflagen, wenn unter uns, werden dabei nach geometrischen Grundsätzen und mit Hülfe geometrischer Instrumente bestimmt.

Eigentlich ist unter lothrechter Erhebung die Entfernung vom Erdcentrum = Radius des wahren Horizonts zu verstehen. Aber des kolossalen Zahlenausdrucks des Erdhalbmessers wegen, in welchem unsere kleinen Höhenabstände gar nicht zum Ausdruck gelangten, und da von Alters her kein anderer Begriff galt, als die senkrechte Entfernung über den scheinbaren Horizont, wurde die Erhebung über den nächsten Wasserspiegel und dann sicherer über den Meereshorizont gewählt, um die absoluten Höhen verschiedener Orte oder mit anderen Worten: die Differenzen zwischen den Radien ihres wahren und des Meereshorizonts auszudrücken.

Beim Wegbau bedarf man der Kenntniß der absoluten Höhen nur in gewissen Fällen, namentlich als Anhalt, um daraus die unbekannte relative oder Eigen-Höhe (Tiefe) zu finden, worunter man die lothrechte Entfernung eines Punktes über oder unter einem oder mehreren anderen Punkten begreift (Höhe eines Bergkopfes, Tiefe eines Thals, Flußbettes &c.) — Weniger auf das Auffinden der Höhenunterschiede gegebener Punkte, als vielmehr der Neigung von Geländeoberflächen, mit oft sehr kleinen

*) Der Begriff des astronomischen Horizonts bleibt für unsere Zwecke völlig außer Betracht.

Höhenabständen, kommt es uns hier an, denn unsere Zwecke sind: Die natürlichen Unebenheiten des Bodens, soweit sie unseren wirthschaftlichen Unternehmungen hinderlich entgegentreten, zu vermindern, zu umgehen oder zu beseitigen. Daher ist's nöthig, sie zunächst zu untersuchen.

Zweites Kapitel.

Die Gefällmessung, die Messungsfehler und Verfahren ihrer Verbesserung.

§ 2.

Nach geometrischem Begriff findet sich in der Natur weder eine gerade Linie noch eine Ebene. Alles Gelände zeigt eine aus vielfachen stets wechselnden Abdachungen zusammengesetzte Oberfläche. Man nennt diese Unebenheiten oder Neigungen des Bodens gegen den Horizont sein Gefälle, von Oben — seine Steigung, von Unten betrachtet, und die durch Projektion seiner Grenzlinien auf den scheinbaren Horizont sich ergebende wagrechte Fläche*) seine Grundfläche.

Die Stärke der Gefälle innerhalb eines Landstrichs läßt uns unterscheiden zwischen gebirgigem, hügeligem, flachem und ebenem Gelände. Erheben wir aus einer größeren Zahl ermittelter Höhenpunkte den Durchschnitt, so erhalten wir die mittlere Höhe eines Landstrichs und aus der Differenz seiner Höhen- und Tiefenlagen für eine bestimmte Himmelsrichtung sein mittleres Gefälle. Ein Gefälle, wenn auf längere Strecken gleichförmig, heißt regelmäßig, findet sich indeß selten.

In jedem einzelnen Falle wird das wahre Gefällverhältniß oder das genaue mathematische Verhältniß der Höhen zum scheinbaren Horizont als Grundlinie zwischen gegebenen Punkten nur durch Messung sicher erkennbar. Gutes Augenmaaß unterstützt und erleichtert die Messungsarbeit, ersetzt sie aber nie.

Um zwischen zwei Punkten eine Verbindung irgend einer Art herzustellen, muß das Gefäll bekannt sein. Seine Größe, als Verhältnißzahl zwischen Höhe und wagrechter Entfernung, läßt sich auf verschiedene Weise ausdrücken.

a. Man bezieht die Höhe auf das Hundert Einheiten der Entfernung und erhält dadurch das Gefäll in einem Procentsatz. Es sei die Entfernung $= L$, die Höhe $= h$, so ergibt sich das Gefäll p (aus dem Ansatze $L : h = 100 : p) = \frac{h}{L} \cdot 100$.

Da unter Umständen die Verbindung zweier Punkte nur nach einem bestimmten Gefälle p_1 hergestellt werden darf, findet man umgekehrt die Weglänge der Verbindung aus dem Ansatz:

$$L_1 = \frac{100 \cdot h}{p_1}$$

Wäre der nächste Weg kürzer ($p > p_1$), so würde $L_1 > L$; es müßte die Verbindung auf einem Umwege erreicht werden.

*) Bei geographischen Arbeiten Projektion auf die Fläche des Meeresspiegels.

b. Genauer und deßwegen dort, wo feinere Messungen nöthig, von Vorzug ist die Beziehung der Höhe auf das Tausend Einheiten der wagrechten Linie. Die $1/_{10}$ Prozente drücken sich hier noch als Ganze aus:

$$\varphi = \frac{h \cdot 1000}{L}, \text{ z. B. } L = 350^m, h = 4{,}9^m$$

$$\varphi = 14 \text{ (p. mille)}.$$

c. Eine noch größere Feinheit der Gefällabstufungen wird dadurch erzielt, daß man die Weglänge auf die Einheit der Höhe bezieht:

$$h : L = 1 : x, x = \frac{L}{h},$$

z. B. $L = 2730^m$, $h = 30^m$

$x = 91$ und Gefäll $= 1$ auf 91

(in Prozenten ungenau $= 1{,}099$)

Ein Vergleich einiger Zahlenausdrücke macht die Verschiedenheit der Ausdrucksweise anschaulicher:

	a		b		c
Gefäll	0,1%	=	1 p. m.	=	1 auf 1000
"	¼ "	=	2½ " "	=	1 " 400
"	1 "	=	10 " "	=	1 " 100
"	2 "	=	20 " "	=	1 " 50
"	5 "	=	50 " "	=	1 " 20
"	10 "	=	100 " "	=	1 " 10

Somit unter c die größte Zahl von Zwischenstufen für schwache Gefälle, unter a. dagegen der gemeinverständlichste Zahlenausdruck.

d) Das Gefälle ist auch durch Angabe des Neigungswinkels darstellbar; wir besitzen jedoch nur wenige gute Instrumente, welche zur Vermessung von Vertikalwinkeln eingerichtet sind, und müssen dann immer mit Hülfe von Logar.-Tafeln Entfernung oder Höhe aus den trigonometrischen Funktionen ableiten (oder besondere Hilfstafeln konstruiren und mitführen). Ist man genöthigt, sich einmal eines Instruments mit Gradtheilung zu bedienen, so muß man behufs der nöthigen Umwandlung des Gefällausdrucks das Verhältniß der Grade und Minuten alter oder neuer Theilung zum Prozentsatz (bez. für den Ausdruck unter b. oder c.) kennen.

Ableitung. Wenn Entfernung $= L$, Höhenunterschied $= h$ und Neigungswinkel $= \alpha$, so ist

$$L : h = r : tg\alpha$$

Ist $L = 100$ und $r = 1$, so ist $h = p$ (Prozentsatz) oder $h = L \cdot tg\,\alpha$, — somit

$$\text{da } tg\alpha = \frac{h}{L}, \text{ wenn Steigung}$$

$$= 1, \quad 2, \quad 3 \ldots.. \text{ Prozente}$$

$$tg\alpha = \frac{1}{L}, \frac{2}{L}, \frac{3}{L} \ldots -$$

$$= 0{,}01 \; 0{,}02 \; 0{,}03 \ldots$$

Beiläufig entsprechen demnach

Die Prozente	bei alter Theilung		bei neuer Theilung	
	Graden	Minuten	Graden	Minuten
1	—	34	—	63
2	1	9	1	27
3	1	43	1	90
4	2	17	2	53
5	2	52	3	16
6	3	26	3	80
7	4	00	4	44
8	4	34½	5	28
9	5	8½	5	71
10	5	43	6	35
11	6	16	6	96
12	6	50	7	59
13	7	24	8	22
14	7	58	8	85
15	8	32½	9	47

(Die Reduktionszahl für die Umwandlung der Minuten alter in jene neuer Theilung ist $\frac{100}{54} = 1,85185..$)

Es entsprechen ebenso den Steigungs-Verhältnissen unter c folgende

wenn h : L	Prozente	Steigungswinkel °	′	″
1 : 10	10,00	5	42	38
: 12	8,50	4	51	30
: 15	6,66..	3	48	50
: 20	5,00	2	51	45
: 25	4,00	2	17	27
: 30	3,33..	1	54	39
: 40	2,50	1	25	55
: 50	2,00	1	8	45
: 60	1,66..	0	57	17
: 70	1,43	0	49	6
: 80	1,25	0	42	58
: 90	1,11	0	38	12
: 100	1,00	0	34	22
: 150	0,66..	0	22	55
: 200	0,50	0	17	11
: 250	0,40	0	13	45
: 300	0,33..	0	11	27
: 400	0,25	0	8	36
: 500	0,20	0	6	53
: 600	0,16	0	5	44
: 700	0,14	0	4	55
: 800	0,12	0	4	18
: 900	0,11	0	3	49
: 1000	0,10	0	3	26

Man beginnt die Gefällmessung damit, daß man den scheinbaren Horizont oder das Niveau des Anfangspunkts aufsucht. Da dann jeweils zwischen je zwei folgenden Punkten die Niveau-Differenz der Ebenen gemessen wird, gebraucht man dafür den Ausdruck Nivelliren, (altherkömmlich vom Gebrauch der Bleiwage Abwägen, Ins-Blei-bringen).

Die Anwendung der Nivellir-Instrumente jeder Constructionsart ist im Wesentlichen immer die gleiche: Herstellung der wagrechten Ebene am Aufstellpunkt und Messung des lothrechten Abstands vom nächsten, in Verbindung mit der Messung der horizontalen Entfernung, nur daß das eine Instrument gegenüber dem anderen den Vortheil der rascheren oder der schärferen Messung gewährt. Alle insgesammt können sie jedoch nur den scheinbaren Horizont herstellen; auch wir selbst könuen weder mit bloßem, noch mit bewaffnetem Auge die Richtung des wahren Horizonts verfolgen, ja auf größere Entfernungen hin nicht einmal die Visur einer geraden Linie einhalten. In Folge dessen ergeben sich Messungen, welche in doppelter Weise einer Berichtigung bedürfen.

Der erste Fehler, welcher in Folge der Erdkrümmung entsteht und mit der Größe der Entfernung zunimmt, wird durch den zweiten, welchen der Einfluß der Strahlenbrechung veranlaßt, zu einem kleinen Theil vermindert, aber nicht aufgehoben. — Beide werden erst wahrnehmbar im Falle schärferer Messungen auf größere Entfernung. Bei Waldweganlagen tritt dieser Fall nur ausnahmsweise einmal ein, weil in der Regel auf kurze Strecken nivellirt wird. Es genügt darum, beider Einflüsse nur in kurzer Andeutung zu gedenken.

Fig. 1.

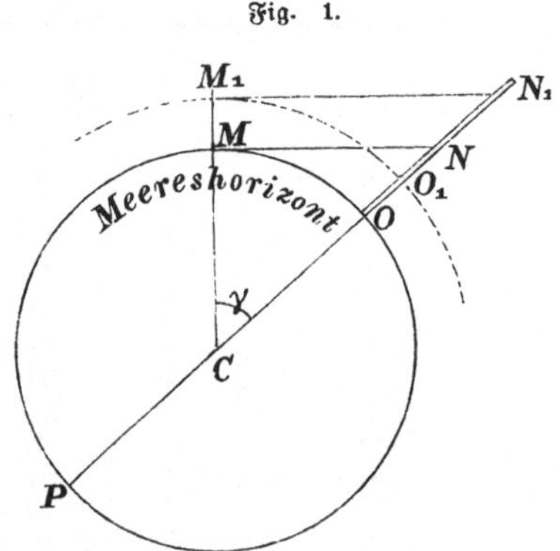

1. Einfluß der Erdkrümmung.

Nach vorstehender Figur 1 beträgt für den Winkel γ die Differenz zwischen scheinbarem und wahrem Horizont, um welche jede Höhen-Messung in der Entfernung MO zu groß wird, = NO. Nach bekanntem geometrischem Lehrsatz ist, wenn von einem Punkt N außerhalb eines Kreises die Sekante NP und die Tangente MN gezogen wird, letztere die mittlere Proportionale zwischen der ganzen Sekante und ihrem Theil NO außerhalb des Kreises. Demnach wenn $OP = 2r$, $MN = d$, $NO = v$, besteht die Proportion:

$$2r + v : d = d : v,$$

$v = \frac{d^2}{2r + v}$, woraus, da v neben 2r verschwindend klein, als Näherungswerth $v = \frac{d^2}{2r}$

Nennt man die falsch abgelesene Visir-Höhe einer aufgestellten Latte = L, so war in obigem Falle $L = \frac{d^2}{2r}$ d. h. der wirkliche Höhenunterschied = 0 und allgemein ist jede falsch abgelesene Lattenhöhe um v zu hoch, somit die verbesserte Lattenhöhe $l = L - \frac{d^2}{2r}$ oder, bei mittelgroßem Erdradius (für Metermaaß), $l = L - d^2 \cdot 0{,}0000000785$

2. Einfluß der Strahlenbrechung.

Nach physischen Gesetzen werden die Lichtstrahlen beim Eintritt aus einem dichteren in ein dünneres „Medium" oder umgekehrt in Geschwindigkeit und Richtung verändert, abgelenkt. Der Lichtstrahl aus dünnerem in ein dichteres Medium von gleicher materieller Beschaffenheit wird zum Einfallsloth gebrochen, d. h. verkürzt und ihm genähert. Unsere nach oben immer dünnere Atmosphäre läßt sich in eine beliebige Zahl koncentrische Schichten zerlegt denken. Beim Visiren nach einem höheren Ort gelangt der Lichtstrahl zum Auge von Oben durch immer dichtere Luftschichten, bildet daher eine zum Loth geneigte Bogenlinie. Das geradsichtige Auge versetzt aber den ausstrahlenden Punkt in die gerade Linie des zu ihm gelangten Lichtstrahls, und indem wir so eine tiefere Richtung für die horizontale halten, und einen tieferen Punkt, weil scheinbar höher stehend, anvisiren (ähnlich wie unser Auge die untergegangene Sonne noch über dem Horizont stehen sieht), lesen wir die Höhe an dem aufgestellten Höhenmaaße zu niedrig ab. Die über die „Refraktion", wie man die Ursache des Ablesungsfehlers nennt, angestellten Versuche lieferten sehr abweichende Ergebnisse. Nach den Beobachtungen von Gauß betrüge die Größe des Messungsfehlers, wenn wir die Entfernung wieder mit d und den Erdhalbmesser mit r bezeichnen, $= \frac{0{,}0653\, d^2}{r}$ und verminderte den Fehler aus der Erdkrümmung demnach um 1/8 bis 1/7.

Kombinirt man beide Korrekturen, so erhält man in der Differenz beider Werthe für die Verbesserung der Lattenhöhe die Formel

$$l = L - \frac{0{,}435\ d^2}{r}$$

oder für r beim 45ten Grad der Breite $= 6 \cdot 366 \cdot 740^{m}$

$$l = L - 0{,}000000068\ d^2$$

also z. B. für $d = 100^{m}$ erst eine Berichtigung um $0{,}068^{zm}$, eine Reduktion auf den wahren Horizont, deren Entbehrlichkeit für den Waldwegbau einleuchtet, wenn man bedenkt, daß mit den gewöhnlichen Nivellir-Instrumenten auf eine solche Entfernung der Fehler gar nicht zu markiren wäre.

Viel gröber und doch leichter zu vermeiden oder zu beseitigen sind jene vielfachen Fehler beim Nivelliren, welche oberflächlicher, unachtsamer Behandlung der Messungsarbeit entspringen. Sie vergrößern und vervielfachen sich, wenn im Waldesdunkel oder dichtverwachsenem niederem Gehölz, an schwierigem felsüberlagertem Hang oder in zerrissenem Gelände, bei unruhiger Luft und ungünstiger Beleuchtung gearbeitet werden muß; nicht minder, wenn nur ungeübte Hilfsmannschaft zur Verfügung steht und — einer unzuverlässigen Hilfe zu viel anvertraut wird. Die gröbsten Fehler sind wenigstens leicht zu vermeiden, wenn man sich angewöhnt:

a. Die Instrumente und Hilfsgeräthschaften vor dem Gebrauch einer Besichtigung und je nach Erforderniß noch einer Prüfung zu unterwerfen,
b. durch pünktliche Aufstellung die wirkliche Richtung des scheinbaren Horizonts herzustellen,
c. die Höhenmaaße (Nivellirlatten, Schieblatten, Meßruthen) genau lothrecht vor dem Visiren aufstellen zu lassen,
d. die Höhenabstände pünktlich abzulesen und die Entfernungen genau wagrecht messen und sicher notiren zu lassen,
e. in jedem Falle jenes Verfahren zu wählen, welches dem vorliegenden Zweck am besten entspricht u. s. w.

Während aus Erdkrümmung und Refraktion Fehler ohne Belang entstehen, kann eine falsche Visur, Ablesung oder fehlerhafte Messung Fehler in einem Betrag erzeugen, daß ein ganzes Nivellement unbrauchbar wird oder, wenn zu spät entdeckt, große und theure Nacharbeiten erwachsen. Beispielsweise sei eine Meßlatte, statt senkrecht, mit 5^0 Neigung gestellt worden, die Entfernung der beiden Punkte A und C (Fig. 2)

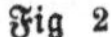
Fig 2

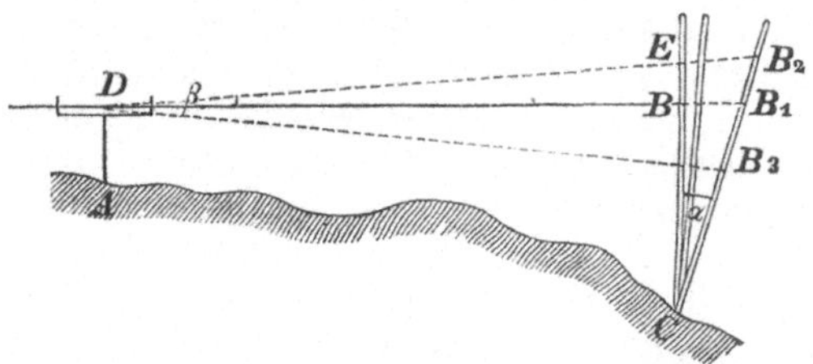

sei $= 60^m$, der wirkliche Höhenabstand $= 6^m$ gewesen, so bewirkte die unrichtige Aufstellung einen Ablesungsfehler von 0,043 Meter, welche sich zu viel ergaben, denn

$$B_1C = \frac{BC}{\cos\alpha}, \text{ folglich}$$

$$\text{Fehler } x = B_1C - BC = BC\left(\frac{1}{\cos\alpha} - 1\right)$$

Bei Regelung von Wasserläufen können Fehler von solchem Belang sehr in Betracht kommen.

Während in diesem Falle der Fehler von der Distanz unabhängig ist, verursacht das Herstellen einer vom Niveau abweichenden Visirlinie Fehler, welche nicht mit der Höhe, sondern mit der Entfernung zunehmen, z. B. die Visirlinie DB_2, um $\angle\beta$ nach Oben gerichtet, verursacht die Messung

$$CE = BC + BE = BC + BD.\text{tg}\beta$$

Ein Fehler kann gegen den anderen sich ausgleichen, z. B. das tiefere Ablesen in B_3 an schiefgestellter Latte; ebenso gut können sich dagegen die

Fehler summiren — höheres Ablesen in B_2 an rück- und seitwärts gehaltener Latte. — Je ungenauer die gebrauchten Instrumente, um so größere Irrthümer werden möglich.

Die senkrechte Aufstellung der Latten bei Höhenablesungen kann leicht mit Senkel oder Fadenkreuz oder durch Wiederholen der Aufstellung und Ablesung gesichert und kontrolirt werden, wagrechte Messung mit Bleiwage oder Libelle.

Zeitweilige schärfere Beobachtung und Ueberwachung der Gehülfen, Wiederholung der Messungen, wo Zweifel obwalten, Kontroliren der Aufstellungen und Ablesungen, Gewinnung und Einübung brauchbarer Gehülfen u. And. m. sind nie genug empfohlene Maßregeln.

Drittes Kapitel.

Die Methoden des Nivellirens.

§ 3.

Verschiedenheit des Baues und der Handhabung der Nivellirinstrumente, deren Einzeltheile oder ganze Einrichtung durch sinnreicheren Mechanismus und andere Stoffwahl fort und fort verbessert und verfeinert werden, bedingen den Hergang der Nivellirarbeit. Die Verschiedenheit der Methode liegt in der Art der Aufstellung. Im Wesentlichen bleibt das Nivelliren stets ein staffelweises Messen von Grundlinie und Höhe zwischen je zwei Punkten oder ein Zerlegen unregelmäßiger Gefälllinien durch sogenanntes Stationiren in eine beliebige Zahl von Geraden, welche sich als Hypothenusen rechtwinkliger Dreiecke mit wagrechter Grundlinie aneinander reihen und durch Messung festgelegt werden. Die Summe der wagrechten Katheten gibt die Gesammtlänge, der lothrechten den Gesammthöhenabstand (Gesammthöhe oder -Fall) und das Verhältniß zwischen Gesammtlänge und -Höhe das durchschnittliche Gefäll zwischen den Endpunkten.

Bei starkem Gefällwechsel und in dichtem Walde verkürzt man die Stationen für ein getreues Bild der Gefälllinien.

Größere Stationslängen genügen, wenn das Gefäll gleichmäßig und schwach, der Ausblick offen ist. Im dichten oder dunkeln Wald und bei starken Einbuchtungen des Bodens fördern große Abstände nicht, weil das Oeffnen und Messen der Visirlinien aufhält und das Einrichten und Ablesen unsicher wird oder Hindernissen begegnet.

In der Querrichtung der Wegbauten wird die kleinste Stationslänge 1—3^{m} betragen, in der Längenrichtung die größte über 50—60^{m} selten hinausgehen. Die Annahme gleicher Längen ist rathsam (mit Einschaltung von Zwischenpunkten bei wichtigeren Gefällbrüchen).

An die Stelle der Staffelmessung kann auch die direkte Messung der Linien dem Gelände nach in Verbindung mit dem Messen der Neigungswinkel treten. Dann ist Höhe und Entfernung aus den Koordinaten abzuleiten oder aus Hülfstafeln zu erheben, was die Gefällmessung weder sicherer noch kürzer macht. Nach der Aufstellung der Instrumente unterscheidet man

1. das Vorwärtsnivelliren,
2. das Nivelliren aus der Mitte.

§ 4.

Das Vorwärtsnivelliren.

Das Nivelliren aus den Endpunkten der Stationen oder Vorwärtsnivelliren ist in einfachster Gestalt ein Messen der Staffelhöhen a, b, c . . . (Fig. 3) in gleichen kurzen Abständen, indem im höheren Endpunkt eine Latte wagrecht aufgelegt, im tieferen eine zweite lothrecht aufgestellt und an ihrer Eintheilung die Höhe abgelesen wird. Die Summe dieser Höhen $= a + b + \ldots + n =$ Gesammthöhe BC, die Summe der m Stationslängen $l = l \,.\, m =$ Gesammtlänge AC.

Fig. 3.

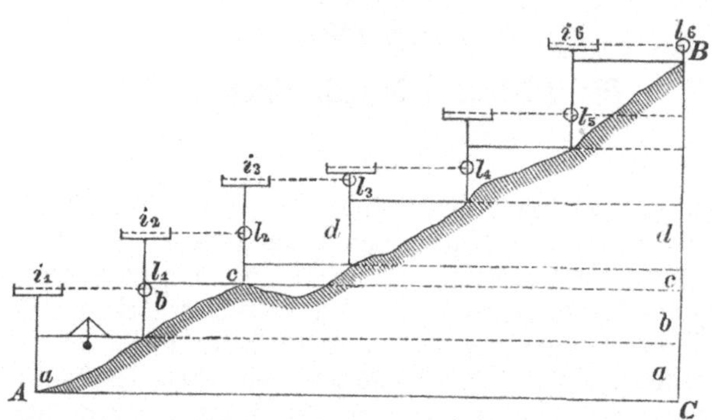

Eine solche Messungsweise verlangt kurze Distanzen, ist aber eingehender und gestattet die Verwendung der einfachsten Instrumente (z. B. der Setzwage) und schnellgeschulter Hilfskräfte. Sie findet im Wegbau vielfache Anwendung, wo keine Hauptrichtungen festzustellen, sondern nur kurze Gefällstrecken umständlich zu ermitteln sind.

Gebraucht man ein Instrument mit Stativ, so wird es im Anfangspunkt auf wagrechte Visur eingerichtet, eine Meßlatte auf dem Endpunkt aufgestellt, daran die Visirhöhe l abgelesen und aus der Differenz von Lattenhöhe l und Instrumentenhöhe i die spezielle Stationshöhe (Staffelhöhe) gefunden.

Wenn die Instrumentenhöhe, wie bei gewissen Instrumenten möglich, immer gleich hoch bleibt, so wird die Gesammthöhe für n Aufstellungen oder

$$H = (n \,.\, i) - (l_1 + l_2 + \ldots + l_n).$$

Andernfalls ist das Gesammtgefälle gleich der Differenz zwischen der Summe der Instrumentenhöhen und der abgelesenen Lattenhöhen oder

$$H = (i_1 + \ldots + i_n) - (l_1 + \ldots + l_n).$$

Trifft einmal bei Beibehaltung gleicher Instrumentenhöhe die Visirlinie unter den Fuß der Latte, so ist die Station in zwei halbe zu zerlegen. Im Uebrigen verkürzt sich die Messungsarbeit, wenn i sich gleichbleibt.

Unter der Voraussetzung, daß es feste Regel, l immer von i abzuziehen, ergibt sich,

1. wenn $i_1 + i_2 + \ldots > l_1 + l_2 + \ldots$, eine positive Höhe d. h. ansteigendes Gelände,

2. im umgekehrten Fall eine negative Höhe oder fallendes Gelände,

3. wenn $i_1 + i_2 \ldots = l_1 + l_2 + \ldots$, ein gleiches Niveau der beiden Endpunkte (ebenes Gelände dagegen nur, wenn auf jeder Station $i = l$, was sehr selten).

Bei jedem Nivellement werden die abgelesenen Zahlen sogleich in eine vorbereitete Tabelle (Handbuch) eingetragen, mit Beifügen nöthiger Bemerkungen. Ihre Form richtet sich nach Zweck und Art der Aufnahme, z. B. Nivellement von R nach X.

Horizont geht durch A (Nullpunkt).

Stations-Nummer.		Entfernungen.	Instrum.-Höhe.	Latten-Höhe.	Gefälle		Bemerkungen.
					einzeln	zusammen	
Anfang	Ende	Meter.	Zentimeter.				

Man nivellirt nie, ohne an jedem Stationspunkt kurze, etwa 6—10 ^{zm} dicke zugespitzte Pfähle oder Lattenstückchen mit ebenem Kopf dem Boden gleich einzuschlagen, worauf vor dem Ablesen die Latte zu stehen hat (Nivellirpfähle); zur Wiederauffindung wird ein ca. 20—30 ^{Zm} aus dem Boden ragender zweiter Pfahl, am besten schief, beigeschlagen und zur Kennzeichnung des Stationspunkts numerirt (Nummerpfahl).

Das Vorwärtsnivelliren gewährt den Vortheil, daß auf beliebige, selbst ungemessene Entfernungen Aufstellungen an den zugänglichsten Punkten genommen werden können, um Höhenabstände zu ermitteln, wie es die individuelle Sehkraft, die Tragweite der Visirvorrichtungen (Diopter oder Fernrohr) und die Bodenoberfläche verlangt oder gestattet; daß einfachere Apparate und wenige Hilfskräfte genügen. Es eignet sich somit ebensowohl für flüchtigere Höhenaufnahmen zu Vorarbeiten, als für kleine Detailaufnahmen. Für genauere Messungen bedingt es öftere Kontrole durch Nachmessen oder Rückwärtsvisiren.

§ 5.

Das Nivelliren aus der Mitte.

Gegenüber der vorigen bedingt-zulässigen Methode zeichnet sich das Nivelliren aus der Mitte durch namhafte Vorzüge aus, welche es zum vorherrschenden Gebrauch eignen und für wissenschaftliche Zwecke allein anwendbar erscheinen lassen. Auf die beiden Endpunkte jeder Station wird ein Gehilfe mit einer Ziellatte entsendet, beiläufig in der Mitte der Station das Instrument aufgestellt und mit wagrechter Visur vordere und hintere Lattenhöhe abgenommen. Dabei ist zulässig, nach Willkür dem Instrument etwas seitlich, aber gleichweit von den Latten, einen guten Standpunkt auszuwählen. Bei dieser Aufstellungsweise hebt sich in den beiden Messungen die Instrumentenhöhe gegeneinander auf und bleibt außer Rechnung.

Es sei (in Fig. 4) die Instrumentenhöhe = fg, vordere Lattenhöhe = bc, hintere = ae (also Aufnahme bergauf), so wird der Höhenabstand der Station

$$h = (ae - fg) - (bc - fg)$$

$$\left.\begin{array}{l} = ae - bc \\ \text{oder} = + am + gl \end{array}\right\} = + ad$$

bei der Aufnahme bergab (bc hintere Lattenhöhe)

$$h = (bc - fg) - (ae - fg)$$

$$= - gl - am \text{ (oder } bc - ae) = - ad.$$

Fig. 4.

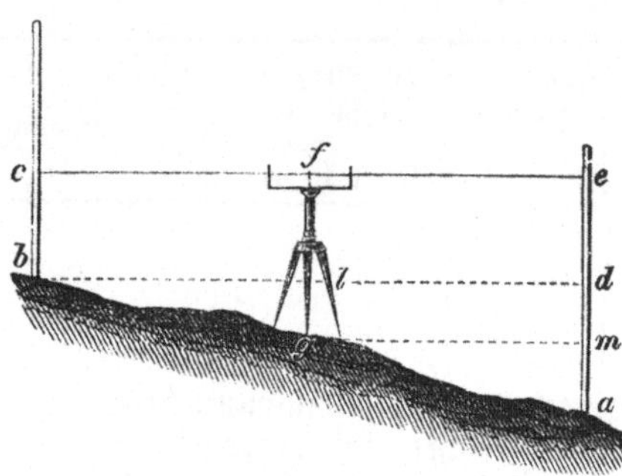

Hintere Lattenhöhe heißt somit jene auf dem Anfangspunkt und ihre Ablesung der „Rückblick"; die vordere oder zweite, bestimmt durch den „Vorblick", kommt davon in Abzug oder h = r — v.

Fig. 5.

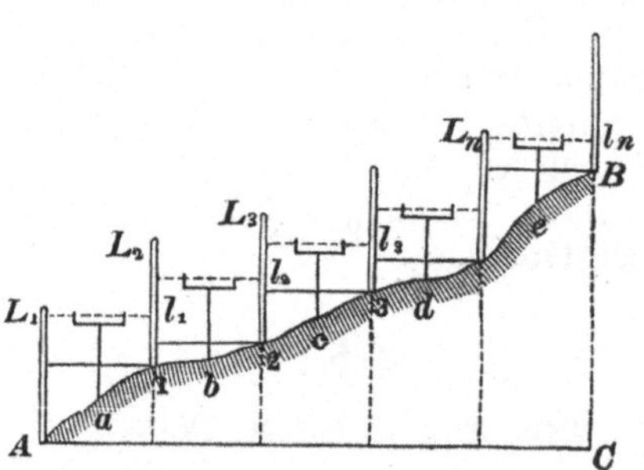

Bei einer Reihe von Stationen wird dann allgemein die Gesammthöhe BC (Fig. 5) oder

$$H = L_1 - l_1 + L_2 - l_2 + \ldots.$$

$$= L_1 + L_2 + \ldots + L_n - (l_1 + l_2 + \ldots + l_n)$$

oder $= S(R) - S(V)$, wenn wir die Ergebnisse der Rückblicke mit R und jene der Vorblicke mit V bezeichnen und die Summirung durch S ausdrücken, und wird das Gesammtergebniß

a. **positiv**, wenn erste Lattenhöhen > zweite,

b. **negativ** im umgekehrten Fall,

c. **null**, wenn $L_1 + L_2 + \ldots = l_1 + l_2 + \ldots$ (gleiche Höhe der Endpunkte).

Sehr genaue Aufnahmen werden erzielt, wenn zu einer zweiten Ablesung die Latten ihre Standpunkte mit dem Instrument wechseln, also z. B.

die Latten nach a und b, b und c kommen und mitten dazwischen das Instrument oder: nochmals von Punkt 1 wo möglich zwei Rückblicke nach a und A, zwei Vorblicke nach b und 2 genommen werden (Kontrolnivellement).

Gewöhnlich liegen bei Aufnahmen alle Stationspunkte in bereits gegebener kürzester Richtung.

Bei Absteckung von Wegzügen im Gebirge dagegen ist die gerade Richtung nur bedingt annehmbar, man folgt vielmehr der Bergform und erhält in der Gesammtlänge nicht die kürzeste, sondern eine mannigfach gekrümmte Linie.

Die Geländeaufnahme durch Nivellement, wenn daraus das Gefällverhältniß für die Weganlage sich ergeben soll, muß dieser Verschiedenheit Rücksicht tragen.

Für das Nivelliren aus der Mitte ließe sich das zu führende Handbuch etwa in folgende Form bringen:

Nivellement für die Baulinie im Forste DI. von B. nach M.

Nro. der		Abgelesene Höhe		Gefäll		Entfernungen	Bemerkungen
Stat.	Punkte	Erste	Zweite	einzeln	zusammen		
		Meter				Meter	
I.	0	3,90	—				Gesammtlänge
	1	—	2,45	+ 1,45	+ 1,45	20	= 96 m
II.	1	2,22	—				Gesammthöhe
	2	—	1,38	+ 0,84	+ 2,29	20	= 3 m
III.	2	1,33	—				Durchschnittl. Steigung
	3	—	2,20	— 0,87	+ 1,42	18,5	= 3 1/8 % oder
IV.	3	2,67	—				1 auf 32
	4	—	3,12	— 0,45	+ 0,97	21,5	
V.	4	4,04	—				
	5	—	2,01	+ 2,03	+ 3,00	16	
		14,16	11,16		+ 3,00	96,0	

Wie das Rechnungsbeispiel zeigt, wird das Einzelgefälle aus der Differenz der Rück- und Vorblicke sogleich als positiv oder negativ eingetragen und dann unter der Kolonne „Gesammtgefälle" fortlaufend addirt. Am Schlusse muß die Differenz zwischen der Summe der abgelesenen hinteren und vorderen Lattenhöhen (14,16—11,16) mit dem Gesammtgefälle (+ 3,00) stimmen.

Die technischen Zwecke, die Art der Instrumente und der Nivellirarbeit selbst bedingen etwaige Aenderungen an dieser Form. Wird lediglich Höhenbestimmung bezweckt, so genügt eine Notirung der Lattenhöhen und deren Summirung.

Welche Punkte im Nivelliren zu verbinden, welche in dasselbe hereinzuziehen, ob an bekannte Höhenpunkte (trigonometr. Punkte) oder sonstige Fixpunkte, z. B. Grenzsteine, anzuschließen, welche Abstände zu wählen, welcher Genauigkeitsgrad zu beobachten, darüber entscheiden Umstände und Zwecke der Aufnahmen. Soll nur die Ausführbarkeit eines Wegzugs erforscht werden, so genügen größere Entfernungen; gilt es dagegen, die Grundlagen eines Kostenvoranschlags oder des Anschlags für die Arbeitbegebung selbst zu gewinnen, so dürfen die Entfernungen in der Ebene nicht wohl über 40—50, im Gebirge nicht über 30—35^{m} sein, in dichterer Waldbestockung etwa die Hälfte, bei starken Geländebiegungen noch weniger.

Je größer der Aufwand, welchen ein Projekt voraussichtlich verursacht, desto genauere Messung; es ist ein großer Unterschied zwischen einer leichten Erdarbeit, welche auf den Kubikmeter ½—1 Mark und einer Felsensprengung, welche das Zehn- und Mehrfache kostet — zwischen einem Straßenbau und einer Spazierweg-Anlage.

§ 6.

Vergleichung der beiden Nivellirmethoden.

Die Vorzüge des Nivellirens aus der Mitte, welches schon im Allgemeinen als vortheilhafter und zuverlässiger bezeichnet wurde, sind folgende:

1. die Stationen können bis doppelt so groß genommen werden wie beim Vorwärtsnivelliren, wenn es das Gelände erlaubt, weil die Visirlinie nur die Hälfte beträgt;
2. die Messung der Instrumentenhöhen fällt hinweg, weil sie in der Rechnung sich aufheben;
3. die Fehler, welchen man beim Vorwärtsnivelliren durch Nachmessungen begegnet, oder welche man durch Rechnung beseitigen muß — Erdkrümmung, Strahlenbrechung, Fehler der Aufstellung 2c. — heben sich auf;
4. die Fehler der falschen Sehlinie sind wenigstens oft geringer und die Fehler, welche im Instrument selbst liegen, können sich aufheben oder doch vermindern;
5. das Instrument braucht nicht in der Richtung des Nivellement-Zugs aufgestellt zu werden, vielmehr läßt sich auch seitwärts ein günstiger Platz benutzen.

Die Vortheile unter 1. und 2. sind nicht unerheblich für die Arbeitsförderung, denn ein sorgfältiges Aufstellen fordert, namentlich in schwierigem (steilem, felsigem, sumpfigem) Gelände einigen Zeitaufwand, ermüdet und spannt ab, was leicht zu oberflächlicher Arbeit Anlaß gibt.

Gegenüber dieser Zeitersparniß steht jedoch die unumgängliche Messung der Stationslängen, wenn das Nivellement mit Rücksicht auf das Aufsuchen eines bestimmten Gefälls erfolgt, während beim Vorwärtsnivelliren in bestimmten Fällen z. B. Prüfung der Erreichbarkeit eines Höhenpunkts, dessen Entfernung aus einem Plan entnehmbar, ohne Linienmessungen vorgegangen werden kann. Abgesehen aber von den schon angedeuteten Fällen, wo das Vorwärtsnivelliren uns gewisse Vortheile gewährt, ist die andere Methode überall vorzuziehen, wo der Zweck genaue Messungsergebnisse bedingt. Nimmt man auch nur beiläufig Aufstellung in der Mitte, um sich Messungen zu ersparen, so äußert die Ungleichheit der Entfernungen von den Endpunkten verhältnißmäßig wenig Einfluß auf das Ergebniß der Messungen. Wähnt man dagegen, die Fehler leichtfertiger Arbeit gleichten sich aus, so gehen zum kleineren oder größeren Theil die Vortheile der Methode wieder verloren. Gerade im Waldwegbau glauben noch gar Manche sich Oberflächlichkeiten erlauben zu dürfen und beachten kleine Unrichtigkeiten nicht, welche doch, auf viele Stationslängen sich anhäufend, zu sehr groben Fehlern anschwellen können.

Viertes Kapitel.

Die Instrumente und Hilfswerkzeuge.

a. Das Prinzip der im Wegbau gebräuchlichen Instrumente.

§ 7.

Der Unterschied der bei beiden Nivellirmethoden gebräuchlichen Instrumente liegt vor Allem im verschiedenen Grad ihrer Genauigkeit, dann in der Leichtigkeit und Bequemlichkeit der Handhabung, der Arbeitsförderung, der Transportfähigkeit, Billigkeit und leichten Instandhaltung.

Es ist wirthschaftlich nicht gleichgültig, das dienstliche Inventar durch theure Geräthe zu vermehren, deren Handhabung erst durch längere Uebung sich erlernt, von jenen aber, welche an komplizirte Instrumente wegen des aussetzenden Gebrauchs sich nicht gewöhnen können, niemals gründlich kennen gelernt wird. Es ist ein Anderes, an eigenem Instrument durch jahrelangen ständigen Gebrauch Licht- und Schattenseiten zu erfahren, seinen Bau bis in die kleinsten Theile kennen zu lernen und dadurch zu allen nöthigen Korrektionen befähigt zu werden, als wenn ein Instrument zu einer Dienststelle gehört, welche seiner nur einige Wochen oder Tage im Jahre bedarf. Der Personalwechsel liefert es hier in vielerlei Hände, welche ihm selten während des Studiums Gutes erweisen und es, wenn gute Gelegenheit zur Ausbesserung von Schäden ferne, durch die eigenen oder andere unberufene Hände oft bedenklichen Kuren unterziehen. Wo mit einfachem, billigem und bequemem Geräthe dasselbe erreicht werden kann, was das kostspieligere und schwierigere leistet, muß auf letzteres selbst dann verzichtet werden, wenn es im einzelnen Falle einmal wünschenswerther wäre. Wer in Waldungen, zumal in schwer gangbaren Gebirgslagen, schon Absteckungen ausgeführt oder ihnen angewohnt hat, kennt die Gefährdungen während des Transports zum und vom Orte des Geschäfts und von Station zu Station, die Schwierigkeiten der Aufbewahrung und Instandhaltung, die Verlegenheit, welche der Verlust oder das Zerbrechen eines Schräubchens oder gar eines Libellen-, eines Fernrohrglases fern von menschlichen Wohnsitzen bereiten kann, während die Arbeit drängt. Zur Verhütung dessen schleppt man lieber selbst den ganzen Tag hindurch sein theures Handwerkszeug sorglich über Stock und Stein.

Wir wiederholen daher: die Auswahl für unsere Waldwegbauten verdient erwogen und unter den zahlreichen Instrumentenarten, welche sich darbieten und an Zahl wachsen, muß geprüft, gesichtet und die passendste, welche längere Dienste thun, von Vielen leicht gehandhabt, im Stand erhalten und zu mehrfachen Arbeiten verwendet werden kann, ausgewählt werden.

Man wird diese Erwägung als triftigen Beweggrund gelten lassen, wenn wir versuchen, die Nivellirinstrumente und Hilfswerkzeuge, welche nach unserer Ansicht zu Zwecken des Waldwegbaues — gegenüber ihrer allgemeinen geodätischen Brauchbarkeit — sich für gewöhnlich als brauchbar zur Anschaffung bald mehr, bald weniger empfehlen, übersichtlich vorzuführen, eine kurz gedrängte Schilderung ihres Baues und ihrer Handhabung, wenn und soweit ihre Eigenthümlichkeit es rechtfertigt, sowie ein Urtheil über ihren Werth beizufügen.

Die besten Instrumente sind jene, welche am genauesten die wagerechte Sehlinie herstellen. Darauf geht der Bau der meisten Arten aus. Sie gründen sich auf die Gesetze

I. der Schwere fester Körper:

Frei hängende Gewichte zeigen in der Ruhe die Lothlinie an, mit welcher die Wagelinie entweder schon künstlich verbunden ist oder werden kann — Senkel-Instrumente;*)

II. des Gleichgewichts flüssiger Körper (tropfbar-flüssiger allein oder elastisch-flüssiger zugleich):

Obgleich ebenfalls die Schwerkraft wirkt, bietet doch die größere Elasticität, der geringere Widerstand, welchen eine Flüssigkeit der Verschiebung oder Trennung ihrer Theile entgegensetzt, eine andere Grundlage. Die Anziehungskraft der Erde bewirkt die Vertheilung der Flüssigkeit an ihrer Oberfläche mit dem wahren Horizont konzentrisch, wir vermögen jedoch in einem Gefäß nur die Richtung des scheinbaren Horizonts zu sehen. Die zu I. gehörigen Instrumente gründen sich also auf die Lothlinie, die zu II. gehörigen auf die Waglinie. Letztere sind:

a. Röhren-Instrumente.

Die tropfbare Flüssigkeit zweier kommunizirender Gefäße von gleicher Grundfläche und gleichem Bau (so daß Luftdruck und Schwere gleichmäßig wirken können) stellen sich in gleiches Niveau, das unserem Auge eine gerade Sehlinie bietet.

b. Libellen-Instrumente.

Unter Libelle versteht man die Vereinigung einer tropfbaren und einer elastischen Flüssigkeit in einer luftdicht geschlossenen Röhre oder Dose. Die elastische Flüssigkeit in Gestalt einer Luft- oder Gasblase wird durch das Streben nach Gleichgewicht in den obersten Theil des Gefäßes gedrängt.

Fig. 6.

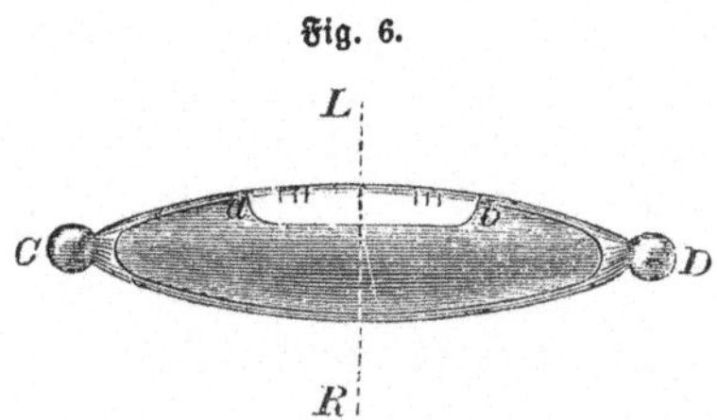

Dessen Oberfläche ist gewölbt, bildet in der Längen- und Querrichtung einen Bogen von bestimmtem Radius, unter welchem vermöge der Adhäsion die tropfbare Flüssigkeit mit konkaver Oberfläche erscheint. Da der höchste Punkt L eines Vertikalkreises (C L D) sein oberer Durchschnittspunkt mit dem lothrechten Durchmesser LR ist, so stellt die Libelle, auf ebener Fläche ruhend, durch das genaue „Einspielen" der Luftblase ab auf das in's Libellenglas eingeschliffene Zeichen höchsten Standes (Strich oder Ring) auf die feinst markirbare Weise die Wagrechte und durch weitere Vorrichtungen, Verbindung mit Diopter oder Fernrohr, zugleich die wagrechte Sehlinie her.

*) Diese Bezeichnung scheint uns besser zuzutreffen, als „Pendelinstrumente", weil nicht die Schwingung, welche zum Begriff des Pendels unwillkührlich hinzugedacht wird, sondern die Ruhe des Loths oder Senkels in Betracht kommt.

Die leichte Beweglichkeit der elastischen über der tropfbaren Flüssigkeit macht die Libellen-Instrumente zu den feinsten und empfindlichsten aller Nivellir-Instrumente und zu genaueren Arbeiten verdienen sie deßwegen unbedingt den Vorzug.

§ 8.

b. Die Hilfswerkzeuge.

Zu allen Vermessungen und Absteckungen bedarf man verschiedenen Handgeschirrs, mit welchem die Hilfspersonen stets für mancherlei Verrichtungen und zwar im Walde immer mehr als außerhalb versehen sein müssen, als: Axt, Handbeil, Handsäge, Haue (Hacke) — ferner der gewöhnlichen Ausrüstung eines Feldmessers: Kreuzscheibe, Meßruthen (oder an deren Stelle Meßkette oder sonstige Längenmaaße), eine Anzahl gerader Stäbe u. s. w.

Außerdem aber gehören gewisse Hilfsmittel zu den Nivellir-Instrumenten selbst und müssen einigermaßen nach letzteren eingerichtet sein, andere gebraucht man als eine Art Ersatz- oder Zwischenmittel zur Unterstützung während oder nach dem Nivelliren. Wir meinen unter ersteren die Setzlatte und die Nivellir- oder Meßlatte, unter letzteren die Visirkreuze.

§ 9.

Die Setzlatte.

Die Setzlatte oder das „Richtscheit" ist eine 3—5^{m} lange (selten längere) möglichst geradkantig gearbeitete Latte von solcher Breite und Stärke (etwa 10—15 auf 3—5^{zm}), daß sie durch keine Biegungen eine Veränderung erleidet. Sie dient als Hilfsgeschirr zur Setzwage oder einfachen Röhren- oder Dosenlibelle, um durch deren unmittelbares Aufsetzen genau die Wagelinie herzustellen. Hiezu müssen ihre Flächen eben, gerade, die beiderseitigen Kanten parallel sein. Meist ist sie eingetheilt, um nöthigenfalls zu Längenbestimmungen zu dienen, und zur guten Handhabung mit 2 Ausschnitten, welche die Hand durchlassen, nächst den Enden versehen.

Das Richtscheit dient weiterhin bei den eigentlichen Bauarbeiten, insbesondere bei Mauer- oder Pflasterarbeiten, um die Bauflucht auf Richtung, Fläche und Neigungs-Winkel (oder „Anzug") zu kontroliren und ist dem Bauarbeiter daher stets zur Hand.

§. 10.

Die Nivellir- oder Meßlatten

sind entweder Latten mit beweglichen Scheiben (Zieltafeln): Schieblatten — oder ohne solche, nur mit Längentheilung versehen, Skalenlatten oder nach dem Erfinder Reichenbach'sche Latten geheißen.

Sie haben sämmtlich eine Längentheilung nach dem Landesmaaß, welche jedoch je nach der Gebrauchsweise der Latten verschieden angebracht und zum nahen oder fernen Ablesen mit bloßem Auge oder mit Fernrohr eingerichtet ist. Die Erfahrung hat gelehrt, daß eine zu weit gehende Theilung das Ablesen erschwert, ohne die Genauigkeit zu fördern. Das Schätzen kleinerer Theile von Auge läßt die gleiche Genauigkeit erreichen. Für den Wegbau ist beim metrischen Maaß nach unserer Ansicht eine Theilung auf je 2^{zm} genügend.

Die Vertikalstellung der Latten sichert man durch Anhängen eines Senkels. Einfacher ist das Vor- und Rückwärtsneigen während des Ablesens, indem man die kleinste Zahl als die richtige annimmt (bei umkehrendem Fernrohr die höchste).

a. Die Schieblatten in ihrer einfachsten Gestalt sind leichte, aber hinlänglich starke dreikantige Stäbe von völlig trockenem Nadelholz, 2½—3^{m} lang, 5—7^{zm} breit, an beiden Enden mit Metallbeschlägen. Eine runde oder viereckige Scheibe, durch schwarzen und weißen Anstrich rechtwinklig in 4 Felder getheilt, am besten von starkem Eisenblech, umfaßt mittelst 1 oder 2 Bändern, welche an der Scheibe befestigt sind, die Latte und muß sich leicht daran auf- und niederschieben und mittelst Feder und Schraube feststellen lassen. Die Eintheilung ist nur auf der Vorder-, oder zugleich auf einer Hinterseite angebracht, die Höhe wird vom lattenführenden Gehilfen unter dem Band, bezieh. zwischen den Bändern abgelesen und dem Führer des Instruments zugerufen, nachdem durch Winken die Scheibe auf die Richtlinie eingestellt ist.

Zu kleineren Aufnahmen, in dichtem Gehölz und schwierigem Geländ ist diese Latte wegen ihrer leichten Handhabung bei einiger Sorgfalt genügend, dagegen zu genaueren Arbeiten und auf große Abstände nicht empfehlenswerth.

Genauer sind die Schieblatten, wie sie bei geodätischen Arbeiten im Gebrauch sind.

Fig. 7.

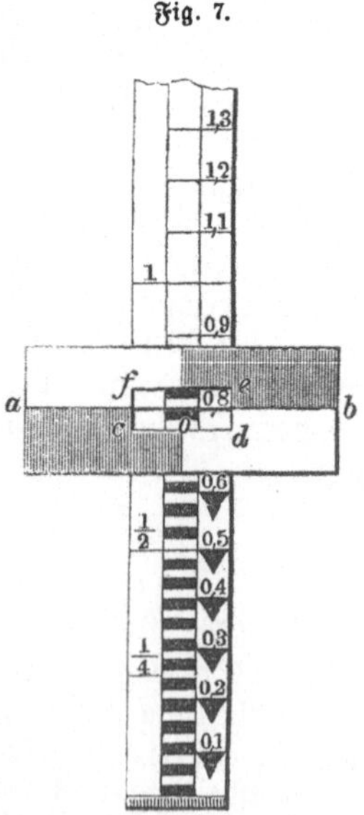

Eine kleinere einlattige, zur Messung sehr kleiner Lattenhöhen, wenn man mit kurzen Abständen bergan oder in Hügelland mit schwachen Gegengefällen nivellirt, 2—3^{m} lang. Auf der Blechtafel bildet die scharf abgegrenzte Linie a b die Richtlinie und ein rückseits befestigter Metallstreifen o, welcher in der Richtung a b mitten durch den Ausschnitt c d e f der Tafel läuft, läßt an seiner unteren Kante auf der durchblickenden Lattentheilung die Lattenhöhe vorn ablesen.

Fig. 8.

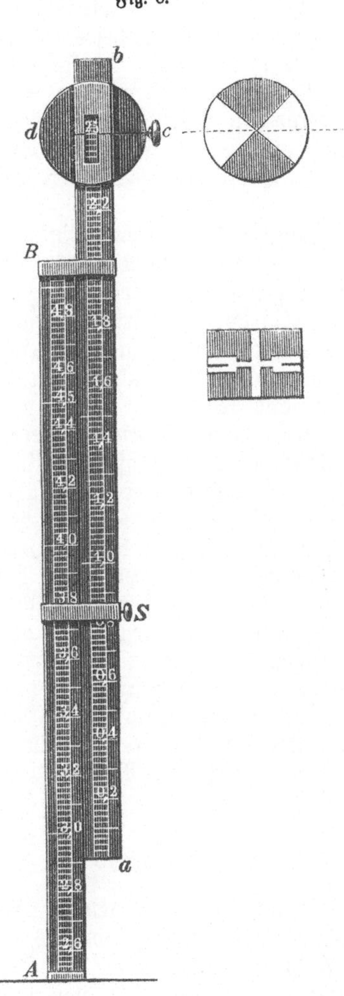

Eine größere Schieblatte (Fig. 8), zum Verlängern bis auf das 1½—2fache, also bis zu 4—6^{m}, eingerichtet, besteht aus zwei passend durch Metallhülsen verbundenen 4kantigen Latten; deren eine (A B) steht auf dem Boden auf und trägt die Eintheilung für die obere Hälfte der Lattenhöhen (die größeren Zahlen), die andere verschiebliche (ab) die Eintheilung der kleineren Lattenhöhen (die niedrigen Zahlen), an ihrem oberen Ende eine Zieltafel und wird, bis zur Niveauhöhe c d, in den Hülsen auf- und abbewegt, am unteren Band mit der Schraube s gestellt.

Zur Messung der Höhen bis zu jenem Betrag, welchen die Eintheilung der Latte ab enthält, wird diese für sich allein verwendet, ihre Scheibe mit der daran befindlichen Hülse auf die Niveauhöhe eingerichtet und bei c abgelesen, zu welchem Behufe die Hülse einen Ausschnitt hat. In unserer Fig. 8 geht die Eintheilung bis zu 2,5 Meter.

Für alle größeren Höhen von $2{,}5^m$ aufwärts wird die zweite Latte (AB) mit der ersten (ab) zusammengefügt, die Niveauhöhe durch Heraufschieben von ab unter Visirung auf die Scheibe bei c (die Zeichnung zeigt die Rückseite) hergestellt, jedoch an jenem Punkte der Latte AB, welcher mit a auf gleicher Höhe, abgelesen (auf der Figur $= 2{,}92^m$). Es kommen also, sobald mit den verbundenen Latten gearbeitet wird, nur die Zahlen der Latte AB in Gebrauch und versteht sich, daß dann die Scheibe immer unverrückbar mit der Linie cd auf der Zahl 2,5 der Latte ab feststehen muß.

Man bedarf dieser Einrichtung der Lattenverbindung in steilem Gelände, wo die Niveauabstände häufig größer werden als Latte ab ($2{,}5^m$) und kleinere Stationslängen nicht genommen werden mögen.

Umgehen ließe sich die Einrichtung übrigens dadurch, daß man für größere Höhenabstände die einfache Nivellirlatte an einer eingetheilten Meßruthe in die Höhe hielte und zu der Lattenhöhe den an der Meßruthe sich ergebenden Mehrbetrag hinzuaddirte.

Die Schieblatten sind allein noch bei den Diopter-Instrumenten im Gebrauch, bei welchen das bloße Auge des Instrumentführers die Zahlen nicht von fern zu lesen vermag und daher dem lattenführenden Gehülfen das Ablesen obliegen muß. Zuverlässigkeit des letzteren ist dafür Voraussetzung.

aa. Bei manchen Senkel-Instrumenten bedarf man vermöge einer Vorrichtung am Fuße des Stativs, durch welche die Instrumentenhöhe stets die gleiche bleibt, nur einen Stab mit fester Zielscheibe in gleicher Höhe vom Fußpunkt wie die Höhe des Instruments. Eine solche Vereinfachung läßt kein eigentliches Nivellement, sondern nur eine Gefällabsteckung zu. Damit ist unnöthiger Weise die Brauchbarkeit des Instruments auf die Absteckung von Wegzügen mit voraus bestimmtem Gefälle beschränkt, während doch das Mitführen einer Nivellirlatte mit beweglicher Scheibe weder einen erheblichen Mehraufwand, noch eine Vermehrung der Ausrüstung mit sich bringt.

b. Die Skalenlatten.

Die Schieblatten sind dienlich für alle Arten von Nivellir-Instrumenten, auch für jene mit Fernrohr und Fadenkreuz, welches letztere dann an Stelle des Diopterfadens die Richtlinie quer über die Scheibenmitte mit aller Schärfe herstellt. Die Latten ohne Zieltafeln dienen ausschließlich für Instrumente mit Fernrohr und Fadenkreuz, welche dem Instrumentenführer gestatten, auf größere Entfernung die Richtlinie an der Lattentheilung zu suchen und hier selbst die Höhe abzulesen. Die Theilung an der Latte muß hiezu so deutlich sein, daß die Höhentheile und die Zahlen sich von Weitem gut erkennen lassen.

Von den verschiedenen bestehenden Formen sei hier als eine der einfachsten und bequemsten jene von Ertel (in München) gewählt, wie sie für Metermaaß sich gestaltet.

Fig. 9. Fig. 9a.

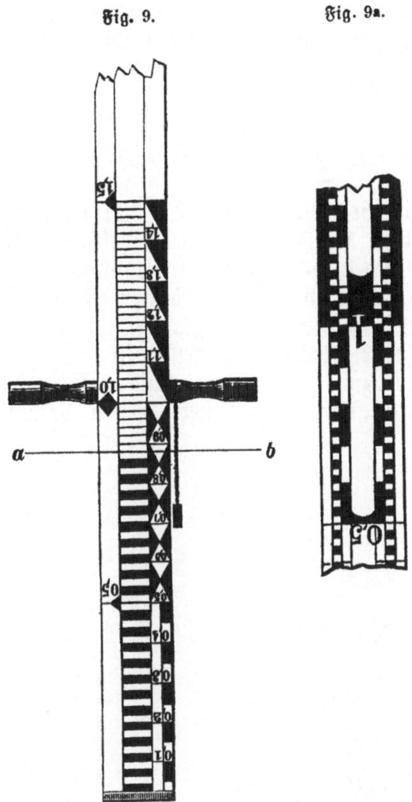

Die Latte, 3—4^{m} lang, ist zur Linken in ganze nnd halbe Meter, zur Rechten in Dezimeter, im mittleren Felde von 1 zu 1 oder 2 zu 2 Zentimetern getheilt, letzteres deutlicher in die Augen fallend durch Wechseln der schwarzen- und weißen Farbe, im Felde rechts durch beliebig wechselndes Schwärzen der halben Rechtecke. Die Ziffern werden verkehrt über der Theilungslinie eingezeichnet, damit das Bild im astronomischen Fernrohr sie aufrecht erblicken läßt. In zweckmäßiger Höhe (bei 1 oder 1,5^{m}) sind zwei nach auswärts stehende gerade Griffe an den beiden Seiten oder zwei öhrartige Griffe auf der Rückseite angebracht, mit welchen die Latte aufrecht gehalten werden kann. Jene Stelle, welche der Horizontalfaden des Fadenkreuzes schneidet (ab) gibt die Höhe aufwärts des Fuß- oder Nullpunktes.

Die Eintheilung wird, je nach dem zu erzielenden Genauigkeitsgrad, sehr verschieden beliebt. Ein Muster zu feineren Abmessungen (die Theilungsart ist für 2 Zentim. als Theilungsminimum angedeutet) gibt Fig. 9a.

Zur Vermeidung von Irrungen hat man sich anzugewöhnen, immer die im Fernrohr nächst sichtbare Zahl oberhalb des Fadens zu suchen, durch das Fernrohr auch die kleineren Theile von dieser Zahl gegen den Faden hin abzuzählen und soweit es wünschenswerth die nicht eingezeichneten Theile ($^{1}/_{1}$ und $^{1}/_{2}{}^{zm}$) zu schätzen und der abgelesenen Zahl zuzuschlagen.

Das Ablesen vom Instrument aus, dessen Fernrohr scharf genug sein muß, macht den Führer von dem Gehilfen unabhängig, enthebt letzteren des

Zurufens der Zahl und des umständlichen Verschiebens der Zieltafel — Vortheile, welche die Messungsarbeit erleichtern und vielen Irrungen vorbeugen.

§ 11.

Die Visirkreuze.

Für sich allein wenig brauchbar, sind die Visirkreuze (Kreuzvisire, Krücken) ein sehr dienliches Hilfsmittel beim Nivelliren und vielen darauf gegründeten Bauarbeiten und in allgemeiner Anwendung, um zwischen fixirten Punkten leicht und rasch, obgleich mit beschränkter Genauigkeit, eine beliebige Anzahl Zwischenpunkte einzurichten; gleichgültig, ob eine horizontale oder eine geneigte Linie oder Fläche darzustellen ist.

Stets sind deren drei zum Einvisiren nöthig, alle von gleicher Größe und Form, von einigen sauber geschnittenen ebenen Lattenstücken jederzeit herstellbar.

Fig. 10

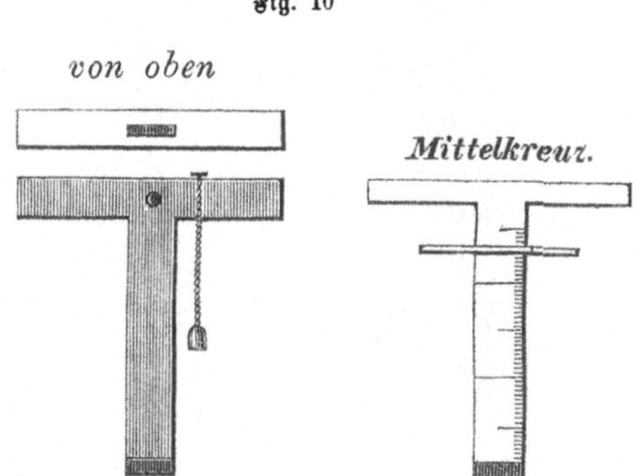

Auf einem Stück von etwa 0,9 — 1,1 zm Länge, 8 — 10 zm Breite und 2 — 3 zm Dicke, am Fußende scharfkantig beschlagen, wird ein gleiches Stück von etwa 0,5 m Länge genau im rechten Winkel eingefügt oder aufgenagelt (so daß Verschiebung unmöglich). Jedes Visirkreuz erhält einen Anstrich von anderer Farbe, welche auf den Rückseiten wechselt, z. B.:

	Vorder-	Rückseite
das erste:	weiß	schwarz
„ zweite:	roth	weiß
„ dritte:	schwarz	roth,

damit sie beim Visiren, besonders im Zwielicht, gegen die Sonne oder dunkeln Hintergrund leicht unterscheidbar. Zur lothrechten Aufstellung befestigt oder hält man ein Senkblei daran.

An manchen Orten erhält das Mittelkreuz (siehe Fig. 10) eine etwas schmälere Querleiste und darunter parallel ein Brettchen mit einer Hülse, in welcher es (mit einer Feder) an der mit Längentheilung versehenen Längsleiste auf- und abgeschoben werden kann.

Die Anwendung dieses ebenso einfachen als nützlichen Geräthes ist folgende, wobei zum Voraus zu bemerken, daß lediglich die Ausgleichung kleiner Geländeunebenheiten auf kurze Strecken in Absicht kommen kann und große Schärfe nicht verlangt werden darf.

Durch zwei Punkte an (bez. über oder unter) der Bodenoberfläche ist eine Gerade festgelegt (verpfählt) und es soll eine Anzahl weiterer Punkte innerhalb der Linie, ein wenig seitwärts derselben oder in ihrer Verlängerung durch Abwägen „eingerichtet" werden. Behufs dessen stellt man zwei der Visirkreuze auf die festen Punkte und indem man über ihre oberen Kanten einrichtet, kann man mit dem dritten Stück

1. jeden zugänglichen Punkt von gleicher Bodenhöhe aufsuchen oder
2. den Höhenabstand höher oder tiefer gelegener Punkte bestimmen oder,
3. wenn durch die zwei festen Punkte die horizontale oder eine Gefällsrichtung gegeben ist, dieselbe stationsweise eine Strecke weit fortsetzen.

Das Gleiche wie für eine Linie kann auch für die Flächenausdehnung in allen 3 Fällen zur Anwendung kommen, um eine wagrechte oder geneigte Ebene herzustellen.

Fig. 11.

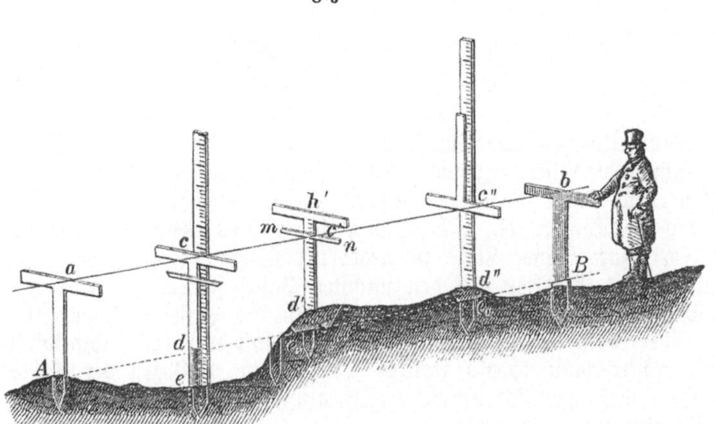

Soll zwischen den Fixpunkten A und B (Fig. 11) das Gelände auf das abgesteckte Gefälle eingerichtet werden, so stellt sich der Geschäftsführer mit 1 Visirkreuz in A auf, sendet einen Gehilfen mit dem zweiten nach B und einen anderen Gehilfen auf den nächsten Punkt, dessen Lage unter oder über der Gefälllinie zu bestimmen ist, mit dem Mittelkreuz. Letzteres, wie in c, an ein Längenmaaß gehalten und durch Verschieben längs desselben auf die richtige Höhe (über die Kanten der Visirkreuze bei a und b hinweg) eingerichtet, zeigt an seinem Fußpunkt die fehlende Geländehöhe de, ablesbar an dem Längenmaaß bei d. — Der zweite Gehilfe, darauf mit dem Mittelkreuz nach d' gesendet, findet hier das Gelände um d'e' zu hoch, wird mit der Querleiste mn auf die Gefälllinie eingerichtet und liest an der Eintheilung des Visirkreuzes c'h' = d'e' ab — oder er verfährt, wie die Zeichnung in e" zeigt, kehrt das Visirkreuz um, liest an dem Längenmaaß $c_{,,}\,d_{,,}$ ab und findet (wenn die Länge der Visirkreuze = v) $d_{,,}\,e_{,,} = v - c_{,,}\,d_{,,}$.

Sollen die Höhenabstände nicht erhoben, sondern die Gefällunterschiede sogleich durch Verpfählungen ausgeglichen werden, so wird in e ein etwas längerer Pfahl eingetrieben und so oft das Visirkreuz probeweise aufgesetzt, bis dessen Kante in c steht, der Nivellirpfahl also um de die Bodenoberfläche überragt. Umgekehrt wird bei d, um d, e, der Boden ausgehoben und dann ein Pfahl so lange eingetrieben, bis das aufgesetzte Visirkreuz mit der oberen Kante in der Linie ab anlangt.

Fig. 12.

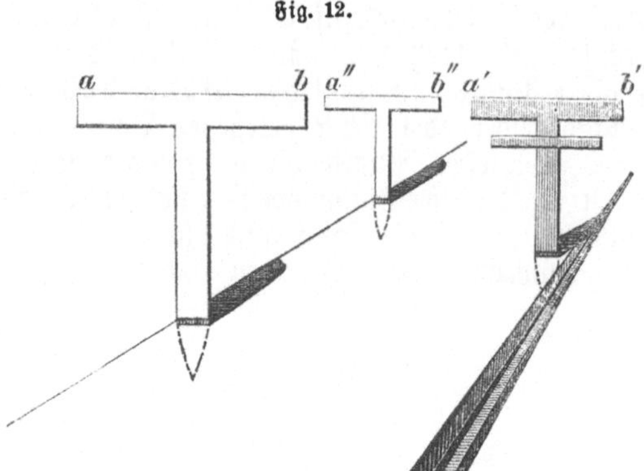

Will man seitwärts einer Gefälllinie Geländepunkte auf deren Höhe einrichten, so müssen die Visirkreuze möglichst so gedreht werden, daß die Kanten der Querleisten dem Auge in einer Ebene liegend erscheinen, etwa wie in Fig. 12, wo die Kanten ab, a'b' und a''b'' in eine Gerade fallen.

Zur Fortsetzung einer Linie in gegebener Steigung muß das Mittelkreuz vom zweiten Gehilfen auf den nächsten Punkt jenseits B gebracht, von A aus über B in gleicher Weise wie innerhalb der Linie AB einvisirt und die Höhe über oder unter Boden genau verpfählt werden. Stationsweise vorrückend richtet man ebenso weitere Punkte ein. Wegen der Fehleranhäufung kann diese ziemlich unsichere Operation ohne Kontrolmittel nur auf kürzere Strecken sich ausdehnen.

Eine ähnliche zweckmäßige Anwendung der Visirkreuze ist dagegen, an älteren Wegzügen die gröberen Gefällunterschiede aufzusuchen und ohne Nivellir-Instrumente die nöthige Ausgleichung unmittelbar abzupfählen. Dabei ist die besondere Ausstattung des Mittelkreuzes von mannigfacher Anwendbarkeit.

Daß Latten und Visirkreuze möglichst lothrecht zu stellen und beim Einvisiren das Kreuz nicht zu nahe vor das Auge zu halten sei, wird kaum der Andeutung bedürfen.

Die Visirkreuze sind bei allen irgend belangreichen Weganlagen dem Arbeiter ein unentbehrliches Geschirr.

c. Bau und Handhabung der Instrumente.

§ 12.

Die Senkel-Instrumente.

Die Einfachheit ihres Baues verleiht den Senkel-Instrumenten einen leichteren Eingang und allgemeinere Verbreitung im Waldwegbau, weil um geringeren Preis herstellbar, in der Handhabung schnell zu begreifen, rasch aufzustellen, gut weiter zu schaffen und dennoch für viele Zwecke bei richtiger Behandlung noch hinreichend genau. Der Grad ihrer Genauigkeit ist jedoch um so geringer, je weniger ihr Senkel bei bewegter Luft in Ruhe zu bringen ist und die Visirvorrichtung eine sichere Sehlinie gestattet. Selbst die besten derselben lassen das Einspielen auf den Nullpunkt nicht völlig genau erkennen, so daß Abweichungen von der wahren Niveauhöhe zweier Punkte unvermeidlich bleiben, welche zwischen $^1/_{500}$ bis $^1/_{5000}$ der Stationslängen schwanken und bei roheren Instrumenten noch mehr betragen.

Sie lassen sich eintheilen in Instrumente

α. ohne Visirvorrichtungen:

1. die Setzwaage,
2. die Bergwaage;

β. mit Visirvorrichtungen, entweder nur mit Stativen oder auch von freier Hand zu gebrauchen:

3. die Baumhöhenmesser,
4. der Quadrantenstock,
5. der Schwarzwälder Gefällmesser,
6. der Senkelrahmen Bose's,
7. der Gefällmesser von Hurth,
8. der Gefällmesser von Desaga,
9. der Gefällstock,
10. der Drainirgefällmesser,
11. der Meyer'sche Patentgefällmesser.

α. Die Senkel-Instrumente ohne Visirvorrichtung.

§ 13.

Die Setzwage.

Die Setz- oder Bleiwage, uralt (ein Symbol der Bauleute) und allgemein bekannt als einfachster Repräsentant der Nivellir-Instrumente, ist auch im Wegbau in alltäglichem Gebrauch und dennoch häufig in mangelhafter Gestalt anzutreffen.

Fig. 13.

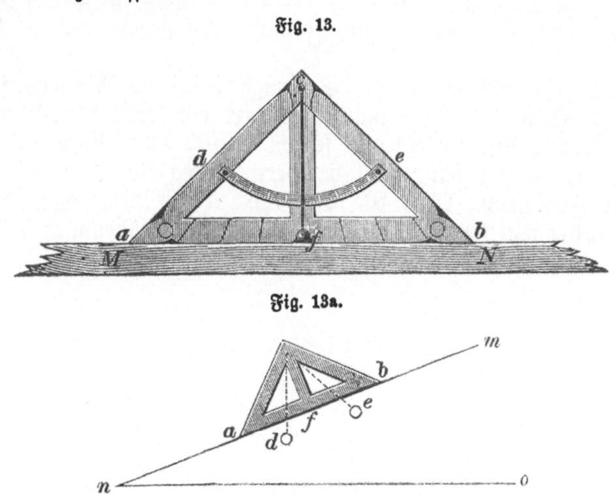

Fig. 13a.

Zur vollen Leistungsfähigkeit wird sie am besten aus 3 etwa 5—10 auf 2—3^{zm} starken Stäben von dauerhaftem, trockenem Holz (Birnbaum, Eichen 2c.) so zusammengefügt, daß die Grundschiene ab die Hypothenuse eines rechtwinkligen gleichschenkligen Dreiecks acb bildet und zwischen c und f eine verstärkende vierte Schiene durchzieht. Von c läuft eine starke Schnur bis zum Mittelpunkt f der Grundschiene, wo das Bleiloth in eine Aushöhlung paßt und einspielen muß, wenn ab die wagerechte Richtung der Unterlage MN nachweisen soll. Von einer Seitenschiene zur anderen läuft der Gradbogen de, wenn auch Neigungswinkel mit der Setzwage bestimmt werden wollen.

Zur Verlässigung über das richtige Arbeiten wird die aufgestellte Setzwage wiederholt hin und her bewegt und dann beobachtet, ob das Loth in Ruhe im Einspielpunkt bleibt. Letzterer wird bestimmt oder geprüft, indem man auf geneigter Ebene aufstellt (Fig. 13a), den Punkt d der Lothlinie cd, dann nach Umkehren der Setzwage die zweite Lothlinie ce markirt und f durch Halbiren von de sucht.

Fig. 14:

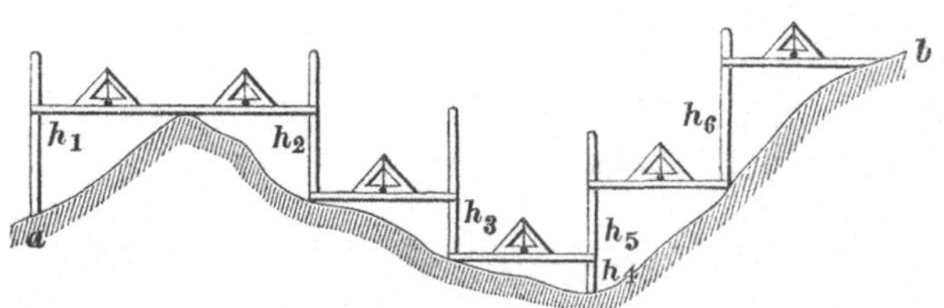

Bei Abwägungen wird auf ein Richtscheit (siehe § 9) aufgesetzt, an seinem Ende eine Nivellirlatte oder ein Längenmaaß aufgerichtet und wo beide nach Einspielen des Loths sich kreuzen, die Höhe abgelesen. Dann wird (Fig. 14) der Höhenabstand zwischen den Endpunkten

$$H = h_1 - h_2 - h_3 - h_4 + h_5 + h_6 \ldots\ldots\ldots$$
$$= (h_1 + h_5 + h_6 + \ldots) - (h_2 + h_3 + h_4 + \ldots)$$

und, wenn Richtscheitlänge = w und Zahl der Messungen = n, die Gesammtlänge L = n. w.

Zu größeren Aufnahmen ist die Setzwage höchstens Nothbehelf. Dagegen ist sie zu Detail-Arbeiten mancherlei Art ein leicht herstellbares und zu führendes Geräth, dessen Gebrauch schnell faßlich und jedem Hilfsarbeiter anzuvertrauen ist. Seine hauptsächliche Verwendung findet es bei der Bestimmung von Zwischenpunkten, der Aufnahme der Querprofile, der Aufrichtung von Lattengestellen und während der Bauausführungen selbst.

Fig. 15.

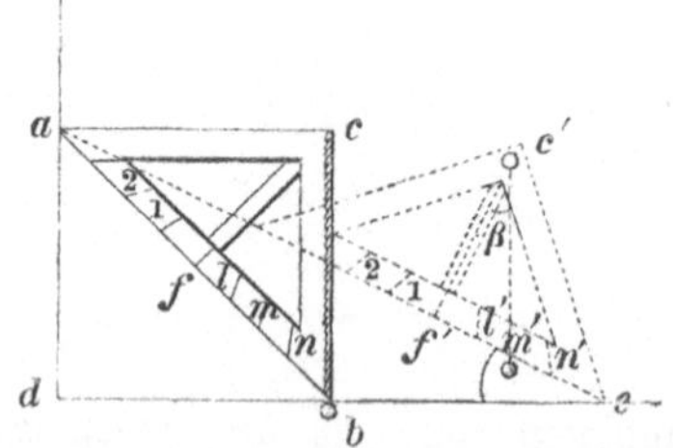

Es dient außer zu den Abwägungen als Ersatz für den „Winkel" der Bauleute, indem man das Loth in c aushängt, bei a oder b befestigt und eine der Seitenschienen als Grundlinie benützt. Fernerhin zur Messung oder Einrichtung von Böschungen. Zu diesem Behufe bedürfen Grund- und Seitenschienen noch einer Theilung gemäß den üblichen Böschungsverhältnissen. Wird nämlich die Wage auf einer geneigten Fläche (Fig. 15) mit der Grundschiene ab aufgestellt und das Loth deckt die Linie bc, so ist, da $ac = bc$ und $\angle\, acb = 90°$, der Böschungswinkel $= 45°$ (Böschungsverhältniß 1:1). Steht dagegen die Wage auf der Böschung ae und das Loth deckt den Strich m' der Grundschiene, so ergibt sich, da $\angle\, f'c'm' = \angle\, aed = \beta$ und $f'm' = \frac{1}{2}\, c'f'$, also $\cos\beta : \sin\beta = 2 : 1$ — daß $\angle\, aed = 26° 34'$ ($tg\,\beta = \frac{1}{2}$). In gleicher Weise lassen sich alle gebräuchlichen Böschungsverhältnisse wie für $\angle\, f'c'l' = 4:1$,
" $\angle\, f'c'n' = 4:3$ u. s. w. als Eintheilung auf der Grundschiene anbringen.

Damit jedoch der Setzwage die Fähigkeit, steilere Böschungen als 1 : 1 anzugeben, verliehen werde, muß sich die Eintheilung auf die Seitenschienen ausdehnen, etwa so:

Fig. 16.

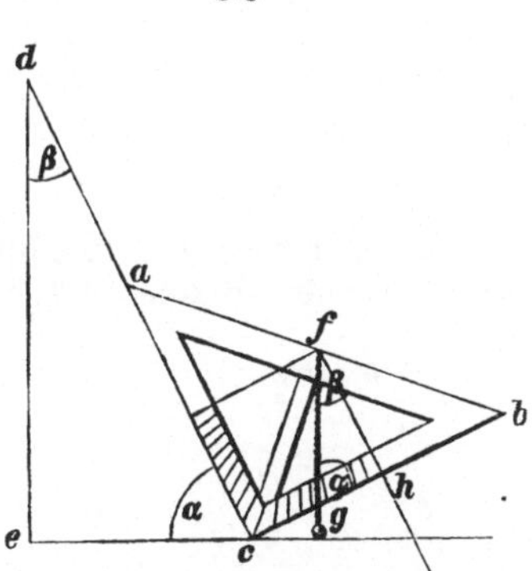

Das Bleiloth der Setzwage wird aus c aus- und bei f eingehängt und die Seitenschiene ac an die Böschungslinie cd (allgemein an Böschungen von den Neigungsverhältnissen $\cos\alpha : \sin\alpha = 0{,}1$ bis $0{,}9 : 1$ — hier in Fig. 16 von $0{,}5 : 1$, d. h. halbfüßige Böschung, also $\angle\, \alpha = 63° 26'$, da $tg\,\alpha = 2{,}00$) angelegt, so daß die Lothlinie fg die Seitenschiene bc schneidet und $\angle\, fgb =$ Böschungswinkel α. Somit braucht nur die Hälfte der beiden Seitenschienen ca und cb von c aus in Zehntheile $\left(\frac{fh}{10}\right)$ getheilt zu werden, um ebenso viele Böschungsverhältnisse (deren Winkel $> 45°$) messen oder einrichten zu können. Diese Eintheilung der Setzwage macht die sog. Böschungsmesser (siehe § 73) entbehrlich.

Zu andauernden Wägungen hat man auch erleichternde Vorrichtungen erdacht, welche das Aufstellen von Richtscheit und Setzwage und das Ablesen an der Meßlatte sichern und fördern, z. B. befestigt man die Setzwage ab (Fig. 17) mit Stiften, Schrauben, Bändern oder mittelst Falz auf dem Richtscheit LM und bringt an der Nivellirlatte NO eine Blechhülse r mit einem Vorsprung v an, welche das Richtscheit trägt. Die Hülse läßt sich schieben, bis das Loth der Setzwage einspielt und wird dann mit Feder und Schraube s behufs genauer Ablesung gestellt.

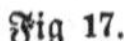
Fig 17.

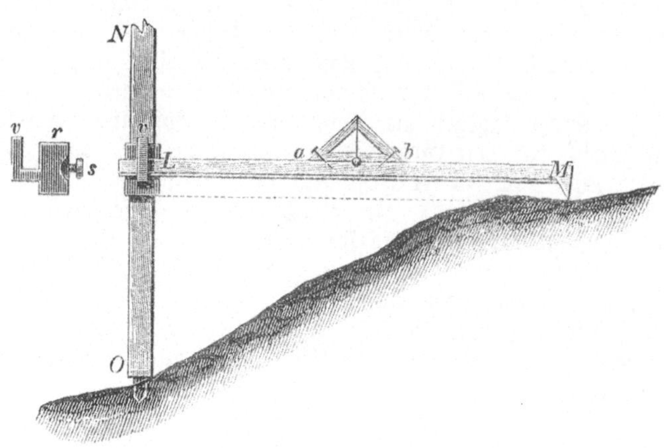

§ 14.

Die Bergwage

ist eine mit Gradbogen versehene Setzwage zur Messung der Böschungswinkel. Die einfachste ist die Roth'sche Bergwage (Fig. 18).

Fig. 18.

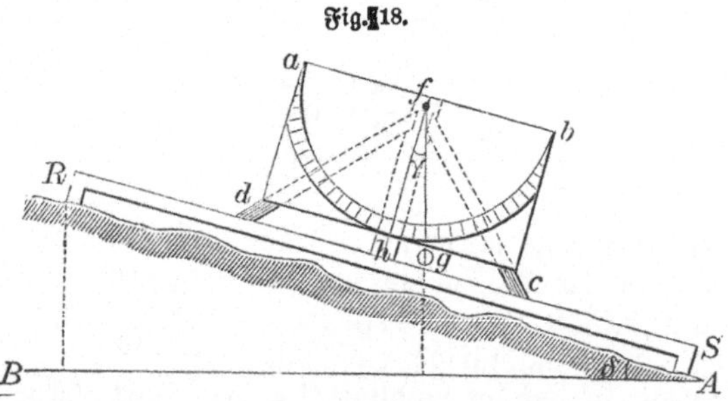

Mitten auf einem 3^m langen Richtscheit RS, dessen Enden wegen der kleineren Bodenunebenheiten kurze Füße haben, ist die Schiene hf eingefügt und durch 2 Seitenleisten rechtwinklig festgehalten. Sie trägt das Brettchen abcd, etwa 1^{zm} dick, genaues Rechteck von 20 auf 40^{zm}, parallel mit dem Richtscheit. Von f aus ist mit dem Radius fb $\left(=\frac{ab}{2}\right)$ ein in Grade von a nach b eingetheilter Kreisbogen gezogen und an einem feinen Stift in f das Loth fg befestigt, an dessen Faden die Grade abgelesen werden.

Da die Linien fh und fg $\perp$ AR und AB, ist $\angle \gamma = \angle \delta$; folglich wenn Richtscheit $RS = 3^m$, ist $AB = 3 . \cos \gamma$,

$$BR = 3 . \sin \gamma.$$

Stellt man für das Instrument, um die trigonometr. Rechnung zu ersparen, besondere Tafeln für eine konstante Richtscheit-Länge auf, so kürzt sich die sonst umständliche Arbeit viel ab.

Zur unmittelbaren Ablesung des Neigungswinkels (γ) sollte der Nullpunkt des Gradbogens auf der Mittellinie fh stehen, anstatt bei a.

Das Instrument, sowohl gleich der Setzwage wie zur Winkelmessung brauchbar, liefert etwas genauere Ergebnisse als diese, hat jedoch nicht die gleiche Handlichkeit.

Sein Gebrauch ist wie jener der Setzwage: zu Detailarbeiten und seine Prüfung geschieht wie bei ihr.

Die Bergwage kommt noch in verschiedenen Konstruktionen vor. Die beste (Bauernfeind, „Elemente der Vermessungskunde", 2. Aufl. 1862.) ist v. Göhl's Universal-Setzwage. Auf einem (etwa 1^{m} langen) Richtscheit mit Füßen ruht ein offenes metallenes Gehäuse (Kästchen), dessen Vertikalwand einen aufwärts gestellten Gradbogen hat, mit dem Nullpunkt oben; im Centrum ist der Senkel so befestigt, daß er sich pendelartig bewegen kann und während er nach Unten senkelt, nach Oben einen Zeiger streckt, welcher lothrecht steht, sobald der Senkel in Ruhe, und auf den abzulesenden Neigungswinkel am Gradbogen hinweist.

β. Die Senkel-Instrumente mit Visirvorrichtung.

§ 15.

Die Baumhöhenmesser.

Alle unsere verschiedenen Arten von Baumhöhenmessern eignen sich, da sie dazu eingerichtet sind, auf eine Standlinie von bestimmter Länge Höhen zu bestimmen, auch zu Gefällmessungen, haben jedoch je nach ihrer Konstruktion einen sehr verschiedenen Grad von Brauchbarkeit. Während z. B. der Hoßfeld'sche sehr wenig geignet ist, weil er weder die Lothlinie sicher genug angiebt, noch eine scharfe Visur gestattet; ferner das „Meßbrett" zu plump und zum Ablesen unbequem und ungenau ist — vermögen andere zu Absteckungen flüchtiger Art oder wo eine größere Schärfe der Messungen überhaupt nicht geboten ist, die weniger genauen Senkel-Instrumente recht wohl zu ersetzen.

Hieher gehört:

der Winkler-Großbauer'sche Dendrometer,

der Faustmann'sche Spiegelhypsometer (in neuererer Zeit auch zum Gebrauch mit Stativ eingerichtet)*),

der Smalian'sche Höhenmesser u. a. m.

Von diesen zeichnet sich der Faustmann'sche Hypsometer durch einfache, bequeme Einrichtung, Leichtigkeit und Billigkeit vortheilhaft aus. Er ist deßwegen auch am weitesten verbreitet.

Insgesammt erfordern sie aber, auch der letztere, ruhiges heiteres Wetter und eine ruhige Hand, insofern ohne Stativ, sonst arbeiten sie unsicher und langsam.

*) Siehe Bauer's Monatsschrift für Forst- und Jagdwesen von 1871, Seite 44.

§ 16.

Der Quadrantenstock.

Obgleich ein wenig genaues Instrument, wird des Quadrantenstocks doch hier gedacht, weil er das Senkel-Instrument mit Visiren in der einfachsten Gestalt vorstellt und überall, selbst von Laienhand, schnell hergestellt werden kann, wo ein besseres Geräth augenblicklich nicht zu beschaffen und Verzug unzulässig ist.

Fig. 19.

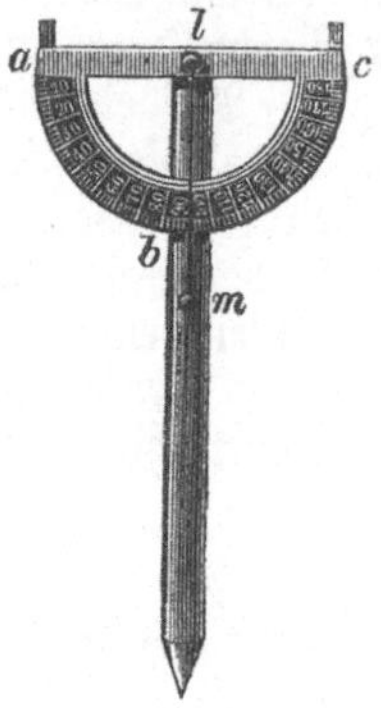

Am oberen Ende eines geraden starken Stocks mit eiserner Fußspitze ist ein Quadrant oder ein Halbkreis abc (von Metall oder Holz), im Centrum beweglich befestigt und trägt Grad- oder Prozenttheilung oder beides neben einander. Nach dem vom Centrum herabhängenden Loth wird sowohl der Stock auf seine lothrechte Stellung eingerichtet als auch nach stattgefundener Visur an seinem Faden das Gefälle abgelesen bez. der Kreisbogen auf ein bestimmtes Gefälle gerichtet. Die Grundschiene ac des Gradbogens trägt an ihren Enden 2 einfache Diopter.

Dem Quadrantenstock sehr ähnlich ist der „Nivellirgalgen", in einzelnen Gegenden Hessen's gebräuchlich und in der Allg. Forst- und Jagd-Zeitung v. 1852, S. 304 beschrieben.

Eine neuere Auflage des Quadrantenstocks, nur in etwas veränderter Gestalt, ist Preßler's „Meßknecht" mit „Zeughäuschen", durch die wiederholte Beschreibung in den Preßler'schen Schriften genugsam bekannt*).

Ungeachtet des niederen Preises (?) kann ernstlich zur Anwendung bei ausgedehnten Messungsarbeiten nicht gerathen werden. Dazu eignet sich weder der Pappstoff des Meßknechts, noch seine niedliche, schwache „Armatur" (schlechte Senkelung, kurze ungenaue Visur u. s. w.). Er ist ein Tascheninstrument zu Uebungen des Anfängers und etwa zu flüchtigen Aufnahmen.

§ 17.

Der Schwarzwälder Gefällmesser.

Von wesentlich anderer Konstruktion als der Quadrant und nur auf

*) Siehe z. B. Preßler's Neue holzwirthschaftl. Tafeln von 1867 und „Meßknechts-Praktikum".

die Bestimmung oder Herstellung von Gefällprozenten eingerichtet ist der eigens zu Waldwegbauten im südlichen Schwarzwald erdachte Gefällmesser, in seiner anfänglichen Gestalt so zu sagen die Urform mehrerer anderer Senkel-Instrumente.

In einem hohlen Stativstock bewegt sich leicht ein Eisenstab, welcher einen rechtwinkligen Holzrahmen durchzieht und in halber Rahmenhöhe eine Visirschiene mit Diopter, mittelst Schraube stellbar, trägt. Auf den beiden Seitenrahmen befindet sich die Prozenttheilung, welche an einer Schneide der Visirschiene abgelesen wird. Der die Achsendrehung vermittelnde Eisenstab läßt sich im Stativ mittelst Gewindes höher oder tiefer stellen und durch eine Schraube festhalten.

Die allgemeine Horizontalstellung ist nur durch einen am einfüßigen Stativ hängenden Senkel zu bewirken.

Dieser noch ziemlich primitiven Einrichtung folgte die verbesserte, welche in Fig. 20 sich darstellt*).

Fig. 20.

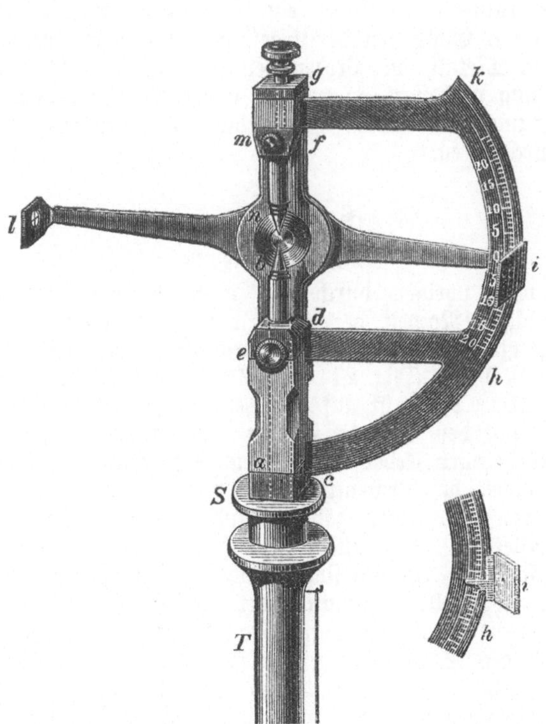

Auf dem einfüßigen starken Stativ (mit Senkelvorrichtung) S T ist eine konisch zulaufende eiserne Achse a b befestigt. Sie durchzieht die metallbeschlagene 4kantige Säule c d, an welcher der ganze übrige Apparat

*) Angefertigt nach den Angaben des Gr. Bad. Bezirksförsters Wasmer in St. Blasien durch einen Waldhüter (vor etwa 20 Jahren).

befestigt ist, so daß die Hebung oder Senkung der Visirhöhe an der Achse a b zu erfolgen hat. Feststellung geschieht dann mit Ringklemme durch Anziehen der Schraube e. Von der Säule c d setzt sich nach oben eine bei b scheibenartig ausgeformte Holzschiene fort, in deren oberer Verdickung f g eine Schraube eingelassen ist und an kurzer Schnur den Senkel m n trägt. Zur einen Seite hängt mit den Verdickungen bei c, d und f ein Höhenbogen c h k mit Prozenttheilung zusammen und hinter der Scheibe b n ist die Visirschiene i l (mit Okular- und Objektiv-Diopter) angefügt und durch eine Schraube stellbar.

Bei der Aufstellung wird zuerst das Stativ mit Anwendung seines Senkels beiläufig senkrecht gestellt und dann die Stellung so lange korrigirt, bis die beiden konischen Spitzen b und n einander gegenüber stehen. Alsdann steht die Achse genau senkrecht und die auf Null eingestellte Visirschiene wagerecht. Wird auf ein bestimmtes Gefälle eingerichtet, so läßt sich die Spitze n des Senkelkonus so weit herabsenken, daß sie die Visirlinie angeben hilft, was die Visur verschärft.

Die ganze Vorrichtung ist in ihrer Anlage sinnreich und höchst einfach. Bewirkten zwei Schraubenpaare (oder ein Schraubenpaar mit entgegenstehender Spiralfeder) das Einspielen der Kegelspitzen und wäre, bei zierlicherer Ausführung ganz in Metall, die Prozenttheilung mit Nonius versehen und die Dioptervorrichtung verbessert, so würden wir diesen Gefällmesser zu den besten Senkel-Instrumenten zählen. Immerhin lassen sich Wegabsteckungen ganz gut damit durchführen.

§ 18.

Der Bose'sche Senkelrahmen

unterscheidet sich vom vorigen durch das eigene Senkeln des Rahmens (daher wir ihm obigen Namen beilegten), durch das Feststehen des einen Diopters und der Instrumentenhöhe, sowie durch die feinere Gefälltheilung*).

Ein rechteckiger Rahmen (Fig. 21) aus 2^{zm} breiten Messingstreifen, ungefähr 20^{zm} hoch, 15^{zm} breit, ist auf der Seite a b mit dem Okulardiopter o versehen, welcher mit dem Nonius m n in dem Längsspalt p q verschieblich und mittelst rückseitiger Feder und Schraube stellbar ist. Dicht davor läuft auf dem Rahmen die Prozenttheilung, vom Nullpunkt der Horizontalen o w nach Oben und Unten zählend und mit Hilfe des Nonius bis auf 1/10 Prozente ablesbar. Gegenüber ist auf der Schiene c d das Objektivdiopter w aufgeschraubt, ein Messingrähmchen mit Roßhaar, welches sich mittelst Gelenk aufrecht stellt. Inmitten der Schiene a c ist die (seitwärts größer gezeichnete) Vorrichtung e f aufgeschraubt, um das Instrument an einem dünnen Stift des Stativstocks g i freischwebend einzuhängen.

Damit es mit gehöriger Sicherheit und Schwere selbst senkelt, ist hinter der unteren Rahmenseite b d durch die Schrauben k und l ein breiter Eisenstab angefügt.

Das Stativ, von der Größe und Stärke eines Meßkettenstabs, hat über der eisernen Fußspitze einen wulstartigen Eisenring, welcher das tiefere

*) Siehe H. L. Bose, Beschreibung zweier Instrumente zum Nivelliren der Waldwege und Messen der Baumhöhen, Darmstadt 1863; sowie Grunert's forstliche Blätter, 13. Heft, S. 214.

Eindringen in den Boden verhindert, und bei h einen Ausschnitt, in welchen, um das Instrument beim Transport zu stellen, der Eisenstab kl angedrückt und durch den Riegel h gefangen gehalten wird. Da das Stativ weder auf sehr felsigem, noch in sehr lockerem Boden genau bis zum Fußring festzustellen ist, ließ der Erfinder noch ein 3füßiges leichtes Fußgestell aus Eisenstäben anfertigen, welches am Stativstock auf passende Höhe aufgeschoben und durch einen Ring mit Schraube an demselben festgelegt wird.

Fig. 21.

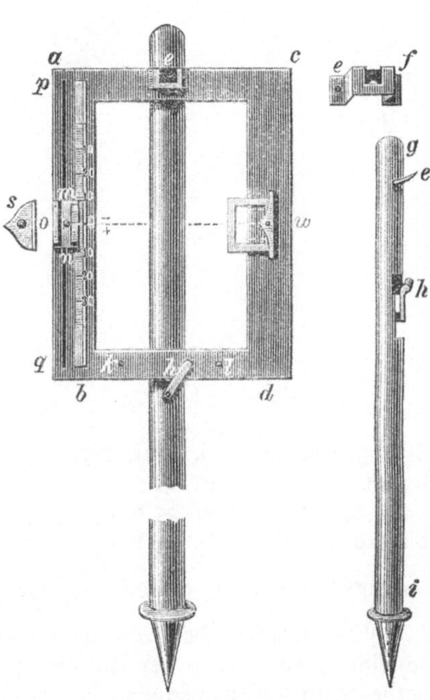

Wie am Instrument der Abstand zwischen dem Nullpunkt der Skale und Fußpunkt stets gleich bleibt, kommt auch eine Nivellirlatte in Gebrauch, deren fest aufgeschraubte Zieltafel von ihrem Fußring die gleiche Entfernung hat, so daß stets Instrumentenhöhe gleich Lattenhöhe. Dabei ist bedingt, daß der Fußring beider jedesmal gerade den Boden berührt, bez. auf der Kopffläche des Nivellirpfahls aufsitzt.

Bei der Arbeit wird das Instrument, nach Entfernung des Riegels h, oben am Stifte e des lothrechten Stativstocks ganz frei gehängt. Wenn dann die Nullpunkte des Nonius und der Prozentskala stimmen, stellt bei justirtem Instrument die Diopterlinie die horizontale Visur her. Steht nun die in fixer Höhe befindliche Richtlinie der Zieltafel unter oder über dieser Visirlinie, so wird das Okular durch Verschieben darauf eingerichtet und Gefäll oder Steigung auf der Skala abgelesen. Ist die Stationslänge L = 100, so gibt das abgelesene Gefällprozent p zugleich den Höhenabstand an. Andernfalls muß der letztere durch Rechnung gefunden werden (Höhe h = L. o, op).

Demnach ist für das Nivelliren die Unverschieblichkeit der Zieltafel eine Vereinfachung von zweifelhaftem Werth.

Dem Instrument klebt ein kleiner Konstruktionsfehler an, welchen der Erfinder freimüthig eingesteht. Dadurch nämlich, daß nur das Okulardiopter verschieblich ist, stellen sich beim Anvisiren eines Höhenpunkts die zwei ähnlichen Dreicke bca und bde her (Fig. 22), da doch die Standlinie

Fig. 22.

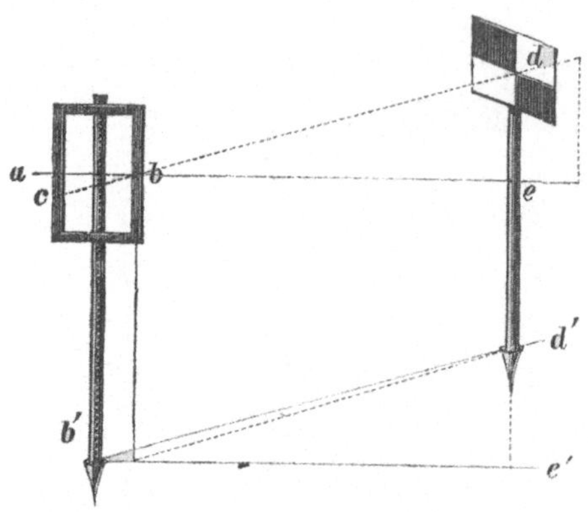

b'e' genommen ist, welche größer als be. Es ergibt sich also der falsche Ansatz b'e' : de = ab : ac woraus:

$= 1 : 0,0p, \; de = b'e' \times 0,0p$

anstatt $be : de = 1 : 0,0p, \; de = be \times 0,0p$

$$\left(\text{Differenz} = [b'e' - be] \cdot 0,0p \text{ oder } \frac{ab}{2} \cdot 0,0p\right)$$

allerdings ein kleiner Fehler, welcher bei Absteckung von gewöhnlichen Waldwegen nahezu verschwindet, da er von der Entfernung unabhängig bei 10 Prozent Steigung (halbe Instrumentenbreite = 7,5^{zm}) erst die berechnete Höhe um 0,75^{zm} zu hoch angibt.

Vermieden würde er jedoch, wenn das Objektiv in gleicher Weise wie das Okular verschieblich wäre. Kurzweg läßt sich vom Bose'schen Senkelrahmen sagen: daß er zu eigentlichen Nivellementsarbeiten weniger zu empfehlen, dagegen als eines der besseren Senkel-Instrumente zu den meisten Arbeiten des Waldwegbaues ein brauchbares, bewährtes Instrument sei. Man prüft und berichtigt dasselbe durch Anvisiren eines festen Punktes, welchen man, wenn der Nonius genau auf Null gestellt ist und das Instrument frei und ruhig hängt, von o über w wagrecht eingerichtet hat, indem man das Instrument umdreht und den gleichen Punkt aus dem kleinen Okular bei w über die Spitze s des Okularplättchens o nochmals anvisirt (was im Zimmer thunlich). Stimmen die Messungsergebnisse genau, so senkelt und mißt das Instrument richtig. Andernfalls wird auf das arithmetische Mittel beider Messungsgrößen der Nonius eingestellt und einerseits des bei k und l angeschraubten Eisenstabes gefeilt, bis die Diopterlinie bei nochmaligem Aufstellen genau die Mitte der Zieltafel schneidet. Mechanikus Weingarten in Darmstadt liefert das Instrument mit Kästchen, Stativ,

Dreifuß und Latte zu 30 Mark. Ein kleineres Taschen-Instrument der gleichen Konstruktion, zum Handgebrauch, kostet 14 Mark.

§ 19.

Der Hurth'sche Gefällmesser.

Das Instrument des fürstl. hohenzollern'schen Revierförsters Hurth*) ist einfacher und leichter konstruirt als das vorige, stimmt mit ihm bezüglich des Gebrauchs eines einfüßigen Stativs und einer Ziellatte mit fixem Zielpunkt überein, hat aber eine weniger sorgfältig eingerichtete Visirvorrichtung und Prozenttheilung, vermeidet dagegen den Fehler, daß der Wägepunkt nicht über dem Stationspunkt steht.

Fig. 23.

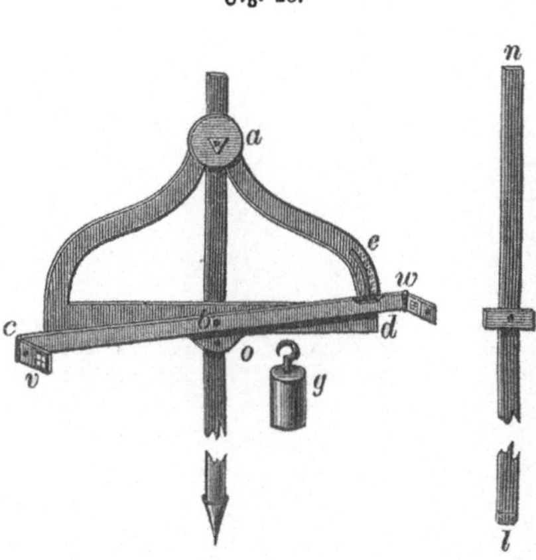

Das Instrument (Fig. 23) ist in Messing ausgeführt. Eine Durchmesserschiene c d von beiläufig 30zm Länge, 2zm Breite und 3mm Dicke trägt an beiden Enden den Ausschnitt des entsprechenden Kreisbogens, nach Oben mit beliebiger Schweifung in a vereinigt, wo eine Wagbolze (oder Aufhängvorrichtung wie am Sickler'schen Gefällstock) damit verbunden ist, damit bei freischwebendem Senkeln die Schiene c d eine wagrechte Lage einnehmen kann. Genau in $\frac{cd}{2}$, dem Drehpunkt b, ist die etwas längere Visirschiene v w aufgeschraubt, welche an ihren Enden ein einfaches Okular- und Objektivdiopter trägt.

In wagrechter Stellung der Visirlinie decken sich die oberen Kanten von c d und v w. Gemäß der an dieser Linie beginnenden Prozenttheilung wird daher, wenn einvisirt, das Gefälle an dem Theilbogen d e (dessen Skale bis zu 30% steigt) über der Kante des Visirlineals abgelesen.

Unterhalb des Schienenverbindungspunktes b ist die Schiene c d mit einem Oehr o versehen, in welches ein Senkelloth g eingehängt wird.

Die Einfachheit und Leichtigkeit des Instruments begünstigt seine Handhabung, seine Billigkeit die Anschaffung. Feine Messungen und Absteckungen

*) Siehe Monatsschrift für Forst- und Jagdwesen von 1863, S. 113.

läßt es jedoch nicht zu. Der Sicherheit der Messung ist auch der Gebrauch einer einfachen Nivellirlatte (nl) mit aufgeschraubtem Querlättchen, wie der Erfinder sie anfänglich für genügend hielt, besonders bei größeren Stationslängen, hinderlich.

Das Instrument wird geprüft durch Aufstellen mitten zwischen zwei Zielobjekten, nach deren Einrichten auf ein bestimmtes Gefäll man umdreht und nochmals anvisirt, wonach Korrektur an den Schienen erfolgen muß.

§ 20.

Der Gefällmesser Desaga's.

Dem Hurth'schen ähnelt am meisten der von Mechanikus P. Desaga in Heidelberg konstruirte, dort seit etwa 16 Jahren gebräuchliche Taschen-Gefällmesser*), welcher unterdessen folgende verbessernde Umgestaltung erfahren hat.

Fig. 24.

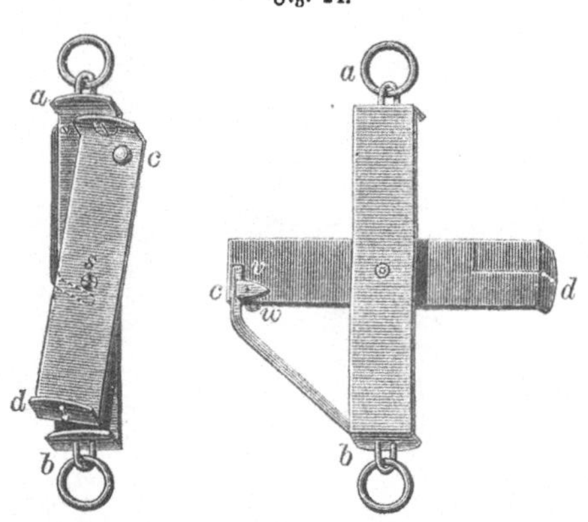

Zwei dünne schwarzlackirte Eisenschienen von je 3zm Breite, die eine 18zm lang, die andere um Weniges kürzer, sind durch eine Schraube s in der Mitte verbunden und auf beliebigen Winkel drehbar. An beiden Enden der Schiene ab sind Ringe zum Aufhängen oder Halten des Instruments und zum Anhängen eines Senkels angebracht. An den Enden der Schiene cd befinden sich die beiden Diopter. In die Schraub-Vorrichtung vw (einerseits eine metallene Zunge, anderseits eine durchgreifende Schraube) nächst dem Objektiv c läßt sich der am Ende b der Schiene ab angeschraubte bogenförmige Messingstreifen bc, welcher die Prozenttheilung enthält, einschieben und an einer Marke bei c auf den Prozentsatz einstellen. Als Gegengewicht gegen die Gefällvorrichtung bei c dient eine bei d aufgelöthete Metallplatte.

In der Ruhe werden beide Schienen nebst dem Bogenstück bc in die Richtung ab gebracht und ist dann das Instrument in einer Tasche leicht unterzubringen.

Der Gebrauch geschieht von freier Hand oder nach Aufhängen an einfüßigem Stativ. Bei unruhiger Luft wird zu stetigem Senkeln am unteren

*) Näher beschrieben in der Monatsschrift für Forst- und Jagdwesen von 1863, Seite 431 und 1870, S. 265.

Ring ein beliebiges Loth eingehängt. Zu kontrolirendem Rückwärtsvisiren wird das Instrument nur umgedreht und das Loth versetzt.

Im Uebrigen ist die Behandlung die nämliche wie beim Hurth'schen Gefällmesser, mit feststehender Zieltafel jedoch nur, wenn von Hand gebraucht.

Zum eigentlichen Nivelliren ist das Instrument nicht gut dienlich, auch dazu vornherein nicht bestimmt.

Da höchstens noch halbe Prozente zu messen sind, genügt es auch nur zu den einfacheren Absteckungs- und Kontrolarbeiten, ist aber hiezu ein bequemes, höchst einfaches und billiges Geräthe. Mechanikus Desaga (Sohn) liefert dasselbe um 9½ Mark.

§ 21.

Der Gefällstock.

Von den bisher geschilderten Instrumenten unterscheidet sich der Gefällstock durch seinen eigenthümlichen Bau sehr wesentlich und vortheilhaft. Es sind uns von demselben zwei Konstruktionen bekannt, welche beide ihre Vorzüge haben:

a. Der Boussat'sche Gefällmesser*).

Fig. 25.

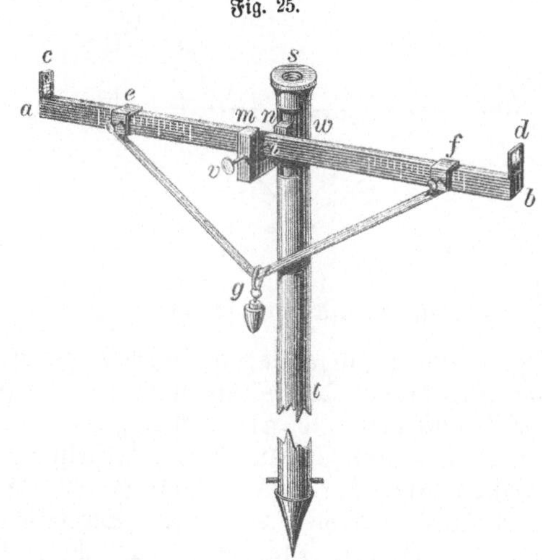

An dem einfüßigen Stativstock st ist ein aufwärts gerichteter metallener Arm vw eingelassen und anderseits durch eine Schraubenmutter festgehalten. In seinem senkrechten Einschnitt mn schwebt, einem Wagbalken gleich, der etwa 45—60^{zm} lange 4kantige Messingstab ab, welcher von einer durch m eingeschraubten glatten Spindel durchzogen ist und hinlänglichen Spielraum hat, sich um dieselbe zu drehen und in's Gleichgewicht zu setzen.

An beiden Enden von ab befinden sich die Doppeldiopter ac und bd,

*) Erfinder des Gefällstocks ist der badische Geometer Boussat (aus Buchheim bei Freiburg.)

welche Gelenke zum Niederlegen haben; ferner ist jeder Arm von ab von einer Metallhülse e, bez. f umschlossen, welche jede zwischen Stabmitte und Stabende leicht verschoben und an beliebigen Punkten der beiderseitigen Prozentskala der Schienenarme ai und bi durch eine Schraube gestellt werden können. Gelenke verbinden wieder mit den Hülsen je 1 abwärts gehendes Messingstäbchen, eg und fg, (deren Länge behufs des Zusammenlegens = ai und bi) und beide Stäbchen laufen wieder in g in einem Gelenk mit Ring, zum Einhängen des Loths, zusammen.

Wenn i die Stabmitte und ai + eg in Länge und Schwere genau = bi + fg, wenn ferner die Schieber e und f gleichweit von i, so muß, weil Δ efg gleichschenklig und das Gewicht von g sowohl als das Eigengewicht der Stäbe beiderseits gleiche Wirkung übt, der Punkt g in die Schwerlinie fallen, gi also lothrecht sein und die Diopterlinie die Richtung des scheinbaren Horizonts angeben.

Demnach ist der Gefällstock eine sinnreiche und doch sehr einfache Kombination von Hebel- und Senkelvorrichtung. Die Arme eg und fg mit dem Gewicht g legen dabei den Schwerpunkt tiefer, machen zwar dadurch den Wagbalken ab weniger empfindlich, aber ruhiger und sicherer in Bewegung und Richtung. Rückt (Fig. 26) Schieber e gegen a, um das Stei-

Fig. 26.

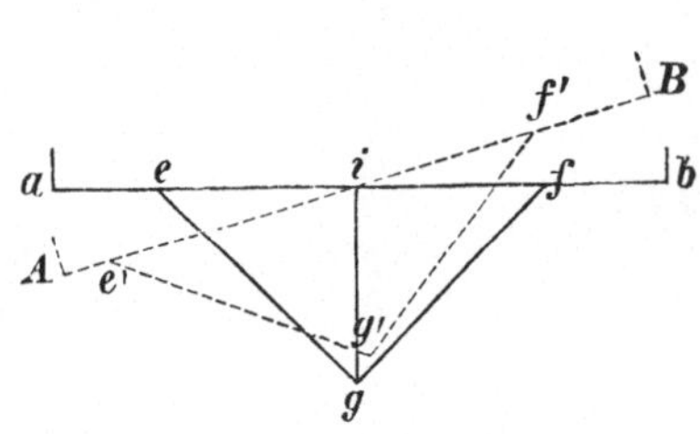

gungsverhältniß $\frac{\mathrm{Bb}}{\mathrm{bi}} = \mathrm{o, op}$ abzustecken, so wird der Schwerpunkt, weil Hebel ei sich verlängert und g sich a nähert, gegen a gerückt, Schenkel ai sinkt in die Richtung Ai, drängt den Senkelpunkt g nach g' hinauf und den Schenkel bi soweit aufwärts als ai hinabging — oder mit anderen Worten: der Wagbalken ab muß sich zur Wiederherstellung des Gleichgewichts um den Ausschlagswinkel aiA = biB drehen. Hierauf beruht die Gefälleintheilung an beiden Armen von ab. Sie erfolgt auf empirischem Wege, indem man zuerst das Instrument wagrecht aufstellt, auf die Entfernung 100 eine Nivellirlatte mit genauer Eintheilung und lothrechter Stellung auf die wagrechte Sehlinie einrichtet und dann, nachdem beiderseits von i in gleicher Entfernung an ai und bi der Nullpunkt genommen, die Höhe 10 und die Tiefe 10 an der Latte anvisirt. Hienach läßt sich dann die Prozenttheilung weiter führen, durch wiederholtes Anvisiren der Latte prüfen und richtig stellen, bevor man die Prozentstriche eingravirt und numerirt.

Damit das Instrument richtig sei, muß es ähnlich wie eine Wage sehr gleichmäßig ausgearbeitet werden und, um jede Unrichtigkeit anzuzeigen, große Empfindlichkeit besitzen, eine scheinbar einfache, aber schwer erfüllbare Forderung; Sand, Staub, Feuchtigkeit einerseits oder ungleiche Temperatur der Arme beeinträchtigen schon die Genauigkeit. Uebrigens ist eine kleine Ungenauigkeit beim Aufstellen ebenso wenig von Belang wie eine kleine Gleichgewichtsstörung von Außen, sobald das Instrument genau und sauber gearbeitet und richtig getheilt ist.

Für den Transport wird das Gewicht g abgehängt und auf das Stativ bei s geschraubt, der Winkel e g f gestreckt, so daß die Schieber e und f die Diopter erreichen und der Apparat entweder in den hohlen Stativstock eingeschoben oder in ein mit Tragriemen versehenes Kästchen gelegt.

Das Verfahren beim Nivelliren mit dem Gefällstock hat ebenso wenig Besonderheiten als die Gefällabsteckung auf einen festen Prozentsatz. Bei einiger Länge des Wagbalkens a b ist noch eine Ablesung von 1/4 Prozent möglich und erreicht die Visur wegen der großen Diopterdistanz und geringen Schwankung einen ansehnlichen Grad von Sicherheit. Man gebraucht Schieblatten zu ihm. Beim Vorwärtsnivelliren ist öftere Prüfung, bei Gefällabsteckungen häufiges probeweises Rückwärtsvisiren namentlich bei bewegter Luft räthlich, wo die Unruhe des Senkels auch beim Gefällstock störend wirkt.

Die Leistungsfähigkeit des Gefällstocks hat ihm seit Jahren eine vielfache Anwendung gesichert und z. B. in Baden brauchten ihn die Ingenieure häufig selbst zur Aufsuchung von Eisenbahn- und Weg-Tracen im Gebirge.

Zuweilen findet man ihn mit kürzerem Wagbalken, auf welchem statt der Diopter ein Fernrohr angebracht ist. Letzteres gleicht durch seine größere Schärfe die Nachtheile der Verkürzung der Sehlinie wieder aus.

b. Der verbesserte Gefällstock Sickler's.

Ein Blick auf die untenstehende Figur 27 läßt in Sickler's Gefällstock sogleich eine glückliche Verbindung des Bose'schen Senkelrahmens mit dem bisherigen Gefällstock erkennen.

Fig. 27.

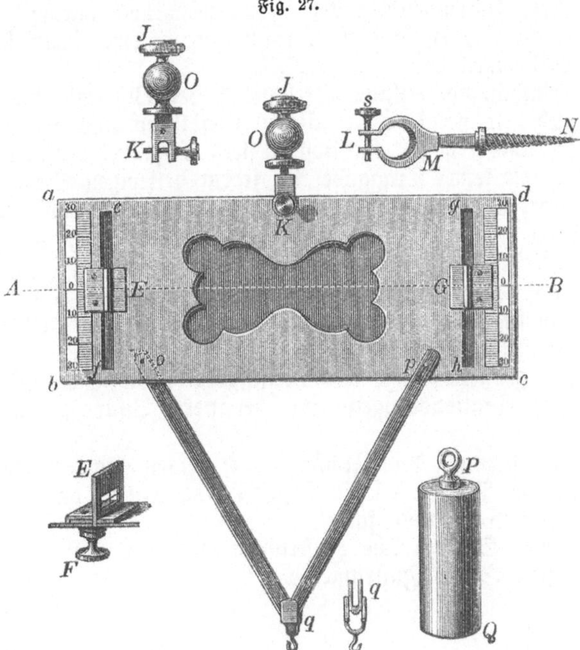

Eine viereckige Messingplatte abcd, 24^{zm} lang und $7-8^{zm}$ breit, trägt an den Seiten ab und cd die Theilung in Gefällprozenten, welche von ihrem Nullpunkt in der Mittellinie AB auf- und abwärts bis zu 30% geht. Parallel mit den Prozentskalen ziehen zwei Spalte (ef und gh), worin je ein Doppeldiopter EF und GH läuft, auf der Rückseite durch eine Schraube stellbar, auf der Vorderseite mit Index. Oben genau in $\frac{ad}{2}$ ist zum Aufhängen der Messingplatte die Vorrichtung JK befestigt; dieselbe paßt mit ihrer Kugel O zum Einhängen in eine ringförmig erweiterte, vorn durch eine Spindelschraube s verschließbare Gabel LMN, welche letztere in eine Schraube endigt und an jedem beliebigen Stativ sich einbohren läßt. An der unteren Kante der Messingplatte befinden sich zwei Knöpfe, o auf der Rück-, p auf der Vorderseite. In sie werden die beiden Messingschienen oq und pq (von je $15-18^{zm}$ Länge) an Knopflöchern eingehängt und tragen in ihrem Vereinigungsgelenk q an einem kleinen Haken das Loth PQ. Das ganze Instrument ist sehr sauber, pünktlich und zierlich ausgeführt und wird beim Transport in einem Kästchen mitgeführt.

Die Gefällprozente, welche mit ihm gemessen werden, sind nicht auf empirischem Wege, sondern durch Konstruktion am Instrument selbst bestimmt. Die Visirlinie AB ist nämlich von Null- zu Nullpunkt gemessen, die Prozenttheilung darnach berechnet und beiderseits nach Unten und Oben aufgetragen. Ihr Auftrag geschah in der Weise, daß das Verschieben des einen Diopters allein um die Zahl 1 nur ½ Prozent beträgt. Zur Absteckung von 1 Prozent muß also ein Diopter um 1 Theil hinauf, das andere um 1 Theil hinabgeschoben werden und lassen sich in Folge dieser Einrichtung ¼ Prozente noch sehr sicher einstellen.

Die Vorzüge des Instruments bestehen außerdem noch darin:

1. daß es leicht und ruhig senkelt, rasch aufzustellen, einzurichten und gut zu verbringen ist;
2. daß die Aufhängvorrichtung Drehungen der Visirlinie bis nahezu 90° erlaubt, während beim älteren Gefällstock und mehreren anderen Gefällmessern der Stativstock stets mitgedreht werden muß;
3. daß sich's mit seiner Traggabel an jedem beliebigen Stativ (einem Baum, einer Latte 2c.) durch Einbohren befestigen, jedoch auch von freier Hand zu flüchtigen Absteckungen ebenso leicht, wie zu genaueren Messungen gebrauchen läßt.

Als Verbesserung wäre zu wünschen:

1. Die Beifügung eines Nonius an dem Index der Diopter, wie beim Bose'schen Senkelrahmen;
2. eine etwas größere Länge der Messingplatte bis etwa 30^{zm}, um für größere Stationslängen eine genauere Visur zu gewinnen, dagegen
3. eine Verminderung der Fläche durch einen starken Ausschnitt mitten in der Platte, wie in Fig. 27 angedeutet, damit bewegte Luft weniger Widerstand findet.

Immerhin ist das Sickler'sche Instrument wie der Gefällstock überhaupt eines der besten Senkel-Instrumente.

§ 22.

Der Drainir-Gefällmesser.

In einzelnen Gegenden findet man, namentlich für Drainirungsarbeiten, einen Gefällmesser angewendet, welcher seiner Eigenart wegen und weil sein Gebrauch zu einzelnen Waldarbeiten zuweilen vorkommen mag, hier der Hauptsache nach geschildert wird.

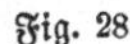
Fig. 28.

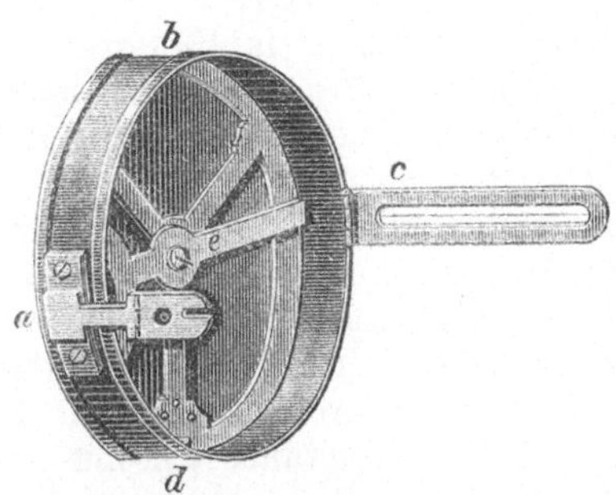

Ein Metallreif abcd ist über 2 sich unter 90° kreuzende Durchmesserstäbe gespannt, an deren einem im Umfangspunkt d ein hinlänglich schweres Bleiloth festgeschraubt ist, so daß die Speiche de, wenn das Rad freischwebt, die Lothlinie einnimmt, und der Durchmesser ac wagrecht liegt. Der Punkt a am Reife bildet den Nullpunkt seiner Gradtheilung, welche sich von da beliebig weit nach Oben und unten fortsetzt und innerhalb des Reifs liegt. Im Centrum hat das Rad zur Achse einen quer durchgreifenden feinen spitzen Stift; ein trommelartiges Gehäuse dient zu seiner Aufnahme und hat im Centrum der Vorder- und Rückwand, deren erstere einen auf- und einschraubbaren Deckel bildet, die nöthige Vorrichtung, daß der Stift e zugleich die *leichtbewegliche Vertikalachse* des Gehäuses bildet. Außen (Fig. 29) ist am Mittelpunkt der Gehäus-Rückwand eine

Fig. 29.

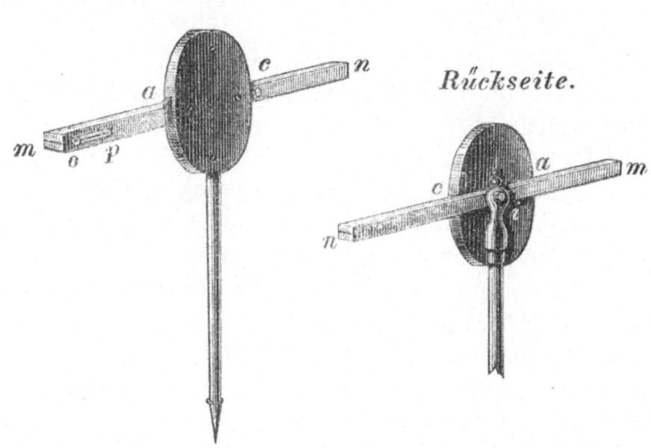

kantige Röhre aufgelöthet, am einen Ende mit einer Okularritze, am anderen mit aufgespanntem feinen Draht (Roßhaar) als Objektiv, und mit genannter Röhre (Richtröhre) in halber Länge mittelst Schraube i eine Hülse verbunden, welche sich auf einen Stativstock aufsetzen läßt.

Um den Gradbogen des Rades sichtbar zu machen, hat die Trommelhülse bei a einen Ausschnitt, durch welchen mittelst einer kleinen Nebenröhre op während des Gebrauchs der Richtröhre visirt und am Gradbogen der Neigungswinkel abgelesen werden kann. Zum Stellen („Arretiren") des im Achsenstift schwingenden Rades während des Transports (Schonung des Stifts) dient eine Schraube mit Feder bei c.

Statt der Visirröhre kann auch bei a ein Okular-, bei c ein Objektivdiopter (zum Umlegen) angebracht werden. Dadurch wird das Instrument einfacher, aber wegen der kürzereren Absehlinie etwas unsicherer. (Schmalkalder's Höhenmesser, Fig. 28).

Zur Absteckung eines Gefälles nach Graden (Prozenttheilung ist durch die Bauart nicht ausgeschlossen) dient eine Latte mit fester Zieltafel, ähnlich wie beim Bose'schen Senkelrahmen. Man dreht Trommel und Röhre nach Aufhebung der Arretirung bei c soweit um die Schraubenachse i, bis durch die Seitenröhre op in dem Trommelausschnitt bei a der gesuchte Neigungsgrad erblickt wird, stellt die Schraube fest und visirt dann mittelst der Richtröhre die Zieltafel ein — oder umgekehrt bei Gefällaufnahmen.

Wie aus der Schilderung ersichtlich, ist der Drainirgefällmesser weder ein sehr zuverlässiges, noch besonders angenehmes Instrument, obgleich der leitende Gedanke nicht zu verwerfen ist. Vorweg ist zum Waldwegbau die Gradtheilung ungeschickt; ferner fehlt jede Vorrichtung, um sich zu überzeugen, ob die Trommel genau in der vertikalen Ebene steht und das Rad innen frei spielt, sowie um das Gefälle genau zu bestimmen. Endlich wird auch die Visur durch die Röhre bei trübem Wetter, im dunkeln Wald schwierig wegen Beengung des Sehfeldes.

§ 23.

Der Mayer'sche Patentgefällmesser.

Eine viel größere Brauchbarkeit, Genauigkeit und eine glücklichere Verwerthung eines ähnlichen Gedankens, wie er dem vorhergehenden Instrumente zu Grunde liegt, zeigt der „Patent-Gefällmesser" des Obergeometers Mayer in Karlsruhe.

Auf der durchbrochenen Scheibe ABC (Fig. 30) liegt eine ähnliche kleinere abc dicht, aber leicht drehbar auf. Die gemeinschaftliche Achse im Centrum wird durch einen Zapfen gebildet, welcher auf der Rückseite der Scheiben mit einem kleinen Fernrohr (von 9^{zm} Länge) in Verbindung steht und vorn durch eine Schraubenmutter s gehalten und festgestellt wird. Die Scheibe abc ist mittelst eines Stifts so an das Fernrohr eingefügt, daß sie dessen Bewegungen folgen muß, während an der Scheibe ABC oben ein Knopf m mit Doppelgelenk, unten eine Messinghülse angeschraubt ist. In letztere läßt sich ein 7^{zm} langes Eisenstäbchen no und hieran ein Messingloth op fest einschrauben. Der oben befestigte Knopf wird von einer in jeden beliebigen Stab (einen Baum oder sonstwo) einschraubbaren Gabel aufgenommen und dreht sich darin leicht, indem er Visur nach jeder Richtung nehmen läßt — oder das Instrument wird an ihm freischwebend in der Hand gehalten, gerade wie beim Sickler'schen Gefällstock (Fig. 27).

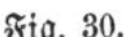

Fig. 30.

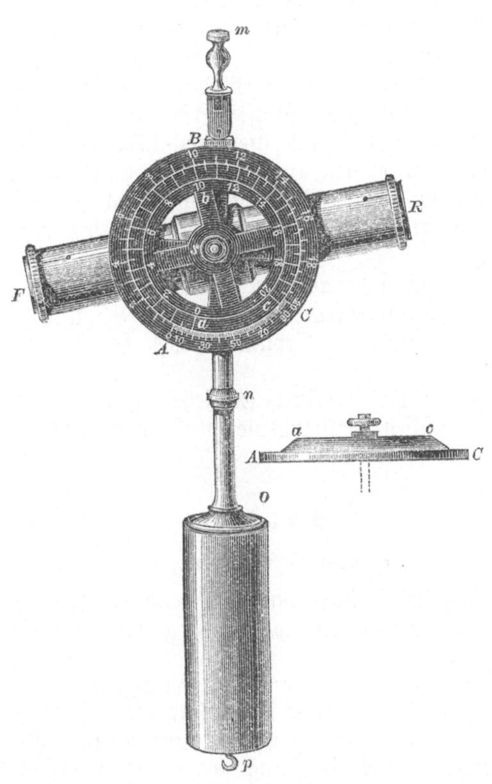

Die Scheibe ABC trägt am Rande von A über B bis C eine Theilung in 20 nochmals halbirte Theile nebst einer Gradtheilung in 100 Centesimal-Grade zwischen A und C. Die kleinere Scheibe abc dagegen ist auf eine um so viel größere Strecke ihres Umfanges in 20 Theile getheilt, als der 20 Prozenten entsprechende Centriwinkel beträgt, d. h. $\angle \alpha =$ 11° 18′ 35,5″ (alter Theilung). Wenn also das Umfangsstück ABC $^3/_4$ des Kreises oder 270° umfaßt, muß jene von abc sich auf 281° 18′ 35,5″ erstrecken und wenn die Nullpunkte zusammenfallen (FR in wagrechter Sehlinie), bilden die Radien der Endpunkte 20 den Centriwinkel α; umgekehrt müssen zur Absteckung von 20% die Radien der Nullpunkte den $\angle \alpha$ bilden und die Endstriche 20 zusammenfallen.

Um das Instrument auf ein bestimmtes Gefällprozent p (z. B. = 7,5) einzurichten, bedarf es daher nur der Einstellung der beiden Striche für 7,5% an der äußeren und inneren Skale. Die Figur zeigt die Einrichtung für $p = 10^1/_2$%.

Das Fernröhrchen FR ist ein sog. Stampfer'sches Diopter (s. § 27), ohne Vergrößerung, mit dem Fadenkreuz in der Mitte.

Zum Transport nimmt man die Senkelstücke bei n und o auseinander, dreht die äußere Scheibe mit dem Knopfe m gegen F und legt die Stücke in ein dafür eingerichtetes Behälter, welches bequem in einer Rocktasche Platz hat.

Unter den Senkel-Instrumenten ist der M.'sche Patentgefällmesser für jene, welche mit bewaffnetem Auge gerne arbeiten, das vorzüglichste, da es ruhig senkelt und scharfe Visur gewährt. Ungeachtet es hinter den Libellen-Instrumenten zurückstehen muß und das Fernröhrchen nicht ohne Mängel gearbeitet ist, reicht es dennoch, in Verbindung mit einer Schieblatte gebraucht, zu Messungs- und Absteckungs-Arbeiten, welche keine größere Distanzen und nicht unter 1/4 % Gefälldifferenzen bedingen, also für alle gewöhnlichen Wegbauten vollkommen aus; insbesondere eignet es sich zu Rekognoscirungen ganz vorzüglich. Der Genauigkeitsgrad kommt jenem des Gefällstocks mindestens gleich und kann bei stiller Luft nahezu 1/2000 der Stationslänge erreichen.

Die Prüfung darf sich nicht auf die Skalen beschränken, sondern muß namentlich dem Fernröhrchen gelten. Die Skalentheilung prüft man durch ähnliche Aufstellungen zwischen 2 Fixpunkten wie bei den vorhergehenden Instrumenten.

Ueber die Prüfung des Fernröhrchens siehe in § 27. Unrichtigkeiten an diesem niedlichen Taschen-Instrumente muß man dem Mechanikus zu beseitigen überlassen.

§ 24.

Die Röhren-Instrumente.

Von dieser Art Nivellir-Instrumente lassen sich vielerlei Konstruktionen nicht wohl erdenken, und die beiden, welche es gibt, unterscheiden sich nur wenig; die eine:

die Kanal- oder Wasserwage ist die häufigere,

die Quecksilberwage hat nur ein beschränktes Vorkommen.

Beide eignen sich überhaupt wenig zu Arbeiten unseres Gebiets, finden höchstens zuweilen einmal in Ermangelung anderer Instrumente Anwendung und werden durch die Libellen- und besseren Senkel-Instrumente immer mehr verdrängt. Es genügt daher hier eine kurze Schilderung.

Die Wasserwage besteht der Hauptsache nach aus einer blechernen Horizontal-Röhre, etwa 1^m lang, 3^{zm} dick, an beiden rechtwinklig aufgebogenen Enden mit Erweiterungen, in welche kurze in Metall gefaßte Glascylinder von $3-5^{zm}$ Weite eingepaßt (wasserdicht eingekittet oder eingeschraubt) sind, oben verschließbar mit Korkstöpseln oder Deckeln. Eine an der Röhrenmitte angebrachte metallene Hülse (Halbcylinder oder Zapfen) schließt sich an eine weitere konische Verbindung, welche mit einem dreifüßigen Stativ zusammenhängt oder unmittelbar auf ihm aufsitzt. Das Stativ muß sich auf seine durch Charniere beweglichen Füße so aufstellen lassen, daß sein aus der Mitte aufragender Holzzapfen möglichst lothrecht wird und die Gläser bei horizontaler Drehung der Röhre auch sich nahezu lothrecht stellen.

Unmittelbar vor dem Gebrauch wird aus einem mitgeführten Gefäß in den einen Cylinder reines oder rothgefärbtes Wasser eingegossen, bis sich auf 1/2 bis 2/3 der Cylinderhöhe der Wasserspiegel emporhebt, welcher zwischen den Gläsern hindurch oder an den Rändern vorbei die horizontale Sehlinie liefert.

Wegen möglichen Verschüttens muß stets noch etwas Flüssigkeit in Vorrath sein.

Das Nivelliren mit der Wasserwage ist sehr einfach: durch Handwinke wird der Gehilfe mit der Zieltafel an den Endpunkten der Stationen in die Absehlinie eingerichtet und ruft dann die abgelesene Lattenhöhe aus.

Die Versuche, durch Verbindung mit Diopteren und dergl. die Sehlinie zu verbessern, haben bisher die gehofften Vortheile nicht verschafft. Um so eher muß die Hauptbedingung für die Herstellung der horizontalen Visur: gleichmäßige Ausarbeitung der Röhren und Cylinder, gleiche Weite und Höhe, kein Extrem von Enge und Weite — beobachtet werden, damit nicht ungleicher Druck oder Störung des Gleichgewichts einen falschen Horizont veranlaßt.

Wesentliche Erfordernisse sind noch:

a. beim Beginn der Arbeit Deckel oder Stöpsel zu heben und Luft einzulassen;
b. das Stativ festzustellen und die Blechröhre in wagrechte Lage zu bringen;
c. die Flüssigkeit erst zur Ruhe kommen zu lassen, nicht **durch** die stets konkaven Wasserspiegel, sondern an ihren Rändern vorbei, die Augen 25—50^{zm} entfernt, zu visiren;
d. die Gläser stets rein zu erhalten;
e. die Cylinder vor jedem Weitertragen festzuschließen, bei größeren Entfernungen lieber die Flüssigkeit in das mitgebrachte Gefäß zurückzugießen.

Die Vortheile der Wasserwage liegen in der Raschheit der Aufstellung, weil die Visirlinie sich schnell und leicht herstellt, und darin, daß jeder gewandte Arbeiter bald darauf einzuüben ist.

Die Prüfung geschieht durch wiederholtes Aufstellen auf festen Punkten, hauptsächlich jedoch durch Untersuchen der Gläser, ihrer Gleichheit und der völlig wasserdichten Verbindung mit der Blechröhre.

Ansprüche auf große Genauigkeit befriedigt die Wasserwage nicht. Schon beim Visiren sind Fehler möglich, welche bei bewegter Luft sich steigern; dazu kommt die Abhängigkeit vom ablesenden Gehilfen. Ihre Genauigkeit wird auf $^1/_{1000}$ bei der Einzelmessung bis $^1/_{2500}$ der Stationslänge für eine Anzahl von Messungen geschätzt. Die Standlinien sollen deßwegen eine Länge von etwa 15^m, die Stationslängen beim Nivelliren aus der Mitte etwa 30^m nicht übersteigen, weil die Visirhöhen mit Zunahme der Distanz immer unsicherer werden.

Für unsere Zwecke sind transportablere Instrumente, welche zugleich auf ein bestimmtes Gefälle sich einstellen lassen, weitaus vorzuziehen.

Bei der **Quecksilberwage** von **Keith** ist das Wasser durch Quecksilber ersetzt, worin elfenbeinerne Diopterkörper schwimmen. Obgleich nur wenig genauer als die Wasserwage, bedingt sie viel sorglichere Behandlung, ängstlichen Transport und ist viel theurer. Ist sie anderswo nie viel im Gebrauch gewesen, so empfiehlt sie sich im Walde noch weniger, zumal bei der großen Auswahl guter billigerer Instrumente, welche heutzutage zu Gebote steht.

§ 25.

Die Libellen-Instrumente

sind unter allen Nivellir-Instrumenten die schärfsten, weil mittelst der Libellen die Absehlinie am sichersten und genauesten einzurichten ist. Wie die allgemeine Bezeichnung dieser Gattung von Instrumenten andeutet, bildet die Libelle ihren Hauptbestandtheil.

Beim Vermessungswesen bestehen zwei Formen von Libellen: Dosen- und Röhrenlibellen. Erstere wird bei unseren Gefällmessern nur ausnahmsweise gebraucht und kann hier außer Betracht bleiben.

Die Röhrenlibelle besteht aus einer gläsernen Röhre, deren Innenfläche durch Umdrehung eines flachen Kreisbogenstücks um seine Sehne ausgewölbt erscheint. Die Wölbung wird mechanisch durch Ausschleifen einer cylindrischen Röhre bewirkt. Bei geringeren Instrumenten erachtet man auch eine liegende cylindrische Röhre für genügend. Die Röhre ist soweit mit Flüssigkeit erfüllt, daß nur ein kleiner Luftraum in Gestalt einer Blase übrig bleibt. Früher nahm man nur Wasser, über welchem eine Luftblase blieb, später Weingeist und bewirkte den seitlichen Verschluß durch Zuschmelzen der Röhre. Als dann Schwefeläther und Dampf desselben den tropfbar- und elastisch-flüssigen Inhalt bildeten, mußte der Verschluß, da Einschmelzen unthunlich, durch Einkitten bewerkstelligt werden. Das allmählige Verdunsten und Entweichen des Aethers ist jedoch ein Uebelstand seiner Verwendung.

Fig. 31.

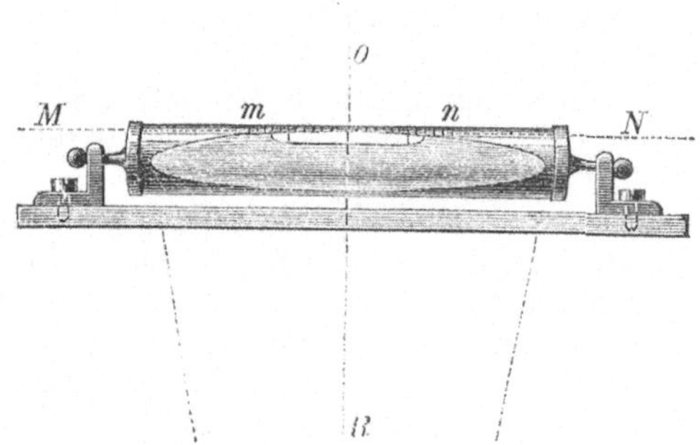

Abgesehen von der Aufbiegung an den Rändern durch Adhäsion stellt die Oberfläche der Flüssigkeit eine wagrechte Ebene her, bei deren Gleichheit zu beiden Seiten die Blasenmitte den höchsten Punkt der Innenwölbung anzeigt.

Um nach den Blasenenden m und n die Stellung der Blasenmitte leicht bestimmen zu können, ist die Röhre mit einer Theilung versehen. Die in ihrem Nullpunkt o an die Innenwölbung (Radius R) nach der Richtung der geringsten Krümmung gelegte Tangente MN heißt man die Libellen-Achse; den Abstand der Blasenmitte $\frac{mn}{2}$ von o (Theilungspunkt) den Blasenstand oder Ausschlag. Liegt die Libellenachse horizontal, so ist Ausschlag $= 0$, „die Blase spielt ein".

Zwischen der Neigung der Achse und dem Ausschlag besteht ein konstantes Verhältniß. Neigt die Achse nach M^1N^1 (Fig. 32), so wird ihr Neigungswinkel α dem Winkel $o_1 P o$ gleich sein und der Ausschlag a, um welchen die Blasenmitte von o_1 nach o rückt, um den höchsten Punkt einzunehmen, ergibt sich aus dem Neigungswinkel α und der Größe des Radius R (= Krümmungshalbmesser der Libelle).

Fig. 32.

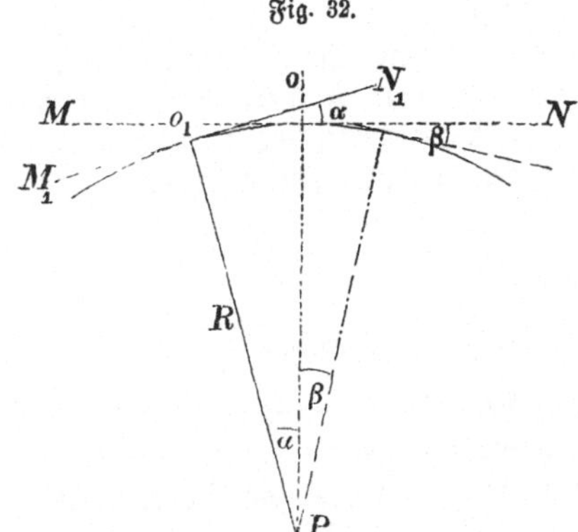

Man kann somit bei pünktlich gearbeiteten und eingetheilten Libellen schon nach dem Stand der Libelle ein Gefäll bestimmen. Das angedeutete konstante Verhältniß bezeichnet man mit dem Ausdruck „Empfindlichkeit“ der Libelle und bestimmt es durch besondere Apparate.

Die Libelle muß zum Gebrauch durch Metallfassung mit dem Nivellir-Instrument (bez. einem Instrumententheil) in irgend eine Verbindung gebracht sein.

Man unterscheidet hienach liegende, stehende, hängende oder, je nachdem die Verbindung unlösbar oder lösbar, feste und bewegliche Libellen. Wesentlich ist für die Brauchbarkeit und Schärfe, daß eine Vorrichtung besteht, um die Libellenachse sammt der Fassung oder innerhalb derselben in der Vertikalebene ein wenig drehen und sie dadurch auf die genau wagrechte Richtung korrigiren zu können. Hiezu dient eine am einen oder an beiden Enden angebrachte „Korrektionsschraube“.

Die Libelle bezweckt, die Lage einer mit ihr (parallel) verbundenen Geraden (Lineal, Cylinderachse) gegen die Horizontale zu bestimmen (einzurichten). Das Einspielen der Libelle zeigt die horizontale Lage an und die Prüfung geht darauf aus, durch Bewegung der Libelle gegen die Gerade und Neigung der Geraden in vertikalem Sinn festzustellen, in wie weit die Angaben der Libelle richtig und genau sind. Man sucht durch Hebung und Senkung der Unterlage U die Libelle L in 2 entgegengesetzten Lagen zum Einspielen zu bringen. Ist der Ausschlag auf einer (geneigten) Ebene in beiden Lagen gleich groß, so ist U ‖ L.

Andernfalls entspricht der erscheinende Ausschlag dem doppelten Neigungswinkel der Libellenachse L gegen die Gerade U; es muß dann die Libelle mittelst ihrer Korrektionsschraube so gegen die Unterlage geneigt werden, daß der Ausschlag auf die Hälfte sinkt. Die andere Hälfte ist, nachdem jetzt L und U parallel geworden, zur völligen Horizontalstellung durch Neigung von U zu beseitigen (Abschleifen oder Ansetzen).

Nach der Art, wie die Libellen mit weiteren Nivellirvorrichtungen verbunden sind, insbesondere, ob mit oder ohne Visirvorrichtungen, haben wir dreierlei Libellen-Instrumente zu unterscheiden.

a. ohne Visirvorrichtung:

1. die Libellen-Setzwagen;

b. mit Visirvorrichtung:

2. mit Diopter zum Visiren: die Nivellirdiopter und

3. mit Fernrohr: allgemein Fernrohr-Instrumente genannt, wozu jedoch zu bemerken, daß es mehrfache Uebergänge zu ihnen, sowohl von den Senkel-, als von den Diopter-Instrumenten, gibt.

§ 26.

Die Libellen-Setzwagen.

Sie verdienen, obgleich beim Waldwegbau selten im Gebrauch, als verbessertes Seitenstück der Bleiwage jedenfalls Erwähnung. Ihr gegenüber haben sie den doppelten Vorzug, daß sie die Horizontale genauer anzeigen und von der Luftbewegung völlig unabhängig sind.

Die einfachste Art ist eine Verbindung mit der Bleiwage (Fig. 33).

Fig. 33.

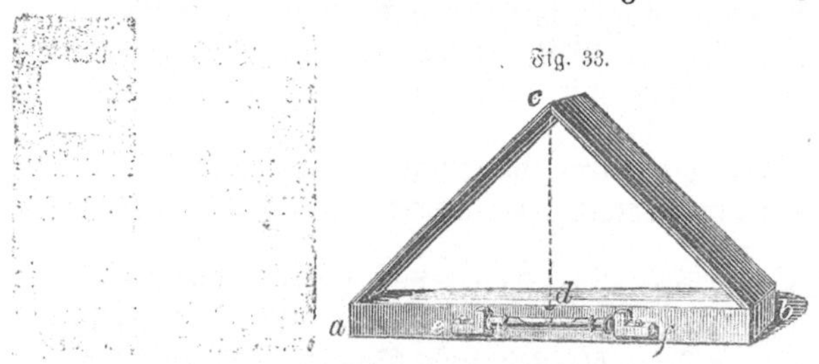

Ein langes schmales hölzernes Kästchen, durch einen Schieber verschließbar, enthält auf seinem Boden festgeschraubt eine Röhren-Libelle. Ueber dem Kästchen ist außerdem aus zwei Holzleisten das rechtwinklige und gleichschenklige Dreieck acb angebracht, in c und d die Vorrichtung zum Einhängen und Einspielen eines Bleiloths, so daß die Verwendung auch ohne Libelle möglich ist.

Genauer sind mehrere andere Konstruktionen, einige wie die Dittmar'schen und jene von Falter (in München) mehr für die Baugewerbe — andere sind auch auf die Messung von Gefällen oder Neigungswinkeln eingerichtet, können somit auch als zuverlässige Böschungsmesser dienen. Hieher gehört, der Bergwage entsprechend,

das Setzniveau von Weißbach, ein neueres Instrument, zur Messung aller Winkel zwischen der Horizontalen und Vertikalen dienlich, deßwegen häufig mit Vortheil anwendbar und durch größere Genauigkeit der Bergwage etwa in ähnlichem Verhältniß überlegen, wie die Libellenwage der Bleiwage.

Senkrecht auf der Grundfläche des Messinglineals ab, mit dessen aufrechter Längsleiste festgeschraubt, steht der Quadrant cde, in ganze und Drittelsgrade getheilt. Am Mittelpunkt e des Gradbogens ist die Alhidade ef befestigt und an ihr die Röhren-Libelle ep angeschraubt und ein Nonius mit Index so angebracht, daß er den Gradbogen streift und noch einzelne Minuten ablesen läßt, nachdem Alhidade mit Libelle bis zum horizontalen Stand aufwärts bewegt worden. Die Schraube s_1 auf der Hinterseite dient dann zum Festhalten der gröberen Bewegung, die Schraube s_2 ist eine Mikrometerschraube mit Feder und vermittelt die feinere Einstellung.

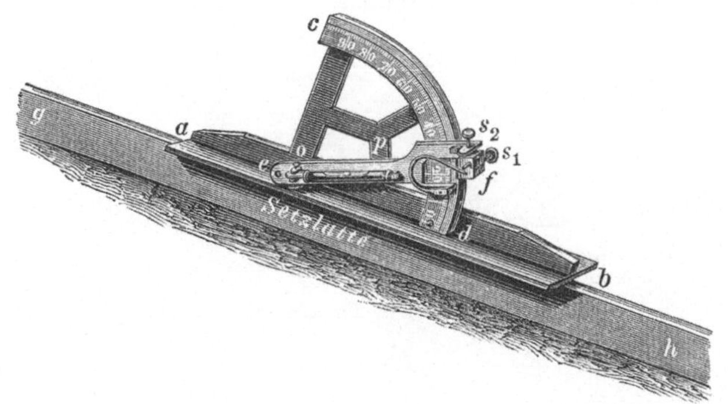

Da der Nullpunkt des Quadranten in d, dem Endpunkt seines mit ab parallelen Halbmessers ed liegt, so wird, wenn der Nonius der Alhidade mit dem Nullpunkt auf 0 des Gradbogens gestellt wird, die Libellenachse parallel mit der Linealgrundfläche ab und eine Setzlatte gh, auf welcher das Lineal aufliegt, wird horizontal liegen, sobald die Libelle einspielt.

Zur Messung des Neigungswinkels einer schiefen Ebene dagegen muß die Alhidade mit Libelle und Nonius, wenn das Setzniveau auf der Setzlatte aufliegt, am Gradbogen bis zur wagrechten Lage aufwärts geschoben und genaues Einspielen, nach Festdrehen der Schraube s_1, mit der Mikrometerschraube s_2 bewirkt werden, bevor man abliest.

Gebrauch und Handhabung des Setzniveau's ist ähnlich wie bei der Bergwage; die Prüfung und Berichtigung hat sich zunächst auf die ebene und parallele Herstellung der Linealflächen, die richtige Gradtheilung des Quadranten und des Nonius, sowie auf die centrische Bewegung der Alhidade zu erstrecken; die Prüfung der Libelle sodann, die Hauptsache, geschieht wie gewöhnlich.

§ 27.

Die Nivellir-Diopter

unterscheiden sich in ihrer Grundlage von den Setzwagen durch ihre mit der Libellenachse parallele Dioptervorrichtung nebst Schraubenwerk und Stativ zum Herstellen einer horizontalen oder beliebig geneigten Sehlinie, unabhängig vom Gelände.

Eine ihrer einfachsten soliden Formen ist die folgende (Fig. 35).

Das messingene Diopterlineal ab von 30—40^{zm} Länge trägt in der Mitte die aufgeschraubte Röhren-Libelle mn (mit Korrektions-Schraube bei k) und an beiden Enden Doppeldiopter, gewöhnlich mit Charnieren zum Niederlegen. Sollen deren beide Visirlinien genau in gleicher Ebene liegen, so müssen die Objektivfäden horizontal, mit der Linealebene parallel und genau durch die Mitte der Okularöffnungen laufen, sonst sichert die feinste Libelle keine richtige Messung. Am Lineal ab in p befestigt, vermittelt die Messingplatte pl die Verbindung mit dem Zapfen z und die Bewegung auf ihm. Zwei Stahlspitzen in p bilden nämlich eine Achse, um welche ab durch die Schraube s so viel zu heben oder zu senken ist, als die Horizontalstellung der Libelle erfordert, indeß zugleich die Stahlfeder f den „todten Gang“ von s verhütet.

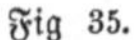
Fig 35.

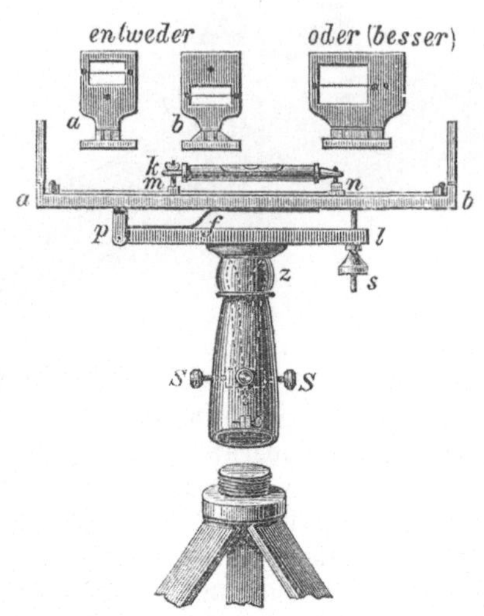

Fig. 35a.

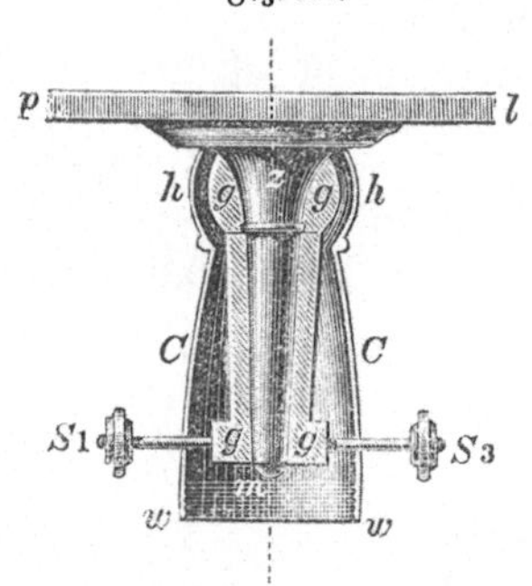

Fig 35b.

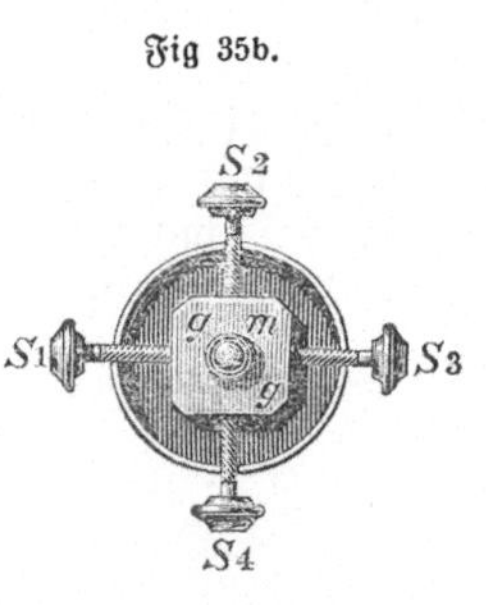

Zur Horizontalstellung und Drehung in der Horizontalebene pflegt man mit dem Nivellir-Diopter folgende Vorrichtung zu verbinden (Fig. 35a).

Ein unter der Platte pl senkrecht befestigter konischer Zapfen z steckt drehbar seiner ganzen Länge nach in dem hohlen Körper gg, welcher oben eine kugelförmige, am unteren Ende eine kubische Verdickung hat und hier z soweit hervorragen läßt, daß der Zapfen durch die Schraubenmutter m gehalten werden kann. Beide umhüllt, oben an z eng anschließend, die kugelige Hülse hh und in sie eingeschraubt der hohle Cylinder cc. Letzterer läßt sich mittelst Schraubengewindes ww auf den Zapfen eines 1- oder 3füßigen Stativs befestigen.

Durch CC gehen (Fig. 35a und 35b) 4 rechtwinklig in der Achse von z sich kreuzende Horizontal-Stellschrauben und wirken auf die kubische Verdickung des Körpers gg, welcher in den Höhlungen von CC und hh den nöthigen Spielraum findet. Die letztbeschriebenen Theile können durch Lösung von m vom oberen Theil des Instruments getrennt und auseinander gelegt werden.

Diese Konstruktionen erlauben

1. horizontale Drehung mit dem Zapfen z innerhalb des Körpers gg und
2. eine Bewegung von z mit gg in vertikalem Sinn durch die 4 Stellschrauben SS.

Beim Aufstellen wird zuerst die Platte pl mit ab beiläufig horizontal gerichtet, darauf so über 2 gegenüberstehende Schrauben (S, S_3) gebracht, daß sie zusammen mit der Libellenachse ungefähr in 1 Vertikalebene kommen.

Durch Schraubendrehung in 1 Richtung (1 vor-, 1 rückwärts) ändert man die Vertikalstellung der Achse von z so lange, bis die Libelle einspielt; da jedoch diese eine richtig gestellte Absehlinie nicht genügt, wird um 90° gedreht, das Gleiche über dem andern Schraubenpaar $S_2 S_4$ wiederholt und abwechselnd die Einwirkung auf die Stellung der Vertikalachse so lange fortgesetzt, bis die Ueberzeugung erlangt ist, daß zm lothrecht steht. Nunmehr steht auch ab mit der Diopterlinie wagrecht, bewegt sich die Visirachse in einer wagrechten Ebene und lassen sich nach allen Richtungen ringsum auf einen Horizont Visuren vornehmen und Höhenabstände messen. Bezüglich der Einstellschrauben SS ist noch zu betonen, daß man sie immer nur paarweise benützt, in einer Richtung so lange dreht, bis die Horizontalstellung erreicht ist, und dann die Schrauben zum Feststellen gegen einander dreht, sodaß die Schraubenenden zuletzt fest auf dem Körper gg aufsitzen, diesen und den Zapfen z fest einklemmen und zum Verbleiben in der gleichen Lage nöthigen, sonst könnte sich bei wiederholter Drehung während der Visuren die Absehlinie wieder aus der Horizontalebene entfernen.

Fig 35c.

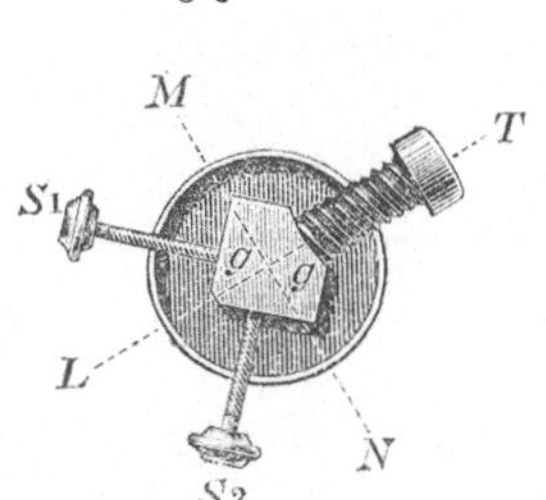

Zuweilen bildet der Körper gg im Querschnitt ein Quadrat mit normal zur Diagonale abgestumpfter Ecke und sind nur zwei Schrauben vorhanden, welchen auf der stumpfen Prismenkante eine starke Feder entgegenarbeitet. In diesem Falle operiren die beiden Schrauben $S_1 S_2$ gemeinschaftlich gegen T (dessen Feder wieder vorwärts treibt, sobald der Druck der Schrauben nachläßt), wenn die Libelle in der Richtung LT — gegen einander, wenn sie in der Richtung MN steht. Diese Vorrichtung verhütet Beschädigungen und rasche Abnutzung der Stellschrauben; eignet sich jedoch nur für leichte Instrumente zu Gefällabsteckungen.

Die Genauigkeit des Nivellirdiopters überbietet vermöge seiner Libelle und vermöge der gewöhnlich feineren Diopter alle Senkel-Instrumente, namentlich jene ohne Fernröhre.

Durch die Diopter lassen sich jedoch auf größere Entfernung keine Höhenabstände ablesen, weßwegen man zum Nivelliren stets der Schieblatte bedarf und auf das Ablesen der Gehilfen sich verlassen muß. Immerhin erlaubt die leichte, sichere Drehung des Instruments schon sehr genaue Abwägungen, auch von ganzen Flächen, indem man ringsum im Bereich guter Sehweite alle Höhendifferenzen durch lothrechtes Aufstellen der Schieblatte vermitteln kann, wozu jedoch scharfe Einrichtung auf die Horizontalebene erste Bedingung ist.

Gegenüber den Fernrohr-Instrumenten muß natürlich das Nivellir-Diopter zurückstehen. Bei guter Ausstattung ist die Genauigkeit auf $^1/_{10000}$ bis auf $^1/_{12000}$ zu veranschlagen.

Die Prüfung der Diopter-Instrumente erstreckt sich auf 3 wesentliche Punkte:

1. ob die Libelle so befestigt ist, daß ihre Achse zu jener des Zapfens z, als vertikaler Achse des Diopterlineals, senkrecht steht;
2. ob Diopter- und Libellenachse genau parallel sind und
3. ob die Diopterfäden wirklich horizontal und in gleicher Höhe mit den Okularöffnungen stehen.

Zur Versicherung wegen Punkt 1 läßt man, wenn das Instrument aufgestellt, die Libelle über das eine Stellschraubenpaar scharf einspielen und dreht dann um 180°. Spielt die Luftblase wieder ein, so steht die Libelle richtig. Wenn nicht, ist die Abweichung *zur Hälfte* mit der Libellenschraube zu berichtigen und zur anderen Hälfte mit den Stellschrauben zu verbessern. Das Gleiche wiederholt sich, bis die Luftblase scharf auf die Mitte einspielt.

Wichtiger ist die Untersuchung wegen Punkt 2.

Fig. 36.

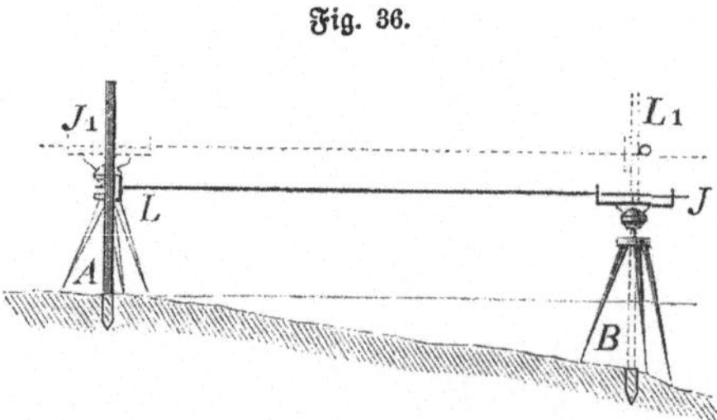

Auf mäßig abfallendem Hang fixirt man auf 50—60m Entfernung 2 Punkte durch Einschlagen flachköpfiger Pfähle A und B (Fig. 36), stellt im einen Punkte die Latte, im anderen das Instrument auf, richtet dessen Horizont genau auf erstere ein, liest die Lattenhöhe ab und mißt genau die Höhe der Diopterlinie über dem Bodenpunkt. Es sei L = Lattenhöhe in A, J = Instrumentenhöhe in B, so wird sich, wenn die Visur an der Latte um x zu hoch, als *richtiger* Höhenunterschied ergeben

$$H = J - (L - x)$$

und bei umgekehrter Aufstellung

$$-H = J' - (L' - x)$$

Da aber die Summe beider Höhen oder $H - H = 0$, so wäre

$$J - L + x + J' - L' + x = 0, \text{ also}$$

$$- J + L - J' + L' = 2x, \qquad \text{woraus}$$

$$\frac{(L + L') - (J + J')}{2} = x$$

Bei einer Prüfung auf größere Entfernung käme noch die Reduktion auf den wahren Horizont mit in Rechnung.

Bei fehlerfreiem Instrument muß die Rechnung $x = 0$ ergeben. Wäre x ein positiver Werth, so ginge die Vision der Latte zu hoch und müßte die Zielscheibe um x tiefer gerückt werden, um im scheinbaren Horizont zu stehen; umgekehrt erhöht, wenn x negativ. Danach wäre jetzt das Instrument zu berichtigen, nämlich mit der Schraube s an der Platte p l die Absehlinie auf die gefundene Richtungslinie einzustellen. Die Luftblase der Libelle, dadurch bewegt, zeigt den zu verbessernden Fehler an, welcher durch die Schraube k beseitigt wird.

Ueberzeugung, daß beide Visirlinien jetzt richtig d. h. parallel mit der Libellenachse gestellt sind, schafft eine Drehung des Instruments um 180°. Spielt die Libelle wieder nicht ein oder schneidet trotz des Einspielens die Absehlinie die unverrückt gebliebene Zielscheibe nicht, so wird der Fehler durch genauere Einstellung der Schraube s vollends zu beseitigen sein oder man bemerkt sich die abweichende Stellung der Luftblase und richtet hierauf den Diopter ein.

Beim Nivelliren aus der Mitte hebt sich übrigens der Fehler des unrichtigen Horizonts nahezu oder ganz auf.

Als ein Fortschritt zum Besseren bei einfacher und doch sehr zweckmäßiger Konstruktion, großer Genauigkeit und Leichtigkeit der Behandlung ist

das Nivellir-Diopter von Staudinger (Mechanikus in Gießen) zu erwähnen.

Fig. 37.

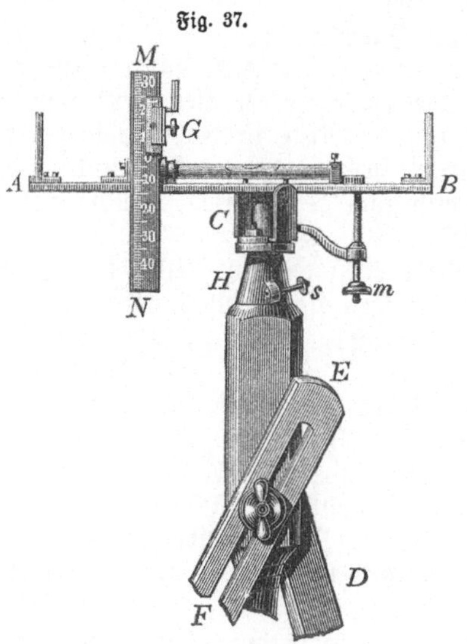

Sein Vorzug besteht im Wesentlichen darin, daß an dem Eisenstab AB, welcher an beiden Enden die Diopter aufgenietet und in der Mitte die Röhren-Libelle aufgeschraubt trägt, neben letzterer noch ein vertikaler Maßstab MN befestigt ist, vom Nullpunkt der Absehlinie aus am Rande hin auf- und abwärts mit Gefälltheilung versehen, längs welcher eine Metallhülse G mit Nonius und Objektivdiopter auf- und abbewegt und durch eine Stellschraube arretirt werden kann. Diese Einrichtung gestattet die gleichzeitige Visur in horizontaler und einer beliebigen Gefällrichtung, also ein zweifaches Nivellement mit einer Aufstellung, und gewährt dadurch die große Sicherheit, bei jeder Art von Messung sich stets über die Richtigkeit seiner Aufstellung ohne Aenderung an dem Instrument mit einem Blick zu verlässigen. Der Nonius gewährt sehr genaue Ablesungen, die Art, wie der Stab AB mit dem Stativ verbunden, eine präcise Einstellung der Libelle vermittelst feinster Drehuugen des Stabes AB um seinen Stützpunkt bei C, sowie jede beliebige leichte Drehung der Visirachse. An die Vorrichtungen bei C schließt sich die angelöthete Metallhülse H, in welcher der Kopf des Stativs steckt und durch Anziehen der Schraube s befestigt wird.

Auch die praktische Einrichtung des Stativs ist kurz zu erwähnen. Dasselbe bildet vom Zapfen in H abwärts ein dreiseitiges Prisma, welches nach unten in einen runden Stock endigt, und trägt an den drei Prismaflächen eiserne Bolzen mit Schraubenwindungen. Sie greifen durch die Längsspalte EF der 3 in eiserne Spitzen endigenden Stativfüße und werden mit Flügelschrauben (D) geschlossen. Somit können, nach Lösung der letzteren, die Stativfüße verkürzt oder verlängert und zugleich um ihren Bolzen gedreht werden.

Je nach den Zwecken der Messung genügt eine Visirlatte mit fester Zielscheibe oder bedarf es einer Schieblatte.

Das Instrument läßt so scharfe Messungen zu, als irgend mit Diopter-Vorrichtungen ohne Fernrohr ausführbar*).

Ihm reiht sich (Fig. 38)

der Dendrometer von Sanlaville an.

An dem messingenen Cylinderstück AB sitzt ein kurzer Doppelcylinder k, welcher in seiner Achse die Drehung des kleinen Gradbogens gh vermittelt. Von seinem Nullpunkt in der Mitte ist der Gradbogen beiderseits in halbe Grade (und am Innenrand in Prozente) getheilt und wird, nach Einstellung, bei e durch eine Klemmschraube festgehalten, welche auf einen zugeschärften Backen mit Index drückt.

Den Gradbogen schließt oben eine wagrechte kantige Hülse, bestimmt zur Aufnahme eines beliebig langen flachen Messinglineals, welches metrisch getheilt, leicht in der Hülse aus- und einzuziehen und in beliebigem Punkt durch Feder und Klemmschraube stellbar ist. Am einen Ende des Lineals steckt in einer kleinen Röhre die Okularplatte E, ein gestieltes schwarzlackirtes Metallplättchen mit 3 kleinen Oehren als Okularen in seiner Drehungsachse; am anderen Ende wird ein kleiner mit Objektivdiopter versehener, durch eine Schraube stellbarer Schieber angebracht.

Auf der Linealhülse ruht die Röhren-Libelle GH, um mittelst der unterhalb A befindlichen 2 Schraubenpaare ss, welche auf einen aufrechten, in

---

*) Die nähere Beschreibung siehe in der Allgem. Forst- und Jagd-Zeitung von 1865, Seite 9.

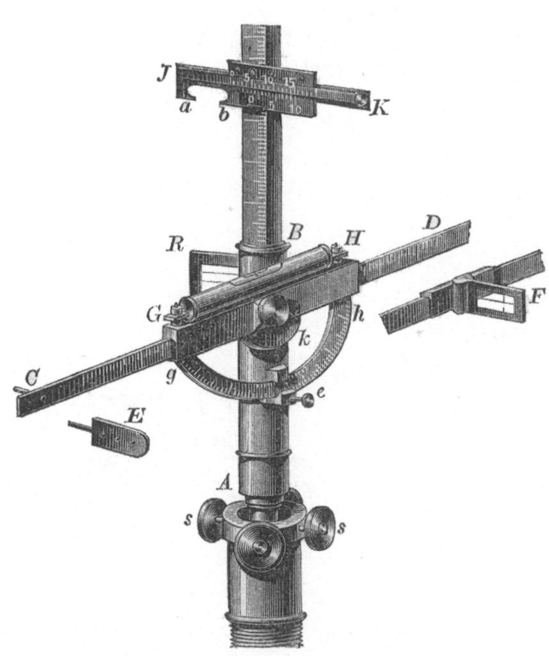

einer Nuß drehbaren Zapfen wirken, den Cylinder AB genau senkrecht zu stellen.

An dem letzteren, dem Gradbogen entgegengesetzt, ist als weiteres Objektiv ein Rähmchen R mit 3 Diopterfäden angeschraubt, welche gleiche Abstände haben und, wenn AB senkrecht, horizontal liegen.

Der Abstand zwischen dem oberen und unteren Faden (z. B. $= 1^{zm}$) gibt die den Messungen und der Theilung des Lineals CD vom einen Endpunkt herein zu Grunde liegende Maßeinheit („Theilstrich") und zugleich steht der unterste Faden im wagrechten und senkrechten Nullpunkt des Instruments.

Bei B wird ferner ein messingener Vertikalstab von quadratischem Querschnitt, mit der gleichen Theilung vom Nullpunkt aufwärts, wie beim Querlineal, aufgeschraubt und mit einer ihn umfassenden Metallhülse ausgerüstet, welche von Hand auf beliebige Höhe zu schieben ist und durch Reibung festhält. Sie trägt eine zangenartige Vorrichtung JK, welche zur Messung von Baumhöhen und Baumstärken dient, indem man zu ersterem Zweck die ganze Hülse auf- und abwärts in Bewegung setzt, zu letzterem dagegen die Zange ab erweitert oder verengert und die Zangenweite an dem angebrachten Maßstab mit Nonius abliest.

Das ganze Instrument wird auf ein leichtes dreifüßiges Stativ aufgeschraubt, in dessen Füßen Raum zur Aufbewahrung des Querlineals und des Vertikalstabs geschaffen ist, während die übrigen Theile in einem Kästchen untergebracht werden.

Zu dem Instrument gehört noch ein eingetheiltes Normalmaß mit fester

Zielscheibe am Fußpunkt und beweglicher oberer. Mit Hülfe dieses Maßes können folgende Messungen stattfinden:

1. wenn die Okularplatte auf jener Linealseite, wo das Mitteldiopter feststeht, in C eingeschoben wird, so läßt sich

Fig. 39.

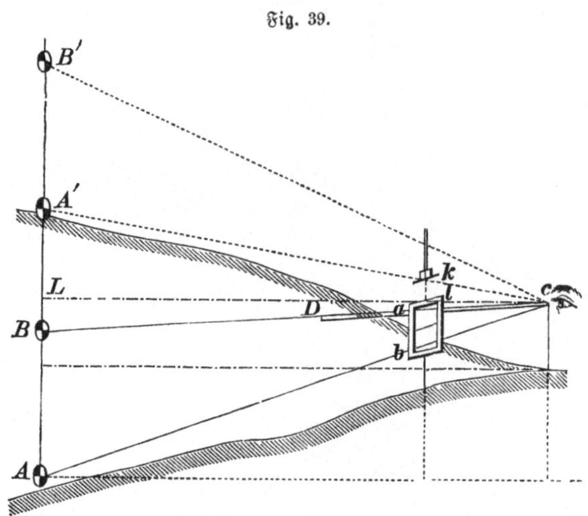

a. jede nicht zu große Entfernung vom Standpunkt des Instruments bestimmen, indem auf dem anderen Endpunkt das Normalmaß AB oben und unten anvisirt und das Lineal CD so lange aus- oder eingeschoben wird, bis die Visur durch die äußeren Fäden a und b des Mitteldiopters mit den Scheibenmitten A und B zusammenfällt. So vielmal jetzt $ab = \varepsilon$ in bc, muß $AB = E$ in Bc enthalten sein, also: wenn $ab = 1^{zm}$ und $AB = 1^{m}$, geben die auf dem eingetheilten Lineal abgelesenen n Zentimeter unmittelbar die Entfernung Bc in n Metern. (Diese Distanzmessung bedarf dann noch, nach Ablesen des Neigungswinkels am Gradbogen, oder des Prozentsatzes, der Reduktion auf die Horizontale).

b. Auch ein mäßiger Höhenpunkt ist in ähnlicher Weise ohne Distanzmessung zu bestimmen. Man stellt z. B. das Normalmaß in A′ auf, sucht durch Anvisiren dem Okular die richtige Entfernung bc wie sub a. zu geben, stellt das Lineal wieder wagrecht, bringt am Vertikalstab den Schieber JK in die Visirlinie CA′, worauf die Höhe, ausschließlich der Instrumentenhöhe, direckt abgelesen werden kann, denn

$$ab\ (= \varepsilon) : AB\ (= E) = kl\ (= x \cdot \varepsilon) : A'L$$
$$\text{woraus } A'L = x \cdot E.$$

Wird im Falle a und b die (obere / untere) Hälfte des Normalmaßes (½ E) anvisirt, so ist, wenn der (obere / untere) und Mittelfaden des Diopters benutzt wird, das Ergebniß das gleiche (geschieht, wenn das Normalmaß theilweise versteckt ist); wenn dagegen im Objektiv dennoch die Außenfäden benutzt werden, das Ergebniß zu halbiren (naher Standpunkt); umgekehrt, wenn

E anvisirt, aber mit $\frac{ab}{2}$ im Objektiv visirt wird, die abgelesene Größe zu verdoppeln (sehr entfernter Standpunkt).

2. Wird die Okularplatte bei C (der Fig. 38) auf der anderen Linealseite angebracht und bei D der bereits erwähnte Objektivdiopter eingeschoben, so lassen sich Nivellementsarbeiten wie mit jedem anderen Nivellirdiopter ausführen. Würde das Querlineal entsprechend verlängert (auf etwa $^1/_2{}^{m}$) und die Konstruktion dahin geändert, daß am Vertikalstab schon Abstände von 1^{zm} vom Nullpunkt (statt erst 3 und mehr Zentimeter) abzulesen wären, so gewährte das Instrument eine größere Sicherheit im Gebrauch, welche ihm theils wegen der kleinen Grad- und Prozenttheilung, theils deßwegen in beschränktem Grad zukommt, weil alle Bewegungen in horizontaler und vertikaler Richtung durch ein einfaches Fortrücken von Hand geschehen müssen.

Im Prinzip wäre das Instrument, weil es die Abstandsmessungen zugleich mit den Höhen- und Gefällmessungen selbst vollzieht, sehr leicht zu handhaben und zu transportiren ist, für den Wegbau ganz vorzüglich*).

Eine andere Art von Nivellirdiopter ist

die Waldboussole von Pausinger, eine Verbindung der Dioptervorrichtung nebst Libelle, Gradbogen und Nonius (bez. Prozenttheilung) mit der Boussole, um zugleich Winkelmessungen in der Horizontalebene zu ermöglichen (Fig. 40).

Fig. 40.

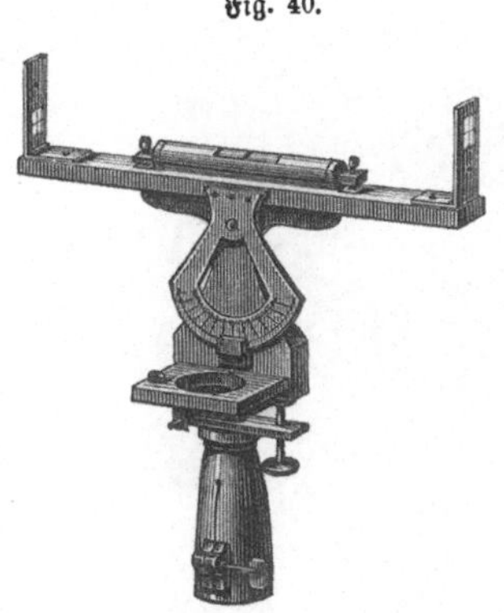

Wieder von ganz anderem Charakter ist

Stampfer's Nivellirdiopter.

Das Anvisiren mit Dioptern leidet immer an dem Mangel, daß der Diopterfaden oder der Zielpunkt undeutlich erscheint. Prof. Stampfer (in Wien) ersetzte deßwegen die Diopter durch ein einfaches kleines Fernrohr aus 2 gleich großen bikonvexen Linsen mit einem Fadenkreuz in der Mitte ihres Abstandes. Vermöge der kurzen Brennweite, etwa $3{,}5^{zm}$, wird bei einem gegenseitigen Abstand der Gläser um ihre beiden Brennweiten selbst für ziemlich nahe Gegenstände die Bildebene nahezu in die Mitte

*) Die Mechaniker J. Schablaß und Sohn in Wien liefern dasselbe in eleganter zierlicher Ausstattung zu 44 fl. rh. mit Stativ und Kästchen.

beider Gläser zu liegen kommen. Da keine Vergrößerung stattfindet, ist eigentlich von einem Fernrohr keine Rede (Stampfer nennt es selbst Diopter). Dennoch wird mehr als mit dem besten Diopter erreicht; durch das Zusammenfallen des an Stelle des Diopterobjektivs tretenden Fadenkreuzes mit dem Zielbilde wird die Deutlichkeit des Sehens erhöht und wegen der Gleichheit der Gläser das Vor- und Rückwärtsvisiren ohne Drehung um die Vertikalachse ermöglicht.

Die übrige Einrichtung: Achse, Nuß und Hülse mit den beiden Stellschrauben und der entgegenwirkenden Spiralfeder, aufsetzbar auf ein dreifüßiges oder Stockstativ, sowie Röhrenlibelle unterhalb des Fernrohr-Diopters, ist hier dieselbe, wie schon beschrieben. Weil die Vergrößerung fehlt, verlangt das Messen in größeren Distanzen die Anwendung der Schieblatte.

Die geschilderten Vortheile, sowie der geringe Umfang, die leichte Handhabung und Tragbarkeit empfehlen das Instrument namentlich für Kurzsichtige. Seine Brauchbarkeit bei Wiesenbau- und Drainirungsarbeiten bewährte sich uns beim Wegbau ebenfalls.

Während bei den Nivellirdioptern höchstens eine Genauigkeit von 1:12,000 erreichbar, ist jene des Stampfer'schen Diopters auf 50^{m} Distanz noch auf 1:20,000 anzunehmen.

Fig. 41.

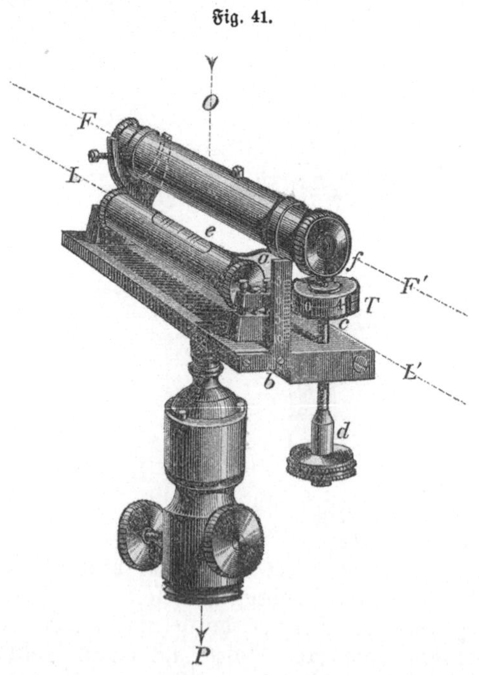

Eine sehr willkommene Ergänzung erfuhr das Instrument durch eine Vorrichtung, welche von Ertel (Mechanikus in München) herrührt. An einem kubisch verdickten Fortsatz des Diopterlineals ist eine Höhenskale mit Prozenttheilung ab aufgeschraubt; mit ihr steht eine Mikrometerschraube cd in Berührung, welche mit ihrem Gewinde in dem Fortsatz läuft, das eine

Ende des durch die Stahlfeder ef beweglichen Fernrohrs hebt und senkt und mittelst einer zur Seite der Skale sich drehenden in Prozent-Zehntheile getheilten Trommel T die Steigung ablesen, bezieh. das Fernrohr auf die gewünschte Steigung bis auf 0,1 % einstellen läßt. Diese Vorrichtung verleiht dem Nivellirdiopter Stampfer's erst den vollen Gebrauchswerth, da sonst das Ersteigen einer Höhe mit vorausbestimmter Steigung nur unter beständigem Ablesen der Lattenhöhen möglich wäre. Mit der Höhenskale genügt das Instrument für alle unsere Absteckungsarbeiten vollkommen, falls nicht Messungen auf größere Distanzen auszuführen sind, welche eigentliche Fernrohr-Instrumente bedingen.

Mit demselben kann auch noch eine Horizontalscheibe mit Gradtheilung und Nonius zu einfachen Winkelmessungen verbunden werden.

Die Prüfungen des Instruments sind einfach, erstrecken sich namentlich auf den Parallelismus der Fernrohr- und Libellenachse, FF' und LL', die rechtwinklige Stellung Beider zur Vertikalachse OP und die richtige Theilung der Höhenskale und Trommel, womit das Gewinde cd auf's Genaueste korrespondiren muß; nebstdem auf die richtige Stellung des Fadenkreuzes und der Gläser in beiden Auszugröhren. Man prüft, indem man in einiger Entfernung eine Schieblatte aufstellt und nach genauem Anvisiren das Fernrohr um 180° dreht 2c.

§ 28.

Die Fernrohr-Instrumente.

Zu Messungen auf größere Distanzen (Generalnivellement), welche ohne bewaffnetes Auge der Sicherheit und Schärfe ermangeln, bedarf es der Libellen-Instrumente mit Fernrohr. Gegenüber dem Nivellirdiopter tritt hier als wesentlicher Haupttheil das astronomische Fernrohr mit Fadenkreuz hervor, in solcher Verbindung mit der Libelle, daß die Achsen genau parallel stehen. Im Uebrigen können die Einrichtungen der Stellschrauben, des drehbaren Zapfens, Stativs u. s. w. dieselben sein, obwohl mannigfache andere und feinere Konstruktionen üblich sind. Insbesondere pflegt man mit ihnen anstatt der Höhenskale einen feingetheilten einfachen oder doppelten Höhenbogen, sowie zu Winkelmessungen in der Horizontalprojektion einen Horizontalkreis, beides mit Nonius, zu verbinden.

Fig. 42.

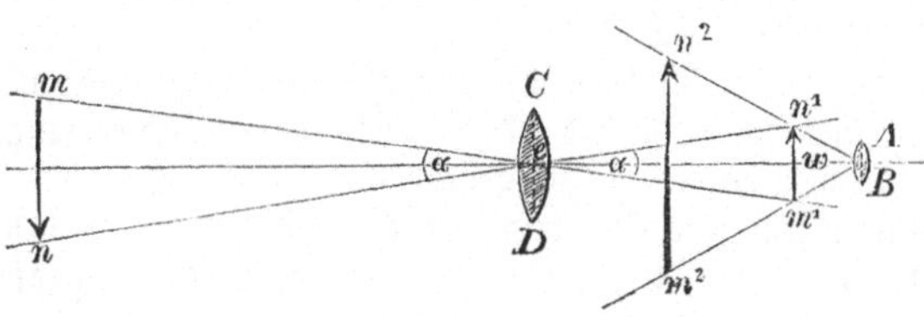

Der Behandlung und Zusammensetzung des Fernrohrs ist die meiste Beachtung zu schenken.

Das einfache astronomische (Keppler'sche) Fernrohr hat eine ähnliche Zusammensetzung wie das Mikroskop. Es besteht (Fig. 42) aus 2 bikonvexen Linsen, der Objektivlinse CD, durch welche von dem fernen Gegenstande mn ein umgekehrtes verkleinertes physisches Bild n^1m^1 vor die

Okularlinse AB gebracht wird, um von dieser vergrößert, in die deutliche Sehweite n^2m^2 hinausgerückt zu werden. An die Stelle der bikonvexen Okularlinse treten auch zwei plankonvexe Linsen und an die Stelle der einfachen Objektivlinse künstliche Gebilde aus Flint- und Kronglas z. B. eine bikonkave Linse zwischen 2 bikonvexen. Ein solches Fernrohr gibt nur verkehrte Bilder.

Bei seinem Gebrauch ist deßwegen der Höhenabstand an der Nivellirlatte immer von oben nach unten abzulesen.

Zum Zweck des deutlichen Ablesens und genauen Einstellens hat das Fernrohr die sog. Fadeneinrichtung, 2 in der Fernrohr-Achse sich kreuzende Spinnenfäden, deren einer wagrecht, der andere senkrecht befestigt ist*), und gebraucht man scharf getheilte Latten (ohne Zieltafel) mit verkehrt stehenden Zahlen. Den Vertikalfaden richtet man auf die Mitte der Latte, welche dadurch auf ihren senkrechten Stand geprüft wird; wo der Horizontalfaden die Latteneintheilung schneidet, ist der Ablespunkt (Richtlinie).

Das Fadenkreuz hält ein Ring R der Okular-Röhre mit der „Blendung" (Fig. 43); es kann daher mit letzterer aus- und eingezogen werden, um bei jeder neuen Aufstellung der Sehkraft des Auges und der gewählten Entfernung den Abstand zwischen Okular und Objektiv anzupassen.

Die Richtigstellung der Gläser für das normale Auge beruht in der Normirung der Gesichtswinkel α und ω. Ist sie vorhanden, so muß, wenn die Latte sich weiter entfernt, wegen Verkleinerung von $\angle \alpha$ das Okular dem Objektiv genähert, umgekehrt bei namhafter Näherung der Latte entfernt werden, bis $\angle \alpha$ und $\angle \omega$ einander entsprechen.

Für ein kurzsichtiges Auge muß, auf gleiche Distanz, der Abstand von Okular und Objektiv jeweils verkürzt, für ein weitsichtiges behufs Verkleinerung von ω verlängert werden.

Immer muß sowohl das anvisirte Objekt als auch das Fadenkreuz ein deutliches Bild gewähren. Letzteres und das Bild müssen in einer Ebene liegen.

Dem kurzsichtigen Auge wird das Fadenkreuz deutlich, wenn man den Abstand zwischen Okular O und dem Fadenkreuz f verringert. Je nach der mechanischen Einrichtung des Fernrohrs bewirkt man es entweder durch Verschiebung des Glases in der Okular-Röhre, indeß der Fadenring R unverrückt bleibt, oder durch Verrückung des letzteren mit der Blendung b, welche das Sehfeld begrenzt, längs der Fernrohrachse, wenn er in besonderer kleiner Röhre liegt und mittelst äußerer in zwei Längsschnitten des Okularkopfes O laufender Druck-Schräubchen r und r_1 verschiebbar und in vertikalem Sinne verstellbar ist.

An dem Okularkopf O ist das Auszugrohr A (angeschraubt), welches seine Führung — aus freier Hand oder durch ein Zahnstangengetriebe — im Objektivrohr mittelst eines Stegs erhält.

Die Okularlinse l und die Kollektivlinse c, zwischen welchen das Fadenkreuz steht, haben also unter sich feste und zum Objektiv b gemeinsam bewegliche Stellung.

Vor der Vornahme von Veränderungen muß jedes Instrument studirt und dem eigenen Gebrauch angepaßt werden. Fehlt das eigene Geschick dazu, so wird besser ein Techniker zu Hilfe gezogen.

---

*) In neuerer Zeit ersetzen einzelne mechanische Institute (z. B. F. W. Breithaupt u. Sohn in Kassel) die leicht verletzlichen Spinnfäden durch Glaskreuze.

Damit Bild und Fadenkreuz in eine Linie fallen, suche man in einiger Entfernung einen festen Gegenstand in hellem Lichte auf und richte das Fernrohr so, daß er zugleich mit dem Fadenkreuz deutlich sichtbar wird. Bewegt man nun das Auge vor dem Okular hin und her, so darf der auf den Zielpunkt einvisirte Vertikalfaden die Bewegung des Auges nicht mitmachen. Ginge der Faden mit dem Auge, so läge die Bildebene zwischen Fadenkreuz und Objektiv — ginge der Faden in anderer Richtung als das Auge, so läge sie zwischen Okularglas und Fadenkreuz. Im ersten Falle müßte die Auszugröhre genähert, im andern Falle entfernt werden. Ist die Berichtigung erfolgt, so bleibt der Abstand zwischen Okular und Fadenkreuz für dieselben Augen künftig der gleiche. Wechselt das Instrument seinen Führer, so muß eine neue Berichtigung eintreten. Häufige Aenderungen sind indeß immer mißlich.

Fig. 43.

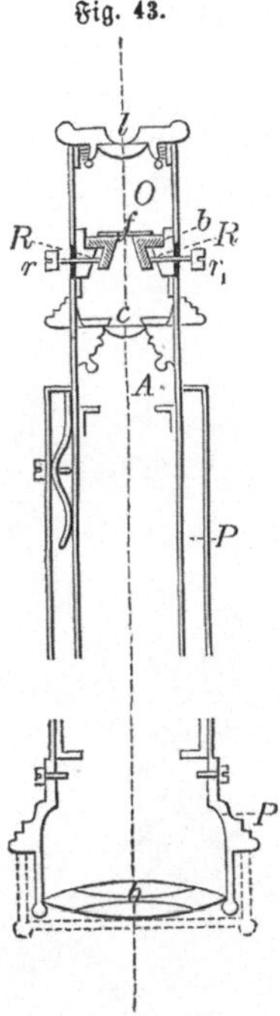

Da die Aufstellung der Fernrohr-Instrumente mehr Zeit erfordert, als bei einfacheren Nivellir-Instrumenten, empfiehlt sich's vorher zu versuchen, ob die Absehlinie nicht unter oder über der Latte weggeht (was zu anderer Aufstellung von Instrument oder Latte nöthigt); ob bei bewachsenem oder sehr unebenem Gelände die Sehlinie frei ist (kein Baum, Felsen oder dergl. davor). Sodann ist

1. das Stativ sogleich möglichst horizontal zu stellen, indem die Linke einen Stativfuß faßt, die Rechte zwischen dem ersten und zweiten hindurch den dritten ergreift und die Bewegung des zweiten mit dem rechten Ellenbogen lenkt;

2. man verlässigt sich, daß das Fernrohr Fadenkreuz und Lattenbezifferung deutlich zeigt. Darauf wird
3. das Instrument genau horizontal gestellt, ruhig vor das Okular getreten und wenn die Latte senkrecht steht, mitten durch das Olular visirt und wiederholt abgelesen.

Gute Arbeit ist aber allein mit richtigen, leistungsfähigen Instrumenten zu erlangen. Man muß sich daher vor ihrem Beginn jederzeit und überall die Gewißheit verschaffen können, ob das verfügbare Instrument keiner Berichtigung bedürfe. Jeder muß aber auch die Eigenthümlichkeiten seines Instruments kennen und in der Prüfung und Berichtigung bewandert sein. Einem guten Instrument wird ein unwissender oder oberflächlicher Führer stets gefährlich; alle eigenen Fehler sucht er am Instrument und korrigirt, bis es verdorben ist.

Die Konstruktion und Form der Fernrohr-Instrumente ist äußerst mannigfaltig, bei der Prüfung und Berichtigung deßwegen auch nie das nämliche Verfahren einzuhalten.

Wer zum Wegbau sich dieser feineren Instrumente bedienen will und freie Wahl hat, wird sich am besten jener einfacheren Konstruktion zuwenden, welche man unter dem Sammelnamen „Kreisgefällmesser" begreifen kann.

Fig. 44.

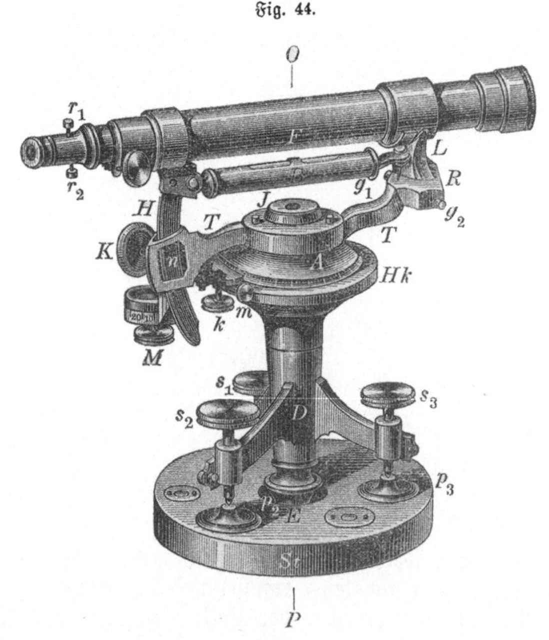

Sie bestehen gewöhnlich (Fig. 44)*)

1. aus dem auf dreifüßigem Stativ (St) befestigten Dreifuß D, mit

*) Siehe z. B. „Magazin der neuesten mathemat. Instrumente des Breithaupt'schen Instituts in Cassel". Selbstverlag, 1871.

der Schraubenstange E (welche D festhält) und den drei Stellschrauben s[1], s[2], und s[3] auf metallenen Fußplatten p^2 p^3 —, sowie mit der Büchse, in welcher die doppelt konische Vertikalachse sich bewegt und mittelst Ringklemme nach Bedarf in ihrer Drehung gehemmt wird;

2. aus dem mit der Vertikalachse verbundenen Träger TT (entweder geschweift und zur Aufnahme des Höhebogens eingerichtet oder eine Trägerplattte), in seiner Mitte eine Libelle (hier Dosen-Libelle) J, am einen Ende mit dem Nonius n des Höhebogens, der Klemmschraube K und Mikrometerschraube M, am andern Ende aufgeschweift zu einem Rahmen R, in welchem durch die Spitzen der Schrauben g_1 und g_2 mittelst des Sattels L das Fernrohr F gehalten wird und in vertikalem Sinn sich drehen läßt;
3. aus dem in Prozente oder Grade (bis zu ¼ oder ⅕) getheilten Höhebogen H unterhalb beim Fernrohr-Okular, dem Träger T mit dem Nonius n eingepaßt, so daß die Schraubenspitzen g_1 und g_2 die Rotationsachse bilden;
4. aus dem astronomischen Fernrohr F, unter welchem die Röhren-Libelle B, mit 2 Muttern bei L zur Berichtigung, sich befindet;
5. aus dem Horizontalkreis Hk mit dem bis auf halbe Grade getheilten Limbus, sowie der entsprechenden Alhidade A mit Klemm- und Mikrometerschraube k und m und 1 oder 2 Nonien, Kreis Hk mit dem Dreifuß D, Alhid. A mit der Vertikalachse unter dem Träger TT verbunden. Für die feineren Ablesungen ist eine Handlupe anzuwenden oder werden Armlupen angebracht.

Die Prüfung und Berichtigung der Fernrohr-Instrumente ist eine ähnliche wie bei den Nivellirdioptern, bis auf das Fernrohr, die Höhebogen- und Kreistheilung.

Bei diesen hat man sich hauptsächlich zu verlässigen über:

a. die Stellung des Fadenkreuzes zum Augenglas (Okular) und zur Vertikalachse OP;
b. die rechtwinklige Lage der Libellenachse B (wenn 2 Libellen vorhanden) zur Fernrohrachse;
c. die Parallellage der Libellenachse B (wenn 2 Libellen vorhanden) zur Fernrohrachse;
d. die rechtwinklige Stellung der Fernrohrachse (Absehlinie) zur Vertikalachse;
e. die Vergrößerung des Fernrohrs und die Unveränderlichkeit der Absehlinie bei Verstellungen des Auszugrohrs;
f. die richtige Centrirung und Theilung des Höhebogens, die richtige Theilung des Limbus am Horizontalkreis (nebst der Richtigkeit der Nonien bei Beidem).

Die richtige Stellung des Fadenkreuzes gegen das Okular ergibt sich durch Visiren gegen hellen Hintergrund. Der Fadenring, wenn allein verschiebbar, oder das Okular muß aus- oder eingeschoben werden, bis die Kreuzstriche scharf hervortreten.

Stellt man das Instrument genau horizontal auf, so ergibt sich die richtige Lage des Horizontalfadens beim Anvisiren eines hellen Punktes: bleibt der letztere bei langsamer Horizontaldrehung des Fernrohrs nicht gleichmäßig vom Faden gedeckt, so muß, je nach Konstruktion, die Okular-

Röhre gedreht oder der Fadenring berichtigt werden. Visirt man einen Senkel an, so wird eine Schiefstellung des Vertikalfadens in gleicher Weise berichtigt. Beim Glaskreuz fallen beide Prüfungen zusammen. Ob zugleich der Kreuzpunkt der Fäden in der mechanischen Achse liegt, zeigt sich beim Anvisiren eines Zielpunktes unter Drehung des Fernrohrs im Lager um seine Achse. Decken sich die Punkte nicht, so muß an den Korrektionsschräubchen nachgeholfen werden.

Um die Achse der Libelle J zu prüfen, muß man zuerst den Nullpunkt des Höhebogens und seines Nonius einstellen, das Fernrohr abwechselnd über die Stellschrauben s^1 und s^2, sowie über s^3 bringen, mit Drehungen um 90°, bis die Libelle einspielt. Dreht man darauf um 180°, so wird ein etwaiger Ausschlag hälftig an der Stellschraube s^3 und hälftig an den Libellenmuttern bei L zu beseitigen gesucht.

Fig. 45.

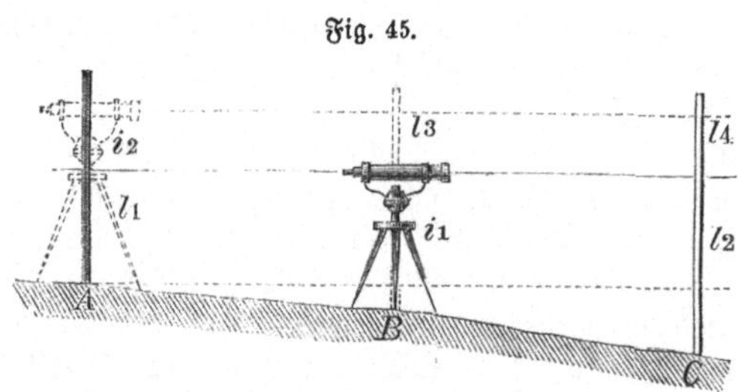

Die Parallellage der Fernrohr- und Libellenachse (B) wird (Fig. 45) durch Aufstellen des Instruments in der Mitte B zweier Fixpunkte A und C und auf einem dieser Fixpunkte geprüft, indem man die Lattenhöhen l^1 und l^2 über A und C und die Instrumentenhöhe über B = i^1 möglichst scharf bestimmt, dann ebenso die Lattenhöhe l^3 und l^4 über A und B oder B und C nebst Instrumentenhöhe über C oder A = i^2. Dann ist

Höhenabstand h der Endpunkte $= l_2 - l_1$.

Wenn ferner, weil $i_2 - l_1 = l_3 - i_1$, $l_1 + l_3 = i_1 + i_2$ und ebenso, weil $l_4 - l_2 = i_2 - l_1$, $l_4 = i_2 + l_2 - l_1$, so sind Libellen- und Fernrohrachse parallel und ist zugleich erwiesen, daß durch Verstellung des Auszugrohrs die Absehlinie nicht irritirt wird. Aus der etwaigen Ungleichung des einen Ansatzes ergibt sich, ob die Größe des Fehlers zur Richtigstellung des Auszugrohrs durch den Mechaniker nöthigt. Sind beide Ansätze Ungleichungen (kleine Differenzen können Messungsfehler sein und bleiben unbeachtet), so sind die Achsen nicht parallel und mittelst der Schrauben r_1 und r_2 zu korrigiren und soweit nöthig, mittelst Korrektions-Schraube L.

Die Richtigkeit der Höhebogentheilung mit Nonius ergibt sich sicher genug, wenn in genau gemessener Entfernung vom Centripunkt der vertikalen Fernrohr-Drehung eine Nivellirlatte senkrecht aufgestellt, Null der Bogentheilung auf Null des Nonius gestellt, nach der Latte in verschiedenen Neigungen visirt und bei jeder Ablesung die Lattenhöhe mit dem entsprechenden Theilpunkt verglichen wird.

Ebenso wird die Theilung des Horizontalkreises genau genug durch eine Anzahl Winkelmessungen, sowie speciell die Limbustheilung mit Hilfe des Nonius und jene des letzteren mit Hilfe seiner Uebertheilung und der Abweichungen nach beiden Seiten geprüft.

Dem etwaigen Fehler einer Excentricität der Alhidade begegnet man durch Doppelmessung und Annahme des arithmetischen Mittels.

Das Vorhandensein eines Horizontalkreises erspart uns die Mitführung eines besonderen Winkelinstruments, dessen man vielfach zur Aufsuchung von Wegrichtungen und zur rasche nAufnahme der Zugslinien bedarf (s. §§ 53,70).

Die Fernrohr-Instrumente überhaupt zeichnen sich entschieden durch den Vortheil der größtmöglichen Genauigkeit und rascher Arbeit in größeren Distanzen aus. Dem allgemeinen Gebrauch hinderlich ist jedoch ihr viel höherer Preis, die Voraussetzung des Vertrautseins mit ihrer Handhabung, ihre Empfindlichkeit gegen ungünstige Witterung, beim Transport und die Umständlichkeit ihrer Reparatur. Ihre Genauigkeit übersteigt je nach Konstruktion das Verhältniß 1:25,000 um ein Vielfaches (1:100,000 und darüber).

Vielfach werden von den mechanischen Werkstätten Taschen-Nivellir-Instrumente mit oder ohne Mikrometerschraube und Horizontalkreis angeboten, welche bei größerer Billigkeit und Leichtigkeit zwar weniger genau, aber noch sehr brauchbar sind.

Als forstliche Universal-Instrumente schließen sich hier als erwähnenswerth an:

Das Breymann'sche, eingerichtet zum Nivelliren, Distanzmessen und Messen von Baumhöhen und Baumstärken;

das Universal-Boussolen-Instrument nach Winkler.

(Der Verbindung der Boussole auch mit kleineren Nivellir-Instrumenten begegnet man hier und dort).

Für unseren gewöhnlichen Gebrauch sind diese, wie die Universal-Instrumente überhaupt zu komplizirt, zu schwer und zu theuer.

Kennt man die hauptsächlichen Grundlagen der verschiedenen Konstruktionen, so lernt man im Gebrauchsfall jede einzelne derselben, auch jene der zusammengesetzten Instrumente, bald kennen. Selbst aus ungeschickten Händen hervorgegangene Konstruktionen sind im Nothfall anwendbar, wenn man ihren Mängeln und Untugenden zu begegnen versteht.

Ein Rückblick auf die ganze Reihe von Instrumenten zeigt uns eine große Auswahl für die verschiedenen Bedarfsfälle der Kontrole, Messung oder eigentlichen Bauarbeit. Die Wahl wird sich richten nach den Zwecken, verfügbaren Mitteln und dem eigenen Gebrauchsvermögen d. h. der Fähigkeit, sein Instrument zu prüfen, richtig zu stellen und mit voller Ausnutzung seiner Vortheile zu handhaben.

Fünftes Kapitel.

Die Anwendungen des Nivellirens.

§ 29.

Unterscheidung der Anwendungen und des Zwecks.

Nicht selten vermögen wir auf offenem Gelände mit Unterstützung guter Instrumente durch eine einzige Aufstellung einen fraglichen Höhenunterschied zu ermitteln und ein Gefälle festzustellen (einfaches Nivellement).

Sind die Entfernungen größer, Hindernisse zwischen den Endpunkten oder genauere Untersuchungen der Geländeform nöthig, so messen wir stationsweise (zusammengesetztes Nivellement).

Müssen die Abwägungen alle Einzelheiten der Gelände-Hebungen und -Senkungen beachten, um zuverlässige Anhalte zu liefern, so heißen sie, im Gegensatz zu probweisen annähernden Ermittlungen, Detail-Nivellement.

Hiezu dienen die gewöhnlicheren Instrumente, welche keiner zu umständlichen Aufstellung bedürfen, noch mäßig genau, aber rasch arbeiten. Wir nehmen die Stationen kürzer, 1/2, selbst 1/5 der sonstigen Entfernungen, 2, 3 bis 12 Meter.

Jedes Nivellement wird eigentlich erst gut brauchbar nach Feststellung seiner Richtigkeit. Größeren und wichtigeren Messungen, worauf sich große Voranschläge und Herstellungen gründen, lassen wir deßwegen gerne wenigstens ein flüchtiges zweites Nivellement folgen: das Gegen-Nivellement.

Zum Auffinden des zweckmäßigsten Zugs (Trace) für neue Straßen, Baulinien u. s. w. ermittelt man immer vorläufig die wesentlichen Höhen- und Tiefenpunkte, sucht das zum Bau geeignetste Gelände oder gewisse Halt- oder Uebergangspunkte auf, welche man zu erreichen wünscht, oder mißt einzelne feste Punkte zur Kontrole eines schon ausgesteckten Projekts. Ein Nivellement zu derartigen Zwecken nennt man General-Nivellement, und wenn es als Probe dient, auch Probe- oder Recognoscirungs-Nivellement. Zu ersterem wählen wir genaue Libellen-Instrumente mit scharfen Fernröhren, um auf große Entfernungen mit einiger Sicherheit rasch messen zu können, zu Proben dagegen flüchtige Messungen zulassende, leicht aufstellbare und tragbare Instrumente wie den Gefällstock und Aehnliches.

Unsere technischen Zwecke erfordern in der Mehrzahl ein zusammengesetztes Nivellement, weil die Kenntniß der gegenseitigen Höhenlage von 2 oder 3 Punkten nur für kurze Strecken genügt.

Die in verschiedenen Höhen einer Vertikalfläche beim Nivellement gefundenen Punkte des Geländes beziehen wir, da unsere Messungen sich auf den scheinbaren Horizont eines Ausgangspunktes gründen, gleichsam lothrecht nach Unten versetzt, auf diese eine Linie und stellen damit die Punkte in ihrer horizontalen Projektion dar. Denken wir uns durch den Ausgangspunkt eine wagrechte Ebene gelegt und von allen Höhenpunkten verschiedener, auch sich kreuzender Richtungen lothrechte Linien darauf gefällt, um die Richtungen in wagrechten Linien darzustellen, so erzielen wir in der entstehenden Figur die horizontale Flächenprojektion.

Die gegenseitige Höhenlage mehrerer Einzelpunkte legen wir dabei am besten durch Angabe ihrer Meereshöhe fest. Fehlt es an ihrer Angabe, so muß ein Horizont angenommen werden. Stets legt man ihn besser unter als über das Vermessungsgebiet, so daß die einzelnen Höhen sich aufwärts zählen lassen — wie man auch thunlichst jene Richtung des Nivellements einschlägt, welche durchschnittlich bergauf führt.

Das Ergebniß der Horizontalprojektion ist der Grundriß (bei größerer Ausdehnung Plan oder Karte). Beziehen wir die Projektion einer Anzahl Punkte auf die Vertikalebene, so ergiebt sich die Vertikalprojektion; deren Zeichnung heißt Aufriß, Profil, Höhenkarte. Gegenüber der perspektivischen Projektion, bei welcher alle Punkte einer Fläche oder eines Körpers auf einen Punkt, unser Auge, in unveränderter Lage bezogen werden — nennt man die horizontale und vertikale Projektion zusammen die orthographische. Sämmtliche projizirende Linien der einen Richtung sind bei ihr parallel und stehen senkrecht zur andern. Nur die orthographische Projektion kann uns hier beschäftigen und zwar unterscheiden wir zunächst zweierlei Vorgänge:

I. Aufnahme des Geländes nach seinen natürlichen Höhenunterschieden durch Messung einer beliebigen Zahl vorhandener Punkte, Linien, Flächen;

II. Bildung künstlicher Höhenunterschiede unter und über dem Gelände durch Absteckung neuer Linien und Flächen in gegebener horizontaler oder geneigter Richtung. Bei beiderlei Vornahmen können wieder in Hinsicht auf vertikale und horizontale Projektion sehr wesentliche Unterscheidungen gemacht werden:

1. In vertikaler Projektion können
   a. bei der Geländeaufnahme die Höhenunterschiede sehr klein oder Null sein und außer ihnen solche von regelmäßigen größeren Dimensionen durch Abstecken gebildet werden (Anlage von Dämmen, Gräben);
   b. die gefundenen Höhenpunkte ausgeglichen, auf kleinere Differenzen oder Null gebracht werden (Geländeverebnung zum Anbau, zu Lagerplätzen &c.);
   c. die Aufnahme ergibt ein ungleiches, unbestimmtes Verhältniß der Höhen zu einander und die Absteckung regelt dasselbe in gegebener Richtung (Weg-, Kanalbauten).
2. In horizontaler Projektion können die zu messenden oder aufzusuchenden Punkte bei der Aufnahme wie bei der Absteckung
   a. in lauter geraden Linien, welche theils sich unter bestimmten Winkeln schneiden, theils parallel ziehen, unabhängig vom Gelände;
   b. in lauter gekrümmten Linienzügen ohne oder mit Anpassen an die Geländeformen;
   c. wechselnd in geraden und gekrümmten Linien liegen.
3. Wenn weder in vertikaler, noch in horizontaler Richtung die vorhandenen Geländepunkte eine regelmäßige Lage zu einander haben, können gesucht werden:
   a. lauter Punkte, Linien oder Flächen in 1 oder mehreren Horizontal-Ebenen (ebene Wegzüge, Staffelbauten, Ermittlungen der Horizontalkurven);
   b. solche von ungleicher Höhe, aber in bestimmter gleicher Neigung zum Horizont (Absteckung von Böschungen, Ausgleichung unregelmäßiger Straßengefälle in gegebener Richtung);
   c. lauter Punkte in regelmäßig wechselnden vertikalen und horizontalen Projektionen (Absteckung von Gebirgstraßen).

Im Allgemeinen werden aber am besten alle Arbeiten mit einem Nivellir-Instrument einzutheilen sein in

I. Linien- oder Profilnivellement,
   1. Nivellement von Längenprofilen,
   2. " " Querprofilen;

II. Flächennivellement,
   1. ohne Hilfe eines Plans,
   2. mit Benutzung eines solchen.

§ 30.

Das Profil-Nivellement.

Die Horizontalprojektion einer geraden Linie ist schon durch ihre Absteckung und wagrechte Messung gegeben, jene einer gebrochenen Linie durch gleichzeitige Messung der Horizontalwinkel und jene von gekrümmten Linien meist genau genug ebenso, nach Umwandlung in eine gebrochene Linie, oder genauer durch Feststellung der Krümmungshalbmesser, beziehungsweise allgemein durch Bestimmung des Krümmungsgesetzes. Bestimmt man durch ein Nivellement die relative Höhe einer genügenden Zahl von Punkten innerhalb dieser Linien, wie die natürliche Geländeoberfläche sie gibt, so liefert dies Linien-Nivellement ein Bild von dem Durchschnitt des Geländes mit der lothrechten Ebene, beziehungsweise mit den lothrechten Seitenflächen einer Säule oder mit lothrechten Cylinderflächen. Das Bild des Durchschnitts stellt die Hebungen und Senkungen des Geländes in der Richtung der Linien dar und heißt ein Geländeprofil.

Bei einem Wegzug von gleichmäßiger Steigung kann die Zugslinie auch entstanden gedacht werden als Durchschnittslinie des Geländes mit einer geneigten Ebene, wie die Horizontalkurve als Durchschnittslinie einer Horizontalebene.

Den Straßenzug, welcher in gleichem Gefäll den Kurven einer Bergwand folgt, sehen wir von fernem Standpunkt als gerade Linie der Durchschnittsebene.

Die Neigung der Durchschnittsfläche bestimmt sich aus dem Verhältniß des Höhenabstands der Endpunkte zu ihrem wagrechten Abstand, ist also immer größer, als das Einzelgefälle zweier Punkte eines gekrümmten Linienzugs.

Werden zweierlei Profile aufgenommen, welche sich auf demselben Gelände kreuzen, so heißt Längenprofil jener Durchschnitt, welcher das Gelände auf der größeren Strecke schneidet (Längenschnitt) und Querprofil jener der kürzeren Linie (Querschnitt). Beide bedingen und zu gewissen Zwecken ergänzen sie sich, liefern zusammen das Flächennivellement.

Zur Aufnahme eines Längenprofils ist mit der Absteckung der Richtung oder Zugslinie die genaue Vermessung der Linie und ihre Eintheilung in gleiche Abstände zu verbinden. Die Punkte gleichen Abstands oder Hauptpunkte, meist in größeren Entfernungen von einander, werden fortlaufend nummerirt und gewähren eine deutliche Uebersicht des Längenprofils. Dazwischen werden außerdem noch eine größere oder kleinere Anzahl Zwischenpunkte und zwar so viele in die Aufnahme hineingezogen, als streckenweise zur Erlangung eines deutlichen Profils nöthig scheinen.

Die größte Beachtung erfordern dabei die Wechselpunkte d. h. die Punkte, wo die Durchschnittslinie ihre Richtung in vertikalem Sinne wesentlich ändert, damit etwa begangene Ablesungs- und Rechnungsfehler sich nicht fortpflanzen.

Zwischenpunkte bezeichnet man entweder mit Buchstaben (5a, 5b) oder mit der Entfernung vom vorhergehenden Hauptpunkt (21^7), bei einfacheren Profilaufnahmen mit kürzeren Abständen der Hauptpunkte auch mit Bruchzahlen ($12^1/_3$, $12^2/_3$), wenn ihre speciellen Abstände gleich groß sind.

Beim Längennivellement ist Genauigkeit bedingt; unabhängig vom ersten sollte man daher immer ein zweites folgen lassen und die aus beiden berechneten Höhenunterschiede vergleichen. Soweit dann für die auf das Nivellement sich stützenden Bauten bedenkliche Unsicherheiten bezüglich des Gefälls, der Kostenberechnung u. s. w. drohen, muß eine nochmalige Nachmessung im Ganzen oder Einzelnen den Fehlern nachspüren.

Eine Fehlergrenze dürfte für Waldwegbauten schwer festzustellen sein, da die Ansprüche auf Genauigkeit zu verschieden sind.

Seitennivellemente zu nahen bekannten Höhepunkten liefern oft schon ein genügendes Prüfungsmittel.

Erleichtert und gegen Fehler gesichert wird die Aufnahme auf viel wechselndem Gelände, wenn die Aufstellungen möglichst zwischen je 2 Geländewechseln genommen und von 1 Aufstellungspunkt die Lattenhöhen aller gut sichtbaren Haupt- und Zwischenpunkte abgelesen werden.

Die Aufnahme der Querprofile erfordert eine viel geringere Messungsschärfe, als bei den Längeprofilen, schon deßwegen weil sie nur kurze Schnitte auf jeder Seite der Längslinie, höchstens je 12 bis 15^m weit, liefern sollen und unter sich keine Fehlerfortpflanzung haben.

Sie dienen zur Aufklärung über die Form des Geländes beiderseits des Längeprofils und zu kubischen Berechnungen.

Die Querprofile schließen sich an die verpfählten Fixpunkte des Längeprofils an; je nach Erforderniß werden sie bei allen oder nur bei einer Anzahl von Fixpunkten durch Auf- und Abwärtsnivelliren aufgenommen.

Somit setzt die Aufnahme der Querprofile die Vollendung des Längenivellements voraus und ihre Bezeichnung ist durch die Nuumern oder Zeichen der Längeprofilpunkte bereits gegeben.

Das Längeprofil theilt jedes Querprofil in eine rechte und linke (obere, untere) Seite. Zur Vermeidung von Verwechslungen, welche die Profilaufnahmen in recht störender Weise entstellen könnten (z. B. Berghang nach Osten statt Westen!), denkt man sich bei der Aufnahme und Zeichnung stets von der ersten Nummer des Längeprofils weiterschreitend und in seiner Achse stehend, die folgenden Profilnummern vor sich; nimmt auch die Messungen am besten bei allen Profilen in gleicher Reihenfolge von oben oder unten vor. Längere Querprofile steckt man vor der Aufnahme auf ihre Richtung senkrecht zur Längenachse mit Kreuzscheibe oder Winkelspiegel

Fig. 46.

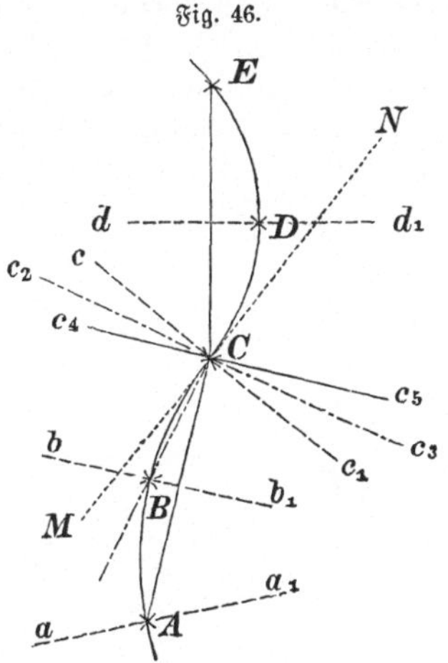

ab. Bildet die Längenachse eine Kurvenlinie, so wählt man für das Querprofil die radiale Richtung (senkrecht zur Sehne oder Tangente des betreffenden Kurvenstücks) und läßt sich bei Nr. n auf die gerade Linie der Nr. n + 1 oder n — 1 einrichten, wie z. B. (Fig. 46) aa^1, bb^1, dd^1 in den Punkten A, B und D.

Fällt ein Profil auf den Uebergangspunkt zweier Kurven wie bei Punkt C des Kurvenzugs ABCDE, so müßte die Richtung des Querprofils nach der Senkrechten cc^1 zur gemeinschaftlichen Tangente MN ziehen. Folgt man dagegen obiger Uebung, so erhält man $c_2 c_3 \perp BD$ als Mittellinie zwischen $cc_1 \perp MN$ und $c_4 c_5 \perp AC$. In Zweifelsfällen wird Regel sein, der Richtung des stärksten Gefälles zu folgen.

Die Einzelpunkte des Querprofils pflegt man auch des Gefälles wegen in kürzeren Distanzen zu nivelliren, unterläßt aber gewöhnlich ihre Verpfählung, außer bei sehr beweglichem Boden oder aus sonstigen triftigen Gründen.

Zur Aufnahme eines Querprofils mit dem Nivellir-Instrument reicht meist eine einzige Aufstellung aus, mehr als zwei erfolgen nur für sehr breite oder sehr steile Geländestreifen.

In letzteren Fällen greift man wegen der Beschwerlichkeit und Umständlichkeit der Aufstellungen zu dem kürzeren Verfahren, welches die Anwendung der Setzlatte mit Setzwage oder Libelle gewährt. Sichert man dabei

Fig. 47.

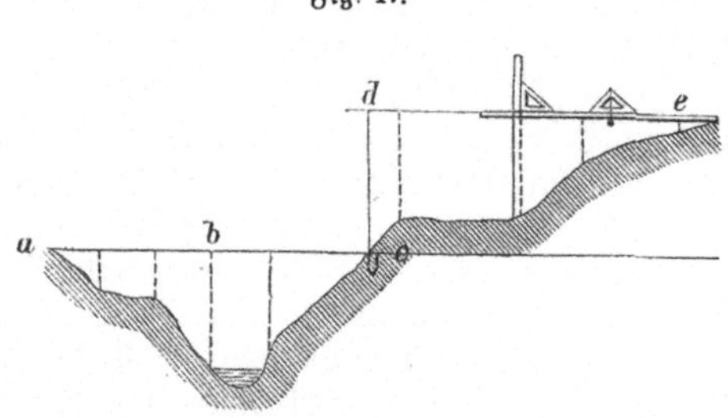

das senkrechte Aufstellen der Nivellirlatte durch Anlegen eines Winkelmaßes in dem Kreuzungswinkel der Nivellir- und Setzlatte (Fig. 47), so gewährt diese viel raschere Messungsweise hinreichend scharfe Resultate.

Die Aufnahmsergebnisse von Querprofilen trägt man selten tabellarisch ein, sondern fertigt dazu nach der Nummernfolge Handrisse, welche die Geländeform beiläufig ersehen lassen und auf einem oder mehreren Horizonten

Fig. 47a.

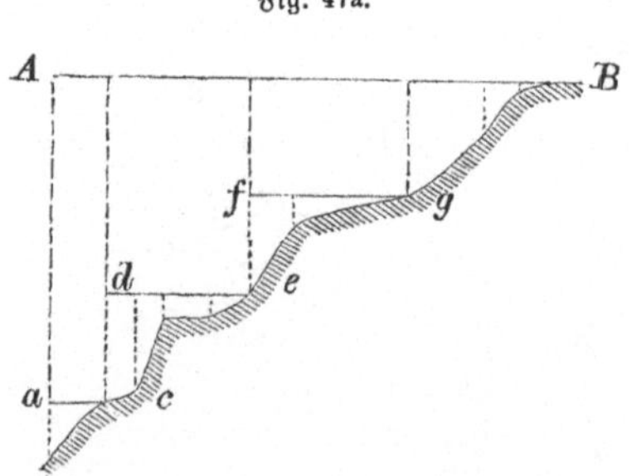

(AB oder ac, de, fg...) die Einzeldistanzen der Geländepunkte sowie deren Höhenabstände deutlich eingeschrieben enthalten, wie Fig. 47 und 47a andeuten.

Kleinere Maaße als 1 Zentimeter für die Höhen und je 2—5 Zentimeter für die Entfernungen können dabei unbedenklich vernachläßigt werden, wenn nur Auswahl und Handhabung des Instruments allgemeine Horizontalstellung gewährt.

§ 31.

Das Flächen-Nivellement.

Werden die Querprofile durchgängig an die verpfählten und vermessenen Höhenpunkte (Haupt- und Zwischenpunkte) des Längeprofils so angeschlossen, daß deren Niveaulinien die Horizonte für die absoluten Höhenpunkte je eines Querprofils bilden, so sind damit die Anforderungen an ein „Flächen-nivellement" in der Hauptsache erfüllt: alle Niveaupunkte, in so verschiedenen Richtungen sie liegen mögen, sind in ihrer gegenseitigen Stellung horizontal und vertikal in bestimmte Beziehungen gebracht, begrenzen mehr oder weniger genau die Form der Bodenoberfläche oder lassen sie doch erkennen.

Das Flächen-Nivellement bezweckt für uns die Beschaffung der nöthigen Zahlengrößen, um zu bemessen, wo, wieweit und um wieviel die Geländeoberfläche durch Abtragen und Aufschichten so weit umzugestalten ist, daß sie besser wie bisher unsern wirthschaftlichen Unternehmungen zu dienen vermöge; beim Waldwegbau insbesondere, daß unseren Verkehrseinrichtungen durch Verebnungen mittelst Materialtransports innerhalb bestimmter Bahnbreiten alle Hemmungen und Hindernisse möglichst weggeräumt werden.

Für viele Kulturzwecke werden die Abwägungen am besten so vorgenommen, daß man die Oberfläche durch eine Anzahl paralleler Vertikalebenen in gleichen Abständen geschnitten denkt und die daraus sich ergebenden Profile mißt. Werden die Stationslängen in allen diesen Profilen gleich groß, so ergibt sich daraus ein Netz von Parallelogrammen, deren gesammte

Fig. 48.

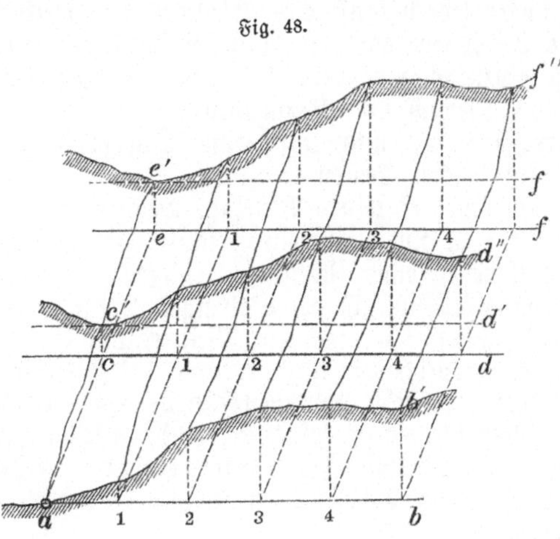

Profilhöhen als Ordinaten auf den Generalhorizont d. h. auf die Horizontalebene eines Anfangs- oder des tiefsten Punktes bezogen werden. Um das vollständige Bild der Bodenoberfläche zu erhalten, wäre dann beispielsweise (Fig. 48) vom Nullpunkt a der Profilzug ab′ gemessen, durch c und e (ac = ce) parallel mit der Grundlinie ab ebenso der horizontal projicirte Profilzug c′d′ und e′f′, so daß der Generalhorizont durch die Parallelen ab, cd und ef sich darstellt. Bei den Profillinien c′d″ und e′f″ beziehen sich die Profilmessungen jedoch zuerst auf die Punkte c′ und e′. Es bedarf also, um alle Höhenpunkte auf die Horizontalebene von a zu beziehen,

1. bei jedem Längeprofil zuerst der Addition der Ordinatendifferenzen von den Punkten a, c′ und e′ aufwärts über die Punkte 1, 2, 3, gegen b′ — d″ — f″, woraus sich die Höhen bb′ — d′d″ — f′f″ der Endpunkte über a — c′ — e′ berechnen;
2. außerdem bei den Profilen c′d″ und e′f″ der Addition der Höhenabstände cc′ und ee′ über a zu den berechneten Ordinaten.

Wären die Entfernungen und Höhenabstände der Endpunkte in jedem Längeprofil so klein, daß eine Aufstellung in der Mitte genügte, so hätte man alle Ordinaten jedes Profils auf ihre ganze Länge unmittelbar gemessen, mit Beziehung auf ihre Anfangspunkte a, c′ und e′ oder gar mittelst einer einzigen Aufstellung mit direkter Beziehung auf die Horizontalebene von a als Generalhorizont.

Bei so geringer Entfernung der parallelen Profile würde auch ihre Aufnahme auf einförmigem Gelände als Flächen-Nivellement schon völlig genügen, ohne Ergänzung durch Querprofile.

Aehnlich könnte, mit Rücksicht auf die bedeutenderen Höhen- und Tiefenpunkte, ein unregelmäßiges Dreiecknetz über die Fläche gelegt und schließlich eine Berechnung auf den Anfangspunkt angeordnet werden — oder eine konzentrische Aufnahme von 1 Mittelpunkt mit strahlenförmigen Schnitten und polygonartiger Verbindung der Distanzen in den Profilschnitten, je nach örtlichen Verhältnissen und sonstigen entscheidenden Umständen, z. B. wird die konzentrische Aufnahme bei Rampen und Wendplätzen zu den kubischen Berechnungen sich am besten eignen. Die übersichtlichste Arbeit und die leichteste Rechnung bietet jedoch sonst das Vierecknetz, weil die Reduktion auf 1 Horizont und die Form der hier entstehenden stereometrischen Körper die einfachsten Wege einzuschlagen erlaubt. Beim Wegbau gibt sich dessen Anwendung von selbst, jedoch mit Beschränkung auf ein Längeprofil, die Zugslinie oder Straßenachse, und auf seine Querprofile von beiläufig gleicher Ausdehnung zu beiden Seiten.

Handelt es sich um einen einzelnen Wegzug, welcher in geringer Längenerstreckung über ein Gelände mit mäßigem Gefällwechsel führen soll, so kann eine beschränkte Aufnahme in einer Richtung genügen. Im Gebirgsgelände dagegen wird die genauere Kenntniß der Bodengestaltung nach allen Richtungen um so unerläßlicher, über je mehr Seitenrichtungen hin eine Auswahl zwischen mehreren möglichen Wegzügen und auf je längeren Wegzügen sie zu treffen ist. Dazu ist höchst wünschenswerth, daß bereits eine graphische Darstellung der Bergformen in horizontaler Projektion zur Verfügung stehe, wie sie in den Plänen mit Horizontalkurven (Schichten- oder Höhenlinien) häufig sich uns darbietet, z. B. in Baden in allen Plänen der Waldvermessungswerke.

Da sich die Punkte gleicher Höhe darauf leicht verfolgen und dem zufolge die Bergformen, Neigungen der Berghänge und Höhenunterschiede aller Punkte daraus entnehmen lassen, vereinfachen und erleichtern sie ungemein alle Nivellement-Arbeiten.

Die erste Idee*) zur Anwendung der Horizontal-Kurven, um ein Bild des Geländes zu erhalten, gab im zweiten Viertel des vorigen Jahrhunderts der französische Geograph Buache. Drei Jahrzehnte später nahm sie der Ingenieur Ducarla in Genf wieder auf, entwickelte sie zu einer Methode und führte sie in's Leben ein. Die Aufnahmen der Kurven bei Mangel eines Plans ist Sache der Geodäsie, denn sie ist gleichzeitig eine Aufgabe der Höhenmessung und der Situationsaufnahme — jeder gemessene Höhenpunkt muß auch auf seine horizontale Lage bestimmt werden.

Sie erfordert übrigens nur die Kenntniß des Nivellirens und der Aufnahme mit Meßtisch und Boussole. Bequem dafür ist ein Fernrohr-Instrument mit Vorrichtungen zum Distanzmessen.

Es bestehen verschiedene Methoden der Kurvenaufnahme:

a. das von uns bereits angedeutete Verfahren mittelst Vierecksnetz, welches das Aufnahmegebiet umfaßt; oder überhaupt das Nivellement eines Netzes von Längen- und Querprofilen;

b. das Einlegen eines beliebigen Netzes von geraden Linien, dessen Eckpunkte nur nivellirt werden oder innerhalb von welchem zugleich einige Punkte von Horizontalkurven auf den Netzlinien durch Nivelliren bestimmt und von den nächsten Schnittpunkten eingemessen oder mit dem Meßtisch durch Einschneiden aufgenommen werden;

c. das unmittelbare Nivelliren und Abstecken der Kurven, welchem dann die Aufnahme mittelst Meßtisch oder mittelst Kreuzscheibe und Meßruthen folgt (das umständlichste Verfahren).

Enthält ein Plan viele bekannte Höhenpunkte und durchziehende Linien (Grenz- und Abtheilungslinien, Wege u. s. w.) und nur wenige genaue Kurven, so kann man die weiter nöthigen mit Hilfe seiner Ortskenntniß und wenigen Messungen leicht mit dem zu Wegabsteckungen nöthigen Genauigkeitsgrade vollends einzeichnen.

Ist ein irgend zuverlässiger Plan vorhanden, welchem die Kurvenzeichnung fehlt, so kann diese ohne allzugroßen Zeitaufwand (wenigstens auf jenen Strecken, welche ein Wegbau berühren soll) entworfen werden.

Man nivellirt die wichtigsten Punkte (Grenzen, Gräben, Gewannlinien 2c.) und bestimmt weitere nöthige Höhenpunkte, deren Lage noch nicht gegeben ist, durch Einmessen gegen benachbarte Fixpunkte, auf flachem Gelände auch durch bloßes Einschreiten. Eine Anzahl Höhenpunkte, welche nicht gemessen, lassen sich durch Interpolation einfügen und die Hauptrichtung der Kurvenzüge kann man durch Aufnahme weniger Hauptcurven festlegen.

Auf Plänen mit Kurvenzeichnung ist der Längenzug von Wegen (auch Wasserleitungen und dergleichen) leicht vorläufig zu entwerfen und die Erreichung eines in Aussicht genommenen Höhen- oder Wechselpunkts zu erproben, da die Kurvenlinien gleiche bekannte Höhenabstände unter sich haben, also daraus und aus ihrer horizontalen Entfernung sich das Gefäll des Geländes auch in diagonaler Richtung zwischen zwei Punkten ergibt.

Am besten geschieht dies so:

In Fig. 49 seien die Höhenabstände a der Kurven = 10^m, woraus Berghöhe H bis zur letzten Kurve bei $C = 7 \times 10 = 70^m$. Ist das Gefälle gegeben, womit der Berg zu ersteigen (= p), so berechnet sich die zugehörige horizontale Entfernung l, auf welche von einer Kurve eine zweite erreicht (geschnitten) werden soll, aus dem einfachen Ansatz:

$$p : 100 = a : l, \; l = \frac{a}{o, op}$$

und zur Ersteigung des Berges bedarf es einer Weglänge $L = n \cdot l = \frac{n \cdot a}{o, op} = \frac{H}{o, op}$, z. B., wenn $a = 10$ und $H = 70^m$, wird

für $p = 2\%$, $l = 500^m$ und $L = 3500^m$,
„ $p' = 5\%$, $l = 200^m$ „ $L = 1400^m$.

Fig. 49.

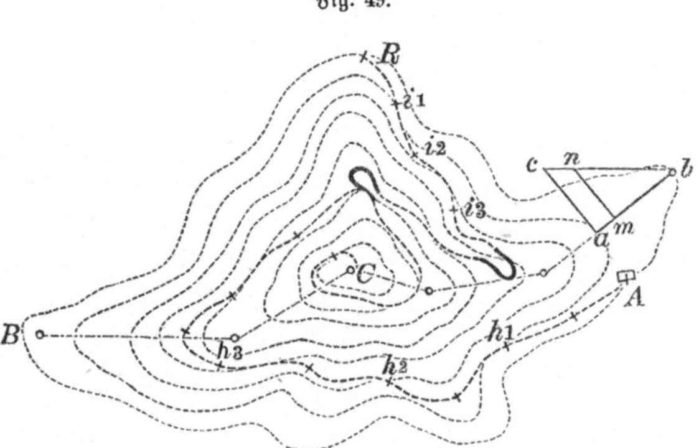

Fig. 49a.

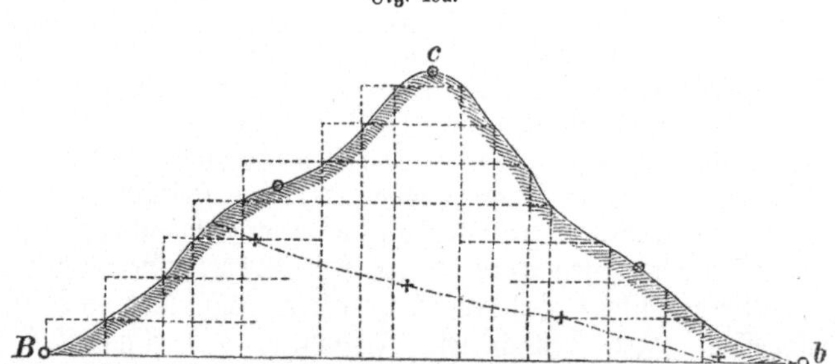

Die Entfernung l greift man auf dem Maaßstab des Plans mit dem Zirkel ab, setzt bei A ein, schneidet die nächst höhere Kurve in h_1, von da die folgenden in h_2 u. s. w. (oder für das höhere p_1 von R aus in $i_1 - i_2 \ldots$) bis zu Punkt C im Spiralzug oder in Widergängen. Stören die zu starken Krümmungen der Kurven das Schneiden mit dem ganzen l, so wird $l : 2$ in den Zirkel genommen und damit noch je 1 Zwischenpunkt zwischen 2 Kurven punktirt oder man konstruirt Zwischenkurven.

Das Gefäll zwischen zwei Punkten bestimmt sich aus dem Ansatz $p = \frac{100 \cdot h}{L}$, worin h = ganzer Höhenabstand, nämlich Produkt aus der

Anzahl der zwischenliegenden Kurvenringe und ihrem Höhenabstand z. B. $Ri_2 = 300^m$, $2 \times 10^m = h$, folglich $p = 6^2/_3$.

Liegt ein Punkt (m) zwischen zwei Kurven, so ist seine Höhe wie folgt zu ermitteln:

Auf der kürzesten Linie (jener des größten Gefälls) ab errichte eine Senkrechte am Endpunkte a, trage die Kurvenhöhe (hier 10^m) auf, verbinde c mit b und ziehe $mn \parallel ac$, so ergibt sich

$$mn = \frac{ac \cdot bm}{ab}$$

ohne Nachmessung an Ort und Stelle meist genau genug.

Aus einem Plan mit Kurvenzeichnung ist es auch möglich, die Bergform graphisch darzustellen (Fig. 49b) und annähernd die zur überschläglichen Berechnung eines Wegprojekts nöthigen Zahlen für Ab- und Auftrag abzuleiten. Vorbedingung hiezu ist jedoch, daß die Kurvenzeichnung aus genauen Aufnahmen hervorging.

Eine sehr häufige Anwendung des Nivellirens besteht darin, daß man Höhenunterschied und Entfernung zweier Punkte, welche durch eine Anlage zu verbinden sind, nach einem zuverlässigen Plan durch Messung oder Berechnung erhebt und die Kenntniß der Geländeprofile vorläufig nur aus der Zeichnung der Horizontalkurven schöpft. Für diesen Fall genügt oft ein Probenivellement mit einem rasch arbeitenden Instrument z. B. dem Gefällstock. Man stellt ihn im Anfangspunkt auf, richtet die Diopterlinie auf das muthmaßliche Gefäll ein und steckt in möglichst langen aber annähernd gleichen Stationen durch Vorwärtsnivelliren die dem Instrument gegebene Richtung ab, indem die Richtlinie der Schieblatte stets auf die Instrumentenhöhe festgeschraubt wird. In der Nähe des zu erreichenden Höhepunkts wird dann ersichtlich, ob das Gefäll zu hoch oder zu nieder gegriffen war. Sind mehrere feste Punkte zwischen Anfangs- und Endpunkt einzuhalten, so zerfällt das Aufsuchen der geeigneten Steigung in mehrere getrennte Aufgaben.

Gelingt es erstmals nicht, einen gesuchten Haltpunkt zu erreichen, so wird entweder die auf p Prozent genommene Steigung nach Maßgabe der gefundenen Höhendifferenz am Instrument auf p^1 berichtigt und damit von vorn begonnen — oder, wenn der Endpunkt nahezu erreicht worden, plus oder minus auf die paar letzten Stationen rückwärts vertheilt, indem man im Endpunkt aufstellt und mit p^1 auf die anfängliche Steigung p einschneidet. Dies letztere ist namentlich zulässig, wenn eine große Strecke bergan abgesteckt worden und $p_1 < p$ wird.

Fig. 50.

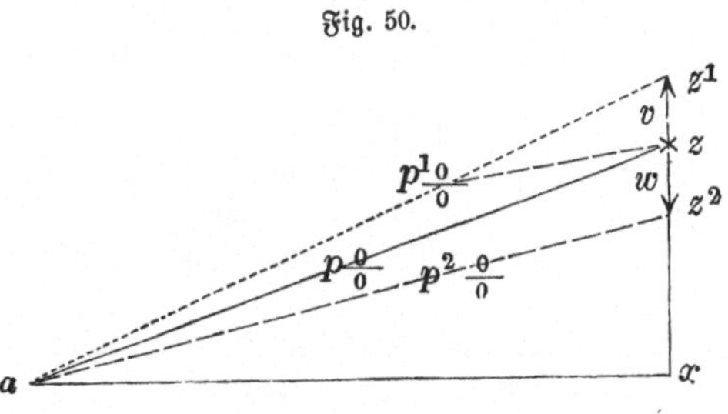

Soll bei einer zweiten Absteckung mit Sicherheit statt des erst erreichten

Punktes z der Punkt z^1 oder z^2 (Fig. 50) getroffen werden, so ist die horizontale Entfernung $ax = L$ zu messen und durch Messung und Rechnung die richtige Höhe für z^1 oder z^2 aus dem ersten Prozentsatz $\pm$ Mehr- oder Minderhöhe abzuleiten.

Wäre $zx = h$, $zz^1 = v$ und $zz^2 = w$, so ergibt sich zunächst aus

$$100 : p = L : h, \quad h = L \cdot o, op$$

$$\text{folglich } z^1x = L \cdot o, op + v = m$$

$$z^2x = L \cdot o, op - w = n$$

$$\text{und } p^1 (p^2) = \frac{100}{L} \cdot m (n)$$

z. B. Wenn $L = 4000^m$ und $p = 4\%$, ist $h = 4000 \times 0{,}04 = 160^m$. Läge der richtige Punkt um 20^m höher oder tiefer, so wäre $\left\{ \begin{array}{l} m = 180^m \\ n = 140^m \end{array} \right.$ und $p^1 (p^2) = \frac{1}{40} \cdot 180 (140) = 4{,}5 (3{,}5)\%$.

Eine zweite pünktliche Absteckung wird nun zum erstrebten Punkt nahe genug hinführen.

Ein anderes Berichtigungsverfahren besteht darin, daß man durch Proportionalansatz das Mehr oder Minder der ganzen Strecke auf jede Station berechnet und mittelst der Setzwage jeden einzelnen auf p abgesteckten Profilpunkt um den berechneten Betrag auf- oder abwärts versetzt.

Fig. 51.

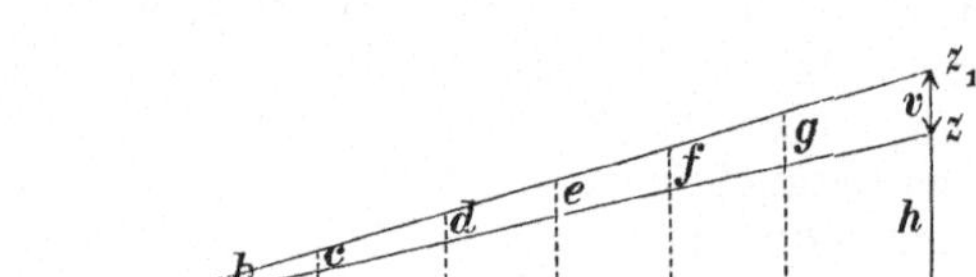

Kenntniß der einzelnen Stationslängen ist dabei nöthig. Es sei (Fig. 51) $ax (= L) = m + n + \ldots. + s$, so ergeben sich folgende Berichtigungs-Ansätze:

$$L : v = m + n + \ldots. + r : g$$

$$g = (m + \ldots. + r) \frac{v}{L}$$

$$= \frac{L - s}{L} v$$

$$L : v = m + \ldots. + q : f$$

$$f = \frac{L - (s + r)}{L} v$$

u. s. w.

Eine solche Einzelberichtigung erspart freilich gegenüber einem nochmaligen Nivellement nur wenig Zeit, kann aber jedem mit der Setzwage vertrauten Gehilfen überlassen werden. Nur eine Prüfung mit dem Nivellir-Instrument braucht nachzufolgen.

Die Größe von p^1 wird hier aus dem Ansatz ermittelt:

$$h : p = h + v : p^1, \text{ woraus}$$

$$p^1 = p \frac{h + v}{h}.$$

Bei definitiver Absteckung durch Nivelliren aus der Mitte wird aus p und der speciellen Stationslänge l, innerhalb welcher aufgestellt wird, der Höhenunterschied $l \times o, op$ berechnet, ein Gehilfe mit der einen Latte auf den Nullpunkt A gestellt, die Lattenhöhe a (= AB) mit horizontaler Visur abgelesen und darauf der zweite Gehilfe auf die Lattenhöhe $= a - l \times o, op$ (= CD) im Punkte C durch Auf- und Abwinken eingewiesen. Ist C gefunden und verpfählt, so wird die Latte prüfungsweise auf den Pfahlkopf gestellt und durch Antreiben des Pfahls dessen Höhe so lange korrigirt, bis die Visur genau die Latte in D schneidet.

Fig. 52.

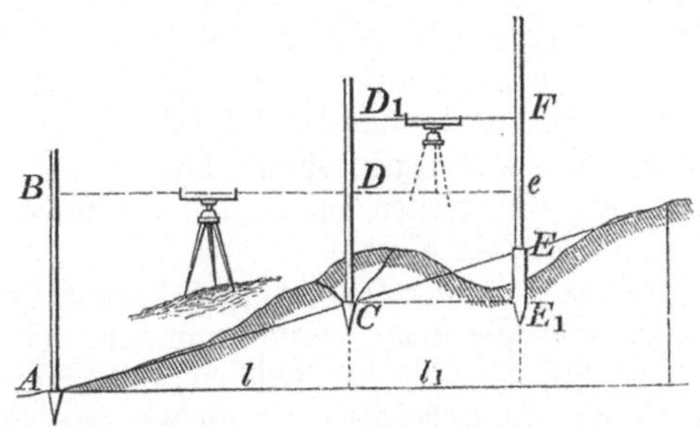

Liegt C unter dem Boden, so wird bis auf die nöthige Tiefe eingegraben und der Boden weit genug weggeräumt, um den Pfahl auf die richtige Höhe bequem einzutreiben. Wäre wie in E der Gefällpunkt über Boden, so ist ein größerer Pfahl aufzusetzen, welcher fest genug im Boden hält und auf die einvisirte Gefällhöhe abgesägt wird. Um den Punkt E zu bestimmen, verfährt man in gleicher Weise wie in C und zwar, entweder mit Aufstellung des Instruments zwischen A und E, wo dann die Latte EF auf die Höhe $a - (l + l^1)\ o, op$ (= Ee) einvisirt wird, oder mit Aufstellung zwischen C und E, in welchem Falle $CD^1 - l^1 \cdot o, op$ (= EF) die anzuvisirende Lattenhöhe gibt.

Bei Gefällabsteckungen längs den Berghängen hin sucht man mit wenigen Aufstellungen möglichst viele Punkte einzurichten, ohne daß diese in einer geraden Linie zu liegen brauchen. Man verfährt dann etwa so (siehe Fig. 53):

Fig. 53.

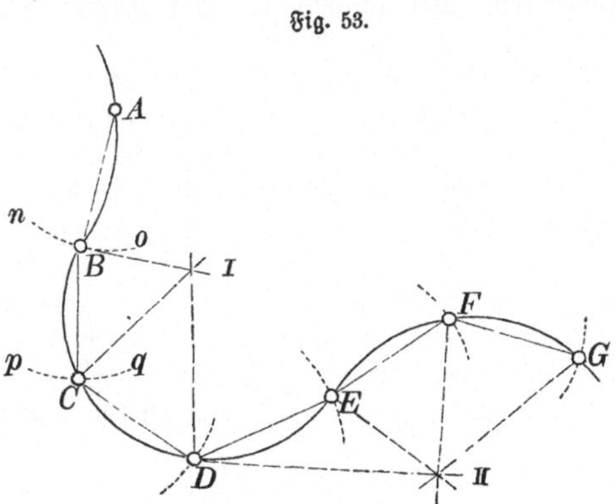

Das Instrument nimmt seine erste Aufstellung in I (an einem Punkte mit freier Umsicht auf A bis D), visirt die Lattenhöhe a des tiefsten Punktes A an, indeß zwei Gehilfen mit einem Meßband (Meßkette) die Stationslänge AB messen, welche überall = l angenommen wird. Bei B stellt man nach Messung von AB die zweite Nivellirlatte auf, sie mit dem Endpunkt des Meßbands am Hange im Bogen no auf- oder abrückend, bis durch Wink oder Zuruf auf die Visirhöhe b (= a — l o, op) eingerichtet ist, worauf B fixirt wird. Nun übertragen die Meßgehilfen die Meßband-Enden auf die Standlinie BC und bewegt sich die zweite Latte wiederum mit dem Bandende C im Bogen pq auf oder nieder, bis sie den Geländepunkt C gefunden, wo die Visur die Lattenhöhe c (= a — 2 l × o, op) treffen muß. Ist in gleicher Weise, indem die Visirhöhe auf jeder folgenden Station um l × o, op sich mindert, in C und D die Steigung abgesteckt, in E und den folgenden Punkten aber das Einrichten von I aus unthunlich, so wird das Instrument nach II, die erste Latte nach Punkt D versetzt, welcher jetzt den neuen Ausgangspunkt bildet, von II aus in D die Lattenhöhe a^1 abgelesen und weiter wie vorhin verfahren, mit Visiren auf a^1 — l · o, op an der Latte in E ꝛc.

Während dieser Absteckungen ist der Führer stets darauf bedacht, vorheriger Anordnung gemäß alle Gehilfen zusammenwirken, einander unterstützen und kontroliren zu lassen, etwa so, daß ein lattenführender Gehilfe die Horizontalmessungen im Auge behält, der andere die Verpfählungen. Er selbst kontrolirt in freien Augenblicken oder im Passiren der Endpunkte (D, G u. s. w.), wenn er neue Aufstellung nimmt, die Ablesungen der Gehilfen an den Latten, die hinlängliche Befestigung der Nivellirpfähle, die gehörige Ausräumung der Bodenvertiefungen, wo das Niveau unter die Oberfläche zu liegen kommt, um der Verschüttung der Profilpunkte vorzubeugen, überzeugt sich von der deutlichen Bezeichnung der Nummerpfähle u. s. w.

Gutgeschulte Arbeiter gewähren eine werthvolle Hilfe. Wo die Profilaufnahmen und Gefällabsteckungen nicht häufig wiederkehren, ist es freilich schwer, sich ein geübtes Personal zu erziehen und dann strenge unermüdliche Kontrole um so mehr geboten.

Bezüglich des Beizugs der nöthigen Hilfskräfte ist aber nicht allein auf die Auswahl brauchbarer Leute, sondern auch auf die Bestellung der richtigen Anzahl zu denken, damit die Arbeit ineinander greift und ebensowenig aufgehalten als durch überzähliges müßiges Personal unnöthig vertheuert wird.

Auf freiem ebenem Gelände, in lichtem Walde geht die Arbeit rascher und bedarf es einer kleinen Gehilfenzahl; in schwierigem, dichtverwachsenem Walde dagegen erfordert das Messen der Abstände, das Aufstellen der Latten und der Durchhieb mehr Unterstützung und Geschirr. Häufig sind hier zwei weitere Personen vollauf beschäftigt, die nöthigen Pfähle herzurichten und beizuschaffen, das Geschirr nachzubringen, die Richtung durch Anplatten der Stämme oder Aufreißen des Bodens zu kennzeichnen, die Profilpunkte von Gesträuch und Unkräutern frei zu machen u. And. m.

Noch manche praktische Winke liessen sich hier beifügen. Sie lassen sich indessen in der Lehre vom Wegbau selbst gelegentlich einschalten.

§. 32.

Bildliche Darstellung der Nivellement-Ergebnisse.

Die meisten Profilaufnahmen und die darauf gegründeten Arbeitsentwürfe pflegt man durch Zeichnung wiederzugeben und hiezu schon beim Nivellement sich ein ungefähres Bild der Bodenform unter Beifügung wichtigerer Merkmale und Einzelheiten aufzuzeichnen. Das Bild, welches ein genaues Auftragen der gemessenen Abstände in dem Verhältniß eines bestimmten Maßstabs zu Stande bringt, schließt unsere Aufnahmen ab und veranschaulicht ihre Ergebnisse.

Die orthographische Projektion, für ausgedehntere Theile der Erdoberfläche wegen der Unmöglichkeit, das Bild einer Kugelfläche in einer Ebene genau darzustellen, selten in Anwendung, genügt zur Abbildung sehr kleiner Geländeflächen und ist hier zur Darstellung der horizontalen und vertikalen Schnittflächen sehr bequem.

Die Zeichnungen unserer Längenprofile bestehen im Wesentlichen darin, daß wir die gemessenen Horizontalen als Abscissenlinien annehmen, nach den Abständen der Profilpunkte theilen, in den Theilpunkten die zugehörigen Höhen als Ordinaten auftragen und die Endpunkte der letzteren mit durchlaufenden Linien verbinden, deren vielfache Krümmungen dann das Geländeprofil geben. Das bei dem Nivellement geführte Handbuch liefert dazu die Zahlengrößen und die Anhaltspunkte über Art und Zug des Geländes.

Ein Straßen-Nivellement kann eine sehr große Längenerstreckung haben. Dann muß auf möglichste Uebersichtlichkeit der bildlichen Darstellung Bedacht genommen werden.

1. Die Abscissenlinie, auf welche das Geländeprofil bezogen wird (am besten, wie schon erwähnt, der Horizont des tiefsten Punkts), theilt sich von ihrem Anfangs- oder Nullpunkt in die gleichgroßen und fortlaufend numerirten Stationslängen, sowie in Zwischenstationen. Wo eine Stationslänge ausnahms-

Fig. 54.

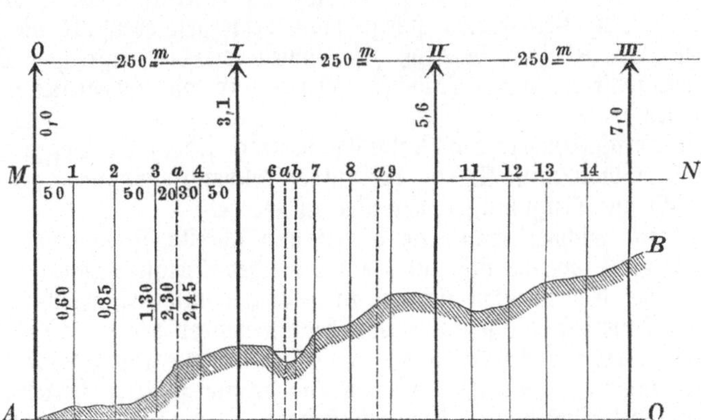

weise kürzer genommen werden mußte, theilte man das fehlende Maß zweckmäßigerweise der nächstfolgenden Stationslänge zu, um die Länge von n Stationen in ganzen und möglichst runden Zahlen zu erhalten. Diese gleichmäßigen

Abschnitte bezeichnet man für sich (mit I, II, III ... oder großen arabischen Zahlen) und läßt ihre Ordinaten durch stärkere Striche, Pfeile oder dergl. deutlicher hervor-, dagegen die Ordinaten der Zwischenstationen als schwache oder unterbrochene Linien zurücktreten und giebt ihnen wieder die anfängliche Bezeichnung (a, b, c ... oder dergl.).

2. Die Einzelabstände aller Profilpunkte werden, die horizontalen auf oder unter die Abscissen horizontal, die vertikalen neben die Ordinaten vertikal, eingeschrieben, bei den Zwischenpunkten mit kleinerer Zahlenschrift, bei den Hauptabschnitten möglichst in die Augen fallend, etwa wie Fig. 54 andeutet. Die eingeschriebenen Zahlen geben immer bei den Abscissen die Einzelabstände zwischen je 2 Profilpunkten, bei den Ordinaten dagegen immer den ganzen Abstand von dem Generalhorizont. Wenn der letztere in der Linie AO sich darstellt, schreibt man beispielsweise die Zahlengrößen der Einzeldistanzen unterhalb der Parallele MN, die Zahlen der Hauptabschnitte oberhalb MN ein.

3. Man wählt zum Auftrag einen desto größeren Maßstab, je größere Genauigkeit die vorliegende Arbeit bedingt, je höher der Kostenpunkt sich beläuft und ein je höherer Aufwand deßwegen für die Vorarbeiten erlaubt ist. Um auf der Zeichnung ein deutliches Bild der Höhenunterschiede zu erhalten und zu Kostenberechnungen und Konstruktionen die Höhen mit dem Zirkel genau abgreifen zu können, wird ein größerer Maßstab für die Ordinaten als für die Abscissen gewählt — sog. „Ueberhöhung" — mindestens wie 5:1, häufiger wie 10 oder 20:1 z. B. Längen-Maßstab $= \frac{1}{2000}$, Höhenmaßstab $= 1/200$ oder $1/100$. Für Kunstbauten wird oft noch ein größerer Unterschied beliebt, für Waldwegbau-Entwürfe entsprechen obige Zahlenverhältnisse.

Eine Zeichnung mit der richtigen Höhendarstellung (gleichem Maßstab für alle Distanzen) ist zwar zulässig, aber öfter mit dem Papierformat nicht in Uebereinstimmung zu bringen; sie scheint uns auch die wahre Bergform nicht zu geben. Unser Auge stellt sich alle Berge höher vor und die Abhänge steiler, als die Wirklichkeit durch Messung ergibt. Bei Reliefkarten pflegt man deßwegen ebenfalls die Höhen doppelt bis zehnfach so groß zu nehmen wie die wagrechten Entfernungen, sonst würden die höchsten Berge nur wie unbedeutende Hügel erscheinen.

Die Verschiedenheit der Maßstäbe verzerrt jedoch die Bergform noch mehr und man muß sich an die Bilder solcher Zeichnungen gewöhnen, um nicht zu Trugschlüssen verleitet zu werden.

4. Allgemein zeichnet man alle Linien und schreibt Zahlen oder Buchstaben und Worte, welche sich auf die natürlichen Geländeformen beziehen, schwarz; dagegen bedient man sich zu allen Bezeichnungen, welche sich auf unsere Bau-Entwürfe (Absteckung neu herzustellender Linien 2c.) beziehen, einer deutlich hervortretenden Farbe, am besten roth. Durch Schraffirung oder Farbenbandirung hebt man die Geländeprofile schärfer hervor, Auf- und Abtrag durch Ausfüllung der betreffenden Felder mit kontrastirenden Farbentönen.

Die Querprofile werden im Allgemeinen nach den nämlichen Regeln bildlich dargestellt. Hervorzuheben ist bei ihnen nur, daß keine Ueberhöhung eintritt und man für sie gewöhnlich den Höhenmaßstab des

Längenprofils anwendet. Er muß für Abscissen und Ordinaten der gleiche sein, weil aus den Querprofilen sich die Schnittflächen ergeben, deren wir zur Berechnung der zu bewegenden Erdmassen oder zu Baukonstruktionen bedürfen. Das Bild darf daher nicht verzerrt, es muß jede Dimension daran mit dem Zirkel greifbar und darum auch der Maßstab so gewählt sein, daß ein genaues Abgreifen möglich wird. Am häufigsten dient der Maßstab 1/200 bis 1/100.

Das Niveau des Querprofils wird stets durch die Pfahlfläche des betreffenden Längeprofils gebildet, so daß die Schnittfläche des Abtrags oberhalb, jene des Auftrags unterhalb der Niveaulinien liegt. Jedes Querprofil wird mit der Nummer und etwaiger weiterer Bezeichnung seines Längenprofilpunkts überschrieben.

Soll ein Querprofil in besonderer Ausdehnung aufgenommen werden und würde die Niveauhöhe in Folge dessen zu groß, so sucht man einen geeigneten „Anbindepunkt" d. h. man bildet von hier an ein zweites höheres oder tieferes Niveau für alle folgenden Profilpunkte, und rechnet nachträglich die hinzugekommenen Ordinaten auf das erste Niveau um (s. Fig. 47a und 47b). Die Genauigkeit der Rechnung erfordert für diesen Fall eine scharfe Ermittlung des Höhenabstandes zwischen beiden Niveaus (d. h. jener Ordinate, welche die Niveaus verbindet).

§ 33.

Hauptregeln und Uebungen beim Nivelliren.

Den Anfängern in Nivellement-Arbeiten seien einige Winke in Bezug auf die geschäftliche Behandlung nicht vorenthalten, deren Nichtbeachtung schon manche Störungen, Nacharbeiten und manchen vermeidbaren Verdruß verursachte. Vor Allem ist in Hinsicht der Instrumente zu empfehlen:

1. Alle und zwar die besseren im höheren Grad bedürfen der jeweiligen Reinigung unmittelbar vor und nach dem Gebrauch, des Schutzes gegen Nässe, Staub, grelles Sonnenlicht und — Unberufene; ferner der Einölung sich reibender Metalltheile mit dünnflüssigem, nicht harzendem Oel oder Fett (z. B. Olivenöl, Klauenfett, Speck); außer Gebrauch einer guten Aufbewahrung.
2. Dem Gebrauch eines Instruments muß jeweils seine Prüfung und wo nöthig seine Berichtigung vorhergehen (Justirung). Bei anhaltendem Gebrauch muß dies zeitweise wiederholt werden.
3. Auch das beste Instrument leistet wenig, wenn sein Führer lässig ist im Horizontalstellen, im Einrichten, Visiren und Ablesen, oder wenn seine Aufzeichnungen unvollständig, undeutlich und in Folge dessen Andern unverständlich sind.

Bezüglich des Verfahrens ist im Allgemeinen weiter zu beachten:

4. Mit Beginn der Messungen ist der Arbeitsgang zu regeln und dann beharrlich festzuhalten.

   Jedem Gehilfen werden bestimmte Leistungen zugewiesen; Abweichungen von der angenommenen Ordnung sind entschieden abzuwehren.
5. Bei jeder Aufstellung müssen die einzumessenden Profilpunkte vorher mit einem Grund- oder Bodenpfahl fixirt, wo nöthig auf ihre

Profilhöhe pünktlich einvisirt und nochmals korrigirt werden. Dann erst beziehen sich die Profile auf feste nachmeßbare Punkte (Fixpunkte).

6. Jede größere Arbeit schließt man aus Vorsicht an nahe unveränderliche Fixpunkte, „Rückmarken", an und bezieht auf sie alle oder einen Theil der Profilpunkte, um sie bei etwaigem Verlorengehen wieder leicht aufsuchen zu können, insbesondere, wenn voraussichtlich dem Nivellement die Bauunternehmung, welcher es dienen soll, nicht unmittelbar folgt. Zu solchen Rückmarken dienen ebensogut natürliche wie künstliche Fixpunkte: im Walde Felsen oder horizontale Baumeinschnitte, Grenz- und Abtheilungssteine, Brücken und Stege, Geländerpfosten, Mauern, eingerammte starke eichene Pfähle u. s. w.

7. Auf beweglichem Boden, welcher das Instrument nicht trägt, sorgt man für einen sicheren Standpunkt desselben, z. B. durch Einschlagen starker Pfähle, Legen von Brettstücken.

Ringsum eine nicht ganz zugängliche Fläche bestimmt man, um sie zu begrenzen, in regelmäßigen Abständen (Viereck, Dreieck) auf dem festen Boden eine Anzahl Punkte, nivellirt von ihnen aus die erreichbaren Punkte innerhalb der Fläche und ergänzt den Rest nach der Abtrocknung oder bei gefrornem Boden.

8. In fließendes Gewässer pflegt man, wenn irgend thunlich, keine festen Punkte zu legen; man hilft sich hier durch Rückmarken an sicheren Uferstellen.

9. Vor jeder Aufstellung sorgt man, daß den Visuren nichts im Wege steht, wie Felsen, Bäume und Gebüsche; Gesträuch haut man aus, durchlichtet es oder hält es mit Stangen nieder. In Beständen genügt oft leichte Auslichtung durch Abästen oder Aushieb von Gestänge und einzelnen Bäumen — wenn nicht, ruft man die gesammte Mannschaft zusammen und begnügt sich mit schmalen Durchhieben, bevor die eingeschlagene Linie eine definitive.

10. Der Kostenpunkt darf die Nivellirarbeit nicht, aus falscher Sparsamkeit, oberflächlich machen. Es muß übrigens die Vorarbeit in richtigem Verhältniß zum vermuthlichen Aufwand der bezweckten Anlage stehen.

Eine neue Anlage entbehrt jeglicher Zuverlässigkeit, wenn kein Nivellement vorausgeht.

11. Die Wahl des Instruments ist nicht gleichgültig, obwohl im Ganzen Jeder die beste Arbeit mit jenem liefert, womit er vertraut ist. Brauchbare Messungen sind, je nach ihrem Zweck, auch mit einfachen Instrumenten zu erreichen. Am wenigsten empfehlen sich als allgemein und jederzeit brauchbar die schon bei unruhiger Luft leicht beweglichen, bei heftigem Wind aber nie ruhigen kleinen Senkel-Instrumente, die nur von freier Hand verwendbaren, sowie die Instrumente mit einfüßigem Stativ. Zu gewissen Zeiten, an gewissen Orten und bei feineren Messungsarbeiten überhaupt sind sie ausgeschlossen. Gut zum Waldwegbau sind unter den Senkel-Instrumenten der Gefällstock und die ihm verwandten Konstruktionen (Mayer, Bose).

Die besten sind nicht sowohl die schweren, empfindlichen und theueren sog. Universal-Instrumente, als vielmehr die leichteren und einfacheren Konstruktionen der Libellen-Instrumente mit Diopter oder kleinen Fernröhren und Höhenskala (Prozenttheilung). Ihre Brauchbarkeit erhöht sich, wenn ein Horizontalkreis dabei, mittelst welchem Horizontalwinkel noch bis auf 10 bis 15 Minuten gut abzulesen sind. Sie sind überall anwendbar, arbeiten rasch und mit aller wünschbaren Genauigkeit.

12. Bevor ein Nivellement begonnen wird, ist es rathsam, häufig sogar unumgänglich, das Gelände aufmerksam in Augenschein zu nehmen, sich über die Gefällverhältnisse und Gefällwechsel zu unterrichten und danach über die Stationslängen zu entscheiden.

In dem Maße, als die Wechsel sich mehren und die Steigungen zunehmen, müssen die Standlinien sich verkürzen.

13. Die Art und Ausdehnung, wie man das erste Nivellement einer Kontrole durchgängig oder nur auf einzelnen Strecken unterzieht, hängt ab vom Zweck der Aufnahme, ihrer Längenerstreckung, der Genauigkeit des Instruments u. s. w., eine gewisse Kontrole darf aber nie gänzlich unterbleiben.

Zweiter Hauptteil.

Der Waldwegbau.

I. Abschnitt: Allgemeines.

Erstes Kapitel.

Begriff, Zweck und Nutzen.

§ 34.

Unter „Waldweg" ist jede Anlage zu verstehen, durch welche die Bodenoberfläche andern Zwecken entzogen und hergerichtet ist, um den örtlichen Verkehr im Walde, sowie nach Außen auf die Dauer zu vermitteln. Zweck des Verkehrs wird dabei in erster Reihe die Gewinnung und Weiterbeförderung der Walderzeugnisse, in zweiter der Besuch des Waldes in sonstiger Absicht sein. Ausgeschlossen vom engeren Begriff des Waldwegs ist jede öffentliche Verkehrsstraße, weil diese den Wald nicht seinetwegen, sondern mehr zufällig durchzieht, obgleich daraus dem Waldeigenthümer durch Erschließung und Förderung des Verkehrs große Vortheile erwachsen können.

Die eigentlichen Waldwege dienen den Waldungen selbst. Der Waldwegbau begreift jene Weganlagen, welche vorzugsweise dem Waldeigenthümer gewisse Vortheile, meist wirthschaftlicher Art, zuwenden sollen, und die Lehre vom Waldwegbau begreift die Darstellung und Anwendung aller Regeln, wie zweckentsprechende dauerhafte Wegverbindungen innerhalb der Waldungen, sowie bis zu den nächsten Verkehrsstraßen anzulegen sind:

a. in den geeignetsten Richtungen,
b. auf den kürzesten Strecken und
c. mit dem geringstmöglichen Aufwand von Mitteln, Zeit und Kräften.

Als erster und Hauptzweck der Waldwege kommt in Betracht, daß ihr Bau die Verbringung des Holzes, als wichtigstes, massigstes und zugleich schwerfälligstes Erzeugniß, auf der Achse ermöglicht und erleichtert, denn der Bau der Holzabfuhrwege erfordert die größte Sorgfalt und den meisten Aufwand, erlaubt aber auch, bei kunstgerechter Ausführung, jede andere Art des Verkehrs im Walde. Im Weiteren erstreckt sich die Lehre auf alle künstlichen Anlagen, welche den Wald zu seinem besonderen Vortheil, zu Zwecken der Wirthschaft, Verwaltung und Sicherheit (ökonomische und polizeiliche Zwecke) zu Gunsten seiner Besucher erschließen.

Diese Erläuterung schließt von selbst alle „Kunstbauten" aus, für welche der Forstwirth als solcher weder Beruf noch Verständniß besitzt, welche er daher dem Straßenbau-Techniker zu überlassen hat.

In früheren Zeiten konnte die wirthschaftliche Bedeutung den Waldungen in dem Umfang nicht zukommen, wie gegenwärtig, wo der wettwerbende Begehr eine allgemeine Nachfrage nach ihren Erzeugnissen und dadurch die Erkenntniß ihres Werths hervorrief. So lange die Walderzeugnisse nicht werthgeachtet, konnten auf ihre Beibringung zum Verbrauchsort auch wenig Mittel verwendet werden, weil die Arbeitsleistung des Beischaffens sich zu wenig lohnte und man nur über weniges, einfaches und rohes Fuhrwerk verfügte.

In Ländern oder Gegenden, wo wirthschaftlicher Sinn sich verbreitete und zu reger Thätigkeit, zum Streben nach Verbesserung der Lebenslage führte, strebten allmählig auch die Waldeigenthümer, ihre ohne Verkehr werthlosen Erträge, soweit sie den eigenen Bedarf überstiegen, dem Markte zu nähern und durch Transporterleichterung die Nachfrage zu ermuthigen. Dazu war das Bestehen guter öffentlicher Verkehrswege eine selbstverständliche Voraussetzung. Erst ihre Ausdehnung und Verbesserung bis zu den Waldungen hin konnte die Anlage von Waldwegen veranlassen. Vorher bildete man seine Pfade, wo der Boden die geringsten Schwierigkeiten bot, und wich den Unebenheiten, steilen Lagen, Gewässern und Walddickichten aus. Die Richtung folgte in unregelmäßigen Zügen bald den zugänglichsten Strichen, oft in weiten Windungen und Umwegen, bald der kürzesten Linie bergauf und bergab. Der Personenverkehr geschah zu Fuß, in Sänften, zu Pferd oder Esel, zum Waarenverkehr gebrauchte man Tragbahren, kleinere oder größere Karren oder Saumthiere, wie dies in dünnbevölkerten und unwirthlichen Gegenden noch heute üblich. Die ausgetretenen Pfade, welche der allgemeine Gebrauch angenommen, lichtete und verbreiterte man allmählig, ausgeschwemmte oder verschüttete Theile machte man wieder zugänglich, so gut es ohne Kostenaufwand ging. Waren die Thalniederungen zu bewaldet, enge, naß oder sumpfig, so ging man den trockenen, meist weniger steilen und weniger im Gefäll wechselnden Bergrücken und Höhenzügen nach. Größere Sicherheit, bessere Umschau und sonstige Rücksichten wirkten bestimmend mit. Derartige Verkehrsverbindungen findet man noch häufig; sogar ihre Namen haben sich meist erhalten. Mit der Zunahme der Ansiedelungen und der wirthschaftlichen Beziehungen nach Außen bildete man weiterhin feste Wegzüge durch Vereinbarung, nach örtlichem Erforderniß, Art des Verkehrs, Bodengestaltung und Eigenthumsverhältnissen. So wandelten sich die Fuß- und Reitpfade allmählig in Schleif- und Schlittwege, Furten und Gassen bei häufigerem Gebrauch von Fuhrwerk endlich in Fahrwege um, welche anfänglich sich nur in die Waldungen der Ebene und des Hügellandes, erst später, wegen der größeren Schwierigkeiten, in die Gebirgswaldungen fortsetzten.

Wo Sumpfstellen und Mulden nicht zu umgehen waren, half man sich durch Einwerfen von Holz und Erdüberschüttungen.

Ausgeschwemmte Fahrgeleise der Gebirgswege wurden kunstlos durch Beiziehen von Erde und Steinen zugeworfen.

Tieferes jahrelanges Ausschwemmen erzeugte s. g. Hohlwege, deren Böschungen immer wieder nachstürzten und indem man die Wurzelstöcke, Felsstücke und das Geröll beseitigte, zu Erweiterungen veranlaßten. Auf wichtigeren Verbindungsgliedern begann man die zu steilen Strecken zu umgehen, einzelne Stellen gegen Gewässer oder Einstürze durch Bauten sicher zu stellen, Felsen wegzusprengen, Furten durch Ueberbrückungen zu ersetzen.

Auch der edlen Jägerei sind in unsern Waldungen manche Anfänge zur Verkehrserschließung zu verdanken. Den Pürschpfaden folgten die nöthigen Einrichtungen der Wildbahn, die Gestelle und Schneußen, mit welchen man ganze Waldgebiete durchzog.

An vielen Orten verzögerte sich der Wegbau durch die Wasserstraßen, welche man zur ungebundenen oder gebundenen Flößerei einrichtete und zu welchen nur vereinzelte, zusammenhanglose Zugänge und Zufahrten gebildet zu werden brauchten. Man half sich hier, sowie in schwierigen Hochgebirgslagen durch Holzriesen nnd ähnliche Ersatzmittel.

Ihre Tage scheinen jetzt, insofern sie ausschließliche Verkehrsmittel waren, gezählt zu sein. Die Eisenbahnen werden immer mächtigere Konkurrenten und die durch sie rasch umgewandelten Beziehungen und Richtungen des Verkehrs bewirken, daß auch innerhalb der Waldungen ein vollkommnes Wegnetz nöthig wird, um der veränderten Nachfrage zu begegnen und eine intensive Ausnutzung der Produktionskraft zu ermöglichen.

Die Einsicht, daß an Stelle urwüchsiger Verkehrsanstalten regelmäßige Bauten auch dem Walde zu Theil werden müßten, weil ihr vielseitiger Vortheil den Kostenaufwand reichlich aufwiegt, hat sich vor Beginn unseres Jahrhunderts öffentlich noch wenig geltend gemacht.

Erst wenige Jahrzehnte sind es, seit sich feste Regeln des Waldwegbaues entwickelten, zum Theil der Straßenbaulehre entnommen, zum Theil aus den praktischen Erfahrungen einzelner tüchtiger Forstwirthe hervorgegangen.

Sie mußten diesem Zweig forstlichen Wissens ihre besondere Aufmerksamkeit zumeist deswegen zuwenden, weil ihnen grobe örtliche Mißstände in ihrem Wirkungskreis täglich vor Augen traten, und die Beseitigung derselben mußte ihren Eifer um so mehr anspornen, als für die Forste ein handgreiflicher Vortheil in nächster Aussicht stand. Einzelnen Praktikern der alten Schule, welchen der richtige Begriff eines regelmäßigen Wegnetzes und die Kenntniß seiner Anlage nie näher gebracht wurde oder welche in solchen Waldverhältnissen sich bewegen, daß ein dringendes Bedürfniß noch nicht hervortritt, mögen den Werth des Wegbaues und der Wegbaulehre noch mißkennen. Noch an gar vielen Orten ist wahrzunehmen, daß der Wegbau gänzlich vernachläßigt, an andern, daß er mit großer Oberflächlichkeit und mit den gröbsten Verstößen gegen die einfachsten Regeln betrieben wird. Um so dringender ist's, daß die jüngere Generation der Forstwirthe nicht allein mit den Theorien des Wegbaues sich völlig vertraut mache, sondern auch mit Vorliebe sich ihm zuwende, sowie daß der Praktiker nicht unterlasse, die Lücken seines Wissens und der eigenen Erfahrung noch auszufüllen.

Obgleich selbst für den angehenden Forstwirth der Nutzen eines guten Wegsystems des Beweises kaum bedürfen sollte — wie ja der Vortheil guter Straßen überall allgemein anerkannt ist, und die Herstellung neuer Straßenverbindungen Seitens der Gesammtbevölkerung aller Kulturländer lebhaft gefordert und mit höchstem Interesse bewillkommt wird — so sei dennoch in Bezug auf die Waldwirthschaft Zweck und Nutzen des Wegbaues übersichtlich im Folgenden erörtert, um keine Seite der Lehre unberührt zu lassen.

Die Fortbewegung jeder Last, zumal unserer schwerfälligen Baumkörper, geschieht um so leichter und geschwinder, je weniger Hindernisse außer der Größe des Eigengewichts, mit dessen Zunahme sich die Reibung am Boden vermehrt, der bewegenden Kraft sich entgegensetzen. Verschiedene Hindernisse entfernen wir von der Bodenoberfläche durch Wegräumen von Baumstöcken und Wurzeln, niederen Gewächsen, Gesteinen und Ausgleichen der Bodenunebenheiten. Ein Hinderniß der Bewegung, eine Gegenkraft, können wir jedoch nur vermindern, nie ganz beseitigen: die Reibung. Völlig glatte Ebenen vermögen wir nicht herzustellen, sogar die Eisflächen sind nur auf kurze Zeit und Entfernungen ganz eben und glatt. Die Berührungsflächen zwischen zwei Körpern, deren einer über den andern fortzubewegen ist, greifen mit ihren Erhabenheiten und Vertiefungen gegenseitig ineinander. Dadurch werden die Bewegungen um so mehr aufgehalten, je größeren Druck der bewegte Körper auf seine Unterlage ausübt, und zugleich je unebener und lockerer die letztere.

Die Wirkung der bewegenden Kraft wird bei der Bewegung um den Kraftaufwand vermindert, welcher nöthig, um entweder die Bodenhindernisse durch Verschieben und Losreißen zu beseitigen oder die bewegte Last darüber hinwegzuheben.

Der Reibungswiderstand ist jedoch zweierlei Art und beide Arten kommen bei der Fortbewegung der Waldprodukte sowohl bezüglich der Herstellung der Bahnen als bezüglich der Lastenbeförderung (Transport-Art und -Mittel) in Betracht.

a. Die gleitende Reibung macht sich bei Fortschaffung der Stämme durch Schleifen und Riesen, sowie beim Schlittentransport geltend.

   Außerdem ist sie bei jedem Fuhrwerk als Achsenreibung eine Widerstandskraft, welche wir zu vermindern trachten, dagegen in Radschuh und Bremse eine hemmende Kraft, welche wir absichtlich erzeugen.

b. Die rollende oder wälzende Reibung ist die viel geringere weßwegen ein schwerer Körper zur Fortbewegung auf Walzen einen, viel kleineren Kraftaufwand erfordert und das Räderfuhrwerk die Zugkräfte zur vollsten Benutzung bringt.

Bezüglich der gleitenden Reibung braucht nur auf die allgemeinen Erfahrungssätze hingewiesen zu werden,

daß die Reibung in gleichem Verhältniß wie der Druck oder das Gewicht der bewegten Körper zunimmt,

daß sie desto größer, je rauher die Reibungsflächen sind,

daß zwar die Größe der Reibung von der Größe der Berührungsfläche meistens unabhängig ist, weil die Last oder der Druck des Eigengewichts, wenn ein Körper auf seine kleinste Fläche ($g = 1$) gelegt wird, sich konzentrirt, bei der größeren Fläche ($G = ng$) dagegen in n Theile zerlegt — daß aber unser Waldboden desto mehr Reibungswiderstände und Hindernisse bietet, über eine je größere natürliche Geländefläche die Fortbewegung stattfinden muß.

Bezüglich der rollenden Reibung wird bei unsern Fuhrwerken, obgleich diese Art der Reibung die viel geringere, doch noch ein sehr großer Unterschied der Widerstandskräfte wahrnehmbar, je nachdem mit der gleichen Zugkraft eine gewisse Last über wagrechte Bodenflächen verschiedener Beschaffenheit fortgeschafft werden soll.

Wir verkleinern also diese Gegenkräfte durch Herstellung guter Fahrbahnen. Den Qualitätsunterschied verschiedener Wegbauten zeigen folgende abgerundete Erfahrungszahlen:

Wenn die Zugkraft und Belastung auf horizontalem Wege, bei etwa 1^m Geschwindigkeit in der Sekunde (= 3600^m stündlich), für Wagen mit Rädern von 1 bis $1{,}2^m$ Durchmesser und mittlerer Felgenbreite sich gleich bleibt, so verhält sich die bewegende Kraft K zur Gesammtlast S (= Ladung L + Gewicht G des Wagens) = 1 : n oder $\frac{K}{S} = \frac{1}{n}$.

Dies Verhältniß der Reibung 1 : n wird durchschnittlich angenommen

im tiefsten Sand etwa wie	1 : 8	= 0,125	der Belastung.
auf frischem Schotter „	1 : 9 — 10	= 0,105	„
„ sehr sandigem Boden „	1 : 12	= 0,085	„
„ sandigem „ „	1 : 16 — 17	= 0,061	„
„ Boden mit Sandbeimischung wie	1 : 19	= 0,053	„
„ guten Erdwegen wie	1 : 25	= 0,040	„
„ Straßenpflaster oder sehr guter Landstraße } wie	1 : 40	= 0,025	„
„ der Eisenbahn wie	1 : 333 — 500	= 0,003 bis 0,002	„

Bezeichen wir das Verhältniß 1/8, 1/10 u. s. w. oder allgemein $\frac{1}{n}$ (Reibungswiderstand oder Coefficient der erforderlichen Zugkraft) mit φ, so ist $K : S = \varphi$ oder $K = S\varphi$. Bedarf z. B. eine Last von 3600 Kg. einer bewegenden Kraft, wenn wir die verschiedenen Werthe von φ einsetzen,

a. im tiefsten Sand von 3600 × 0,125 = 450 Kg.
b. auf Sandboden „ 3600 × 0,06 = 216 „
c. „ gutem Erdweg „ 3600 × 0,04 = 144 „

und rechnet man die mittlere Zugkraft eines Pferdes (= K) zu 70 Kg., so ergiebt sich, daß, wo im Falle c. 2 Pferde ausreichen, es im Falle b. 3 und im Falle a. schon 6 starker Pferde bedarf.

Zur Berechnung der Zahl der Zugthiere muß K zerlegt werden in die Zahl der Thiere x und ihre mittlere Zugkraft k, woraus

$$k\, x = S \cdot \varphi \text{ u. } x = \frac{S \cdot \varphi}{k} = \frac{K}{k}.$$

Uebertragen wir diese Verhältnißzahlen auf unsern Holztransport im Walde, so wird man für die Abfuhr von 5 Derbmeter grünem Buchenholz als erforderliche Zugkraft finden, wenn

Gewicht des Wagens (25 Ctr.)	= 1250 Kg.
„ „ Holzes (zu 900 Kg. den Derbmeter)	= 4500 „
Sa.	= 5750 Kg.

a. auf sandigem Erdweg = $\frac{5750}{70} \times 0{,}06$ = 5 Pferde (4,93)

b. auf gutem Erdweg = 82 × 0,04 = 3 starke Pferde (3,28)
c. „ gut versteinter Waldstraße = 82 × 0,03 = 2—3 Pferde (2,46)

Wenn man die obige Formel umsetzt in $\frac{K}{\varphi} = L + G$ und $\frac{K}{\varphi} - G = L$, so finden wir daraus leicht die Holzmasse, welche mit den auf sandigem Erdweg nöthigen Pferden auf gutem Erdweg oder fester Steinbahn fortzuschaffen wäre, nämlich

		S	S — G = L	
Fall b.	$\frac{70 \times 4,93}{0,04}$ =	8624 Kg.	7374 Kg. od.	8,19 D. M.
Fall c.	$\frac{70 \times 4,93}{0,03}$ =	11499 „	10249 „ „	11,39 „ „

gegenüber 5 Derbmetern auf sandigem Erdweg, also auf besseren Wegen das 1,6 bis 2,2 fache, vorausgesetzt, daß diese größere Masse sich ebenfalls auf Einen Wagen aufladen läßt. Der Vortheil guter Fahrwege ist aber weiterhin der, daß in Einer Ladung sich größere Massen fortbringen lassen und demzufolge das Eigengewicht des Fuhrwerks nur 1 Mal statt 2—3 Mal transportirt wird. Obige Ergebnisse entsprechen vollkommen der allgemeinen Erfahrung.

Kommen auf schlechten Waldwegen noch Steigungen vor (welche gerade dort am unregelmäßigsten sind), so steigert sich das ungünstige Verhältniß bis zum Doppelten und Dreifachen, weil dann die Zugkraft die eigene Last und das lothrecht nach unten drückende Gewicht des beladenen Wagens zu überwinden hat. Deßwegen bieten gutangelegte Wege im Vergleich mit schlechten für die Abfuhr den doppelten Vortheil fester ebener Bahn und mäßiger gleicher Steigung.

Die horizontale Fahrbahn erfordert ohne Zweifel die geringste Zugkraft, doch darf darunter nur die horizontale Längenrichtung einer Straße verstanden werden, da man des Wasserabzugs wegen die Querrichtung nach beiden Seiten abzuwölben oder abzudachen pflegt.

Die Nachtheile, welche aus der Vernachläßigung des Waldwegbaues entspringen, treffen Alle, welche auf Benutzung eines Waldes angewiesen sind, am meisten ohne Zweifel den Waldeigenthümer selbst. Sie steigen im Allgemeinen mit dem höheren Werth, welchen die Erzeugnisse auf dem Markte haben, mit der Entfernung des Waldes vom Markte und mit der Bedeutung der Konkurrenz, welche andere nahe Waldungen durch ihre günstigere Lage auf dem Markte bereiten.

1. Wie in einer Hinsicht der Reinertrag durch Mangel an guten Wegen verkümmert wird, deutet das oben gegebene Rechnungsbeispiel an. Der Marktpreis übersteigt bei geregelten Zuständen den Waldpreis (Preis zugerichteter Hölzer im Walde) um die Transportkosten. Mit der Verringerung der letzteren erhöht sich durchschnittlich der Waldpreis, ein Gewinn, welcher zumeist dem Waldeigenthümer zufließt. Billiger wird aber der Fuhrlohn durch gute Wege,
   a. weil an Aufwand menschlicher und thierischer Arbeit und an Zeit gespart wird,
   b. weil auch leichtere Zugmittel anwendbar werden und mit in Konkurrenz treten,
   c. weil Gespann und Geschirr sich weniger abnutzen und weniger Gefährdungen ausgesetzt sind,

d. weil Beschädigungen und Werthverringerungen an den zugerichteten Waaren seltner und in geringerem Maße eintreten.

Gute Zufahrten verlegen den Markt gewissermaßen in den Wald hinein.

2. Der Waldreinertrag erhöht sich weiterhin dadurch, daß der bessere Absatz die Scheidung der Verkaufssorten, die vollkommenere Ausnutzung des Waldes bis in die entlegensten Theile und den unmittelbaren Kleinverkauf an den Konsumenten begünstigt (unnöthigen Zwischenhandel beseitigt).

3. Die Beibringung der Erzeugnisse aus den Schlägen zur Lagerung an zahlreiche und nähere Wege wird billiger, dem Waldarbeiter wird der beschwerlichste Theil seines mechanischen Kraftaufwands zum Theil oder ganz abgenommen. Gegenüber dem Steigen der Arbeitslöhne ist dieser Vortheil sehr zu betonen.

4. An ertragsfähiger Waldfläche wird nicht nur nichts verloren, sondern gewonnen und der Holzzuwachs gesteigert, denn

a. schlechte Wege entziehen bei ihrer größeren Zahl und ihren vielen Krümmungen gewöhnlich der Holzzucht eine größere Fläche,

b. der Anbau von Blößen und Lichtungen erfolgt bei völliger Walderschließung eher und mit geringeren Kosten,

c. die Waldtheile, welche die Beibringung und Abfuhr berührt, erleiden weniger Beschädigungen.

Bemüht man sich, die Wege, soweit es thunlich, auf geringeres oder solches Gelände zu legen, wo ohnedies der Holzanbau beschränkt werden oder unterbleiben muß — Waldgrenzen und Scheidungslinien — so tritt eine weitere Flächenersparniß ein. Ebenso, wenn in sumpfigem Gelände oder im Ueberschwemmungsgebiet der Wegbau mit Entwässerungs- und Schutzbauten in Verbindung zu bringen ist.

5. Als mittelbare Vortheile lassen sich noch aufzählen:

Ein Netz breiter Waldwege bietet ein Mittel, der Ausbreitung von Waldbränden entgegenzuarbeiten, auch Gelegenheit zur Erziehung sturmfester Waldmäntel im Innern des Waldes (statt Loshieben).

Für die Forsteinrichtung ist ein regelmäßiges Wegnetz zugleich ein Anhalt für eine zweckentsprechende Abrundung der Wirthschaftsfiguren, für die Regelung der Hiebsfolge und viele wirthschaftliche Anordnungen.

Verwaltung und Aufsicht vereinfachen und erleichtern sich; die Betriebs- und Schutzbeamten orientiren sich rascher und erlangen einen leichteren Ueberblick, Einblick und Verkehr von Waldort zu Waldort.

Es ist eine bekannte Thatsache, daß die größeren Frevel mehr an abgelegenen Waldorten, als in der Nähe besuchter Wege stattfinden.

Die Hiebsergebnisse, aus den Schlägen an geräumige freie Wege verbracht, geben im Luftzug und an der Sonne ihren Saftgehalt rascher und vollkommner ab, erhöhen ihre technische Brauchbarkeit und Transportfähigkeit. Durch die Manipulation des Entrindens und Aufspaltens wird diese Wirkung noch namhaft erhöht, was den Fahrbahnen und Transportmitteln nicht minder zu gut kommt, wie der Qualität und dem Preis der Waare. Die Holzlagerung längs der Wege und auf die neben ihnen gebildeten Polterplätze vermindert viele Hemmungen der Wirthschaft; in den geräumten Schlägen erholt sich der Aufwuchs rasch und kann die Schlagauspflanzung sogleich folgen, während der Holzempfänger, zur Waldräumung nimmer gedrängt, die geeignetste Abfuhrzeit sich auswählen kann.

Den Bewohnern der Gegend kommen somit die Vortheile genügender Walderschließung ebenfalls mehr oder weniger zu gut. Ein allgemeines Moment indessen, welches den Stand der Waldarbeiter im Besondern angeht, sei noch als bedeutungsvoll hervorgehoben. So lange der Wald dem Fuhrwerk unzugänglich blieb, war bei Gewinnung der Walderzeugnisse der Mensch beinahe allein die bewegende Kraft, wie jetzt noch bei den Völkern niederer Kulturstufen, wo höchstens die thierische Tragkraft als willkommene Unterstützung benutzt wird. Für die schwersten körperlichen Kraftleistungen ersann sich der Arbeiter allmählich mechanische Ersatzmittel, entwickelte dadurch seine Leistungen zu einer Berufsarbeit und gelangte zu einer höheren Stufe wirthschaftlichen Lebens, indem er mechanische und geistige Arbeit kombinirte. Dies Bestreben mußte durch die Fortsetzung der öffentlichen Verkehrsanstalten bis in das am längsten verschlossene Waldeigenthum d. h. durch den Waldwegbau einen neuen Anstoß erhalten. Es hat die thierische Zugkraft, welche viel ausgiebiger ist als die thierische Tragkraft, dem Menschen eine große Menge mechanischer Leistungen des eigenen Körpers abzunehmen begonnen.

Bisher hat jedoch die Benutzung mechanischer Kräfte beim Bringungswesen im forstlichen Betriebe noch zu wenig Fortschritte erfahren. Sie stehen erst noch in Aussicht und vermuthlich werden sie eintreten, wenn der Arbeiter allgemein seine Leistungskraft höher als bisher anschlägt und seinen Antheil an der allgemeinen Kultur-Entwicklung in Anspruch nimmt. Sind jene Schritte nach vorwärts eingeleitet, welche dazu führen, die Arbeitsleistung der menschlichen Körperkraft mehr und mehr durch mechanische Kräfte oder Kombinationen von thierischen und mechanischen Kräften auch in der Waldwirthschaft abzulösen und dem Menschen vorzugsweise geistige Arbeit zuzuweisen, dann wird unser Waldwegbau durch Verbindung mit noch anderen Anstalten der Holzbringung und Aufbereitung sich erst recht wichtig und segensreich erweisen! Für jetzt mag er als erster Anlauf gelten.

Segensreiche Wirkungen sind übrigens schon nachzuweisen in der Hinsicht, als das menschliche Gemüth mehr ästhetische Eindrücke erfährt: Der freie Verkehr im wohlgepflegten Walde, gegen früher durch die Wegbauten an Sicherheit und Bequemlichkeit viel reicher, bietet dem Besucher die reinste und lohnendste Erholung in schöner, großartiger Natur. Die altdeutsche Liebe zum Walde erwacht aufs Neue, aber in edlerem Sinne, und sie ferner zu wecken und zu beleben, ist dem Forstwirth und Allen, welchen die Pflege des Waldes anliegt, ein moralischer Gewinn.

Nicht minder ist's einer, wenn ein rationeller Wegbau die Thierquälerei, deren Schauplatz der Wald so oft sein muß, daraus verbannt!

Zweites Kapitel.

Die Grundsätze des Wegbaues.

1. Der Zusammenhang mit einem Wegnetz.

§ 35.

Wer einmal die Ueberzeugung hegt, daß zu einem geregelten Forstbetrieb gute Fahrwege gehören, kann beim vereinzelten Wegbau nicht stehen bleiben.

Für kleinen isolirten Waldbesitz genügt meistens eine Zufahrt von 1 Seite her, in der Ebene die kürzeste Linie zur nächsten Straße, im Gebirge die wohlfeilste Linie, welche erlaubt mit leerem Wagen bergauf, mit beladenem bergab zu fahren. Sorgfältigere Erwägungen heischen dagegen die Weganlagen für größere Waldungen; da ist die Zahl der Wege erst festzustellen, ihre Richtung und Verbindung zu wählen, mit Beachtung der Absatzrichtungen, des Geländewechsels und der Bauschwierigkeiten. Für ein solches System von Wegen oder den Entwurf eines Wegnetzes von bestimmtem Charakter ist eine um so größere Umsicht nöthig, je unregelmäßiger und zerrissener das Gelände, je zahlreicher die Absatzrichtungen, je größer und komplicirter der Wirthschaftsbetrieb.

Wie im großen Verkehr der Länder, Provinzen und Landschaften zwischen Hauptstraßen als Hauptverkehrsadern und Zufahrten oder Seitenstraßen bis auf Eigenthums- und kleine Verbindungswege unterschieden wird — so muß im Walde „im Kleinen" ein System von Verkehrslinien

b. für den allgemeinen Verkehr des Spannfuhrwerks,
a. für den örtlichen Verkehr desselben,
c. für die kleineren Transportmittel,
d. für Fußgänger

ausgebildet werden. Schon bei den ersten Bauten der einen oder andern Klasse darf nicht das augenblickliche Bedürfniß allein, noch weniger ein Zufall leiten.

Im öffentlichen Verkehr entstanden aus allgemeinem Bedürfniß die Heer-, Post-, Landstraßen (Chausseen, Alleen), in Bezug auf Unterhaltungspflicht Staatsstraßen, in Bezug auf sorgfältigeren Bau Kunststraßen genannt. Als Zwischenglieder schließen sich die Ortsstraßen, Vicinalwege (Nachbarswege), an sie die Seitenwege, Flur-, Gewann-, Feld- und Waldwege an. Hier sind die großen Verkehrsmittelpunkte schon gegeben; theils ihre günstige natürliche Lage als Hauptstädte, theils die im Lauf der Zeiten errungene Bedeutung als Märkte oder Handelsplätze schreibt die Verbindungslinien vor und wenn neue Niederlassungen oder bisher bedeutungslose Wohnsitze sich eine größere Bedeutung erringen, muß auch die Richtung neuer Verkehrslinien ihnen folgen.

Die Punkte außerhalb der Waldungen, wohin der Absatz sich richtet, sind ebenfalls schon gegeben und liegen entweder in Einer Hauptrichtung oder in mehreren.

Fig. 55.

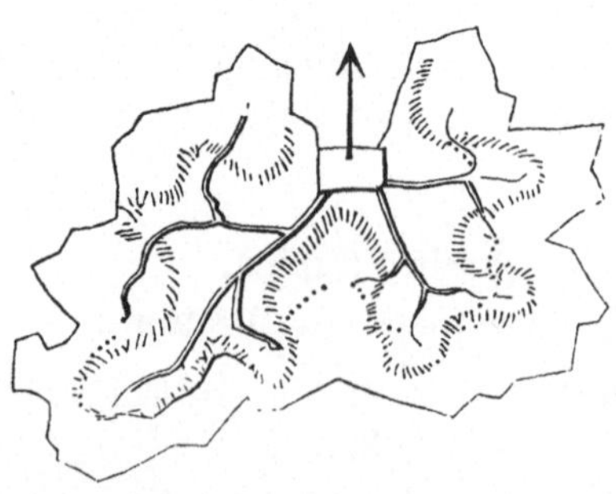

Im ersten Falle (Fig. 55.) giebt Ein Ausgangspunkt in der Peripherie des Waldes den fächerartigen Zug aller Waldwege an; im andern Falle

(Fig. 56.) kreuzen sich die Absatzrichtungen im Waldesinnern, wir erhalten ein oder mehrere Verkehrszentren und für jedes derselben einen strahlenförmigen Zug der Waldwege, deren Kombinationen zugleich von der Geländeform des Waldes abhängen. Die Kreuzungspunkte von je zwei oder drei Absatzrichtungen werden sorgfältig zu wählen sein, damit auf ihnen der Produzent möglichst vielen Konsumenten verschiedener Absatzorte entgegen kommen kann.

Fig. 56.

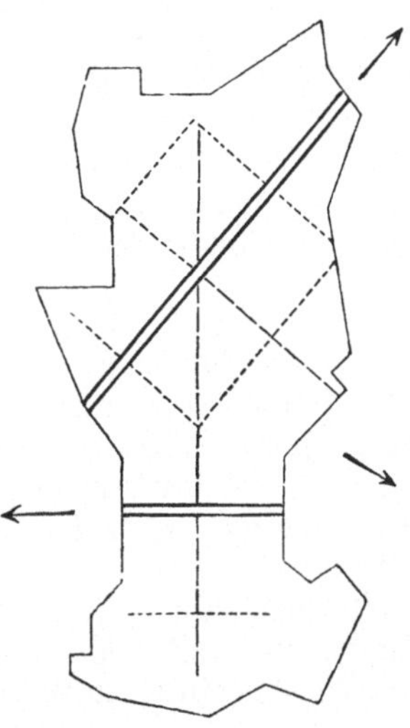

Für einen solchen systematischen Wegbau muß ein Bauplan die leitende Grundidee feststellen, sobald man zu den ersten Wegbauten schreitet; er muß mit gründlichen Erwägungen über Haupt- und Seitenrichtungen, Art nnd Komposition des Netzes, Bauart, Zeit und Reihenfolge der Bauten entworfen werden. Ohne daß sofortige völlige Ausführung in Absicht liegt, muß doch vornherein über die Hauptrichtungen entschieden und der Bauplan soweit im Reinen sein, daß jede einzelne Wegstrecke sich leicht ins Wegnetz einfügt, selbst wenn sie vorläufig aus besonderen Gründen außer Zusammenhang gebaut werden müßte.

Eine wichtige Frage ist, welche Waldungen in Ein Wegnetz hereinzuziehen sind.

Der Eigenthümer großer Waldflächen thut immer besser daran, Ein Wegnetz über seinen ganzen zusammenhängenden oder nahe beisammenliegenden Waldbesitz zu legen, als jedem Verwaltungsbezirk oder Betriebsverband sein besonderes Wegnetz zu geben. Er erzielt dadurch ein festeres gleichartigeres System größerer Wegzüge, mehr gemeinsame Anknüpfungspunkte, eine bessere Vertheilung des Bauaufwands je nach dem Eintritt des Baubedürfnisses in den älteren und jüngeren, schon zugänglichen oder noch verschlossenen Waldtheilen und eine genügende Uebersicht hierüber. Sind an einer zusammmenhängenden Wäldermasse eine Anzahl Eigenthümer betheiligt, so wäre immer zuerst eine Einigung über ein gemeinsames Wegnetz zu versuchen. Wenn die Ansichten auseinandergehen oder die Nachbarn eine Betheiligung ablehnen, bleibt immer noch die Beschränkung auf das eigene Wirthschaftsganze unbenommen. Ueberredung und Belehrung gelingt nicht immer; das eigene entschlossene Vorgehen bringt aber die Einsicht Anderer dadurch, daß ihnen die Vortheile vor die Augen treten, mit der Zeit zur Reife.

Für die Hauptwege muß ein regelrechter solider Bau mit Vorausbestimmung der Anfangs-, Zwischen- und Endpunkte als unerläßlich bezeichnet werden.

Wir verstehen darunter die bahnfeste einfache schmucklose Bauart, welche wir als Norm für einen alltäglich gebrauchsfähigen Holzabfuhrweg im 1. Kapitel dritten Abschnitts aufstellen werden. Sie muß, in Anbetracht der starken Abnutzung durch schwere Lastfuhren, in jeder Hinsicht eine sorgfältigere sein als von einem Feldweg oder von anderen Eigenthumswegen gemeinhin erwartet werden kann und mag einer guten Ortsstraße oder einer untergeordneten Landstraße (Seitenstraße) am nächsten kommen. Stets muß es ein Bau im Sinne der Rentabilität für den Waldeigenthümer sein. Dies ist zugleich beiläufig die Grenze für die Bauthätigkeit des Forstwirths.

Für die Nebenwege muß das Wegnetz mindestens die Anschlußpunkte, ihre Entfernungen von und ihre Verbindungen unter einander angeben. Unter ihnen sind gegenüber den Hauptwegen, welche dem ständigen Gebrauch der Fuhrwerke dienen, die Wege für vorübergehenden Gebrauch und für untergeordnete Zwecke zu begreifen (an manchen Orten gebraucht man für sie den bezeichnenden Ausdruck „Stellwege", dessen auch wir uns für die Folge bedienen werden).

Bei großen Waldungen mit intensivem Betrieb tritt dieser Unterschied der Haupt- und Stellwege mehr, auch mit noch weiteren Unterscheidungen hervor als in kleinen einfachen Wirthschaften, im Gebirge mehr als auf der Ebene.

Zum Entwurf eines Waldwegnetzes muß man genaue Ortskenntniß besitzen. Für Wegnetze von größerer Ausdehnung, wie namentlich wenn sie verschiedenes Waldeigenthum oder mehrere Verwaltungsbezirke umfassen sollen, wirken am besten mehrere Sachverständige zusammeu. Dies verhindert Einseitigkeiten und verleiht dem Bauplan Werth und Ansehen einer durchdachten Arbeit, welche als Grundlage kostspieliger ständiger Anlagen später höchstens kleine Verbesserungen als Ergebniß gewonnener Erfahrungen oder örtlicher Veränderungen erleiden soll. Für zweckmäßig können wir jedoch nicht halten, was schon öfter vorgeschlagen und ausgeführt worden, aber unseres Wissens sich nirgends als zweckmäßig bewährt hat: ein berathenes und festgestelltes Wegnetz sogleich durch Aufhauen der Zugslinien in seiner ganzen Ausdehnung in den Wald zu übertragen, oder gar in voller Breite alle Bauflächen kahl abtreiben zu lassen.

Die Durchführung eines Bauplans, wozu öfter Jahrzehnte gehören, alsbald im Walde bis ins Einzelne vorbereiten zu wollen, ist ein Vorgriff, welcher die Fortschritte der eigenen Wissenschaft leugnet und der Zukunft eine Zwangsjacke anlegt. Aehnlich, wie es bei vielen Forsteinrichtungswerken geschehen, wird man auch darüber zur Tagesordnung übergehen! Zulässig mag es erscheinen, einige Hauptlinien in den Wald zu übertragen und bis zur Ausführung als Fußpfade (Niveau- oder Trace-Wege) einzurichten. Zweckmäßiger erachten wir es, Kopien oder Abdrücke vorhandener Waldplane, wozu jene mit Horizontalkurven sich vorzugsweise eignen, zum Einzeichnen des Wegnetzes zu benutzen, gleichsam als Wegweiser für die späteren Bauberufenen, woraus sie die anfänglichen Absichten zu ersehen vermögen, ohne in der Wahl des Besseren behindert oder beengt zu sein.

Ein derartiger Wegbauplan, vom Verfasser vor $1^1/_2$ Jahrzehnten den eigenen Bauten zu Grunde gelegt, ist dem Vernehmen nach in angedeuteter Weise — noch in Gebrauch des dritten Amtsnachfolgers. Aendern sich im Verlauf der Zeit die Anschauungen, die Bedürfnisse, Waldfläche, Eintheilung u. s. w., so bedarf es keiner Opfer, um den neuen Verhältnissen die gebührende Rechnung zu tragen.

2. Von den Verhältnissen, welche den Wegbau beeinflussen.

§ 36.

Beim Entwurf eines Wegnetzes sind die örtlichen Eigenthümlichkeiten der Reihe nach zu erwägen und nach der Größe ihres Einflusses zu veranschlagen, um ihnen den Bauplan anzupassen. Die Anforderungen der Oertlichkeit, zusammengehalten mit den Grundsätzen des regelrechten Wegbaues, können zuweilen den letzteren widersprechen oder sie durchkreuzen. Ebenso können einmal die Ansprüche der Gegenwart andere sein, als jene des künftigen normalen Betriebs. In solchen Kollisionsfällen sind wir verpflichtet, entweder eine Vermittlung der Gegensätze zu versuchen oder nach der Summe der größten Vortheile zu entscheiden, welche die eine Anlage gegenüber einer zweiten und dritten dem Waldeigenthümer gewährt.

Mit Recht sagt Dengler (a. a. O. S. 14.)

„Im strengsten Sinne genommen muß man von jedem richtig angelegten Wege beweisen können, daß er die möglichst kurze, bequeme, sichere, wohlfeile und schöne Verbindung zwischen denjenigen Punkten gewähre, welche er berühren soll. Was vom einzelnen Wege gilt, ist auch für das Wegnetz gültig, woraus naturgemäß folgt, daß das Letztere aus der möglichst kurzen Gesammtstrecke oder mit anderen Worten aus möglichst wenigen Wegen bestehen soll."

Es ist z. B. schwer oder unmöglich, die leichte Fahrbarkeit eines Wegzugs mit der größten Kürze oder dem geringsten Aufwand zu vereinigen. Die allen billigen Anforderungen in obigen Beziehungen genügende Zugsrichtung wird sich aber in der Regel auffinden lassen. Freilich gehört dazu praktischer Blick, Erfahrung und Kenntniß, mehr noch eine gewisse Begabung für Wegbau!

Das beste Zeugniß für eine fertige Anlage ist, daß sie allgemeine Brauchbarkeit noch über die Dauer unserer wandelbaren Ansichten hinaus behält. Ob sie mit dem „geringst-zulässigen Aufwand" gebaut sei, wird immer relativ sein. Ersparniß auf Kosten der Brauchbarkeit und Haltbarkeit darf am wenigsten darunter verstanden werden. Nach kurzer Zeit schon wird eine Weganlage nicht mehr nach dem gehabten Aufwand beurtheilt, sondern nach ihrem Gebrauchswerth (welcher eher steigen muß als fallen darf). Ist darüber ein ungünstiges Urtheil zu befürchten, so liegt darin ein Wink, daß der Aufwand außer Verhältniß zum Erfolg steht.

Die Umstände, welche bei einzelnen Weganlagen und für ganze Wegnetze in Betracht kommen, sind meistentheils andere in der Ebene, im Hügelland, im Gebirge, treffen jedoch zum Theil überall in gleicher Weise zu. Es sind:

a. Der Standort: Lage, Gestalt und Beschaffenheit des Bodens, Klima;
b. die wirthschaftlichen Zustände: Flächengröße, Waldzustand, Absatz, Wirthschaftsbetrieb;
c. Die Eigenthumsverhältnisse;
d. Die Anforderungen an die Sicherheit, Annehmlichkeit und Schönheit der Wege.

a. Der Standort.

§ 37.

Die Lage entscheidet, wie über den Charakter einer Gegend, so auch ganz wesentlich über die Art ihrer Verkehrsverbindungen.

Die wenigst schwierigen und einfachsten Verhältnisse findet der Wegbau in der Ebene. Nur die Bodenbeschaffenheit bedingt einige Verschiedenheiten: ob trocken (fest oder sandig) oder naß (sumpfig, moorig) und ob Ueberschwemmungen unterworfen oder frei davon. Je nach der Höhe über dem Meere unterscheiden wir Tief- und Hochebenen. Die ersteren weisen die größten ebenen Flächen oder gleichmäßigsten sanften Abdachungen, die letzteren mehr wellenförmige Oberflächen auf. An beiden Orten steigern sich die Baukosten durch Nässe des Geländes, Bedingtsein ausgedehnter Ausgleichungen in Ab- und Auftrag und beiderseitiger Begrenzung durch breite Abzugsrinnen. Die Wegzüge bilden gewöhnlich lange gerade Linien, möglichst rechtwinklig sich kreuzend, sind nur auf kurze Strecken über dem Gelände erhaben oder Einschnitte in hohe Bodenstellen. Nasse Tieflagen bedingen erhöhte breitere Fahrbahnen, Offenhalten von überschattendem Gehölz, Vermehrung und Verstärkung der Grabenanlagen. Sumpfstellen müssen, wenn ihre Durchbauung zu kostspielig, durch Verlassen der Geraden umgangen, über Wasserläufe geeignete Uebergänge aufgesucht werden.

Durch Ueberschwemmung bedrohte Orte sucht man zu vermeiden oder sichert sich durch dammartigen Aufbau, wobei die Dammkrone d. h. der Oberbau des Weges über dem höchsten bekannten Wasserstand liegen soll. Für den Wasserabzug ist eine hinreichende Zahl von Brücken und Dohlen oder s. g. Ueberfällen vorzusehen, ebenfalls mit Rücksicht auf den höchsten Wasserstand und weit genug wegen möglicher Stauung, welche den Wegkörper durchweicht und unterwühlt.

Die Entfernung zwischen den Wegen bestimmt man nach Schwierigkeit und Kosten der Holzausbringung aus den Schlägen, wobei in Frage kommt,

a. ob das Holz auf der Hiebstelle liegen bleiben kann (trockener fester Waldboden) oder
b. an die Fahrwege gerückt gehört (Sandscholle, Sumpf und Moor).

Im letzteren Falle, zumal in nassen Waldungen, vermindert man möglichst die Distanzen. Ueberhaupt aber wird sich, da einer großen Wirthschaft große, einer kleinen — kleine Schläge eigen sind, danach ein weiteres oder engeres Wegnetz ergeben. Ein Quadratnetz unterstellt, wird man die Distanzen selten über 600^m und unter 200^m wählen — mit der nöthigen Modifikation für Rechtecke oder Trapeze.

Anhöhen in der Ebene werden, wenn irgend bedeutend, am besten umgangen, zur Vermeidung starker Gegengefälle, denn hier haben die Fuhrwerke meist eine leichtere Bauart, die Bespannungen schwache und mangelhafte Hemmungsvorrichtungen und die Zugthiere wenig Geschick im Aufhalten. Gutes Straßenmaterial mangelt oft, man findet daher, soweit keine Abschwemmungen zu befürchten sind und die Abnutzung der Fahrbahn nicht groß ist, nur einen sparsamen Steinbau. Weitgehende Sand- oder Moorflächen bereiten dem Wegbau die größten Verlegenheiten, Thonböden geben nur bei trockener Witterung eine widerstandsfähige Fahrbahn. Wo dagegen in geringer Tiefe Kies und Gerölle in ausgiebiger Menge sich findet, ist zur Herstellung guter Fahrbahnen ein vortreffliches Mittel gewonnen.

Der Begriff der Ebene ist nicht scharf zu begrenzen in unserem Sinne und ihr Uebergang ins Hügelland mannigfach.

Das Hügelland besteht entweder aus den Ausläufern des Gebirges in die Ebene oder hat den Charakter einer wechselreichen Hochebene; nähert sich in seinen Formen, je nachdem es stärkere oder schwächere Höhenabstände ausweist, bald mehr dem Gebirge, bald der Ebene. Hienach richtet sich auch die Behandlung seiner Wegbauten, indem bald gerade Richtungen, bald Bogenlinien vorherrschen. Die Wegzüge sind demnach schon mannigfaltiger als in der Ebene. Verlaufen die Hügelbildungen wellenförmig, so können mehrere Richtungen zum nämlichen Zielpunkt führen. Diese Wahl erleichtert bald und bald erschwert sie den Entwurf des Wegnetzes, letzteres namentlich, wenn gewichtige Gründe für und wider mehrere Projekte sprechen.

Fig. 57.

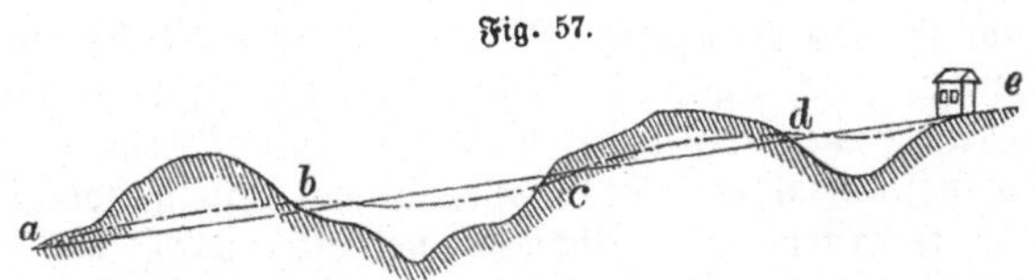

Sind die Höhenunterschiede bedeutender, so folgt man den Bogenlinien längs den Hügelabhängen, wählt auch manchmal beim Ueberschreiten der Wasserscheiden und Thalzüge ein schwaches Gegengefälle, um in Verfolgung einer längeren Zugslinie die Höhen und Tiefen ohne zu theuere Thalüberdammungen und Bergeinschnitte zu überschreiten, wie z. B. in Fig. 57 die

Fig. 57a.

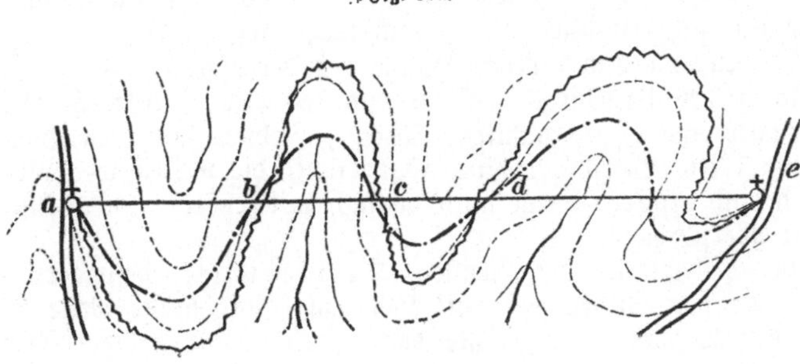

Linie abcde statt ae. Würde aber durch zu kurze und viele Bogen in horizontalem oder vertikalem Sinne die Fahrbarkeit beeinträchtigt, so erübrigt nur, die erwähnten Bergdurchstiche und Thalüberbauungen mit jenem nahezu gleichen Gefälle, wie es die Fahrbarkeit verlangt, durchzuführen. Die häufigen Gefällwechsel, zu welchen das Hügelland gewöhnlich nöthigt, sind übrigens nur ausnahmsweise bedeutend und können durch allmählige Uebergänge in langen Linien leicht vermittelt werden.

Die Wegabstände sollten im Hügelland die höchste für die Ebene gegebene Grenze nicht erreichen d. h. geringer sein.

Wo es in Gebirgsland übergeht, hören natürlich die geradlinigen Wegnetze auf; die Wegzüge laufen bald längs den Hügelketten oder in den Thalzügen parallel fort, bald durchschneiden sie quer die Hügel und Thäler und münden in mehr oder weniger stumpfen Winkeln in einander. Ein System weniger Hauptwege mit vielen Stellwegen wird hier am ehesten befriedigen.

Im Gebirgsland ist am schwersten ein Wegnetz zu entwerfen, welches allen Anforderungen entspricht. Der Gebirgscharakter ist schon nach der geologischen Entstehung und Zusammensetzung so verschieden, daß diese ebenso auf Gestaltung des Wegnetzes wie auf Wegbau und Unterhaltung von ganz wesentlichem Einfluß ist.

Die vulkanischen Gebirge mit ihren überraschenden wunderlichen Formen — Köpfen, Kegeln, Wänden und Schlünden — in raschem Wechsel mit sanften Abdachungen, bieten die größten, oft kaum überwindlichen Schwierigkeiten. Sehr ähnlich der Dolomit, dessen Berge mit ihren schroffen Felsmassen oft sehr steil ansteigen und viele Zerklüftungen aufweisen.

Nicht so schlimm ist das Porphyrgebirge; es zeichnet sich zwar durch jähe und wilde Formen auch aus, aber seine Höhenzüge sind regelmäßiger. Noch mehr ist letzteres beim Gneis und Glimmerschiefer der Fall, obgleich bei beiden steile Halden mit massenhaften Trümmerablagerungen nicht fehlen und mit terrassenartigen Abdachungen öfter wechseln. Namentlich bildet der Glimmerschiefer Gebirgsstöcke mit langen scharfen Kämmen, deren beiderseitige Hänge ungleich steil sind, einerseits nämlich Kopf der Schichten, anderseits Schichtfläche (siehe Fig. 58 a—b u. b—c, Seite 107).

Gneis und Granit gehen bekanntlich oft in einander über; dennoch muß ersterem die kühnere Bergform (spitzere Gipfel, tiefer eingerissene Thäler) zugesprochen werden, vielleicht durch die schiefrige Struktur bedingt. Die Berggebilde des Granits bestehen dagegen mehr aus langgedehnten Höhenzügen, deren Erhebungen noch bedeutend und theilweise steil und deren Thaleinschnitte tief sein können; die Rücken aber verbreitern sich und die Hänge dachen sich rundlich ab. Noch mehr abgerundete Köpfe, anmuthig gewölbte Kuppen und sanftere Hänge hat der Syenit, so zu sagen die zahmste Form des Urgebirgs. Sein und des alten Thonschiefers, sowie der Grauwacke („der züchtigen Alten") Gebiete sind dem Wegbau meistens günstig. Die Berghöhen sind abgeplattet, die weiten wellenförmigen Hochebenen und Rücken, wenn auch vielfach mit Thälern durchschnitten, nicht schwer zu überschreiten.

Noch mehr erleichtern die meisten Kalkgebirge, besonders der Muschelkalk, welcher einförmige ebene Höhenzüge und breite weite Hochflächen besitzt, den Wegbau — ungeachtet der so zackigen und spitzigen Formen mancher Kalkgebirge.

Die wenigsten Schwierigkeiten endlich sind beim bunten Sandstein zu überwinden. Er bildet langgedehnte gerade Rücken mit gleichmäßigen Höhenzügen und regelmäßigen Abdachungen. Deßwegen ergeben sich nur schwache Bogenzüge und wenig Gefällwechsel, dafür aber auch die schlechtesten Materialien für die Fahrbahnen.

Im großen Durchschnitt kommen wir bei Vergleichung der geschilderten Charakterverschiedenheiten zu dem Ergebniß, daß für den Wegbau die vulkanischen Gebirge die schwierigsten, jene der geschichteten Gesteine die günstigsten sind und das Urgebirge die Mittelstufe darstellt.

Noch sind beim Gebirge die Formen, Neigungen, Gruppirungen, sowie die Richtungen der Höhen- und Thalzüge in Betracht zu nehmen.

Die Berghänge sind bald gerade (flach), bald gewölbt, hohl, buchtig. Nach den Böschungswinkeln lassen sie sich kurz etwa so bezeichnen:

bis 5° unmerklich bis sanft ansteigend,
5 — 10° schwach oder mäßig,
10 — 15° ziemlich stark,
15 — 20° stark,
20 — 25° sehr stark,
25 — 30° steil,
30 — 40° jäh,
40 — 60° schroff,
60 — 80° sehr schroff.

oder auch jene Neigung, welche das Ersteigen nimmer erlaubt, „wandig" und über 90° „überhängend". Die Ausdrucksweisen stimmen übrigens nirgends überein.

Isolirte Höhen heißen wir Einzelberge, Bergkegel, zusammenhängende: Bergketten, Gebirgsstöcke (deren Höhenzüge und Ausläufer sich mehr oder weniger regelmäßig gruppiren). Den unteren Theil nennen wir Fuß, den mittleren Hang, den oberen je nach der Gestaltung:

wenn flach oder wenig gewölbt: Platte, Kuppe, Krone,
" lang und schmal: Rücken, First, Kamm, Grath,
" die Endfläche klein: Gipfel, Spitze, Horn u. s. w.

Bei den Einzelbergen liegen die Verhältnisse am einfachsten. Entweder bedürfen sie nur eines sie umfassenden Gürtelwegs oder eines sie spiralig bis zu einer gewissen Höhe umwindenden „Schneckenwegs" oder einer Kombination von beiden.

Bei den Gebirgsstöcken kommt es uns auf die Hauptrichtungen, Formen und Verbindungen ihrer Höhenzüge oder Wasserscheiden, sowie der sie durchziehenden Einschnitte: der Wasserläufe oder Thäler und der Thalsohlen an, nämlich

a. ob ausgedehnte Hochflächen sich deutlich von den Berghängen trennen (die zuweilen sehr deutlich wahrnehmbare Trennungslinie zwischen beiden nennt man „Saum") oder ob die Wasserscheide durch scharfe Kämme oder abgerundete, leicht übersteigliche Bergrücken gebildet wird;

b. ob die Höhenzüge oder Bergketten gleichartig vom Hauptstock auslaufen oder durch einzelne hervorragende Bergkuppen unterbrochen sind;

c. ob die Thäler weit und eben oder eng und durch Felshalden eingeschlossen sind, ob ihr Gefälle regelrechte Wegbauten erlaubt oder sie erschwert;

d. ob ein durch seine Wasserscheide abgegrenztes Thalgebiet zugleich auch einen selbständigen Wirthschaftskomplex bildet und nur des Aufschlusses nach Unten bedarf, oder auch über die Wasserscheiden hinüber; oder umgekehrt: ob eine Hochebene oder Gebirgskuppe den Kern des Komplexes bildet und einer oder mehrerer Absatzlinien bedarf.

Die Anordnung der Thäler eines Gebirgsstocks ist demnach, da sie den Bergketten nicht immer parallel laufen, sondern sich zum Theil quer hindurch drängen, für unsere Zwecke von großem Einfluß.

Die kleineren Bodeneinsenkungen oder Einschnitte, welche an Berghängen so oft vorkommen: Risse, Rinnen, Runsen, Gräben, Klüfte, Spalten und wie sie sonst bezeichnet werden, sind für die Wegrichtungen nur insofern maßgebend, als sie möglichst vermieden oder quer überbaut werden müssen. Die eigentlichen Gebirgsthäler dagegen d. h. die beiderseits von fortlaufenden hohen Wasserscheiden begrenzten Vertiefungen, welche die atmosphärischen Niederschläge nebst dem Quellwasser ihres Ursprungs aufnehmen und weiterführen, bilden natürliche Grundlagen des Wegnetzes. Gewöhnlich beginnt ein Thal in einem Kessel ohne Ebene, vereinigt sich eine Strecke weiter unten mit einem zweiten, welchem es seine Gewässer zuführt. Daraus bildet sich ein Hauptthal, welches weiterhin bald einer-, bald anderseits Seitenthäler aufnimmt und an Größe, Wasserreichthum, überhaupt an Bedeutung zunimmt, oben noch eng und steil, abwärts verbreitert und verflacht. Nur wenn die Thäler in einer Hochebene entstehen, haben sie, weil anfänglich weit, flach und mit schwachem Wasserlauf, auf halbem Wege, wo die Thalwände am steilsten, die geringste Breite und den stärksten Fall. Die Winkel der Einmündung ins Hauptthal sind meist spitz, selten stumpf, zuweilen haben sie beiläufig 90° nnd solche Seitenthäler heißt man oft fälschlich Querthäler.

Der wissenschaftliche (geologische) Begriff ist aber, wenn man Gebirgsketten vor sich hat, jener, daß die Thäler erster Ordnung oder Querthäler als ursprüngliche oder erste Einschnitte beiläufig senkrecht auf der Achse der Gebirgskette aufstehen, also nach rückwärts letztere quer schneiden. Ausläufer der Hauptkette, deren Einkerbungen die Seitenthäler liefern, scheiden sie von einander in Nachbarthäler.

Von den Querthälern, welche in Folge ihres Laufs meist die Schichtungsebenen durchschneiden, unterscheiden sich die Thäler zweiter Ordnung oder die Längsthäler dadurch, daß sie mit den Achsen der Bergketten (ihrer Längenrichtung) gleichlaufen.

Es können daher, während die langgestreckten Längsthäler vermöge ihres geringen Gefälls und ihrer mehr geraden offenen Richtung der Bergkette entlang sehr geeignet sind, den Hauptverkehr aufzunehmen, die Querthäler inmitten des Gebirgs beim Wegbau selten auf große Strecken beibehalten werden. Nicht nur sind sie überhaupt kürzer und erlauben nur beschränkte Ausblicke, sondern lassen auch ihre viel steileren Abstürze, besonders im oberen Verlaufe, sehr nahe zusammen treten, indem sie tiefe, schmale Einschnitte bilden (Tobel, Schlünde, Schluchten); dies nöthigt, entweder in Seiten- oder Längsthäler einzumünden oder mittelst einer Wendung (Rampe) den Berghang aufzusuchen, damit eine zulässige Steigung der Wegzüge beibehalten werden kann.

Bezeichnend für die Querthäler ist auch, daß häufig s. g. Thalengen (Klammen) mit weiten flachen kesselartigen Becken (Thalflächen, Thalebenen) wechseln, welche sich nicht nur als Stapelplätze gut eignen, sondern auch zur Anlage von Rampen häufig aufgesucht werden müssen.

Bei den Längsthälern hat man die für den Wegbau beachtenswerthe Unterscheidung in 3 Formen gemacht (Fig. 58):

Fig. 58.

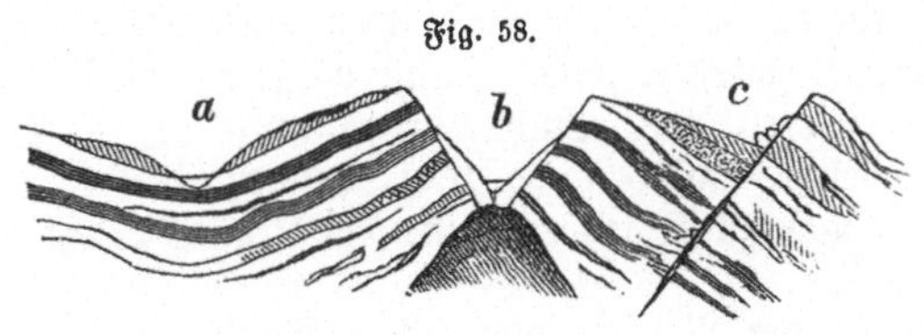

a. Muldenthäler, die Einhänge beiderseits bestehen aus dem Abfall der Schichten (Schichtenflächen) und ihrem Verwitterungsprodukt;
b. Spaltenthäler, die beiderseitigen Einhänge bestehen aus den Schichtenköpfen gespaltener und in die Höhe gehobener Schichtungsgesteine und den Wänden schwacher Schuttkegel;
c. Scheidenthäler, der Einhang einerseits bietet alte und neue Schichtenflächen, der anderseitige zeigt Schichtenköpfe.

Auf den ersten Blick ist klar, daß Wegbauten in a und b ebenso gut auf der rechten als linken Thalseite stattfinden können, aber in b nur auf der Thalsohle ohne Schwierigkeiten; daß dagegen in c der Wegbau auf den Schichtflächen am leichtesten und billigsten sein wird.

Die häufigste Anordnung der Gebirge ist die kettenförmige: Vom Hauptstock oder der Hauptkette laufen Aeste aus, meist senkrecht zur Kettenachse (Wasserscheide) und von ihnen vielfach sich theilende Zweige. Zwischen zwei Aesten mit stark abfälligen Wasserscheiden liegt ein kleineres, zwischen zwei Ketten mit ihren schwach abfälligen, meist wellenförmigen Wasserscheiden liegt ein größeres Thal- oder Niederschlagsgebiet. Im Thale selbst haben wir als einzelne Theile desselben zu unterscheiden (Fig. 59):

Fig. 59.

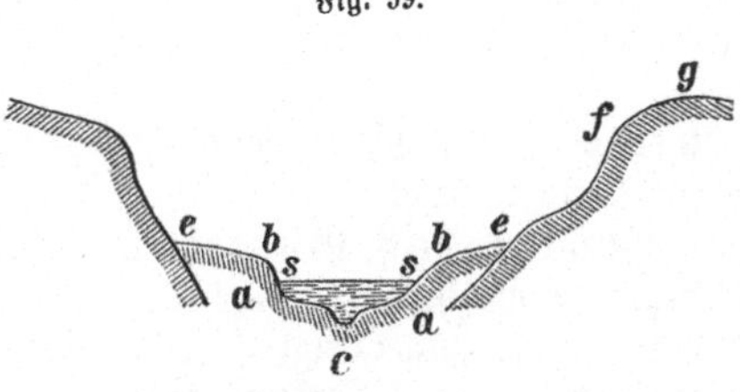

bcb das Fluß- (Bach-) Bett,
ss den Wasserspiegel, ab das Flußufer und c den Thalweg (Rinnsal),
be die Thalebene und ef die Thalwand,
fg den Bergrücken (Krone) und g die Wasserscheide.

Flußbett, Ufer und Thalebene fassen wir auch kurz mit dem Ausdruck „Thalsohle" zusammen.

Jedem etwas größeren Thalgebiet gebührt gewöhnlich seine besondere

Fahrwegverbindung. Insofern nun zu ihrer Verbindung mit einander die Wegbauten die scheidenden Höhenzüge überschreiten sollen, wird die Aufsuchung der Zugslinien durch die vielfachen Verzweigungen einer Gebirgskette öfter nicht wenig erschwert. Innerhalb eines Thalgebiets selbst entsteht selten Verlegenheit, denn der Hauptfahrweg wird im unteren Theil des Hauptthals, wenn nicht schon weiter oben, auf eine öffentliche Straße einmünden können.

Anders verhält sich's, wenn ein Hauptweg aufwärts gegen und über die Wasserscheide geführt werden soll. Dann müssen zum Uebergang über den Bergkamm jene tieferen oder Einbuchtungspunkte der Wasserscheidlinie aufgesucht werden, welche zwischen je zwei Kuppen derselben im oberen Endpunkt jedes Querthals zu liegen pflegen: die s. g. Sättel oder Pässe (Joche, Scheidecken &c.).

Von jeher suchte sie der Verkehr von einem Thalgebiet in das andere; sie sind für politische und Handelsstraßen von allgemeiner Wichtigkeit und ihre Benutzung muß für den Waldwegbau auch eintreten, sobald man auf Absatz jenseits einer Wasserscheide Aussicht hat.

Hat aber ein Gebirgsstock eine weite Hochfläche, so verschwinden die Pässe und es muß über die meist wellenförmige Hochebene, als Gegenstück der Thalstraße, eine Hochstraße gelegt werden. Auch wenn zwei Thalstraßen zu verbinden sind, deren Fortsetzungen nach Oben zwei entfernte Sattelpunkte erreichen, sind letztere durch eine längs dem zwischenliegenden Bergrücken hinziehende Hochstraße zu vereinigen. Wo es übrigens thunlich, vermeidet man sie, weil sie weit durch unbewohnte Gegend führen, im Winter durch Windstürme und hohen Schnee unfahrbar werden, für Bau und Unterhaltung das Material weit beigeschafft werden muß und ihre Gefällausgleichung oft schwierig und theuer ist.

Hauptpunkte eines Wegnetzes im Gebirge sind nun:

a. nach Unten die Ausgänge der Haupt- und Seitenthäler, sowie
b. die Flußübergänge (sowohl die schon überbrückten, als die weiter nöthigen dazu geeigneten Uferstellen),
c. nach Oben die Sattelpunkte oder
d. feste Punkte von Hochflächen (Wohnsitze, Kreuzungspunkte od. dergl.),
e. dazwischen die Thalverengungen d. h. jene Punkte, wo die Steilheit der Thalsohle dem Wegbau ein Ziel setzt, und die Thalflächen.

Betreffs der Zugslinien sind jedoch noch weitere Unterscheidungen zu machen.

Für den Aufschluß eines größeren Thalgebiets genügen die Thalstraßen, obgleich Grundlage des Wegnetzes, nicht.

Es müssen an sie mindestens noch Gürtelwege angereiht werden, welche am untern Waldsaum hinziehen und überall, wo „zahmes" Thalgelände (d. h. der Landwirthschaft zugehöriges) den Wald von der Thalstraße trennt, ihn aufzuschließen haben. Vorzugsweise die Längsthäler haben zahmes Gelände; in ihnen werden sich die Gürtelwege meist unmittelbar an die Hauptstraße anzuschließen haben. Ferner müssen in einem Gebirgskomplex, dessen Verkehr nach mehreren Richtungen geht, die Thäler gegen die Sättel oder Hochflächen hin durch ununterbrochene Hauptwegzüge, s. g. Steigen, unmittelbar verbunden werden.

Alsdann bilden diese die Basis des Wegnetzes. Um ihre geeignetste Richtung aufzufinden, verlassen wir die Sohle der Längsthäler an geschickten

Anknüpfungspunkten z. B. einer Brücke, folgen dem nächsten größeren Querthal, soweit es sein Gefälle gestattet, und von da aufwärts jenen Berghängen, welche als die wenigst steilen und felsigen und als die sommerlichsten nicht nur den billigsten Bau versprechen, sondern auch den größten Theil des Jahres fahrbar (trocken, von Schnee und Eis frei) bleiben.

Die Thalstraßen, Gürtelwege und Steigen (beziehungsweise auch die Hochstraßen) ergeben sich als Hauptverkehrslinien meist von selbst aus der Oertlichkeit. An sie schließen sich die Wege aus den Seitenthälern und jene an, welche die Steigen oder die höchsten für Fahrwege zugänglichen Punkte in den Querthälern verlassen, um der Bergkurve der Gehänge nachzuziehen oder sie in schwacher Steigung zu schneiden.

Bei diesen Seitenwegen entscheiden meist wieder besondere Rücksichten. Sie führen mitten durch die noch unwegsamen Waldmassen der Bergwände, deren zu bedeutende Höhenabstände zwischen Wasserscheide und Thalsohle dadurch, daß man derartige Gehängwege in beiläufig halber Höhe oder in 2 oder 3 Parallelen hindurchführt, für die Holzbeibringung und Abfuhr in beliebigem Grad vermindert werden, und zwar am ehesten dort, wo große werthvolle Bestände der Abnutzung harren. Häufig kann ihnen eine solche Richtung und Anlage gegeben werden, daß sie in bestimmten Höhen über der Sohle der Hauptthäler die Wasserscheiden der kleineren Nachbar- und Seitenthäler überschreiten und sich wieder an eine dahinterliegende Steige anschließen oder in einem Thalkessel mit einem geräumigen Wendplatz (Holzlagerplatz) endigen.

Von ihnen oder unmittelbar von einem Hauptthalweg aus, wenn ein solcher die einzige Basis des Wegnetzes bleibt, verzweigen sich öfter auch die Stellwege in die einzelnen Seitenthäler herein, werden möglichst weit auf der Thalsohle hinaufgeführt und erhalten sogar mitunter eine zunehmende Steigung, um von beiden Thalhängen das Hiebsergebniß aufnehmen zu können.

Sind die Einhänge sehr hoch, steil und bauschwierig, so läßt man die Fahrwege in Holzlagerplätze endigen und führt von letzteren nur noch Schleif- und Schlittwege weiter aufwärts, welche auf die Winterseite gelegt werden, wenn man die Schneebahn zu benutzen pflegt — oder man bringt Holzriesen verschiedener Art an, um von Oben herab die Hölzer an die Aufladeplätze zu schaffen.

Hienach charakterisiren sich die Gebirgswegnetze als sehr verschiedengestaltig unter sich und sehr abweichend von den Wegnetzen der Ebene und des Hügellandes. Soweit thunlich richtet man sie darauf ein, alle Nutzungen bergab verbringen zu können — die Nöthigung zum Gegentheil wäre eine unverantwortliche Kraftverschwendung — und das Räderfuhrwerk mit thierischer Zugkraft in möglichster Ausdehnung zur Anwendung kommen zu lassen. In abgelegener menschenleerer Waldgegend hat dies jedoch auch seine bestimmte Grenze und anstatt das theuere Fuhrwerk weit ab von jeder menschlichen Hilfe auf kostspieligen langgedehnten Waldwegen umherirren zu lassen, kann es seine Vorzüge haben, im oberen Theil eines Gebirgsstocks nur mechanische Bringungs-Anstalten, wie Riesen und dergleichen, einzurichten und mittelst derselben alle Waare bis zu leicht zugänglichen Thalplätzen zu schaffen.

Aus den Wasserscheiden oder Hochstraßen, den Steigen und

Thalstraßen als Grundlinien ergeben sich für die Gebirgswegnetze selten regelmäßige Wirthschafts-Figuren, etwa

a. soweit Wasserscheide und Längsthal sowie mehrere Nebenthäler beiläufig parallel laufen, Rechtecke, je nach Gebirgsform und Höhe bald länger als hoch, bald umgekehrt;

b. wo die Ausläufer des Gebirgsstocks sich zur Thalsohle herabsenken oder Seitenthäler sich vereinigen, Dreiecke;

c. im Uebrigen Kombinationen von Rechteck und Dreieck, Trapeze, Rauten, Vielecke, Kreisausschnitte.

Diese Figuren sind alle so zu verstehen, daß sie nur in der Minderzahl von völlig geraden Linien begrenzt sind, denn beim Gebirgsbau herrscht die Bogenlinie vor.

Diese Verschiedenartigkeit der Gestaltung macht es beinahe unmöglich, über die horizontale Entfernung der Wege feste Grundsätze aufzustellen. Als die durchschnittlich gebräuchlichen lassen sich die Abstände von 200—600^{m}, Abstände von 200—300^{m} aber als völlig genügend für regelmäßige Fahrwege bezeichnen. In größeren Gebirgswirthschaften möchten Abstände von 700—800^{m} das Maximum bilden.

§ 38.

Aeußerer Zustand und Beschaffenheit des Bodens.

Nachdem die Bodengestaltung in Betracht gezogen worden, bedarf der derzeitige Zustand noch insofern der Erörterung, als die Bodenoberfläche den Wegzügen mehr oder weniger Bauschwierigkeiten bereiten kann. Nicht sowohl die Wohlfeilheit des Baues, als seine Dauerhaftigkeit und die Leichtigkeit der Unterhaltung hängt davon ab.

In der Ebene ist es rathsam, die zu lockeren Sandflächen, Moor- und Sumpfstellen gänzlich zu vermeiden und mäßige Krümmungen statt gerader Wegzüge anzulegen, selbst wenn eine kleine Vertheuerung der ersten Anlage entstehen sollte. Durch Aenderung der Richtung den Bezugsquellen besseren Baumaterials näher oder auf etwas höheres Gelände zu kommen, hat ebenfalls Vorzüge für den Bau und ständigen Gebrauch.

Im Gebirge steigert sich die Bedeutung gründlichen Geländestudiums. Ob ein Boden lose und beweglich oder fest („gewachsener Boden“), ob naß oder trocken, ob erdig, steinig, mit Felstrümmern überlagert oder festes Gestein, ob tief- oder flachgründig und voll versteckter Felsen, ist nicht gleichgültig. Wo uns Felsen und Felstrümmer begegnen, spielen zugleich die Eigenschaften der Gesteinsarten eine große Rolle. Die Vorkommnisse wiegen hier schwerer als in der Ebene und die Nachtheile mehren sich mit der Steilheit der Hänge.

Im Allgemeinen sind die vulkanischen und Urgebirgsgesteine zwar am schwersten zu bearbeiten und namentlich die quarzreicheren sehr zähe, verursachen daher einen größeren Bauaufwand wegen der vielen Sprengarbeiten; aber es werden die Bauten in ihrem Gebiete sehr solid. Sie lassen sich mit den schwersten Lasten befahren und nützen sich am langsamsten ab. Zerklüftete Felsen, wie sie z. B. die meisten Trümmergesteine und manche geschichtete Gesteine aufweisen, sind viel schlimmer, weil sie dem Brecheisen wie der Sprengung mit Zähigkeit widerstehen. Von den geschichteten Gesteinen sind jene, welche an der Luft rasch verwittern oder welche mit weichen („faulen") Schichten und versteckten Wasseradern durchzogen sind, dem soliden Bau am allerungünstigsten.

Die wenigsten Hindernisse und Arbeiten bietet der Buntsandstein, weil in großen regelmäßigen Stücken leicht spaltbar und zu gutem Baumaterial (ausgenommen für die Fahrbahn) billig herzurichten. In seinem Gebiet ist daher die wenigste Umsicht wegen der Wahl der Wegzüge nöthig.

Umgekehrt ist die Vorsicht zu verschärfen, wenn die Gebirgsformation einer Gegend über das Vorkommen verdächtiger Baustellen schon Erfahrungen geliefert hat oder dergleichen auch nur vermuthen läßt. Die Baustellen können in verschiedener Weise verdächtig oder gefährlich sein.

Auf undurchlassenden Schichten als Untergrund ruht ein lockerer oder schwammiger Boden; versteckte Quellen ohne genügenden Abfluß, anhaltende Regengüsse, rascher Schneeabgang durchweichen ihn und führen Abrutschungen herbei. Vorher kann der Boden durch Wurzelgeflecht der Bäume und Sträucher oder eine dichte Rasendecke gebunden gewesen sein, ehe der Wegbau den Zusammenhang unterbrach. Ermangelt der Wegkörper des sicheren Fundaments im festen Untergrund und ist durch Mauerbau und Aufschüttung mit lockerem, wassersaugendem Boden noch beschwert, so bedarf es nur des Eintritts eines der oben angedeuteten Fälle, um Weg und Böschungen, sowie einen Theil des unterhalb befindlichen Geländes mit in Bewegung zu setzen und große Verschüttungen herbeizuführen.

Gewisse Sedimentärgesteine haben in dieser Beziehung einen bösen Ruf (z. B. der s. g. Schieferletten) und kündigen sich von Weitem schon durch eine wellenförmige Staffelbildung ihrer Oberfläche an.

Ist ein Berghang mit losem Gerölle überlagert, so kann die „Rollsteinwand" durch unvorsichtigen Bau ebenfalls in Bewegung gerathen. Vermuthungen hierüber schöpft man aus s. g. Schuttkegeln, welche unterhalb der verdächtigen Stellen am Fuß der Gehänge liegen.

Die Umgehung solcher schlimmer Orte ist nicht immer vollkommen durchführbar, weil, an einem Orte vermieden, die geänderte Wegrichtung sie an einem zweiten oder dritten Orte in noch größerem Umfange finden kann. Entweder muß also der ganze Wegzug verlegt oder es muß ein größerer Aufwand gemacht und der Berghang so tief angeschnitten werden, daß der Weg mit seiner ganzen Breite auf festem Boden ruht (Fig. 60).

Fig. 60.

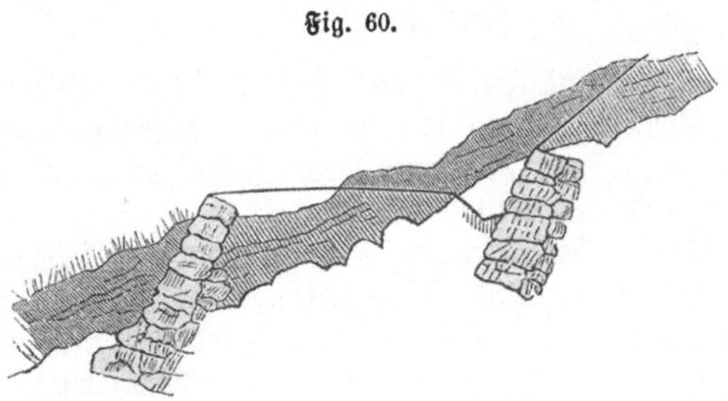

Großen offenen Felspartien, welche isolirt auftreten, entgeht man leicht durch entsprechende Gefälländerungen. Einzelnen Felsblöcken („Findlingen") dagegen weicht man nicht aus, baut sie entweder in den Wegkörper ein, zerkleinert sie zur Versteinung oder schafft sie zur Seite. Bilden sie größere

Trümmerlager, so baut man möglichst aus der Bergwand heraus, weil Material genug zum Bau von Futtermauern und zur Hinterfüllung vorhanden, und verhütet dadurch zugleich etwaige Nachschiebungen (Fig. 61).

Fig. 61.

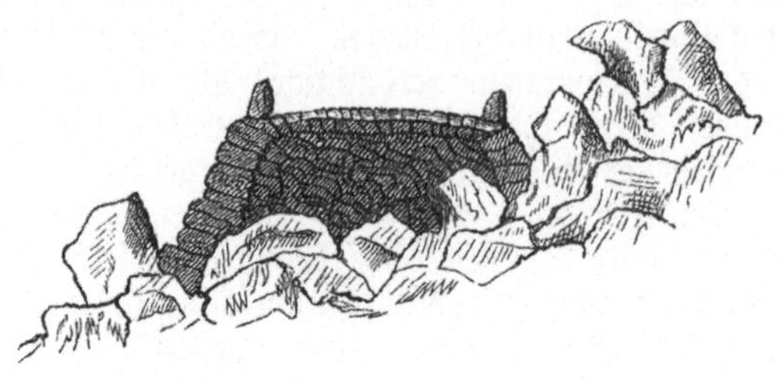

Felsen verdienen überhaupt die Scheu am wenigsten, welche Manche vor ihnen hegen. Es sind nur tüchtige, erfahrene Sprengarbeiter ihnen gegenüber zu stellen; mit Hilfe der großen Auswahl an wirksamen Sprengmitteln, welche man heute besitzt, sind sie leicht zu bewältigen und liefern ein treffliches vielfach verwendbares Material an Ort und Stelle, welches man anderwärts sehr ungern vermißt.

Nur im Boden versteckte Felsen überraschen oft unangenehm, weil im Bauvoranschlag nicht vorgesehen und schwerer zu beseitigen. Beim Geländestudium verrathen sie aber verschiedene Anzeichen: vorspringende Kuppen oder auffallende Erhöhungen, unbewachsene oder nur mit Gesträuch überhängte Bodenstellen, welche kleine Lichtungen bilden, dürre Grasplatten, Moospolster. Sicherheit darüber verschaffen kleine Bodeneinschnitte, welche man quer über die Wegrichtung anfertigen läßt.

Ueberhaupt entdeckt ein geübter Blick und Ortskenntniß (eigene oder gedungene) verdächtige Bodenpartien von einigem Umfang bald und beurtheilt sicher, ob sie auf den Kostenpunkt und die Solidität des Baues fühlbar einwirken, um ein Ausweichen zu rechtfertigen.

§ 39.

Das Klima.

Innerhalb unseres gemäßigten Klimas sind die Unterschiede, welche einige Breitegrade in ihrer Wirkung haben, viel weniger hervorzuheben, als die Einwirkungen des rauheren und feuchteren Gebirgsklimas gegenüber dem milderen der Thäler und der weiten Ebene.

Häufigere und stärkere Niederschläge nöthigen auf den Höhen erfahrungsgemäß, die Gefälle der Wege und Abzugsrinnen zu mäßigen und zu steile Böschungen zu vermeiden. Die Fahrbahnen werden sonst zu sehr ausgeflößt, die Fundamente von Brücken und Dohlen mit Unterwühlung bedroht, die Böschungen mit Wasserrinnen durchfurcht, erweicht und zum Abrutschen gebracht, was von Oben her die Abzugsrinnen und Dohlen der Verstopfung, den Wegkörper der Verschüttung, von Unten her durch Einstürzen der Dammböschung der theilweisen Zerstörung aussetzt. Sorgt man für geregelten Wasserabzug, legt den Wegkörper auf festes trocknes Gelände und hält die Bahn vom Ueberhang der Aeste frei, welche durch Schnee und Regen tief herabgebogen werden oder brechen, so ziehen die Niederschläge und Schneewasser rasch ab, bilden sich keine oder weniger gefährliche Eisbahnen, die Fahrbahn trocknet bald ab, erleidet keine Angriffe und wird bald wieder fahrbar. In entlegener Gebirgsgegend fehlt ohnedieß beim Eintritt von Schäden die nöthige rasche Arbeitshülfe.

In sehr trockenen Sandböden des milderen Klimas oder in Südhängen kann es sich umgekehrt empfehlen, durch Alleepflanzungen für genügende Beschattung der Wege zu sorgen, damit eine gleichmäßige Feuchtigkeit der Fahrbahndecke sich erhalte.

Gewisse Freilagen im Hochgebirge sind in den Jahreszeiten der Wind- und Schneestürme mit Fuhrwerk nur mit Mühe und Gefahr zu passiren. Es versteht sich, daß man für neue Wegzüge solche Lagen nicht wählen darf.

Eine schlimme Wirkung anderer Art haben die längeren und strengeren Winter des Gebirgsklimas aufzuweisen: der Frost lockert die Erdböschungen und Fahrbahnen und greift Speismauern und Holzbauten viel stärker als anderswo an. In s. g. Frostlagen der Ebene wiederholt sich Aehnliches, obgleich in minderem Grad. Hiegegen kann man sich lediglich durch soliden Bau und sorgfältige Auswahl der Baumaterialien vorsehen.

b. Die wirthschaftlichen Verhältnisse.

§. 40.

Die Flächengröße.

Einzelne Waldstücke im aussetzenden Betrieb können für sich allein keinen Wegbau lohnen. Erst eine Waldfläche von dem Umfang, daß ein jährlicher Nachhaltbetrieb möglich, wird Weganlagen nach einem Bauplane nöthig haben, wenn nicht die Besitzer kleinerer Stücke zu gemeinschaftlichem Bau zusammentreten.

Selbst ein Komplex von Waldungen muß eine solche Steigerung der Reinerträge voraussetzen lassen, daß der muthmaßliche Gewinn wenigstens der Summe aus den jährlichen Zinsen des Baukapitals (einschließlich Bauflächenwerth) und aus den jährlichen Unterhaltungskosten annähernd gleichkommt. Um dies zu überschlagen, müßte man freilich einerseits die Preissteigerung kennen, welche durch die Wegbauten herbeigeführt wird, und anderseits die Größe des wirklichen Bauaufwands, den Werth der beanspruchten Baufläche 2c., während doch erst anderweitige Erfahrungen von zweifelhafter Anwendbarkeit zu Gebot stehen.

Bisher hat man unseres Wissens selbst in Wirthschaften mit eingerichtetem, regelmäßigem Betrieb, woraus eher die nöthigen Zahlengrößen sich beibringen ließen, noch keinen derartigen Rechnungskalkul versucht; man hat ja meistens planlos mit empirischem Gefühl die Wegbauten begonnen und ohne definitiven Bauplan ist gar jede Rentabilitätsrechnung ohne Halt! Man konnte sich übrigens an vielen Orten mit Sicherheit darauf verlassen, daß mit Sparsamkeit und Sachkenntniß durchgeführte Bauten, welche speciell einzelne haubare Bestände aufschlossen, sich vollauf lohnen würden. Gibt es doch zweifellose Fälle, wo das Baukapital sich aus dem höheren Erlös binnen zehn Jahren heimzahlte (die Zinsen des Baukapitals u. s. w. ungerechnet).

Lassen wir die Nothwendigkeit und Möglichkeit dahingestellt, die Rentabilität der so nützlichen Betriebsanlagen, wie die Waldwegbauten es sind, vor ihrer Inangriffnahme genauer zu untersuchen. Wenigstens wird nicht zu bestreiten sein, daß — im Allgemeinen — je einfacher vermöge des Standorts die Bauten, sie um so billiger sind und zugleich die bisherigen Erträge um so weniger steigern können, weil an einfachen Produktionsarbeiten der Ernte und des Transports verhältnißmäßig wenig zu sparen und zu gewinnen ist. Umgekehrt bleibt in schwieriger abgelegener Waldgegend der Reinertrag nieder, weil die theuren Aufbereitungs- und Bringungskosten einen außer Verhältniß großen Theil des Bruttoertrags verzehren. Die Beseitigung des Mißverhältnisses heischt einen großen Kapitalaufwand; wir werden aber, günstige Bestockungsverhältnisse vorausgesetzt, gerade hier eine Erhöhung des Waldpreises und häufig zugleich des Stockpreises der Hölzer in solchem Betrage zu hoffen haben — gegenüber bisheriger Werthlosigkeit — daß das neu hinzugetretene Betriebskapital gut angelegt erscheint.

Aus dieser Betrachtung dürfte soviel erhellen, daß bei richtigem Wegbau, da

a. ein gewisses Verhältniß zwischen der Waldfläche und der Ausdehnung der Weganlagen,
b. zwischen der Größe des Jahresertrags und der jährlichen Ernte- und Bringungskosten besteht, auch
c. zwischen dem Unternehmergewinn und dem Bauaufwand eine gewisse Abwägung statthaft und
d. je größer der Betriebskomplex und sein Holzvorrath einerseits und anderseits je theurer bisher durch die Geländeschwierigkeiten der Produktionsaufwand war, um so wichtiger und einträglicher die Durchführung eines rationellen Waldwegnetzes sein muß.

Es versteht sich dabei eigentlich von selbst, daß bis zu einem gewissen Grade die Entfernung der Wege nach der Größe der Waldfläche sich richten müsse, um nur rentable Wegbauten herzustellen; daß ferner Steilheit der Hänge und felsige Beschaffenheit des Bodens den Bauaufwand vertheuert, ungeachtet die Bodenproduktion eine geringere ist; daß überhaupt in den günstigsten Standorts- und Bestockungsverhältnissen der Bauaufwand am kleinsten und gleichzeitig am lohnendsten ist. Wo die wirthschaftlichen Verhältnisse die ungünstigsten sind, werden daher die sorgfältigsten Erwägungen über Art und Ausdehnung der Wegbauten vorhergehen müssen. Zu festen Grundsätzen ist man hierüber noch nicht gelangt.

§ 41.

Waldzustand, Absatz und Betrieb.

Die ersten Wegbauten werden immer, um den Aufwand sogleich einträglich zu machen, der Erschließung der nächst haubaren Bestände gelten, die Anlage der Hauptfahrwege wird daher in jener Richtung beginnen müssen, in welcher Gewinnung und Absatz der Haubarkeitserträge nächster Zeit sich bewegen wird. Bei noch ungeregeltem Waldzustand und zerstreuter Lage der älteren Bestände kann man schwanken, welche Richtung die meiste Berücksichtigung verdiene, zumal beim Uebergang zu einem normalen Betrieb, wenn er andere Ansprüche als der bisherige macht. Die Entscheidung kann jedoch selten allzuschwer werden, wenn man erwägt, daß die

Bauten dauernde Anlagen schaffen und vorwiegend dem künftigen Betrieb dienen sollen. Mit ihm muß der Wegbauplan übereinstimmen, von augenblicklichen Zuständen darf er nicht beherrscht werden; höchstens darf man, wenn die Ansprüche von Gegenwart und Zukunft widerstreiten, durch provisorische Anlagen eine Auskunft treffen, etwa in der Weise, daß man künftige Hauptwege einstweilen als Stellwege baut, auf einzelnen Strecken sich mit billigeren, rasch herstellbaren Transportanstalten begnügt, Wasserläufe mit leichten Holzbauten überbrückt, welche später wieder abgebrochen werden, schwierigere Baustrecken einstweilen mittelst schmaler Erdbahnen umgeht oder die Herstellung regelmäßiger Gefälle auf spätere Zeiten verschiebt.

Eine den jetzigen und künftigen Absatzverhältnissen entsprechende Richtung sichert man allen Theilen eines Wegnetzes leicht, wenn man versteht, in geschickter Weise an die nächsten allgemeinen Verkehrsstraßen anzuschließen. Entweder wird dies schon innerhalb der Waldungen möglich — ein Vortheil, dessen ausgiebige Benutzung sich von selbst empfiehlt — oder erst in einiger Entfernung außerhalb, in welchem Falle die Eigenthumsverhältnisse und Bodenwerthe des Nachbargeländes, die Lage des Waldes und der zulässige Aufwand mitsprechen. Am leichtesten sind die geeigneten Absatzrichtungen zu bestimmen, wenn das Wegnetz gleichzeitig mit der Betriebsregelung geordnet wird. Es steht ja mit ihr im engsten Zusammenhang, schon deßwegen, weil die Betriebsverbände, Hiebszüge und Waldeintheilung im Wegnetz eine unentbehrliche Grundlage haben und die Absatzrichtungen, je nachdem ein Betrieb Erzeugnisse von bestimmter Art liefern soll, ganz andere sein können, für örtlichen Verbrauch oder zum Absatz auf fernen Märkten.

Man hat schon schwere Fehler begangen, indem man die Nothwendigkeit regelmäßiger Wegnetze mißkannte und ihren Entwurf bei der Betriebseinrichtung unterließ. Die Betriebstheile (Distrikte, Abtheilungen ꝛc.) mußten ohne genügende Rücksicht auf ihre völlige Erschließung gebildet, ihre Begrenzungen mit einer unnöthigen Vermehrung offener Linien hergestellt, nachträgliche Umformungen bewirkt, für Beibringung und Abfuhr provisorische Durchgänge durch geschlossene jüngere Bestände gesucht und häufig konnten schwere Beschädigungen nicht vermieden werden.

Die Wegzüge legte man dann theilweise auf die Abtheilungslinien, statt gleich Anfangs umgekehrt zu verfügen und erhielt gänzlich unfahrbare Schneussenlinien, welche später mit großem Aufwand erst in Wege voll Gegengefälle verwandelt oder schließlich verlegt werden mußten.

Stets muß die Absatzrichtung als etwas Gegebenes angenommen und die Zugsrichtung der Wege danach bestimmt werden. Nur wenn mit großer Wahrscheinlichkeit auf eine Aenderung der Absatzrichtungen zu rechnen, Eröffnung neuer Absatzquellen zu hoffen oder wenn der Betrieb in einer entschiedenen Umwandlung begriffen ist, rechtfertigt es sich, andere Richtungen einzuschlagen, als die seitherigen Verhältnisse geboten haben.

Aus gleichem Grunde wäre es auch fehlerhaft, den Wegbau auf Brennholzabsatz einzurichten, wenn Nutzholzwirthschaft in Bälde bevorsteht, oder auf leichten Kleintransport, wenn die Erschließung des Waldes für den Massentransport wirthschaftliche Vortheile verspricht. Ueberhaupt ist es kurzsichtig, die Entwicklung und Vervollkommnung des Transportwesens außer Rechnung zu lassen. Erst wenn für ungehemmten, ungefährdeten und beliebigen Verkehr im Walde für jede Art von Fuhrwerk und jede Jahreszeit durch den Bau hinlänglich breiter und fester Hauptwege gesorgt wird, kann uns der Gewinn in vollem Maße zu gut kommen, welchen uns ein billigerer Waarentransport gewähren muß.

In dieser Hinsicht nützt es auch, die Wege mit allen wichtigeren Punkten im und beim Walde möglichst in Berührung zu bringen:

Nahe Niederlassungen (Ortschaften, Höfe, Dienstsitze), damit Beistand und Unterkunft in dringenden Bedarfsfällen schnell zu erlangen ist (sind holzverbrauchende gewerbliche Anlagen an solchen Orten, so ist dies ein triftiger Grund mehr);

Holzlagerplätze, Theeröfen, ständige Kohlplätze, Steinbrüche, Torflager, kurzum wichtige Betriebsanstalten für Haupt- und Nebennutzungen.

Mangeln derartige Einrichtungen, so erstehen sie in Folge der Wegbauten leicht, wenn Bedürfnisse dazu sich einstellen und die Wegrichtung geeignete Punkte dazu bietet.

Stehen in der Nähe eines Waldes große öffentliche Verkehrsanlagen, wie Eisenbahnen, Kanäle, Straßen, in naher Aussicht, so wird besser eine Entscheidung darüber abgewartet, als daß man voreilig ein Wegnetz festlegt, namentlich wenn Ausgangspunkte desselben davon abhängig werden.

c. Die Eigenthumsverhältnisse.

§ 42.

Die Bodenfläche, über welche ein Wegnetz ziehen soll, um fernerhin ständig oder periodisch dem Verkehr zu dienen, wird der bisherigen Verwendungsart auf die Dauer entzogen oder doch, wenn nur zeitweise nöthig, in ihrer sonstigen Benutzbarkeit beschränkt. Ein Ertragsausfall wird in der Regel entstehen, mindestens ein Eigenthumsrecht berührt, wenn auf fremdem Boden gebaut werden will.

Der Eigenthümer wird daher befugt und darauf bedacht sein, die ihm erwachsenden Nachtheile abzuwehren oder dafür eine entsprechende Schadloshaltung zu erlangen. Die Gesetzgebung duldet zwar nirgends, daß Grundeigenthümer durch zwischenliegendes Gelände Anderer von den nächsten öffentlichen Verkehrswegen abgeschnitten werden, es hat also jeder ein natürliches Wegrecht oder er besitzt ein solches als althergebrachte Dienstbarkeit, welche als dingliches Recht von bestimmtem Umfang auf der Liegenschaft Anderer ruht. Genügt dasselbe jedoch nimmer in dem Umfang, der Art oder an dem Orte, wie es bisher bestand, so muß man die diesbezügliche Aenderung durch gütliche Vereinbarung zu erreichen suchen.

Es sind somit bei der Inanspruchnahme von Gelände zu Wegbauten dreierlei Fälle möglich:

1. dieselben erfolgen ganz auf eigenem Boden des Waldeigenthümers, beziehungsweise mehrerer Waldbesitzer, welche gemeinschaftlich bauen;
2. es können bestehende Wegrechte benutzt werden;
3. die nöthige Wegfläche muß ganz oder theilweise erworben werden.

Auf eigenem Besitz leitet der Grundsatz zweckmäßigsten und billigsten Baues. Kann geringeres oder ertragloses Gelände den Bauzweck erfüllen, so spricht dafür der eigene Vortheil; aber der geringste Boden ist durchaus nicht immer der billigste Baugrund, denn z. B. Felspartien, Sumpfflächen oder dergleichen können den Bau mehr vertheuern, als der Werth einer anderen besseren Fläche beträgt.

Auch die Verlegung auf Grenz- oder sonstige offene Linien ist nur bedingt zulässig. Sollten überhaupt Wegbauten so wenig Vortheile versprechen, daß sie den Ertragsverlust der Wegbaufläche nicht decken, so müssen sie offenbar als unwirthschaftlich vornherein aufgegeben werden.

Ein gemeinsamer Bau mehrerer Waldeigenthümer setzt in der Regel, da sehr ungleiche Vortheile für die Einzelnen daraus erwachsen, Vereinbarungen wegen des Geländes, welches Jeder abzutreten hat, ebensogut voraus, wie wegen Umlegens der Baukosten.

Letztere werden sich meist nach der Größe der betheiligten Waldflächen richten, weil jeder andere Maßstab unsicherer ist, wenn nicht die Größe des Steuerkapitals als Grundlage der Berechnung vorgezogen wird (bei Waldkomplexen mit großen Bonitätsdifferenzen). Da aber niemals die Wegzüge von jedem Einzelnen einen verhältnißmäßigen Theil seiner Waldfläche beanspruchen, so wäre es unbillig, dem Einen eine Einbuße von 5 Prozent seiner Fläche zuzumuthen, indeß die Anderen nur 1 bis 2 Prozent oder nichts verlieren, ohne daß gerade der Nutzen in gleichem Maße sich vertheilt. Der beste Ausweg dürfte dann, um Jedem gerecht zu werden, jener sein, daß sämmtliche Bauflächen auf ihren Werth veranschlagt und den Baukosten zugerechnet werden, um den Betrag auf alle Betheiligten umzulegen und bei der Abrechnung gegen einander auszugleichen.

Zeitlich vorhandene reiche Holzvorräthe in den Waldungen Einzelner würden durch eine entsprechende Beitragserhöhung (entweder als Vorausbeitrag zum Bau oder als njährige Erhöhung der Umlage zur Wegunterhaltung) zu berücksichtigen sein, ebenso etwaige gewerbliche Anstalten beim oder im Wald, beides nach Maßgabe des besonderen Gewinns.

Bestehen Wegrechte über Nachbargüter, so entsteht die Frage, ob sie fernerhin benutzbar. Die Regeln des Wegbaues dürfen nicht verletzt werden dadurch, daß man wegen eines Wegrechts in ungeeigneter Richtung, mit zu schmaler Fahrbahn, mit zu starkem Gefälle oder mit Gegengefälle baut. Wird gar eine Weganlage zu sehr vertheuert, so wird eher das Wegrecht aufzugeben sein, wenn nicht eine Verlegung mit oder ohne Entschädigung des Belasteten zu erzielen ist. Zuweilen kommt dessen bessere Einsicht später. In dieser Hoffnung kann einstweilen die Ausübung des Wegrechts fortgesetzt und der Ausbau auf der betreffenden Strecke verschoben werden. Der Charakter des Belasteten macht ihn endlich der Ueberredung oder der Umstimmung durch pekuniäre oder sonstige Vortheile zugänglich u. s. w.

Das Durchschneiden fremden Eigenthums wird gewöhnlich nur durch Ankauf der Baufläche oder anderweitige Zugeständnisse von Gegenwerthen ausführbar.

Die Richtung, Breite und Länge der Baufläche mit Rücksicht auf das Zugehör für Gräben, Böschungen und dergleichen ist vor Einleitung von Verhandlungen durch Nivellement und Feststellung der Zugslinie genau zu bestimmen. Der Eigenthümer vermag dann erst zu erkennen, ob und welche Vortheile ihm die Mitbenutzung der Anlage gewährt oder welche Nachtheile ihm das Durchschneiden seines Geländes verursacht, z. B. Erschwerung der Zufahrt über die Böschungen, Störung der Wasserzu- oder Ableitung und Aehnliches.

Gelingt weder der Ankauf des ganzen Grundstücks, noch die Abtretung der Baufläche gegen Entschädigung, so kommt doch zuweilen ein Flächentausch zu Stande. Ein höherer Preis als der Geländewerth ist gewöhnlich im Voraus zu erwarten und ein zähes Feilschen nicht rathsam. Der gütliche Weg ist stets der beste! Bei zu langem Bedenken und Uebertriebenheit der Forderung versucht man schließlich die Wegrichtung zu verlegen oder man setzt die Anlage aus, bis die Aussichten sich bessern und behilft sich mit provisorischen Anstalten.

Auf Enteignungen durch gesetzliches Verfahren ist bei Eigenthumswegen, wo das öffentliche Interesse nicht nachweisbar, Seitens der Staatsbehörden nicht zu zählen.

Im Falle in einer oder der anderen Weise eine Vereinbarung gelingt, soll man nicht säumen, sich dieselbe durch Beobachtung der gesetzlichen Vertragsformen sicher zu stellen.

d. Die Anforderungen auf Sicherheit, Annehmlichkeit und Schönheit der Wege.

§ 43.

Rücksichten der Sicherheit.

Ein Waldweg erfüllt seinen Zweck erst vollkommen, wenn der Verkehr gegen alle abwendbaren Störungen, Schädigungen und Gefahren hinlänglich gesichert ist. Sowohl die Wege selbst als ihre Besucher können leiden durch

a. Wasser oder b. Schnee und Eis, c. Erd- und Felsabstürze, d. Baumstämme, e. schlechte Anlage der Wege oder Mangel an Schutzanstalten.

a. durch Wasser. In der Ebene sucht man Ueberfluthungen der Wege durch Vermeidung der Tieflagen, Dammbauten oder dammartigen Aufbau der Wege selbst zu entgehen oder man sichert sich mindestens gegen Stauungen durch genügende Durchlässe und feste s. g. „Ueberfälle" (oder Wehre), durch oder über welche die andringende Wassermasse leicht abziehen kann, so wie gegen Angriffe des Straßenkörpers durch Befestigung der Böschungen (Abpflasterung, Bepflanzung).

Längs den Wasserläufen in Thälern bleibt man entweder, wenn Raum genug, von den Ufern entfernt und über dem höchsten Wasserstand, oder befestigt andernfalls Mauerwerk und Böschungen an Stellen, wo sie bespült werden können, in ausreichendem Umfang gegen Unterwühlen und Abschwemmungen.

Gegen heftige Regengüsse schützt Abwölbung und gute Versteinung der Fahrbahn, schwaches Gefäll, Herstellen und Offenhalten genügender Gräben, Rinnen und Dohlen.

b. Der Schnee wirkt verkehrstörend durch Verwehungen und rasches Aufthauen. Die Schneewasser überfluthen die Wege, füllen und verstopfen die Gräben, weichen den Wegkörper auf oder bilden durch Quellwasser, welchem der Abzug fehlt, vermehrt gefährliche Eisplatten auf der Fahrbahn. An verstopften Dohlen und an Abpflasterungen werden durch ausgedehnte Eisbildungen einzelne Steine aus ihrer Lage gebracht und Einstürze veranlaßt. Auch an zu steilen Erdböschungen bewirkt das Eis Ablösungen, welche Gräben und Dohlen verschütten. Fleißige Aufsicht und Wegpflege verhütet leicht das Umsichgreifen kleinerer Schäden.

Orte, welche von Schneewehen leiden (Mulden, Hohlwege, Waldränder), sind gewöhnlich ortsbekannt und müssen gemieden werden. Wenn dieß unmöglich, schützen starke hohe Einfriedigungen.

c. *Abrutschungen* von Erde oder Felsen sind im Hochgebirge ebenso gefährlich für die Passanten als verkehrstörend und bauschädlich. Obgleich niemals ganz zu verhüten, kann doch beim Wegbau Vieles zur Abwehr geschehen. Sind lose Rollsteinwände oder zum Abrutschen geneigte nasse Bodenstellen nicht zu umgehen, so müssen erstere nach sorglicher Entfernung des nächsten losen Gesteins oberhalb des Weges durch Futtermauern unterbaut, nasse Stellen zu entwässern gesucht werden. Helfen massive Bauten nicht, wegen ihres starken Drucks, so müssen die schwierigen Stellen durch leichte Holzbauten (Faschinaten) überschritten und die losen Böschungen, besonders die durch den Wegbau angeschnittenen Einhänge und die Anschüttungen sogleich bepflanzt oder doch mit Flechtwerk durchzogen werden. An Stellen, wo öfter Felsstücke niederstürzen, bringt man Warnungszeichen an. Kleinere Verschüttungen, welche am meisten im Frühjahr eintreten, müssen baldigst mit Hülfsarbeitern weggeräumt werden.

Jähe Abstürze z. B. ober- oder unterhalb von Steinbrüchen, Erzgruben oder dergleichen eignen sich niemals für Weganlagen.

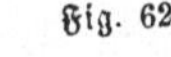
Fig. 62.

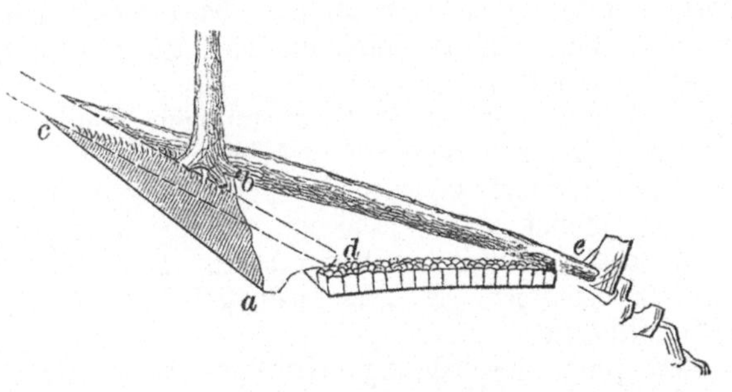

d. *Schwere Stämme* beschädigen häufig die Wege durch ihren Fall oder ihr sorgloses „Anlassen". Aus falscher Sparsamkeit an Aufwand und Baufläche lassen Manche der oberen Wegböschung einen zu starken „Anzug" wie z. B. (in Fig. 62) ab statt ac, und unterlassen die Abräumung des Böschungsrandes von dort stehenden Bäumen, welche ihren Halt allmählig verlieren, nachstürzend die äußere Straßenkante beschädigen und den Weg versperren. Angelassene Stämme weist die vorstehende hohe Böschungskante b ebenfalls in den nachgiebigeren Punkt e, statt daß sie über c auf die widerstandsfähige Fahrbahn bei d gleiten. Beidem ist einfach vorzubeugen durch *zweckmäßige Abböschung* auf ac und *Herausbauen des Weges aus der Bergwand*. (Verkehrshemmungen an solchen Stellen müssen rasch beseitigt, in Holzschlägen die Holzhauer zu stetem Offenhalten der Wege, besonders für die Nachtzeit, angehalten werden).

e. *Unrichtige Weganlagen* haben immer eine Vermehrung der Wegbeschädigungen und der Verkehrsunsicherheit zur Folge. Sie nöthigen z. B. zum Gebrauch von Hemmungsvorrichtungen (Rauhsperren, eisernen Radschuhen, Anhängen von Schleifen), welche die Fahrbahn angreifen.

Zu kurze und viele Bogenlinien führen Unglücksfälle herbei. Mangel an Wasserableitung veranlaßt tiefe Geleise und Ausflößen der Fahrbahn und Böschungen u. s. w. Gegen solche Mißstände giebt es nur Eine Vorkehr!

Nachlässige und geizige Wegunterhaltung darf als eine Ursache vieler Schäden auch nicht unerwähnt bleiben; sie kann zu gleichen Mißständen führen wie die fehlerhafte Anlage selbst und kommt zuweilen sehr theuer!

Als Maßregeln der Sicherheit, welche am geeigneten Orte noch eingehend behandelt werden sollen, seien einstweilen hier angedeutet:

Vermeidung zu häufiger Gefällwechsel und zu schmaler Fahrbahnen und Wendungen; Einfassung gefährlicher Wegstellen mit Brüstungen, Abweissteinen oder dergleichen; Errichtung von Orientirungszeichen an Kreuzungspunkten gegen Verirren oder Fehlgehen in abgelegener Gegend; Auszeichnen der Wegbahnen durch Baumpflanzungen oder Stangen in Schneelagen und im Ueberschwemmungsgebiet.

§ 44.

Schönheit und Annehmlichkeit der Wege.

Ein Paragraph über Schönheit mag vielleicht überraschen, aber wir halten einige Bemerkungen darüber nicht für überflüssig. Es kostet bei richtigem Verfahren nur wenig mehr, wenn man darauf hält, daß ein Bau nicht allein gebrauchstüchtig, sondern auch für das Auge gefällig und für jeden Besucher angenehm und bequem sei.

Die Schönheit der Waldnatur wird durch unschöne Bauformen gestört, durch Bauten, welche mit ihr harmoniren, gesteigert.

Der Schönheitssinn schreitet zuweilen in Bezug auf Bauten arg aus, aber im Waldwegbau kommt es auf so wenige einfache Regeln an, daß sich kaum eine Meinungsverschiedenheit darüber erheben kann, denn es handelt sich eigentlich nur um ein gewisses „Ebenmaß" der Formen und um Sauberkeit und Pünktlichkeit.

Eine genaue geradlinige Wegrichtung befriedigt, nur ermüdet sie, wenn zu lang gestreckt; kurze, zahlreiche, gesetzlose Krümmungen verletzen das Auge, bewußt oder unbewußt. Von regelmäßigen Bogenlinien, welche dem Gelände sich anschmiegen, leicht — ohne Seitensprünge — ineinander übergehen, augenscheinlich einer natürlichen Vorwärtsbewegung dienen, wird Jedermann angemuthet; unaufhörliche kurze und starke, obgleich regelmäßige Krümmungswechsel beunruhigen und verstimmen sowohl in der Ebene als noch mehr im Gebirge. Die Gerade, obgleich die kürzeste Linie, ist nicht überall anwendbar und erscheint manchmal gezwungen, aber als streckenweise Verbindung zwischen entgegengesetzten Bögen wirkt sie beruhigend und die Fortbewegung erleichternd. In der Ebene erscheint die Gerade meistens gerechtfertigt, im Gebirge eher die Bogenlinie. Jene der größtmöglichen Sehne ist die angenehmste, große Kurvenzüge machen daher immer einen besseren Eindruck, als häufige Wechsel; aber ihre Absteckung erfordert mehr Vorbereitung und in zerrissenem Gelände ihre Ausführung mehr Bauaufwand.

Zur tadellosen Schönheit der Bauten gehört eine pünktliche Herstellung, damit alle Baulinien scharf und voll hervortreten: gleichmäßige Abkantungen der Straßenränder, des Mauerwerks, der Böschungen und Gräben, glatte

Abflächungen, runde Abwölbungen, paralleler Lauf der Weg- und Grabenlinien, der Berandung durch Alleebäume u. s. w.

Weiter trägt man der Schönheit und Annehmlichkeit Rechnung, wenn schöne Aussichtspunkte benützt und dem Blicke erschlossen, Ruhestellen damit verbunden, nahe Quellen gefaßt, in abgelegener Gegend Schutzvorrichtungen gegen die Sonne und Unbilden der Witterung hergestellt werden.

Bei Alledem darf der Charakter der Anlage nicht außer Acht bleiben. Es passen für prunklose Waldwege z. B. keine kostbare Steinhauer- oder gar Bildhauer-Kunstwerke und noch viel weniger die Spielereien ohne Kunstwerth. Sie veralten rasch, werden Zielpunkte des Muthwillens und stören dann mehr als sie zieren.

3. Die Anforderungen an Längen- und Querrichtung der Wege.

§ 45.

Ein Waldwegnetz muß die Hauptaufgabe lösen, daß sämmtliche Nutzungen von allen Waldorten auf die örtlich angemessenste Weise, in der kürzesten und bequemsten Richtung zum Verbrauchs- oder Absatzort verbracht werden können.

Diese Aufgabe erfordert die Beobachtung einiger Hauptregeln.

A. bezüglich der Längenrichtung
B. „ „ Querrichtung

der Wege.

1. Der Wegnetz-Entwurf muß mit der wirthschaftlichen Eintheilung in den engsten Zusammenhang treten.

Vollständig ist ein Wegnetz erst, wenn es jedem selbstständigen Wirthschaftstheil (Distrikt, Abtheilung, Schlag) seine genügenden Zugänge unabhängig von den andern Waldtheilen öffnet. Die einzelnen Wege müssen zu diesem Behufe der Reihenfolge nach die Abtheilungen entweder durchschneiden oder eine Strecke weit berühren. Letzteres genügt für die Erschließung und ein Weg, welcher auf der Grenze zweier Abtheilungen hinzieht, erfüllt also seinen Zweck nach zwei Seiten, wenn die Scheidlinie ein regelmäßiges Gefäll hat d. h. man erreicht die Zwecke der Eintheilung und Erschließung zugleich, wenn die Wege auch die Abtheilungslinien sind. Mindestens müssen sie zur Waldeintheilung beitragen, da sie als Hauptwege den Absatzrichtungen nach Außen und als Nebenwege den Verkehrsrichtungen im Waldesinnern folgen und beiden Zwecken auf die möglich größte Strecke entsprechen sollen.

Sind natürliche oder künstliche Scheidelinien nebstdem vorhanden, mittelst welcher die Abtheilungen sich begrenzen lassen, so werden die Weglinien nur zu ihrer theilweisen Begrenzung beansprucht. Die Wasserscheiden, Wasserläufe, Bodeneinschnitte, Gemarkungs-, Eigenthums-, Berechtigungsgrenzen und sonstige Trennungslinien bilden die übrige Begrenzung. In dem Maaße, als natürliche Linien mangeln und künstliche nöthig werden, wird den Weglinien eine größere Rolle zufallen und endlich bleibt das Zweckmäßigste, Wegnetz und Waldeintheilung zusammenfallen zu lassen.

In der Ebene muß das Netz der Haupt- und Stellwege das Wirthschaftsnetz vorwiegend oder ausschließlich bilden: Geradlinige Schneussen kreuzen sich möglichst rechtwinklig und werden durchgeführt, soweit es die Geländeform gestattet und gewichtige andere Rücksichten nicht entgegenstehen. Im Sumpfgelände kann noch ein Entwässerungsnetz sich anschließen.

Im Hügelland kann Wegnetz und Eintheilung immer noch zusammengehen, wenn auch die Wirthschaftsfiguren mit den Wegzügen einige Verschiebungen erfahren, bei stärkeren Steigungen etwa so, daß sich die Schneussenlinien in beiläufig parallele Kurvenlinien umwandeln.

Im Gebirge vermehrt sich die Zahl natürlicher Scheidelinien, welche zu Wegzügen untauglich sind. Letztere bilden nur als Thal-, Hochstraßen und Steigen die Grundlinien des Verkehrs und der Eintheilung und bei hohen weitgedehnten Berghängen treten noch die Gürtel- oder Gehängwege mit als abtheilungsbildend auf.

Die Verbindung der Wegnetze mit der Waldeintheilung ist demnach in der Ebene eine innigere, die Form überhaupt eine ganz andere, als im Gebirge, aber an beiden Orten muß sie stattfinden.

2. Die kürzeste und bequemste Verbindung wird durch die gerade Linie oder eine möglichst gerade Richtung bewirkt. Sie zu verlassen ist erst geboten,
   a. wenn Bodenform und -Zustand einen mit dem Zwecke im Mißverhältniß stehenden Aufwand auferlegen,
   b. wenn das Gelände die Beibehaltung wegen Steilheit, Gefährlichkeit oder wegen Hindernissen verbietet.

Die möglichste Annäherung an die Gerade muß dennoch erstrebt werden, um die Fortbewegung möglichst zu fördern und regellosen Krümmungen vorzubeugen. Der kleinste Krümmungshalbmesser bestimmt sich aus den Transportbedingungen der Oertlichkeit: Länge der Hölzer (Stammholz oder nur Brennholz), Bau und Bespannung der Fuhrwerke, Geländeverhältnisse, Baumittel. Der größere Krümmungshalbmesser ist der bessere und muß bis zu der Größe gewählt werden, welche das Gelände und die verfügbaren Mittel erlauben. Im Gebirge wird die Gerade oft besser durch flache Bögen ersetzt, weil billiger und schöner. Die Absteckung von Bogenlinien ist überhaupt beim Waldwegbau noch viel vernachlässigt worden.

Im Sinne der kürzesten Richtung liegt es auch, bei Wegabsteckungen weder Bestandspartien noch gar einzelnen Bäumen oder kleinen Hindernissen auszuweichen. Nur kurzsichtige ängstliche Naturen ordnen das Dauernde dem Wandelbaren unter.

Die Verbindung der Waldwege, die Einmündung der Seitenwege und der Anschluß an die Außenwege soll, weil ebenfalls am kürzesten und zugleich am fahrbarsten, möglichst nahe im rechten Winkel und wenn unthunlich in freien großen Bogenlinien hergestellt werden. Ohne guten Grund keine Umwege. Sie vermehren die Baufläche, den Bau- und Unterhaltungsaufwand. Dem Wegzug über bauschwierige Geländestrecken und Gegengefällen ist jedoch ein guter Umweg vorzuziehen.

3. Ein Fahrweg gewährt nur bei mäßigem Gefäll einen bequemen ausgiebigen Gebrauch, verliert mit Zunahme des Gefälls an Dauerhaftigkeit, Güte und Sicherheit und wird über eine gewisse Gefällgrenze hinaus gebrauchsuntüchtig.

   Erfahrungsgemäß hat Steilheit der Fahrwege folgende Nachtheile:
   a. Die Unterhaltung der Fahrbahn ist theuer und schwierig bis unmöglich; die Hemmungsvorrichtungen, die Hufe der Zugthiere,

der Druck der Fuhrwerke und die abfließenden Niederschläge lockern und zerstören die Fahrbahndecke.

b. Ungeachtet vermehrter Seitenableitungen für die Tagwasser werden die Straßengräben durch den stärkeren Fall zu sehr ausgewaschen.

c. Fuhrwerk und Geschirr nützen sich stärker ab und die Zugkräfte erschöpfen sich früher, bergauf durch Ueberwinden des Eigengewichts und Emporheben der Zuglast, bergab durch Aufhalten.

d. Die steilere Bahn, weil stärker abgenutzt, erfordert bergauf mehr Zugkräfte zur Ueberwindung des größeren Reibungswiderstandes.

e. Um die Wagnisse auf der steileren Bahn zu vermindern, muß zuverlässigere Zugkraft, mehr und stärkeres Fuhrwerk und Geschirr gehalten, vertrautes und gewandtes Personal verwendet werden. Dieß steigert die Transportkosten.

f. Auf größerer Steigung muß die Last namhaft vermindert oder die Zugkraft verstärkt und mehr angestrengt oder aber mehr Zeit aufgewendet werden. Bergabwärts lassen sich größere Lasten als auf horizontaler Bahn nur innerhalb einer gefahrlosen und sehr engen Gefällgrenze fortbewegen.

Daraus ist zu entnehmen, daß zwischen Fahrwegen unterschieden werden muß, wo große Lasten *nur bergab*, und solchen, wo sie *bergauf und bergab* zu bewegen sind. Man sucht die Waldwege so einzurichten, daß beladene Wagen nur bergab zu gehen brauchen, leere Wagen aber nicht zu lange steil bergauf. Der Verkehr von einem Thalgebiet in ein anderes läßt aber solche Einrichtungen nicht zu.

Anderseits muß erwogen werden, daß zu geringes Gefäll unnöthig die Wegstrecken verlängert (halbes Gefäll verdoppelt sie), die Baukosten vermehrt und zu Umwegen nöthigt*). Entspricht eine *größere* Steigung unsern wirthschaftlichen Zwecken, so können nur gewichtige sonstige Gründe uns dennoch zur Gefällermäßigung bestimmen. Kann einmal eine Richtung mit geringerem Gefäll gewählt werden, ohne den Wegzug namhaft zu vertheuern, so verdient sie natürlich den Vorzug.

Wo es ausführbar, pflegt man jedem Fahrweg in seiner Längenrichtung *etwas* Gefäll, wenn nur $^1/_4$ bis $^1/_2$ Proz. zu geben, damit die Niederschläge rascher abziehen und die Fahrbahn trocknet.

Für Fahrwege in ständigem Gebrauch sind 9—10 Prozent als das höchste zuläßige Gefäll zu betrachten.

Bei Seitenwegen auf kürzeren Strecken, um zu großen Umwegen, unpassenden Linien oder Bauschwierigkeiten zu entgehen, gelten 12 *Prozent als Aeußerstes. Stärkere Gefälle* taugen für Räderfuhrwerk nicht *und kommen nur den Schleif- und Schlittwegen* zu, in welche die Stellwege am Ursprung steiler Querthäler manchmal noch übergehen, welche jedoch als Verbindungsglieder des Wegnetzes keine Bedeutung haben dürfen.

Wo auch beladene Wagen bergauf gehen müssen, sollten 7 Prozent nicht überschritten und würden besser 5 Prozent ge-

*) Zur Ersteigung der Höhe h mit dem Gefällprocent p anstatt p + 1 wird ein Umweg nöthig, dessen Größe $\Delta = L - l = 100 \left(\frac{h}{p} - \frac{h}{p+1} \right) = 100 \frac{h}{p\,(p+1)}$ z. B. bei Annahme von 4% anstatt 5 verlängert sich der Weg von 100 auf 125, bei 5% anstatt 6 von 100 auf 120.

wählt werden, denn bei anhaltender Anspannung kann den Zugkräften das Gleiche nicht zugemuthet werden wie auf kurze Strecken. Die gleiche Last, welche 2 Pferde 5% bergauf zu schaffen vermögen, erfordert bei 8—9% Vorspann. Ein Wegnetz, welches auf Absatz in mehrere Thalgebiete berechnet wird, muß demgemäß die Steigungsverhältnisse seiner Hauptwege möglichst mäßigen.

In der Ebene dürfen unvermeidliche Anhöhen mit höchstens 7 Prozent überschritten werden; schon diese Steigung erscheint dort als etwas Ungewöhntes.

Desgleichen müssen zur hinlänglichen Sicherheit die Einmündungen der Wege und alle Wendungen mit kürzerem Halbmesser eine ermäßigte Steigung von höchstens 3—5, kurze Bogenlinien mit erweiterter Fahrbahn als Aeußerstes 7 Prozent erhalten.

Ständige Weganlagen von untergeordneter Bedeutung, welche mehr zum örtlichen Verkehr ohne Räderfuhrwerk dienen, mögen in ihren Steigungen bis zu 15, im Aeußersten bis zu 20 Prozent gehen. Zwölf Prozent sind bei derartigen Anlagen, da sie ohne oder mit mäßigster Belastung bergauf benützt werden, noch gut zu überwinden. Die Ersteigung soll rasch fördern und die Wegbahn hat weder von großer Belastung noch von tiefer Geleisbildung zu leiden.

Sollen unsere Hauptwege zugleich öffentliche Verkehrswege (Gemarkungswege, Provinzialstraßen) und als solche für jede Art leichter und schwerer Fuhrwerke benutzbar sein, so darf die durchschnittliche Steigung nicht über 5, auf kurze Strecken etwa noch 7 Prozent betragen. Oeffentliche Wege mit guter Bahn sind bei 3 Prozent bergauf noch im Trab zu befahren. Ein schwerer Lastwagen bedarf auf fester trockner Bahn bei 2 Prozent Gefäll schon einiger Hemmung, auf nasser, kothiger, erdiger oder rauh überschotterter Bahn erst bei 4—5, leichtes Fuhrwerk schon bei 3—4 Prozent. Bei 7—8% beginnt man einen Radschuh einzulegen; er oder die s. g. Streiche (Bremse) genügt bis 10, bei nasser oder rauher Erdbahn bis 12 Prozent. Hierbei gleitet ein Fuhrwerk, dessen Hemmung die Räder nach Belieben und nur zeitweise im Lauf mäßigt oder stellt, ohne allen Schaden über die Fahrbahn. Wo dagegen größere Steigungen zur Sicherung eine doppelte Sperrung z. B. mit 2 Radschuhen oder Bremse und Radschuh fordern (zumal wenn man eiserne Radschuhe gebraucht), werden die Wege so stark angegriffen, daß eine gute Fahrbahn nicht mehr denkbar ist — ein praktischer Wink über das Gefällmaximum!

Erscheint das mittlere Gefäll der geeignetsten Verbindungslinie zweier Punkte nicht angenehm, so bietet sich als zweckmäßiger Ausweg der Wechsel zwischen höherem und geringerem Gefäll; nur dürfen die Gefällwechsel sich nicht auf allzu kurzen Strecken wiederholen.

Ihrem Zwecke genügt überhaupt jede Weglinie, welche die dienlichsten Gefälle mit der kürzesten Entfernung verbindet. Dabei hat jene Richtung den Vorzug, welche die Verbindung von 2 Punkten in Einem Zug herstellt. Ist dies mit dem höchst-zulässigen Gefäll nicht erreichbar, so werden s. g. Widergänge (Rampen, Serpentinen) nöthig, welche man wegen des erforderlichen größeren Umfangs auf Orte mit dem geringsten Böschungswinkel zu legen sucht d. h. auf Sattelpunkte, Bergvorsprünge, Thalflächen. Ihr großer Kostenaufwand und die Hemmung, welche sie der Abfuhr bereiten, erlegt uns jedoch die Pflicht auf, ihre Zahl zu beschränken.

Jede Weganlage beginnt man am besten mit stärkerer Steigung von unten und läßt sie stufenweise gegen oben abnehmen, mit Rücksicht darauf, daß die Zugkräfte sich allmählich erschöpfen. Auf kurze Entfernungen und bei sehr mäßiger Ansteigung bedarf es dieser Anordnung freilich nicht und selbst bei längeren Wegstrecken brauchen es nur Gefällverringerungen um 2—3 Prozent im Ganzen zu sein, z. B. Beginn mit 7, am Ende von 2000^m Länge 6, nach weiteren 2000^m noch 5 Prozent, unter Vertheilung der Gefällabnahme in 0,1 — 0,2 oder ¼ Prozenten. Dazwischen legt man nebstdem Halt- oder Ruheplätze mit noch geringerem Gefäll an geeigneten Punkten (Einmündungspunkten, Ladestellen ꝛc.) an.

4. **Ohne ganz triftige Gründe darf kein Wegzug Gegengefälle enthalten.**

Um zwei oder mehrere Punkte durch einen Weg zu verbinden, erstrebt man das zweckmäßigste Gefälle. Eine damit erreichte Höhe wieder aufzugeben, um nach unnöthigem Herabsteigen die Ersteigung zu wiederholen, ist offenbar eine Kraft- und Zeitverschwendung, ebenso wie die Erstrebung einer größeren Höhe, als man zu erreichen braucht — und ein Wegbau, welcher derartigen Kraftmißbrauch zumuthet und einen größeren Aufwand beansprucht, als die kürzeste Linie mit dem besten Gefäll bedingt, ist ganz unwirthschaftlich.

Ausnahmen sind nur zulässig:

a. wenn durch Uebersteigen geringer Zwischenhöhen die Fahrbarkeit eines Wegzuges nicht leidet und doch namhaft gespart wird;
b. wenn bedeutende Umwege dadurch vermieden werden (z. B. Ueberschreiten langgestreckter Hügelketten);
c. wenn über oder unter unmöglichem oder zu schwierigem Baugelände eine fahrbare Zugslinie herstellbar ist;
d. um unentbehrliche, sonst nicht erreichbare Zwischenpunkte (z. B. Knotenpunkte, Holzplätze) zu berühren;
e. um fremdem nicht käuflichem Eigenthum auszuweichen.

Bevor man aber ein Gegengefäll („verlorene Steigung") in einen Wegzug aufnimmt, versucht man das Gefäll auszugleichen, die Zwischenhöhe zu umgehen oder eine andere Richtung einzuschlagen.

5. **Ueber die Entfernung der Wege von einander strebt man zu bestimmten Grundsätzen zu gelangen und diesen für das ganze Wegnetz möglichste Geltung zu verschaffen.**

Der größere Bauaufwand der Hauptwege zwingt dazu, ihre Richtung, Länge und Entfernung am sorglichsten zu erwägen.

Sie sollen nur wenige Hauptstämme bilden und sich unter keinen zu spitzen Winkeln kreuzen. Allzuviele Parallelen zu ihnen zersplittern die Geldmittel, ohne dem Hauptverkehr erheblich zu nützen, denn er wendet sich stets wenigen Ausgangspunkten zu. Deßwegen ist's räthlich, **die größere Zahl der Seitenwege senkrecht zu den Hauptwegen zu führen**, dagegen nicht mehr Parallelwege zu bauen, als der innere Verkehr durchaus erheischt, **Sackgassen aber keine!**

Im Allgemeinen führt diese Anschauung zur Rechtecks- oder überhaupt zur **länglichen Schlagform** als Grundlage der Wegnetze.

Wo man jeden Jahresschlag mit Wegen begrenzen will, sinken die Wegabstände auf ihr Minimum; wo man Periodenschläge zusammenfaßt, können wie bei natürlicher Verjüngung im Hochwald die Abstände auf ihr Maximum gebracht werden.

Die niedrigsten Umtriebe bedingen die größten Schlagflächen, somit die größten Wegabstände und die kleinste Zahl von Wegen, deren Benutzung am häufigsten wiederkehrt. Bei den Betriebsarten mit den höchsten Umtrieben ist jedoch die Bildung von Abtheilungen, welche Periodenschlägen entsprechen, Regel und die Wegabstände und Gesammtweglängen können somit hier jenen der kürzesten Umtriebe vollkommen genähert werden.

Nur besteht der erhebliche Unterschied, daß die zeitweise sehr starke Benutzung der Wege mit schweren Lasten wieder lange Ruhepausen unterbrechen, während dort häufige, aber stets schwache Benutzung der nämlichen Wegstrecken stattfindet.

Einen sicheren Ausdruck zur Vergleichung des Effekts finden wir einerseits im Verhältniß der Weglängen und Wegbauflächen zum Ar oder Hektar (Wegflächenprozent) oder im Bauaufwand pro Flächeneinheit; andererseits in der Transportweite, welche im Mittel nöthig, um die Produkte an die nächsten Fahrwege zu bringen, und in den Differenzen der Transportkosten pro Masseneinheit.

Die wirthschaftlichsten werden also jene mittleren Wegabstände sein, bei welchen ebenso der Bauaufwand als der Bringungs-Aufwand für die Produkte auf ein Minimum gebracht werden kann und dennoch die Aufbereitung und der Absatz sich leicht abwickelt.

Zwischen Ebene und Gebirge sind jedoch bezüglich der Bauart der Wege und des Aufwandes dafür ebenso erhebliche Unterschiede, als bezüglich der Art und der Kosten der Holzbringung. Große Wegabstände sind in ersterer um so eher gerechtfertigt, je zugänglicher die Holzschläge jeglichem Fuhrwerk sind und je geringeren Schaden ihr Befahren verursacht (Kahlschlag- gegenüber dem Ausschlagbetrieb). Im Gebirge wird in der Regel beinahe alles Holz bergab an die Wege verbracht und dazu weniger bewegende Kraft erfordert als in der Ebene. Die Bringungsanstalten innerhalb der Holzschläge sind aber da sehr verschiedenartig. Je theurer, um so eher trägt sich ein Näherrücken der Abfuhrwege aus, am meisten dann, wenn ein Theil der Hiebsergebnisse bergauf zu bringen ist.

6. Meistenorts besteht schon eine Anzahl älterer Wege. Sie müssen berücksichtigt und auf ihre fernere Brauchbarkeit geprüft werden.

Durchziehen ältere Wege in zweckmäßiger Richtung den Wald, sind sie gut gebaut, ohne zu großen Aufwand verbesserungsfähig, so müssen sie in das Wegnetz hereingezogen werden.

Von öffentlichen Straßen ist dieß ohnedem selbstverständlich. Dagegen sind alle regellosen, schlechtpassenden älteren Wege eingehen zu lassen, sobald sie entbehrlich, denn sie stören ein gutes Wegnetz und machen große Umbaukosten, ohne nachher das Gleiche zu leisten, wie ein wohlerwogener Neubau. Nothdürftige Instandstellung kann sich zuweilen vor Eintritt der Neubauten empfehlen.

7. Sind die Hauptfragen bei einem Wegnetz entschieden wie: die Verbindung mit der Waldeintheilung, die Hauptrichtungen, die Gefällverhältnisse u. s. w., so müssen die Zugslinien der Hauptwege zunächst festgelegt werden.

Dies sollte nicht allein auf einem zuverlässigen Plan (mit Horizontalkurven) geschehen, sondern auch auf dem Gelände zur Probe, ob keine Bauhindernisse zu wesentlichen Abweichungen nöthigen. Ist die Absteckung vorderhand nicht thunlich, so muß man die Richtung mit Zuhandnahme des Plans wenigstens begehen.

Erst nachher folgt die Abzweigung der Seitenwege und ihre Durchführung auf dem Waldplan.

Grundsätzlich muß sodann mit dem Bau der Hauptwege begonnen werden, ausgenommen, wenn die Hauptthiebe sich längere Zeit auf einer Seite des Waldes bewegen, in welchem Falle der gleichzeitige Ausbau der Haupt- und Nebenwege mit den Holzhieben fortrückt.

Meistens bleibt in den Waldungen nur das bisherige Wegsystem zu regeln und zu ergänzen. Seltener, etwa in abgelegener Waldgegend oder wo die bisherige Transportweise gänzlich verlassen wird, erwächst uns die Aufgabe, ein völlig neues Wegnetz zu entwerfen; uns dünkt sie lohnender und leichter, als die Flickarbeit an alten Einrichtungen.

8. Die Breite der Wege muß dem künftigen Verkehr völlig genügen.

Die Haupt- und Seitenwege unterscheiden sich vor Allem in Breite und Solidität des Baues d. h. im Kostenpunkt, und weil dieser von großer Bedeutung, wird am besten darüber schon beim Entwerfen des Wegnetzes entschieden.

Größe des Verkehrs (anhaltend oder aussetzend), Breite der Fuhrwerke und Ladungen, Lage und Boden, Höhe der Güterpreise im Falle von Grunderwerb bestimmen neben der Verfügbarkeit über Geldmittel die Breite der Haupt- und Seitenwege.

Mit der Wegbreite ändert sich

a. die Größe der Baufläche (das Flächenprozent),
b. die Höhe der Baukosten und
c. jene der künftigen Unterhaltungskosten,
d. die Größe des Halbmessers an Kurvenlinien und Rampen,
e. der Herstellungszeitraum für ein ganzes Wegnetz, wenn nur ein bestimmter Aufwand gestattet ist; also auch
f. die Rentabilität der Bauten.

In der Ebene ist der Kostenunterschied belanglos und der Flächenverlust für die Holzproduktion durch Randpflanzung auszugleichen. Wichtig ist der Unterschied dagegen im Gebirge und zunehmend mit der Steilheit der Hänge; größere Breite kann die Kosten so steigern, daß sie unerschwinglich werden. An anderen Orten können zu breiterem Steinbau die Baustoffe nicht ausreichen. Machen schmalere Wege in der einen und der anderen Hinsicht weniger Umstände, so bieten sie dagegen geringere Sicherheit, erschweren den Verkehr und nützen sich, weil die Fuhrwerke in einem Geleise fortlaufen, stärker ab.

Deßwegen müssen bestimmte Regeln auch hier gelten.

Die Hauptwege müssen breit genug sein, um zwei beladene Fuhrwerke ohne Ueberschreiten der Fahrbahn aneinander vorbeizulassen. Wo der Verkehr ein ständiger, muß die Wegbreite auch das Begegnen größerer Lastwagen mit einem Raum für die Wagenlenker vorsehen.

Die Lastwagen sind beladen nicht über 3^m, gewöhnliche Leiterwagen beladen nicht über $2{,}5^m$ breit, woraus sich für die Fahrbahn eine Breite von $5-6^m$ nebst $0{,}5^m$ Seitenbahnen, also eine höchste Breite von 7^m bei unsern Hauptwegen ergäbe. Auf Waldwegen braucht aber nur ein beladener

Wagen einem leeren auszuweichen und im Gebirge übersteigt die Breite der Wagenladung selten 2^m. Die Spurweite, in einigen Ländern gesetzlich festgestellt, bewegt sich zwischen 1,4 und 1,6^m Es genügt daher für Holzabfuhr eine

Breite der Fahrbahn von 3,6 bis 4,2 } zusammen 4,6 – 5,5 Meter
" " Ränder " 1,0 " 1,3 }

selbst bei ständigem Gebrauch; für Stellwege eine ganze Wegbreite von 4—4,5^m, mitunter als Minimum noch eine solche von 3,6—3,8^m. Derartige schmale Fahrbahnen setzen jedoch beschränkten Gebrauch, triftige Gründe der schmalen Bauart und eine reichliche Ausstattung mit den nöthigen Ausweich- und Wendplätzen voraus

Dienen die Waldwege zur Holzlagerung, so müssen 4,8^m als geringste Wegbreite gelten. Die örtliche Lage bedingt Ausnahmen von diesen Zahlenansätzen insofern als sonnige luftige Lage und trockener Boden die geringere Breite zuläßt, schattige und tiefe feuchte Lage oder nasser Boden dagegen die größere Breite fordert, namentlich in tiefen Einschnitten oder in hohen dichten Beständen. Eine namhafte Einschränkung der Wegbreiten gestatten jene inneren Verkehrswege, welche dem Räderfuhrwerk nicht zu dienen haben. Es reichen, je nach Bauart der üblichen Transportmittel, Wegbreiten

bei Schleifwegen: von 3 bis 3,5^m
" Schlittwegen: " 1,8 " 2,5^m.

Die Breite der Schlittwege paßt auch für Reitwege; bei Fußwegen kann man selbst auf 1^m heruntergehen.

9. Beim Aufsuchen der Zugslinien ist darauf Bedacht zu nehmen, daß auch die Querschnitte in ihrer vollen Breite sich leicht konstruiren und unbeschädigt erhalten lassen.

Weder hohe Ueberdammungen noch tiefe Einschnitte sind in der Querrichtung erwünscht, weil hohe Böschungen die Einlenkung der Seitenwege und die Holzbringung erschweren; triftige Gründe müssen gegen ihre Vermeidung sein. Im Gebirge muß die Querrichtung möglichst dem Ausgleich von Ab- und Auftrag entsprechen, wenn nicht die Herstellung fahrbarer Bogenlinien eine örtliche Abweichung herbeiführt. Die nähere Begründung dieser neun Hauptsätze bleibt späteren Abschnitten vorbehalten.

Drittes Kapitel.

Die im Walde gebräuchlichen Fuhrwerke und ihre Ansprüche an den Wegbau.

a. Art und Bau der Fuhrwerke.

§ 46.

Auf die Größe der Last, welche ein gewisser Kraftaufwand in kürzester Zeit fortschafft, hat jedenfalls die Bauart und der Zustand der Wege den meisten Einfluß. Dennoch kann für den gleichen Zweck eine gute Einrichtung und Anwendung der Fuhrwerke Vieles leisten, indem man auf möglichste Ausnutzung der Zugkräfte, richtige Benutzung und Schonung der Wege bedacht ist.

Schon die erste Ausbeutung der Waldungen mußte den Menschen auf den Einfall bringen, schwere Lasten, deren Forttragen seine Kräfte überstieg, am Boden fortzuziehen und dabei den Widerständen und Beschädigungen, welche die Rauhheiten des Bodens veranlaßten, möglichst zu entgehen. Untergelegte hölzerne Schleifen mit glatten ebenen Flächen erwiesen sich zunächst als zweckdienlich; eine größere Länge derselben ließ zugleich den Druck der Last gleichförmiger vertheilen.

Die Schleife oder der Schlitten ist heute noch das einfachste Transportmittel, setzt jedoch eine von Natur oder durch Kunst glatte Bahn voraus. Wo sie fehlt, lehrte die Erfahrung die Lasten durch Wälzen zu bewegen. Bei unsern Rundhölzern bot sich die Leichtigkeit dieser Fortschaffungsart von selbst. So gelangte man auch zur Anwendung der Walzen, um auf ihnen andere Körper von der Stelle zu bringen. Allmählig mußten daraus unsere jetzt gebräuchlichen Räderfuhrwerke entstehen.

Zweierlei Bewegungen, die gleitende und rollende (wälzende), sind also von jeher im Walde üblich, vermittelt durch menschliche, thierische und mechanische Zugkräfte. Man bedient sich der Fahrzeuge:

1. an Fuhrwerk, von Menschenhand gezogen,
   der vielgestaltigen Handschlitten,
   der 1- oder 2rädrigen Karren;
2. an Fuhrwerk mit Thierkräften
   der Lottbäume,
   der Spannschlitten,
   der 2rädrigen Spannkarren (Schwippkarren),
   der 4rädrigen Leiterwagen (Bauern- und Lastwagen),
   der 2- oder 4rädrigen Langholzwagen;
3. an Fuhrwerk mit mechanischen Kräften,
   der 2- oder 3achsigen Schienen- oder Eisenbahnwagen.

Man gebraucht diese Fahrzeuge theils außer den Fahrwegen, um die Walderzeugnisse über den Waldboden oder Schnee oder auf schmalen Bahnen (Schlitt- und Schleifwege), oft nur zu zeitlichem Gebrauch hergerichtet, zunächst an die Fahrwege zu „rücken“, und gibt den Fahrzeugen einen einfachen und leichten Bau, damit man sie an jede Waldstelle bringen kann. Theils dienen die Fahrzeuge zum Transport bis an die Verbrauchsorte oder bis zu größeren Verkehrsanstalten und behalten bis dahin ihre volle Ladung.

Die Fahrzeuge zum Schleifen sind:

a. leichte: Handschlitten und Lottbaum,
b. schwere: Spann- oder Bauernschlitten und der Langholzschlitten.

Der Lottbaum bezweckt beim Schleifen von Stämmen mit Zugthieren dadurch, daß mit einer Deichselstange eine schaufel- oder zangenartige Vorrichtung verbunden ist, welche am Boden schleift und das dicke Stammende aufnimmt, eine sichere und lenkbare Bespannung und ein leichteres Weggleiten über den Boden. Die Anwendung des Lottbaums hält den Schaden des Schleifens für die Fahrwege nur wenig ab, muß daher auf besonders gebaute Schleifwege beschränkt bleiben.

Die Schlitten bestehen in der Hauptsache aus den beiden „Kufen“, starken nach vornen aufgebogenen Hölzern, welche durch Quersprossen mit einander verbunden und wegen der raschen Abnutzung, sowie zur Verminderung der Reibung mit Holzleisten oder Eisen beschlagen sind. Bei den Handschlitten stehen gewöhnlich auf den Kufen 4—8 Stück Träger, durch

Querhölzer paarweise zu einem Joch oder Schemel verbunden, worüber hin noch in nahezu gleicher Richtung und Länge mit den Kufen die zwei Spangenhölzer laufen. Geleitet wird der Handschlitten entweder durch eine kurze Deichsel oder besser durch Handgriffe an den Kufenhörnern oder den Spangenenden. Soll die Fortschaffung auf Handschlitten durch große Ladfähigkeit und Geschwindigkeit fördern und die theuere Arbeitskraft lohnen, so muß die wagrechte Fläche eben und glatt oder eine unebene rauhe Bodenfläche so stark geneigt sein, daß der Reibungswiderstand ein Minimum von Kraftverlust erheischt. Der Handschlitten findet daher seine ausgiebigste Anwendung im Gebirge, namentlich bei der Winterbahn, welche die wenigsten Vorrichtungen bedingt. Der Gebrauch auf der Sommerbahn setzt nicht allein eine größere Neigung des Geländes, sondern auch bis zu einem gewissen Grade eine Bodenverebnung und nebstdem oft eine Art Schwellenbau d. h. das feste Einfügen von Querhölzern voraus, welche benäßt oder geschmiert werden (Schmierwege).

Auf Schnee- oder künstlich geglätteter Bahn nimmt mit der Neigung des Bodens und der Verminderung der Reibung die Anforderung an die Zugkraft rasch ab, so daß mit 7% Gefälle oft nur die Leitung des Schlittens übrig bleibt. Bei 12% Gefälle erlaubt eine schwache Schneebahn oder eine genetzte Holzbahn die Geschwindigkeit des rasch laufenden Mannes und wird unter Umständen Hemmung nöthig. Ueber dieses Gefälle hinaus wird bei rauher trockener Erdbahn noch bis 20% einige Zugkraft beansprucht, während bei Schnee- oder beeister Holzbahn bereits Hemmvorrichtungen zur Sicherheit nöthig sind, um die Aufhaltkraft des Mannes nicht zu überspannen. Für größere Gefälle an steilen Bergwänden muß die Hemmung durch Schleppanhänge am Schlitten, Sperrketten, s. g. Sperrtatzen oder dergleichen so namhaft verstärkt werden, daß die Schlittenbahn als kein Zubehör eines Wegnetzes mehr gelten kann.

Aus diesen Verschiedenheiten erhellt überhaupt, daß, wo der Gebrauch des Handschlittens Regel, demselben nach den Ansprüchen und Bedingungen der Oertlichkeit seine besonderen Bahnen anzuweisen sind und daß alsdann eine pflegliche Waldwirthschaft für ein Netz von Schlittwegen zu sorgen hat, ebenso zur Schonung des Waldes und der Arbeiter wie zur Erzielung des höchsten Arbeitseffekts.

Je nach Beschaffenheit der Bahn, der Schlitten und nach Gewandtheit der Arbeiter beträgt die Ladfähigkeit zwischen 1 und 2 Raummeter und die Geschwindigkeit 50—150^m in der Minute. Der Zeitaufwand der Förderung wird jedoch bedeutend vermehrt durch das Auf- und Abladen und das mühselige Zurücktragen des leeren Schlittens bergauf. Erfordert z. B. das Auf- und Abladen bis 10 Minuten, die Ruhepause nach jeder Förderung ebensoviel und der Rücktransport auf 20—40^m je 1 Minute, so bedingt die Förderung einer Last auf 1000^m Entfernung

	im günstigen Fall,		im ungünstigen Fall	
Hinweg	1000 : 150 =	6,67 Min.	1000 : 50 =	20,00 Min.
Aufenthalt		+ 20,00 „		+ 20,00 „
Rückweg	1000 : 40 =	+ 25,00 „	1000 : 20 =	+ 50,00 „
	zusammen	51,67 Min.		90,00 Min.

Es könnten somit in 10 Arbeitsstunden im einen Falle etwa 11, im andern 6⅔ Ladungen 1000^m weit gefördert werden. Wegen der mannigfachen Hindernisse und der großen Anstrengung dürfte die erste Zahl aber seltener erreichbar sein.

Fig 63.

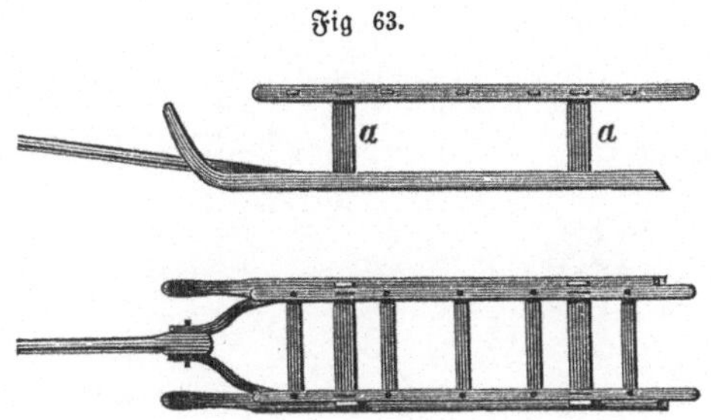

Die Spannschlitten (Fig. 63), in Gegenden mit häufiger Winterbahn im Gebrauch, sind gewöhnlich 3—4^{m} lang, stark gebaut, haben etwa 1,2^{m} Spurweite und tragen zwischen den Kufen eine starke Gabel, welche die Deichsel aufnimmt. Auf den 2 Paar Trägern (aa) von 0,3—0,6^{m} Höhe liegen die beiden durch 5—7 Quersprossen verbundenen Spangen, auf welche die Last unmittelbar aufgelagert und mit Ketten und Stricken befestigt wird. Die geringere Beweglichkeit des Spannschlittens gegenüber einem Räderfuhrwerk wird dadurch etwas ausgeglichen, daß eine gute Schneebahn ziemlich viel Seitenbewegung gestattet. Dennoch verlangt der Spannschlitten zu seiner Wendung mehr Raum als ein Leiterwagen.

Der Langholzschlitten besteht aus zwei kürzeren Gestellen, welche beim Laden einzeln unter die Baumstämme geschoben werden. Jedes derselben, massiv gebaut, das vordere mit längeren Kufenhörnern, hat eine kurze niedere Bank auf 4 Trägern und darüber noch einen Tragschemel, auf welchem der Stamm mit Ketten und Spannprügel befestigt wird. Die Anwendung dieses Schlittens ist nur rathsam auf regelmäßigen Fahrwegen, welche für Langholztransport gebaut sind, und setzt dann für Seitenbewegung soviel Raum voraus, als ein Langholzwagen ohne Lösen des Hinterwagens.

Beide letztgenannte Fahrzeuge erscheinen somit als Stellvertreter der Räderfuhrwerke auf der Winterbahn und können, weil nur periodisch im Gebrauch, auf besondere Berücksichtigung beim Waldwegbau keinen Anspruch erheben.

Für ihn kommen überhaupt die Räderfuhrwerke, welche man in 1-, 2- und 4rädrige einzutheilen pflegt, immer vorzugsweise in Betracht, vor Allem der Leiter- und Langholzwagen. Wo ihnen der Weg geebnet ist, vermögen auch andere Fahrzeuge, wie Spannkarren und -Schlitten, zu laufen und mit alleiniger Rücksicht auf letztere ist ja ein rationeller Wegbau undenkbar.

Neuester Zeit wird es immer wahrscheinlicher, daß auch der Bau von Schienenwegen im großen Waldbesitz sich einbürgert.

An allen Räderfuhrwerken ist die Einrichtung der Räder und Achsen der einflußreichste Theil, bezüglich der Größe der nöthigen Zugkraft wie bezüglich des Aufwands für Straßenbau und Unterhaltung.

Am Leiter- und Langholzwagen sind zu unterscheiden: die beiden Gestelle mit den Räderpaaren, die Lang- oder Lenkwiede und die Zugvorrichtung.

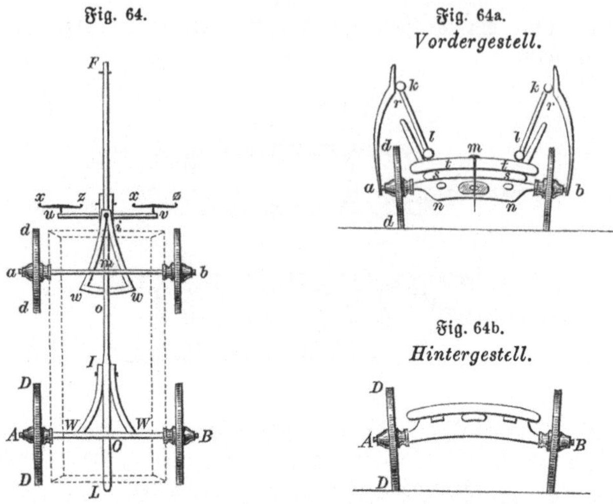

Fig. 64.

Fig. 64a. *Vordergestell.*

Fig. 64b. *Hintergestell.*

a. Beim Leiterwagen (Fig. 64) besteht das Vordergestell aus der Achse ab, dem fest damit verbundenen Schemelbrett (Achsenstock) ss, dem Schemel tt, welcher, drehbar um den das ganze Gestell durchziehenden Nagel m, die Rungen r trägt. Mitten durch die Achse geht die Lenkwiede Lo und verbindet Vorder- und Hintergestell. Am ersteren sind mit ab die Wagenarme wi und die Wagenbrücke ww fest zu einem Ganzen verbunden, die Lenkwiede hat aber, in m durch den Nagel gehalten, so viel Spielraum, daß die Vorderachse ihre Drehungen ausführen kann, ohne die Richtung der Lenkwiede zu ändern. Diese ist am Hintergestell durch eiserne Nägel in J und O mit den Wagenwettern WJ und der Achse AB unbeweglich (in konstantem rechtem Winkel) verbunden. In einer Gabel der Wagenarme wi befindet sich mit starkem Querbolzen die Deichsel fi und hinter ihr quer über oder unter dem verdickten Deichselarm um einen starken Nagel drehbar die Wage uv. An ihren Enden hängen die Ortscheite (Schildscheite) xz, woran die Stränge zum Anspannen der Zugthiere angebracht werden. Wird diese Zugvorrichtung nach links oder rechts in Bewegung gesetzt, so vermag die Vordergestellachse ab ihre Stellung zur Längenachse Lo bis zu einem gewissen Winkel zu ändern, indem die Wagenbrücke ww unter der Lenkwiede hingleitet. Diese Beweglichkeit der Vorderachse, welcher die unbewegliche Hinterachse AB folgen muß, gestattet Wendungen mit dem Fuhrwerk in desto engerem Raum, je weiter seitwärts sich die Zugvorrichtung drücken oder: je mehr die Vorderachse aus dem rechten Winkel zur Längenachse sich bringen läßt.

Die Wagenräder bestehen (Fig. 65) aus der Nabe NN, durchbohrt und metallgefüttert, dem Rad- oder Felgenkranz F, mit dem Radreif r aus dickem Flacheisen zusammengehalten, und den Speichen S, welchen man den s. g. Sturz gibt (s ... t), um das Rad besser binden zu können, ihm seitliche Festigkeit zu sichern und das Wegschleudern des Kothes zu fördern. Die Lichtweite zwischen den inneren Räderkanten — an anderen Orten den Abstand von Mitte zu Mitte der Felgen — am Boden heißt man Spurweite. Sie ist in manchen Ländern vorgeschrieben*) oder ab-

*) In Altpreußen 4' 10'' rhein. = 1,52^{m}, in Hannover 4' 10'' hannöv. = 1,42^{m}.

Fig. 65.

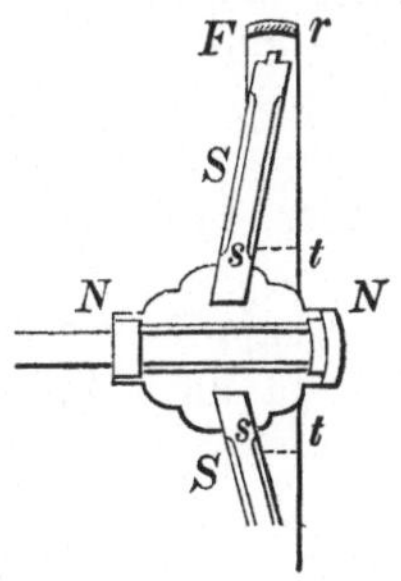

sichtlich in Uebereinstimmung gehalten, besonders wo gute Straßen mangeln, weil die Gefahr des Umwerfens kleiner ist, das Fahren im Geleise Anderer weniger Reibungswiderstände bereitet, auch die Fertigung vorräthiger Wagentheile erleichtert ist. Für die Straßenunterhaltung ist das Ausfahren der nämlichen Geleise durch alle Fuhrwerke **kein Vortheil**; gute Fahrbahnen bieten jeder Spurweite eine leichte Fortbewegung, zu schmale Bahnen sind ohnedem verwerflich. Man wird daher besser thun, statt auf verkehrbeengende Vorschriften, auf zweckmäßigen Wegbau auszugehen.

Die **Radhöhe** ist sehr verschieden; stets sind aber die Vorderräder niedriger, damit der **Zug** des Fuhrwerks sich erhöht, das eine Vorderrad beim Wenden bis unter den Wagenkasten gelangt und die Stränge tief genug befestigt werden können. Folgende Radhöhen sollen erfahrungsgemäß die besten sein:

a. bei 2rädrigen Frachtkarren 1,6 — 1,75^{m}
b. „ 4 „ Frachtwagen
Vorderräder 0,95 — 1,0^{m}
Hinterräder 1,17 — 1,23^{m}

somit bei b. das Verhältniß $r : R = 100 : 123$. Auf schlechten Wegen geben um 15 — 30^{zm} höhere Räder nicht nur mehr Sicherheit, auch der Reibungswiderstand, welcher direkt mit dem Druck wächst, vermindert sich (beim wälzenden Rad) und zwar umgekehrt wie $\sqrt{r}$, so daß also die Reibungsgröße zweier Räder von 1,0 und 0,25^{m} Halbmesser sich verhielte wie $\sqrt{0,25} : \sqrt{1} = \frac{1}{2}$. Dies erhellt schon aus der Erwägung, daß bei gleichem Druck ein flachgewölbter Körper wie **abc** in Fig. 66 eine größere Berührungsfläche darbietet,

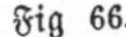
Fig 66.

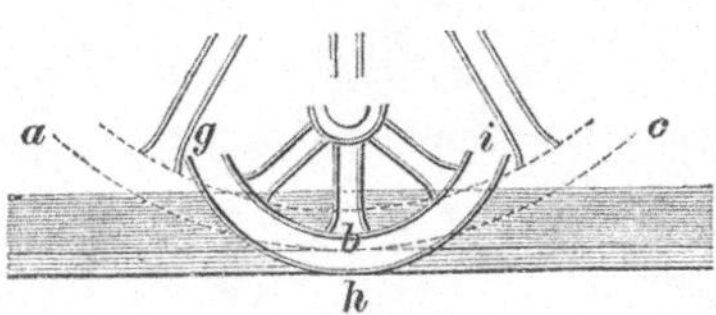

auf welche sich die Wagenlast gleichmäßig vertheilt, weniger tief den Boden eindrückt und leichter über die entstandene Vertiefung hinwegkommt, als der höher gewölbte mit dem Umfang **ghi**. Wesentlich wirkt dabei die **Felgenbreite** der Räder mit. Breite Felgen verstärken die Räder, aber es ist irrig, daß in gleichem Verhältniß mit der Felgenbreite die Belastung der Wagen zu stehen habe, beziehungsweise zunehmen dürfe oder erstere von der letzteren abhängen müsse. Eine richtige mittlere Felgenbreite liegt im eigenen Interesse des Fuhrmanns.

b. *Lastfuhrwerke.*

Sie sind 2rädrige *Karren* — oder 4rädrige und können dann als Doppelkarren betrachtet werden.

Beim Lastwagen (Fig. 67) ist ebenfalls das Untergestell (der Unterwagen) vom Obergestell (Oberwagen) zu unterscheiden.

Fig. 67.

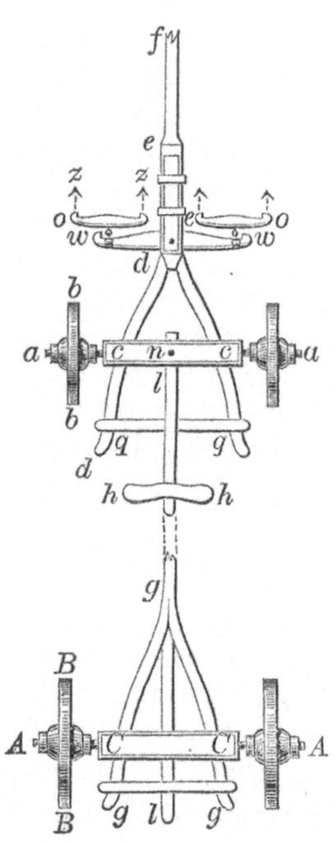

Fig 67a.

Das Untergestell besteht aus den zwei lösbaren Haupttheilen: 1. dem *Vorder*-, 2. dem *Hinterwagen* (oder -Gestell).

1. ist gebildet aus der eisernen Achse aa mit den beiden breitfelgigen Rädern bb und dem hölzernen Achsstock oder Achsholz cc, woran aa befestigt ist. Auf cc ruht der Schemel (Achsschemel, Schale) s (Fig. 67a). Zwischen beiden ziehen die Deichselarme dd hindurch, welche die Scheere ee zur Aufnahme der Deichsel fe bilden. Die Arme dd gehen nach hinten weit auseinander und sind nahe den Enden durch das Lenkscheit (Reib- oder Drehscheit) qq verbunden. Diese Anordnungen sichern dem Vorderwagen eine selbständige leichte Seitenwendung, begünstigt durch den Schemel, welcher es ermöglicht, die niederen Vorderräder bis unter die Ladung zu bringen. Häufig findet sich am Vordergestell noch ein kreuzartiger Fortsatz hh nach hinten, welcher zwischen Achsholz und Scheme herausragt, auf dem Lenkscheit aufliegt und, nach Aufwärts gekrümmt, dil Ladung tragen und befestigen hilft.

Je nach der Radhöhe wird unter oder auf der Deichsel mittelst Vertikalbolzens die Wage ww (großer Schwengel) und daran die Zug- oder Ortscheite OO (kleine Schwengel) zum Einhängen der Zugstränge befestigt. Der große Schwengel kann feststehen — „Steifschwengel" — oder beweglich sein — „Schleppschwengel".

2. Der Hinterwagen besteht auch aus der Achse mit den Rädern und dem Achsholz (AA, BB, CC) und letzteres trägt ebenfalls, fest damit verbunden, einen Achsschemel, sowohl zur Verstärkung, Erleichterung des Ladens, wie zur Erhöhung der Beweglichkeit und Lenksamkeit des Wagens.

Zur Verbindung mit dem Vorderwagen dient der Langbaum (Langwiede) ll, hinten zwischen Achsholz und Schemel befestigt und durch eine darüber liegende, nach hinten durch CC hindurchgehende Gabel gg verstärkt. Durch Achsholz und Schemel des Vorderwagens geht der Langbaum, wenn nicht die geladenen Stämme durch ihre Länge zur völligen Trennung der beiden Gestelle zwingen, frei hindurch und wird inmitten von cc vom Durchsteckbolzen n (Spann-, Schließnagel) gehalten, so daß um diesen der Vorderwagen innerhalb eines gewissen Spielraums seine Drehungen ausführen kann.

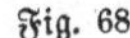
Fig. 68.

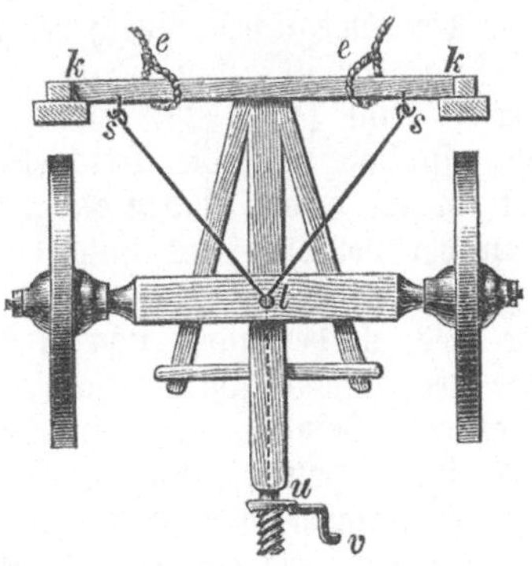

Zur Hemmung auf Wegen mit starkem Gefäll darf zum vollständigen Fuhrwerk die Bremse nicht fehlen, welche aus mehreren Gründen, auch im Interesse der Wegunterhaltung, dem Hemm- oder Radschuh vorzuziehen ist. Sie ist verschieden konstruirt und angebracht. Die s. g. Backenbremse (Fig. 67a und Fig. 68) besteht aus dem Bremsklotz kk, gehalten von 2 Eisenstangen oder Ketten ee, welche nach oben an einem Riegel hängen. Zwei weitere Rundeisenstäbe st verbinden kk nach hinten mit einem wagrechten Eisenstab tu; bei t hakenförmig gebogen, endigt dieser bei u in eine s. g. Mutter, deren Schraube mittelst des Hebels v angezogen oder nachgelassen wird. Bei schweren Stammholzwagen mancher Gebirgsgegend ist auch am Vorderwagen eine Bremse angebracht, für deren Anziehen oder Lösen die Hebelvorrichtung nach jener Seite, wo der Fuhrmann geht, hervorragt.

Prinzipiell ist beim Langholzwagen der Bau der Räder derselbe wie beim Leiterwagen, nur ist der ganze Bau massiver.

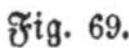
Fig. 69.

Von den 4rädrigen Wagen sind die 2rädrigen Fracht- oder Spannkarren durch die feste Verbindung der Gabeldeichsel mit der Räderachse, die hohen Räder und die Konstruktion des Oberwagens verschieden.

Die Handkarren weichen von den Spannkarren bezüglich Achse, Rad und Achsholz nur in der Stärke ab; ihr Obergestell besteht aus einem Kasten von 4 Langträgern (2 Unter- und 2 Oberbäumen), 2 Querschwellen und 2 Querträgern, aus den durch Eck- und Mittelscheite gehaltenen Seitenwänden, der Vorderwand und der beweglichen, durch Riegel („Schüttriegel") verschließbaren Hinterwand (s. g. Schütt) zum Oeffnen und Schließen des Ladraums. Soll der Karren beim Zugwechsel von vor- nach rückwärts nicht erst umgekehrt werden, so läßt man die Deichselstange in 2 Bügeln verschiebbar anbringen, giebt ihr an beiden Enden die gleiche Zugvorrichtung mit Scheiten und befestigt an der vorderen und hinteren Querschwelle Zughaken zum Einhängen der Zugseile.

Bei einem Durchmesser des Räderpaars von 1,3—1,4^{m}, ungefähr gleicher Länge und 1^{m} Breite des Kastens faßt der Ladraum 0,25—0,30 K/m. Im Walde dient der Handkarren beinahe nur beim Wegbau selbst, zum Transport von Erde und Steinen; seine sonstige Verwendung kann kaum in Betracht kommen. Auf Dielenbahnen wird er durch 3 Mann in 1 Minute leicht 50 – 60^{m} weit fortbewegt, bei einigem Gefäll bis 70^{m}. Dazu kommt für Laden und Stürzen für jede Fahrt ein Aufenthalt von etwa 3 Minuten. Zusammen erfordert demnach 1 Kubikmeter Ladung durchschnittlich auf 60^{m} Entfernung in 3—4 Fahrten 3 Arbeiter und 12—16 Minuten Zeit.

Auch des **Schiebkarrens** sei sogleich hier erwähnt, welcher sowohl zum Holzausrücken an die Fahrwege als zum Wegbau viel im Gebrauch ist. Von den zahlreichen Konstruktionen ist die folgende eine der zweckmäßigsten, da sie den Schwerpunkt der Last möglichst dem Rade nähert, ohne die Sicherheit der Karrenführung zu beeinträchtigen (Fig. 70 u. 70a).

Fig 70 u. 70a.

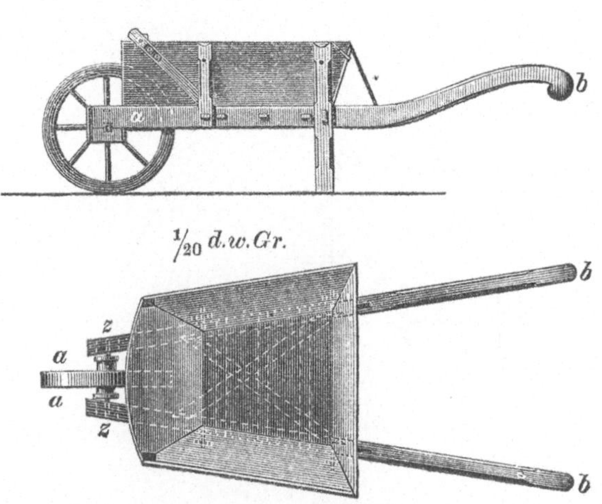

Zwei **Langbäume** ab, an den Griffen b zum Anfassen und Einhängen der Tragbänder zugerichtet, halten am andern Ende das Rad, dessen Zapfen zz in gedecktem Lager ruht. Sie tragen, unter sich durch 2 Kreuzhölzer fest verbunden, die 3 **Bodenscheite**, auf welchen der Kasten aufsitzt. Letzterer bildet aus **Kopf-**, **Hinterbrett**, 2 **Seitenbrettern** und **Bodenstück** einen Trog von der Form eines Pyramidenstutzes. Die Neigung der Wände erleichtert das Laden und Stürzen. Verlängerungen der Beine geben nach oben hinauf die Seitenstützen der Wandbretter. Sogen. Stützwinkel verstreben Kopf- und Hinterbrett gegen die Langbäume. Wenn Witterung und Bahn gut und letztere wagrecht liegt, kann bei Akkordarbeit die Geschwindigkeit bis 50m in 1 Minute betragen, wozu auf die Fahrt 1 Minute Aufenthalt für Laden und Stürzen zuzurechnen ist. Beim Ansteigen der Bahn nimmt die Geschwindigkeit natürlich ab, so daß sie bei 8—10% sich auf 40m ermäßigt. Ein solcher Karren faßt 0,05 K/m Erde; es kann somit 1 Mann 1 K/m in 20 Fahrten 50m weit binnen 40 Minuten, auf 100m binnen 1 Stunde u. s. w. fortschaffen. Mäßig wird die mittlere Leistung auf 30m in der Minute mit einer Ladung von 1,25 Ztr. gerechnet, also auf 100m binnen 1 Stunde eine Förderung von 17,25 Ztr. (Zum Holzausrücken wird bekanntlich besser ein Handkarren ohne Kasten oder s. g. „Schiebebock" verwendet.)

§ 47.

Vergleichung zwischen Wagen und Karren.

Auf die Frage, ob der Spannkarren oder der Leiterwagen als Lastfuhrwerk im Walde den Vorzug verdiene, wäre nach der Ansicht von Autoritäten*) die kürzeste Antwort die: Auf guten Wegen, für kurze Entfernungen, bei guten Pferden, in Gebirgsgegenden (Fahrt durch Hohlwege und über Abhänge) wäre für den Wirthschaftsdienst dem Karren der Vorzug zu geben. Auf schlechten Wegen, bei geringeren Pferden und im Flachland würden die Wagen mehr Vortheil gewähren.

a. Der Spannkarren ist unbestritten lenkbarer. Es läßt sich hier sogar eine Drehung um die Mitte c seiner Achse (Fig. 71) möglich denken,

Fig. 71.

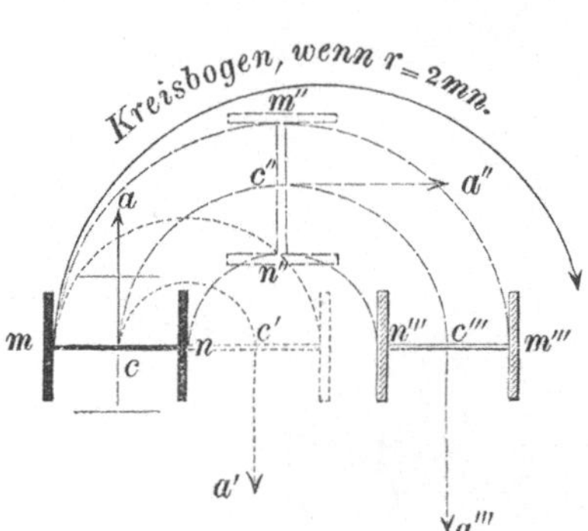

indem ein Rad den Bogen vorwärts, das andere rückwärts beschreibt, ohne daß c vom Ort rückt. Der Drehungshalbmesser wäre dann der denkbar kürzeste $= \frac{mn}{2}$ d. h. halbe Achsenlänge. Das eingeschirrte Pferd vermag jedoch diese Drehung nicht, sondern nur jene um das eine Rad zu vollführen. Dann wird der Drehungshalbmesser = mn und nach einer Drehung im Halbkreis käme ac nach a'c'. Soll das Pferd zugleich fortschreiten, so muß die größere Bewegung ca — c''a'' — c'''a''' erfolgen, wonach der Drehungshalbmesser der Größe 2mn nahe kommt und unter Umständen sie übersteigen muß.

Ein Uebelstand des Karrens ist, daß er leicht nach vor- oder rückwärts überkippt, was nur durch richtige Vertheilung der Ladung über der Achse vermieden werden kann. Zur Fahrt im Gebirge müßte dann der Schwerpunkt immer vor die Räderachse zu liegen kommen, was kaum durchführbar, weil dem Zugthier ein Theil der Last aufgebürdet würde. Man braucht deßwegen starke Pferde, und andere Zugthiere bleiben nahezu ausgeschlossen. Auch bezüglich des seitwärtigen Umwerfens ist der Karren im Nachtheil, weil ein Stoß oder Schwung den ganzen Karren zumal trifft und des beschränkten Ladraumes wegen die Belastung den Schwerpunkt höher hinaufrückt. Beim Wagen dagegen wird nur Vorder- oder Hintergestell getroffen und der Schwerpunkt kann durch Seitenausladung noch gesenkt werden.

b. Der 4rädrige Wagen ist bezüglich seiner Lenkbarkeit von mehr

*) Näheres über Fuhrwerke siehe in Dr. M. Rühlmann, „Allgem. Maschinenlehre", 3. Bd. Braunschweig, 1868 bei C. A. Schwetschke u. Sohn. Daselbst auch die darauf bezügliche Literatur.

Umständen abhängig. Sie ist, wenn das Vordergestell auch beweglich, doch geringer wie beim Karren, weil das eine Vorderrad, wenn aus der Lage ab in jene von cd gekommen, bald den Langbaum op = l streicht (Fig. 72).

Fig. 72.

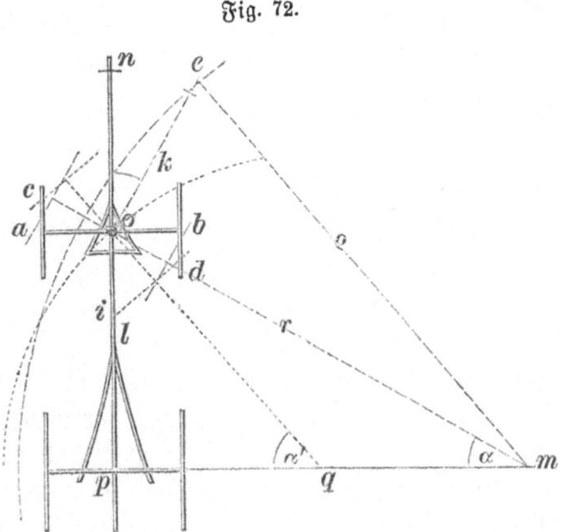

Es sei durch die Richtung cd die Grenze der Rückwärtsdrehung bezeichnet. Verlängert man nun cd, bis die Linie die Verlängerung der festen Hinterachse in m schneidet, verbindet ferner das Deichselende e mit m und nimmt em als Wendungshalbmesser in Bezug auf m als Bewegungscentrum — oder auch cm als Halbmesser der äußeren Raumgrenze —, so wird behufs der Wendung im engsten Raume Zugvorrichtung und Langbaum möglichst kurz sein müssen und der Lenkungswinkel (Winkel omp der Achsenverlängerungen gleich Winkel noe der Deichselwendung = $\sphericalangle \alpha$) möglichst groß zu nehmen sein. Das Aeußerste wäre gewöhnlich der Winkel $(90° - poq) = \alpha_1$, bei welchem das Vorderrad in i auf den Langbaum stößt. Wenn aber die Einrichtung des Fuhrwerks der Vorderachse gestattete, bis in die Längenebene des Hinterwagens zu gelangen, so würde m als Wendungspunkt mit der Mitte p der Hinterachse zusammenfallen ($\sphericalangle \alpha = 90°$).

Allgemein wird, wenn em = ρ, oe = k, op = l, om = r,

$$r = l : \sin \alpha \text{ und, weil } \rho^2 = k^2 + r^2,\ \rho = \sqrt{k^2 + \left(\frac{l}{\sin \alpha}\right)^2}.$$

Im Falle des Gleichbleibens von k und l würde ρ am kleinsten, wenn sin α am größten (nämlich 90° am nächsten). Näheres hierüber bei der Entwicklung der geringst-zulässigen Halbmesser der Straßenkurven im nächsten Abschnitt. —

Hat ein Wagen Unebenheiten zu übersteigen, so kommt meistens das Rad nur eines Gestells in eine gefährliche Lage, selten wird das andere Gestell mit umgerissen. Dagegen folgt der Wagen weniger den Geländebiegungen und seine Bespannung ist gegenüber dem Karrenpferd in seiner Gabeldeichsel weniger aufhaltfähig. Es ist gerade ein Vorzug der Karren, daß die Pferde sicherer gehen, weniger „im Geschirr herumgeschlagen" werden und — daß sie gutwillige fromme Pferde schaffen (kein Ausschlagen oder Bäumen, Nöthigung zur Arbeit, weil allein im Geschirr; deßwegen auch gleichmäßiges Anziehen u. s. w.).

Ein Vorzug der Wagen wiederum ist, daß für die Fortschaffung der gleichen Waarenmenge weniger Leute zur Führung erforderlich und daß zu dem nämlichen Fuhrwerk verschiedenerlei Zugkräfte verwendbar sind.

In Frankreich und England, wo ein kräftigerer Pferdeschlag erzogen wird, findet man die Karrenfuhrwerke häufiger als in Deutschland.

Bezüglich der Größe der Leistung wird bald der Karren, bald der Wagen vorgezogen.

§ 48.

Das Gewicht und die zulässige Belastung der Fuhrwerke.

Bei schräger Stellung während des Fahrens muß das Fuhrwerk seine eigene Stabilität gegen Umfallen sicherstellen. Dazu muß die Spurweite groß genug und der Schwerpunkt der Wagenlast hinlänglich nahe am Boden sein. Die Schlitten haben hierin vermöge ihres niederen Baues einen großen Vortheil voraus. Auch der Wagen erlaubt, sowohl durch seitliche Vertheilung als durch Lastanhänge zwischen Vorder- und Hintergestell, eine Tieferlegung des Schwerpunkts, während der Karren durch Lastvermehrung an Stabilität verliert. Vom allgemeinen Gebrauch der Karren könnte man, weil sie keine allzugroße Last gleichzeitig führen, eine Schonung der Waldwege erwarten. Dafür wäre aber erst zu beweisen, daß die kleinere Karrenlast, welche sich nur auf 2 Räder vertheilt, einen geringeren Druck auf die Radunterlage übe, als die größere von 4 Rädern getragene Wagenbelastung.

Für Landstraßen hat die Gesetzgebung der meisten Länder Europa's (England und Frankreich, wie Deutschland) die höchst zulässige Wagenlast je auf eine gewisse Felgenbreite zu bestimmen gesucht. Wie schwer es jedoch fällt, durchgreifende und leicht verwendbare Vorschriften zu geben, ohne die Interessen der Fuhrwerksunternehmung zu beeinträchtigen und die Entwickelung des Transportwesens zu hemmen (abgesehen von der Schwierigkeit der Kontrole) — beweisen die häufigen Aenderungen dieser Vorschriften. Neuestens neigt sich denn die Ansicht dahin, daß die Furcht vor schädlichen Wirkungen schwerer Lastentransporte vielfach übertrieben worden; daß es weniger der eingrenzenden Gebote, desto mehr *einer guten Auswahl des Straßenmaterials* und seiner nicht zu sparsamen, richtigen und rechtzeitigen Verwendung bedürfe.

Innerhalb der Waldungen ist jeder Waldeigenthümer ebenfalls befugt, Vorschriften zu ertheilen. Zu erwägen ist jedoch, daß — offenbaren bahnzerstörenden Mißbrauch abgerechnet — die ungehemmte Konkurrenz aller Transportmittel am besten geeignet ist, die Kosten der Marktbeschickung zu vermindern, den Markt zu nähern oder in den Wald zu verlegen und dadurch die höchste Erträglichkeit des Waldes zu begünstigen. Es liegt mithin im eigenen Interesse, wenn der Waldeigenthümer seine Weganlagen für eine möglichst weitgehende Ausnutzung einrichtet; die Zinsen des Baukapitals und der Kostenbetrag der Instandhaltung werden im höheren Produktenpreis, oft sehr reichlich, wieder vergütet. Ein erheblicher Reingewinn lohnt oft intelligente Bauunternehmungen. Zu vergessen ist indeß nicht, daß außer den Fahrbahnen auch Brücken, Dohlen und dergleichen durch massiven Bau die nöthige Tragkraft erhalten müssen.

Das Gewicht der im Walde gebräuchlichen Fuhrwerke und ihre Beastung ist gegendüblich-verschieden: nach Ebene oder Gebirge, Brenn- oder

Nutzholzwirthschaft, Holzart und Umtriebszeit (z. B. Eichen gegen Weich- und Nadelholz), Nebennutzungen (Steinbrüche), nach der Art der gebräuchlichsten Zugthiere u. s. w. Mitbestimmend wirkt noch der Zustand der Wege selbst bezüglich der Fuhrwerke, Bespannung und Ladung; erfahrungsgemäß verstehen die Fuhrwerksbesitzer sehr rasch die Vortheile besserer Bahnen auszubeuten.

Der unbeladene 4rädrige Leiterwagen pflegt ein durchschnittliches Gewicht

als Einspänner von . . . . 7 — 10 Ztr.
„ Zweispänner von . . . . 10 — 12 „
„ zweispänniger s. g. Lastwagen bis 20 u. 25 „

zu haben. Noch schwerere können wegen ihrer Schwerfälligkeit nur auf Landstraßen im Walde oder wohlgebahnten Hauptfahrwegen Zutritt finden.

Der leere Langholzwagen hat wegen des nöthigen gedrungenen starken Baues ein durchschnittliches Gewicht

als Zweispänner von mindestens . . . 18 — 20 Ztr.
mit Drei- und Viergespann aber von 25 — 40 „

Die Nutzladung wechselt demgemäß vielfach, muß auch auf den Kopf der Bespannung mit der Zahl der vorgespannten Zugkräfte unter sonst gleichen Umständen abnehmen, weil der Einspänner zur vollen Kraftentfaltung gezwungen ist, während man die Zugkraft des Vorspanns nicht voll ausnutzen kann. Beim Einspännerpferd bis 45 Ztr., ist die Nutzladung durchschnittlich beim Zweispänner nur wenig geringer, beim Vierspänner höchstens zu 36 Ztr. anzunehmen.

Entrinden, Aufspalten (oder Beschlagen) und längeres Lagern der Hölzer im Freien läßt die Ladmenge namhaft steigern, da bekanntlich grünes Holz durch Austrocknen bis über 25% seines Gewichts verliert. Durch vorgängige Verminderung der „todten Last“ läßt sich somit Fuhrwerk und Zugkraft in größeren Effekt bringen, ohne die Transportanstalt mehr anzugreifen.

Maximum und Minimum der Belastung hängt dann weiterhin noch von der Art und Beschaffenheit der Erzeugnisse jeder Wirthschaft ab, denn die einen lassen sich nach Belieben auf eine Anzahl Fahrzeuge vertheilen, während andere in einer unzerlegten schweren Masse bestehen.

Die geringsten Ansprüche an die Weganlagen, bezüglich der Größe und Schwere der Ladungen wie der Breite des Fahrraums und Größe der Straßenkurven, erhebt die reine Brennholzwirthschaft. Die Hölzer vertheilen sich in kleinere Ladungen auf leichtem Fuhrwerk oder lassen sich doch aus den Seitenwegen auf die Hauptwege zusammenführen, um sie dort für den Weitertransport in größere Ladungen zu vereinigen. Alle Arten von Fuhrwerken, Bespannungen und Zugkräften sind zulässig. In armen Gegenden ist sogar der Handkarren in starkem Gebrauch. Regel ist der Ein- und Zweispänner mit Ladungen von 20, 30 bis zu 80 Ztr. ($1\frac{1}{2}$—4 Derbmeter); selten erreichen, bei guter Fahrbahn, die Wagenladungen den Betrag von 110—120 Ztr. (6 Derbmeter oder 8—10 Raummeter), letzteres beinahe nur im Gebirge thalabwärts mit schwerem Fuhrwerk und sicheren Pferden.

Sowie die Nutzholzwirthschaft in den Vordergrund tritt, stehen dem lohnenderen Betrieb größere Ansprüche an die Fahrbarkeit der Bahn zur Seite. Die Starkhölzer trocknen langsamer und unvollkommener, haben größeres specifisches Gewicht, verlangen schweres Fuhrwerk und oft mehr Zugthiere. Einspänner sind selten (Kleinnutzholzwirthschaft), Vierspänner um so häufiger.

Die Schwere der Gesammtladung wird durch die Hemmungen und die Anstrengung der Zugthiere in ihrer straßenabnutzenden Wirkung noch gesteigert. Ladungen von 8—10 und mehr Derbmeter (bis über 200 Ztr.) sind unvermeidlich, was gute Straßenbahnen voraussetzt. Der Langholztransport verlangt zugleich mehr Fahrraum, größere Rampen, Lager- und Haltplätze, die solidesten Böschungen, tragfähigsten Mauer- und Brückenbauten.

b. Die bewegenden Kräfte.

§ 49.

In der Waldwirthschaft finden wir alle möglichen Motoren in Verwendung oder doch im Begriff, dazu zu gelangen. Die menschliche Kraft spielt aber bei der Förderung der Erzeugnisse noch eine weitaus größere Rolle als anderswo, obgleich schon vielfach durch mechanische Vorrichtungen unterstützt oder abgelöst.

Das allgemeine Steigen der Preise hat die Werthsteigerung der menschlichen Arbeit zur natürlichen Folge. Ihr höherer Werth ebenso wie die mit der Gesittung steigende Erkenntniß, daß der Mensch zum Lastthier nicht geschaffen sei, sein Beruf höher stehe, drängt dazu, seine mechanische Leistung durch geeignetere und billigere Motoren zu ersetzen. Je nach Art des Ersatzes stehen deßwegen den Bringungsanstalten im Walde wesentliche Umgestaltungen in Aussicht. In dem Maße, als der Waldertrag an Bedeutung und Werth gewinnt, wird der Forstwirth auch zur Unternehmung kostspieliger Förderungs-Einrichtungen aufgemuntert.

Damit die ersatzbildende Förderungsweise sich lohnt, müssen Motoren in Dienst treten, welche in gleicher Zeit größere Lasten fortschaffen als die menschliche Kraft vermochte. Dazu sind schwerere Förderungsmittel erforderlich; an die Stelle der Handgeräthe treten die leichteren, dann die schwereren Spannfahrzeuge, welchen die Rollwagen der Schienenwege folgen. Je nachdem die verschiedenen Motoren in einer Stufenfolge sich ablösen, werden dann die Bahnen sich in größerer Bewegung Raum gebende Wegnetze stufenweise entwickeln oder neue Anstalten mehr sprungweise erstehen.

Zugleich wird man bedacht sein, die Bewegungswiderstände an den Förderungsmitteln und Bahnen auf ein geringstes Maaß zu bringen, um dem großen Kraftverlust unvollkommener Einrichtungen zu entgehen.

Der Körperbau des Menschen macht ihn am ehesten zur Förderung kleiner Lasten auf kurze Strecken durch Tragen, Heben, Werfen, Schieben geschickt; zum Zuge ist er der ungeschickteste aller organischen Motoren. Das Bestreben, seine Kraft vollauf zu nützen, muß deßwegen sich am meisten darauf richten, dem Waldarbeiter durch Entwicklung der Fußbahnen — in Verbindung sonstiger mechanischer Vorrichtungen — die Zugarbeit abzunehmen oder doch möglichst zu ersparen. In mehr oder weniger reichlichem Maaß geschieht dies, außer dem Seilen, Riesen ꝛc., durch den Bau von Schlitt- und Schleifwegen und Vermehrung der Fahrwege, welche die Entfernungen verkürzen.

Mit der Entwicklung der Wegnetze bahnt sich der Ersatz der menschlichen Zugkraft, zunächst mehr durch die thierische, allmählig auch durch die mechanische an, welche selbst gegenwärtig in gewaltiger Ausbildung begriffen ist, indem emsig nach den billigsten Naturkräften und Stoffen für ihre Zwecke gesucht wird.

Bei der thierischen Zugkraft wird die mechanische Arbeit dadurch geleistet, daß mit einem bestimmten Kraftaufwand, einer gewissen Geschwindigkeit und innerhalb einer gewissen Zeit, demgemäß auf eine bestimmte Strecke eine Summe verschiedenartiger Widerstände überwunden wird. Der Kraftaufwand ist nur durchschnittlich ein gleicher, selbst bei gleichen Umständen. Er ist verschieden: nach der Art des Thiers, seiner Race, Individualität (Körperbau, Muskelstärke, Eigengewicht, Alter); nach Arbeitsgewöhnung, Fütterung, Bespannung und Leitung, Art und Dauer der Arbeit u. s. w.

Innerhalb eines bestimmten Zeitraums kann ein Höchstes an Arbeit bei entsprechender Verwendung geleistet werden. Sie läßt sich in kürzere Zeiträume zusammendrängen — größere Geschwindigkeit auf Kosten der Zugkraft und Arbeitszeit; oder auf Fortbewegung größerer Last steigern — vermehrte Zugkraft auf Kosten der Geschwindigkeit und Arbeitsdauer; oder länger fortsetzen, aber nur bei ermäßigter Geschwindigkeit und Kraftentwicklung, wenn die normale Leistungsfähigkeit nicht nothleiden soll. Die größte Summe von Leistung wird aber am ehesten erhalten, wenn man für gewöhnlich den Anspruch auf die mittlere Arbeitsgröße aus den 3 Faktoren: Zugkraft, Geschwindigkeit, Dauer, nach keiner Richtung zu sehr ausdehnt.

Der Gebrauch thierischer Zugkräfte hat seine Schattenseite darin, daß sie zu ihren Leistungen erst erzogen und eingeübt, beständig geleitet und beaufsichtigt werden müssen. Wo der Gebrauch kein ständiger durch das ganze Jahr, ist ihre Erhaltung zu theuer, während ihre Miethe von Anderen abhängig macht und unsicher ist. Die größere Arbeit über die Leistungsgrenze hinaus erfordert mit der Vermehrung der Thierzahl sofort auch eine solche der leitenden Personen. Für die Transportarbeit im Walde ist ein Gewinn an Kraftaufwand zu Gunsten des Waldertrags daher hauptsächlich in der *Verbesserung und Ausdehnung der mechanischen Vorrichtungen*, zunächst des Wegbaues selbst und in weiterer Folge in der Auffindung und geschickten *Anwendung von mechanischen Zugkräften* zu suchen.

Unorganische Motoren gewähren gegenüber den animalischen den Vortheil, mehr in beliebiger Größe und Zeit, sowie so ziemlich an beliebigem Orte verfügbar zu sein, eine gleichförmigere Bewegung zu ermöglichen und Aenderungen in der Geschwindigkeit leichter anordnen zu lassen.

Da die unorganischen Motoren (wie Wasserdruck, Luftdruck, Dampfkraft ꝛc.) ein völlig anderes Verhalten zeigen wie die organischen und ein unter sich selbst sehr verschiedenes, sämmtlich aber zu ihrer Anwendung umfangreiche Vorrichtungen bedingen, so könnte eine Vergleichung ihres Werthes nur aus sehr eingehenden Betrachtungen gewonnen werden. Auf ihre künftige Bedeutung für unsere wirthschaftlichen Zwecke können wir hier nur hinweisen.

Ein wirthschaftliches Bestreben muß es sein, bei der Anwendung irgend welcher Motoren an Kraft zu sparen.

Ein Gewinn an solcher ist möglich

1. allgemein bei jeder Transportweise
   a. durch Beseitigen todter Last, (Abtrocknen des Holzes, leichten Bau der Fuhrwerke)

b. durch Benützen der ergiebigsten Motoren (eigene Triebkraft der beladenen Wagen auf geneigter Bahn, Wasserkräfte der Waldbäche?),
c. durch Vermeiden oder Beseitigen von Hindernissen, welche die bewegende Kraft schwächen oder aufhalten (schlechtes Geschirr, ungeeignete Bespannungsweise);

2. im Besonderen
d. durch die Wahl von Fahrzeugen, deren Bau die volle Kraftententwicklung erlaubt, sowie
e. durch Herstellung von Bahnen, auf welchen die Motoren den geringsten Widerstand durch Reibung, Stoß, u. s. w. erfahren.

Im Wesentlichen sind dabei zweierlei Bewegungen und Zugwiderstände in Betracht zu nehmeu:

I. Schlitten und Schleifen — gleitende Reibung.
II. Räderfuhrwerke — rollende Reibung.

Die Kraftleistung und der Kraftverlust bei beiden ist von sehr verschiedener Art und Größe, daher auch das Verhältniß der Zugkräfte und ihre Anwendbarkeit anders.

I. Schlitten und Schleifen.

Beim Schleifen von Stammholz ist zu beachten:

a. ohne Lottbaum ist der Kraftaufwand am größten bei Stämmen in der Rinde und von unregelmäßiger Form. Entrindung, glatte Abästung, Ebnung und Gefällausgleichung der Schleifbahn mindert ihn namhaft.
b. Der Lottbaum erspart Zugkraft und Wegunterhaltungskosten, noch mehr
c. das Aufhängen unter dem Vorderwagen.

Das Schlitten von Brennholz erfolgt mit geringstem Kraftaufwand, größter Last und Geschwindigkeit auf Schlittbahn mit genäßten oder geschmierten Querhölzern. Diese Art von Förderung wäre noch einer bedeutenden Ausbildung fähig.

Die Größe der erforderlichen Kräfte vor dem Lottbaum ist bei nasser Witterung im Allgemeinen geringer, überhaupt aber wegen der Ungleichheit der Stämme und Bodenbeschaffenheit schwer feststellbar, die Anstrengung dabei sehr ungleich groß.

Ganz anders beim Schlitten. Für die Thalfahrt gilt (Fig. 73), wenn

Fig. 73.

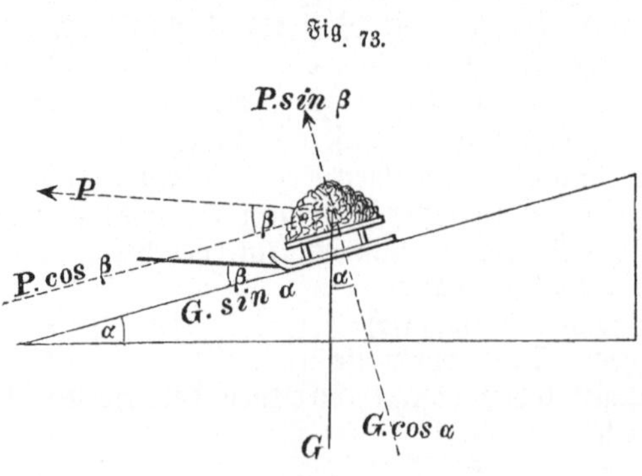

G = Gewicht von Schlitten und Ladung
α = Neigungswinkel der Straße gegen den Horizont
β = Winkel der Zugsrichtung am Schlitten mit der Straßenebene
s = Gleitfläche der Schlittsohlen
γ = Adhäsionskraft der Flächeneinheit
f = Koefficient für gleitende Reibung, welcher angiebt, wie viel von G der Bodenwiderstand ausmacht (durch Untersuchung gewonnen oder aus Erfahrung bekannt)
P = wirksame Zugkraft —

bei Zerlegung der Kräfte G und P in rechtwinklige Seitenkräfte normal auf die Straßenebene und mit ihr parallel, folgende Entwicklung:

Zu Gunsten der Zugkraft P, deren Werth, weil unter $\angle \beta$ wirksam, $= P \cdot \cos \beta$, wirkt die relative Schwere mit dem Werthe $G \sin \alpha$. Abwärts ist nur die um $f \cdot P \cdot \sin \beta$ verminderte Reibungsgröße $f \cdot G \cdot \sin \alpha + s \cdot \gamma$ zu überwinden. Somit heißt die Gleichung

$$G \cdot \sin \alpha + P \cdot \cos \beta = (G \cdot \cos \alpha - P \cdot \sin \beta)\, f \cdot + s \cdot \gamma$$

woraus $$P = \frac{G\,(f \cdot \cos \alpha - \sin \alpha) + s \cdot \gamma}{\cos \beta + f \sin \beta} \qquad I^a$$

Soll bei der Bewegung thalabwärts keine Kraft nöthig sein, so muß für den Gleichgewichtszustand — nach Vernachlässigung der mehr anfänglich wirkenden Adhäsionskraft $s \cdot \gamma$ — die relative Schwere der Reibung gleich werden:

$$f \cdot G \cdot \cos \alpha = G \cdot \sin \alpha$$
$$f = tg\ \alpha$$

Uebersteigt die Neigung der Schlittenbahn den Werth in der Gleichung, so treibt die relative Schwere den Schlitten von selbst weiter.

Nehmen wir den Zugwinkel $\beta = 0$ (d. h. Zugkraft parallel der Fahrbahn), so wird $\cos \beta = 1$ und $\sin \beta = 0$, folglich

$$P = G\,(f \cdot \cos \alpha - \sin \alpha) + s \cdot \gamma \qquad I^b$$

(und bergaufwärts $\sin \alpha$ positiv).

Nach Rühlmann ist, wenn wiederum $G = Q$ (Nutzladung) $+ q$ (Eigengewicht des Fahrzeugs),

Z = Gewicht des Motors*)
P = Zugkraft, welche dem Boden parallel wirkt:

$$P = f \cdot G \cdot \cos \alpha + (G + Z) \sin \alpha. \qquad I^c$$

Die täglich verrichtete mechanische Arbeitsleistung (= A) ist demgemäß, wenn v = Geschwindigkeit des Motors in 1 Sekunde (= 3600 v auf die Stunde) und t = Stundenzahl täglicher Arbeitszeit,

$$A = 3600 \cdot v \cdot t \cdot P$$

woraus, bei sehr kleinem α (da bei 12° Neigung $\cos \alpha$ erst = 0,98),

$$A = 3600 \cdot v \cdot t \cdot [f \cdot G + (G + Z) \sin \alpha] \qquad I^d$$

Die Zahlenwerthe für f sind Behufs praktischer Zwecke anzunehmen
= 1/3 bei Schleifen oder Schlitten mit weicher hölzerner Sohle auf guter trockener Holz- oder Steinbahn,
= 1/4 bei Sohlen aus Eichenholz,

*) Das Gewicht Z ist bei Zugthieren gewöhnlich das 5—6fache der mittleren Zugkraft, bei Arbeitspferden und zwar
bei schweren (Akkord) 400—500 Kil. (bis 700!)
„ leichten (Taglohn) 300 Kil.
„ Zugochsen 280—300, Mauleseln 230—250 Kil. u. s. w.

= $^1/_6$ bei beiden, wenn mit trockener Seife,
= $^1/_{14}$, wenn mit Talg geschmiert,
= $^1/_{30}$ bei unbeschlagenen Schlitten auf lockerer Schneebahn,
= $^1/_{50}$—$^1/_{60}$ bei stählernem oder eisernem Beschläg auf Eis- oder gefrorener Schneebahn.

Aus diesen Zahlenwerthen erhellt,

da tg $1^0 = 0{,}02$ tg $14^0 = 0{,}24$
„ $2^0 = 0{,}03$ „ $19^0 = 0{,}33$
u. s. w.

daß den Zugkräften die schwach geneigte Schleifbahn wohl geebnet und künstlich geglättet, dagegen keine zu steile Bahn angewiesen werden sollte, damit weder ihre bewegende noch ihre aufhaltende Kraft zu sehr (letztere dazu mit Lebensgefahr!) verbraucht wird.

Ist die mittlere Zugkraft eines Thiers = k für die mittlere Zeit t und bei der mittleren Geschwindigkeit c, so entwickelt sich aus k, wenn die Zeitdauer sich ändert in $t(1 + m) = z$ und die Geschwindigkeit in $c(1 + n) = v$, für den erforderlichen Kraftaufwand $P = k(1 - m - n)$, da durch größere Arbeitszeit und Geschwindigkeit die Zugkraft sich mindert.

Da aber $m = \frac{z}{t} - 1$ u. $n = \frac{v}{c} - 1$

so wird $P = k\left[1 - \left(\frac{z}{t} - 1\right) - \left(\frac{v}{c} - 1\right)\right]$

$$= k\left(3 - \frac{z}{t} - \frac{v}{c}\right) \qquad I^e$$

(s. g. Maschek'sche Kraftformel).

Daraus erhält man jetzt für Bergfahrt:

$$\frac{k\left(3 - \frac{v}{c} - \frac{z}{t}\right) - Z \sin\alpha}{f + \sin\alpha} = G \qquad I^f$$

Mittlere Werthe für k, c und t der folgenden Zugthiere sind:

	k Kilogr.	c Meter	t Stunden
Schwere Pferde (Akkord)	70	1,17	8
Leichte „ (Taglohn)	57	1,10	„
Ochsen „	60	0,80	„
Maulesel „	46	1,00	„
Esel „	36	0,80	„

II. Räderfuhrwerk.

Der Zugwiderstand der Bodenreibung vermindert sich bei der Fortbewegung auf Walzen bedeutend. Sobald dies beobachtet war, mußte der Einfall folgen, die Walzenachse in ein festes Verhältniß zur fortzuschaffenden Last zu bringen, wie es z. B. annähernd der Fall, wenn ein lasttragender Rahmen auf Walzen weiterbewegt wird. Verbinden wir die Walzenachse, ohne die Drehbarkeit der Walze aufzuheben, mit dem Rahmen, so werden beim Fortziehen die Walzen, vermöge der Reibung am Boden, zur Umdrehung gezwungen. Nunmehr sind, bei der rollenden Bewegung, andere Widerstände, offenbar viel geringere, durch die Zugkraft zu überwinden: gleitende Reibung der Walzenachse (Zapfen) im Lager und rollende oder wälzende zwischen den Walzen (Rädern) und der Bodenfläche.

Die Vergrößerung der Raddurchmesser ermäßigt dabei die Zapfenreibung so weit, daß der Gesammtwiderstand ein viel kleinerer wird als beim Schleifen oder Schlitten.

Wird auf völlig hartem ebenem wagerechtem Boden die Radachse durch eine rechtwinklig angreifende, dem Boden parallel wirkende Kraft aus der Ruhe gebracht, so hebt sich der Achsschenkel in der Nabenbüchse, bis die Berührungslinien der Achse und Nabe in eine gewisse der Zapfenreibung korrespondirende Lage kommen. Mit dem Beginn der Fuhrwerksbewegung zwingt jetzt die Bodenreibung das Rad zur Umdrehung — welcher sich die Nabenreibung entgegenstellt. Wäre die Reibung am Boden sehr klein wegen dessen Glätte (z. B. Eisbahn), so würde das Rad ohne oder mit schwacher zeitweiser Umdrehung fortgleiten. Für die Drehung der Räder muß also das statische Moment der Bodenreibung (Hebelarm gleich Radhalbmesser) größer sein als jenes der Nabenreibung (Hebelarm gleich mittlerem Halbmesser des Achsenschenkels). Die Räder eines Fuhrwerks haben nun, wenn in Drehung begriffen, zwei Geschwindigkeiten: jene, welche der Drehung um die Radachse, und jene, welche der fortschreitenden Bewegung, gemeinschaftlich mit dem Gestell, entspricht. Ist die Bodenreibung groß genug, um ein Gleiten der Räder zu hindern, so ist die zurückgelegte Weglänge dem gleichzeitig abgewickelten, gleichsam auf den Boden übertragenen Umfang der Räder gleich. Da Vorder- und Hinterräder ungleich groß zu sein pflegen, so wird die Zahl der Abdrücke der Vorderräder im Verhältniß der Umfänge größer als jene der Hinterräder. Die Widerstände, welche bei Umdrehung der Wagenräder um ihre Achsen zu überwinden sind, bestehen aber weniger in der Achsenreibung als vielmehr in den Hindernissen, welche die Fahrbahn noch darbietet: durch ihre Weichheit (Einsinken), ihre Unebenheit (Steigen und Fallen oder Seitendrehung) und durch die Reibung (Wälzen der Räder). Dies verursacht eine vielfache Arbeit der Zugkräfte.

Zuerst beim zweirädrigen Karren sei:

Q = Druck auf die Achsenschenkel (Oberwagen und Ladung)

q = Gewicht der Räder

φ = Koefficient der Achsenreibung in der Nabenbüchse

ψ = jenem der rollenden Reibung am Boden, r u. ρ = Halbmesser von Rad und Achsenschenkel, sowie F = Zugkraft, welche eine andere wie beim Schlitten und nicht allein nach der Thierart, sondern auch nach Art der Bespannung (Kummet, Sielen, hoch oder nieder ꝛc.) verschieden groß ist, so ergiebt sich nach den Lehren der Mechanik von der Zusammensetzung der Kräfte die Gleichung

$$F \cdot r = \varphi \cdot \rho \cdot Q + \psi (Q + q) \qquad \text{II}^a.$$

woraus, nach Weglassung von q als einflußlosem Werth,

$$F = \frac{Q}{r} (\varphi \cdot \rho + \psi) \qquad \text{II}^b.$$

und, wenn man ψ ebenfalls wegen seiner Kleinheit vernachlässigt, der Näherungswerth

$$F\,(Nw) = \varphi \cdot \frac{\rho}{r} \cdot Q. \qquad \text{II}^c.$$

Bei Vergleichung mit der unter I^c entwickelten Formel wird leicht erkennbar, daß das Räderfuhrwerk gegenüber der gleitenden Bewegung von

Schlitten oder Schleife **auf hartem, trockenem und ebenem Boden** in großem Vortheil beim Fahren ist. Selbst wenn man $\varphi = f$ setzt und das Gesammtgewicht in beiden Formeln gleich annimmt (nämlich $= Q$), wäre die zur Ueberwindung des Fuhrwerkswiderstands nöthige Zugkraft nur $\frac{\rho}{r}$ von jener des Schleifens.

Gebrauch für die Berechnung des Zugwiderstandes ist übrigens von der letztentwickelten Formel selten zu machen, denn der Boden ist wie schon erwähnt selten ebene und harte Bahn. Es muß darum in der Gleichung II^c dennoch ein gewisser Bodenwiderstand $= {}^wB$, welcher bei unseren Fuhrwerken und gewöhnlichen Straßen größer ist als $\varphi \cdot \frac{\rho}{r} \cdot Q$, als Erfahrungsgröße diesem Werthe zugesetzt werden und nahm man nach dem Vorgang des französischen Generals **Morin**, welcher zahlreiche Versuche anstellte — die folgenden Gleichungen an

a. für den 2rädrigen Karren

$$F = \frac{\varphi \cdot \rho + {}^wB}{r} \cdot Q \qquad II^d.$$

b. für den 4rädrigen Wagen (mit den Radhalbmessern r_1 und r_2)

$$F = \frac{2\,(\varphi \cdot \rho + {}^wB)}{r_1 + r_2} \cdot Q \qquad II^e.$$

Bezeichnet man weiter den Quotienten $F : Q$ („Koefficient des Totalwiderstandes“), welcher immer < 1, mit μ und entnimmt ihn aus Tabellen, deren Werthe dynamometrisch ermittelt sind (**Morin**'sche Tabellen), so läßt sich für die praktischen Rechnungsfälle, wo μ als bekannt voraus zu setzen, für Räderfuhrwerk, wenn es eine **Bahnsteigung** vom Neigungswinkel α zu überwinden hat, analog der Formel für die Schleife, indem wir jedoch $Q + q = W$ nehmen, ansetzen

$$P = \mu \cdot W + (W + Z) \sin \alpha \qquad II^f.$$

und wenn z. B. die tägliche Arbeitsleistung eines Pferdes $= A$, seine Geschwindigkeit $= v$ und die Arbeitsdauer $= t$ Stunden,

$$A = 3600\,[\mu \cdot W + (W + Z) \sin \alpha]\, v \cdot t \qquad II^g.$$

sowie, wenn wiederum nach **Maschek**

$$P = k\left(3 - \frac{v}{c} - \frac{z}{t}\right),$$

$$W = \frac{k\left(3 - \frac{v}{c} - \frac{z}{t}\right) - Z \cdot \sin \alpha}{\mu + \sin \alpha} \qquad II^h)$$

Ist die Zahl n der vorgespannten Pferde > 2, so darf der volle Werth von k (wie er z. B. weiter oben angeführt) nicht eingesetzt, vielmehr muß $n\,k$ und $n\,Z$ ermäßigt werden.

Als Annäherungswerth für μ können gelten

Für Steinbahnen.			Für Erdwege.		
beste	gute	schlechte	fest eben trocken	schlechte	schlechteste
1/75	1/50—1/40	1/25	1/20	1/10	1/5

Die Zugkraft des Pferdes ist hier zu 80 Kil., sein Gewicht zu 300—400 Kil., die Geschwindigkeit zu $1{,}1^m$ in der Sekunde, die tägliche Arbeitszeit 8—10stündig angenommen.

Für die volle Entfaltung der Zugkraft wird noch als erforderlich bezeichnet

a. daß die Zugstränge gegen Vornen ansteigen (der Straßenbahn nicht parallel laufen), bei Lastfuhrwerk und schlechter Bahn mehr als bei raschem leichtem Fuhrwerk und guter Straße, um die ziehende und hebende Gewalt zu verstärken;

b. daß die Zugstränge möglichst kurz zu nehmen sind, ohne die Bewegung des Thiers zu hindern, weil lange Stränge mehr nachgeben, die Pferde leicht darübertreten und weniger sicher zu lenken sind;

c. daß die Bespannungsweise der Thierart, dem Fuhrwerk und seiner Belastung, sowie dem Zustand und Gefälle der Wege entspreche: das „Sielen" (Brust- ohne Hintergeschirr) für leichtes und rasches, das „Kummet" (Hals mit Hintergeschirr) für das schwere Fuhrwerk und das Gebirge.

Setzen wir in die Formel II^f bestimmte Werthe ein, so erhalten wir einige Vergleichung über den Einfluß des Zustandes und der Steigung der Wege auf den Transportaufwand.

Es sei für Formel f

$W = 1800$ Kil., $Z = 400$ „, so ist die abgerundete Zahl der nöthigen Pferde $\left(= \frac{P}{k}\right)$

wenn $\alpha =$	bei $\mu = 1/_{50}$	$\frac{P}{k}$	bei $\mu = 1/_{20}$	$\frac{P}{k}$
1^0 (1,75 %)	P = 80	1	P = 134	2
3^0 (5,24 %)	= 146	2	= 200	3
5^0 (8,75 %)	= 234	3	= 288	4

Erdwege gegenüber den Steinbahnen und um 2^0 steilere Steigungen fordern also für gleiche Belastung 1 Pferd weiter. Bei strengem Verkehr wird demnach die Ersparniß an Zugkräften die größeren Kosten für den längeren weniger steilen Wegbau und die Herstellung einer Steinbahn decken und unter Umständen einen Gewinn ergeben, bei aussetzender schwacher Befahrung nicht.

Wo nur schwächere Zugkräfte zu haben sind z. B. Ochsen und Kühe, statt der Pferde, tritt die Differenz in der nöthigen Bespannung noch mehr hervor, bezüglich des Kostenpunkts wäre dagegen erst eine Feststellung über die örtlichen Fuhrpreise nöthig.

Prüfen wir die entwickelten Formeln durch einige Zahlenbeispiele, um zugleich die Unterschiede zwischen Berg- und Thalfahrt, den möglichen Belastungen bei kleineren oder größeren Steigungsverhältnissen, zwischen verschiedenen Thiergattungen und zwischen Schlitten und Räderfuhrwerken zu veranschaulichen, so ergeben sich folgende Vergleichungszahlen für das Bruttogewicht der Zuglast ($G = Q + q$)

I. Schlitten (Formel I^f)

Schwere Pferde ($Z = 500$ Kil.)

$f = 1/_3$ (Schlitten mit Holzsohlen auf trockener Erd- oder Steinbahn)

$z = t, v = 1^m, \sphericalangle \alpha = 1^0 9'$ (oder 2% Steigung)

$$G = \frac{70\left(3 - 1 - \frac{1}{1,17}\right) - 500 \times 0,020}{0,333 + 0,020}$$

$$= \frac{80,17 - 10,00}{0,353} = 199 \text{ Kil.}$$

Vergleichungsweise ist G nach diesem Beispiel,

bei $\sphericalangle \alpha = 4^0$ (oder 7% Steigung) = 112 Kil.,

bei $\sphericalangle \alpha = 6^0 50'$ (oder 12% Steigung), = 46 Kil.

Wenn dagegen

$f = 1/30$ (Schlitten mit Holzsohlen auf lockerer Schneebahn),

so wird G unter sonst gleichen Umständen

bei $\sphericalangle \alpha = 1^0\ 9'$	1324 Kil.
$= 4^0\ 0'$	438 "
$= 6^0 50'$	132 "

Bei der Thalfahrt wird für die nämlichen Zahlenverhältnisse G

wenn $\alpha =$	$1^0 9'$	$4^0 0'$	$6^0 50'$
bei $f = 1/3$	255	285	309 Kil.
$= 1/30$	1702	1117	918 "
Erdbahn zu Schneebahn =	1 : 7	1 : 4	1 : 3

Treffen auch diese Größen, welche aus Durchschnitts-Zahlen und Erfahrungswerthen sich ergeben, im Einzelfall selten zu, so weisen sie doch auffallend deutlich darauf hin, daß für den Gebrauch von Zugthieren große Steigungen thalauf- und abwärts sich sehr schlecht empfehlen.

Setzen wir für die Thalfahrt statt des Pferds die mittlere Zugkraft des Ochsen ein, so gelangen wir zu folgenden Zahlen

$$G = \frac{60\left(2 - \frac{1}{0,8}\right) + 300 \times 0,020}{1/3 + 0,020} = \frac{51}{0,353}$$

für $f = 1/3$ u. $\sphericalangle \alpha = 1^0 9'$

und für die verschiedenen Verhältnisse durchgeführt,

wenn $\alpha =$	$1^0 9'$	$4^0 0'$	$6 50'$
bei $f = 1/3$	144	163	179 Kil.
$= 1/30$	962	641	530 "
Erdbahn zu Schneebahn =	1 : 7	1 : 4	1 : 3

Nach Abzug des Schlittengewichts erscheint die Waarenlast, deren Förderung Einem Thier zugemuthet werden kann. Ein praktischer Gebrauch der Formeln ist nur mit Zuhilfenahme sonstiger namentlich örtlicher Erfahrungen innerhalb engerer Grenzen rathsam, denn das eigenthümliche Verhalten der Gattungen und Rassen der Zugthiere und die sonstigen Einflüsse mannigfacher Art lassen sich schwer alle in einer Formel berücksichtigen.

II. Räderfuhrwerk.

Aus Formel II^h und den dazu gegebenen Näherungswerthen für μ

ergeben sich je für 2 schwere und 2 leichte Pferde, wenn die mittleren Werthe — k = 80 Kil. (bezieh. 55 Kil.), z = t, v = c (1,1m),
Z = 450 „ („ 300 „) für schwere (u. leichte) Pferde angenommen und die 3 Größen von $\measuredangle \alpha$ beibehalten werden, folgende Vergleichszahlen von W für Bergfahrt:

1. Schwere Pferde:

	wenn $\alpha = 1^0 9'$	4^0	$6^0 50'$
bei $\mu = 1/20$ (guter Erweg)	2025	746	313
bei $\mu = 1/50$ (gute Steinbahn)	3542	1084	381
Erd- zu Steinbahn =	1 : 1,75	1 : 1,45	1 : 1,22

2. Leichte Pferde:

$\mu = 1/20$	1398	569	229
$\mu = 1/50$	2444	760	278
Erd- zu Steinbahn =	1 : 1,75	1 : 1,34	1 : 1,22

Bei den Nettolasten tritt noch einige Veränderung der Zahlen ein, da folgerichtig für leichte Zugthiere und kleinere Last auch leichteres Fuhrwerk wiederholt in Rechnung kömmt, um eine gewisse Gütermenge zu fördern.

C. Einfluß der Fuhrwerke und Zugkräfte auf den Wegbau.

§ 50.

Um zu einem Urtheil darüber zu gelangen, ob und welchen Einfluß das übliche oder künftige Fuhrwesen auf unsere Transporteinrichtungen üben kann, müssen die möglichen Entschließungen des Waldeigenthümers bezüglich dieser Einrichtungen ins Auge gefaßt werden. Sie sind bedingt durch Größe, Zustand und Lage des Waldes, die Absatzverhältnisse und durch die Dispositionsfähigkeit des Eigenthümers selbst und können im Wesentlichen nur von zweierlei Art sein:

1. Der Eigenthümer A richtet selbst das gesammte Transportwesen im Waldbereich oder noch darüber hinaus ein und bringt die Erzeugnisse zum Markt oder auf eine gewisse Anzahl von Stapelplätzen, wo sie ausgeboten werden.
2. B beschränkt die Arbeiten der Ausbringung auf das unumgänglich Nöthige oder verkauft auf oder beim Stock und überläßt das gesammte Abfuhrgeschäft den Abnehmern.

Dazwischen liegt natürlich eine Fülle möglicher Kombinationen.

Im ersten Falle behält es A völlig in seiner Hand, der augenblicklichen und vermuthlichen ferneren Sachlage gemäß die vortheilhaftesten Bringungsweisen einzurichten und jeweils aus- oder umzubilden. Er bleibt nimmer allein Rohproducent, sondern übernimmt auch die Gesammtauslagen und Gefahren des Transportgeschäfts vielleicht einschließlich der Zurichtung in Halbwaare, und zieht davon den ganzen Unternehmergewinn ein. Seinem einfachen oder zusammengesetzten Bringungssystem werden die zweckmäßigsten Fahrzeuge von gleichmäßiger Bauart beigesellt. Die Arbeiter erwerben sich leicht die nöthige Geschicklichkeit (selbst die Zugthiere leben sich oft merkwürdig ein!) und erreichen das höchste Leistungsvermögen. Im übrigen genügen wenige jedem Fuhrwerke zugängliche Zufahrten zu den Holzlagerplätzen. Da der Wegbau beinahe nur die beschränkte Rücksicht auf die Bewegung der üblichen eigenen Fahrzeuge kennt, so muß, wirthschaftlich betrachtet, diese Art des Transportwesens die erfolgreichste sein. Sie erfordert jedoch Neigung, Befähigung und hinlängliche Mittel Seitens des Waldeigenthümers, so wie so günstige Absatzverhältnisse, daß sich die Unternehmung voraussichtlich lohnen kann.

Im zweiten Falle überläßt B das Risiko und den Gewinn des Transportgeschäfts andern Unternehmern. Damit er indessen die anderweitige Konkurrenz bestehen kann und nicht der Ausbeutung durch wenige derartige Unternehmer zum Opfer fällt, muß er mindestens durch eine Anzahl von Wegen seine Waldungen aufschließen. Er ist dabei genöthigt, so zu bauen, daß die gegendüblichen Fuhrwerke Zugang finden. B bleibt mit seinem Wegbau und Absatz abhängiger von Außen und theilt das Ergebniß seiner Bauunternehmungen mit Andern. In Gegenden mit unentwickelter Wirthschaft ist sein Verfahren aber nicht tadelnswerth.

Mit Außerachtlassen dieser Gegenüberstellung der Extreme läßt sich im Allgemeinen sagen:

Wo schweres Fuhrwerk für Langholz und dazu mit Vorspann nöthig und in regelmäßigem Gebrauch ist, müssen auch die Wegzüge in großen wohlgerundeten Linien und mit besten Bahnen hergestellt sein. Dann dirigirt man die Langhölzer auf zahlreiche Polterplätze längs oder zunächst der Fahrwege mitten im Walde oder an die Schlagränder.

Mangeln jedoch schwere Zugthiere in einer Gegend, so werden die Fahrweganlagen vorsichtig zu beschränken und mit sonstigen Bringungsanstalten zu verbinden oder durch sie zu ersetzen sein. In schwach- oder unbewohnter Gegend die Waldungen mit einem engmaschigen Fahrwegnetz zu durchziehen, wäre zwecklos; hier müssen im Gegentheil die mechanischen Bringungsanstalten gerade die weitgehendste Anwendung erfahren.

Ebenso wird in Gegenden, wo das leichte Fuhrwerk vorwiegt, wie im Flach- und Hügelland, kein Wegnetz mit vielen und soliden Steinbahnen nöthig, sondern ein solches mit wenigen Haupt- und desto mehr leichtgebauten Stellwegen allen Ansprüchen genügen.

Wir sind somit bezüglich unseres Wegbaues von diesen äußeren Verhältnissen keineswegs unabhängig, jedoch im Stande, die Abhängigkeit durch wohleingerichtete Bringungsanstalten um ein gutes Theil zu verringern.

II. Abschnitt.

Die technischen Vorarbeiten für den Einzelbau.

Erstes Kapitel.

Ermittlung des Wegzuges im Allgemeinen oder Aufsuchen der Zugsrichtungen.

§ 51.

Ist ein Wegnetz im großen Ganzen festgestellt oder das System beschlossen, wonach bisherige Einrichtungen umzuformen sind, so schreitet man zur Aufsuchung der Einzelrichtungen, indem man nur eine Anzahl Hauptpunkte bestimmt oder mit den Instrumenten die ganzen Wegzüge absteckt.

Auf diese Aufnahmen in Verbindung mit mehr oder weniger genauen Berechnungen und graphischen Darstellungen stützt sich der Bauentwurf. Man faßt die dazu gehörigen Arbeiten, nämlich:

a. die Ermittlung des Wegzugs,
b. „ Feststellung des Längenprofils,
c. „ „ der Querprofile,
d. „ Berechnung der Ab- und Auftragskörper,
e. „ graphischen Darstellungen,
f. den Kostenvoranschlag

unter dem Ausdruck „technische Vorarbeiten“ zusammen. Sie müssen den eigentlichen Bauarbeiten vorausgehen und liefern sowohl die Verlässigung für ihre Durchführbarkeit, als auch die unentbehrlichen Grundlagen, um die Weganlage fehlerlos und sicher in Vollzug zu setzen.

A. Aufsuchen der Zugslinie.

§ 52.

Die ganze Längenrichtung eines Weges vom Anfangs- (Anknüpfungs- oder Einmündungs-) Punkt über sämmtliche Zwischenpunkte bis zum End- (Anschluß- oder Ausmündungs-) Punkt heißt man den „Wegzug“. Er bildet die Grundlage der Messungs- und Rechnungsarbeiten, die „Operations- oder Richtungslinie“ und besteht seltener aus einer einzigen Geraden, meist aus einer Anzahl gebrochener Linien, welche verbleiben oder noch in einfache oder zusammengesetzte Bogenlinien umgewandelt werden. Punkte, welche ein Wegzug in sich aufnehmen muß, sind:

Einlenkungspunkte anderer Wege,
Gefällwechsel- und Wendepunkte,
Wohnsitze und Betriebsanstalten.

Zwischen Anfangs- und Endpunkt sind sie mit Geschick zu wählen und einzufügen. Freie Auswahl der Berührungspunkte bindet weniger beim Aufsuchen der Zugslinien, kann aber die Vorarbeiten und die Entscheidung über die beste Richtung erschweren. Bietet das Gelände keine erheblichen Steigungen, so lenkt sich unser Augenmerk auf Erzielung der kürzesten Verbindung; andernfalls dorthin, wo das Gelände die schicklichste Richtung und zugleich das geeignetste Gefäll und den billigsten Bau bietet.

Falls mehrere Höhenzüge zu überschreiten sind, zerlegt sich der Wegzug in mehrere Theile, deren jeder für sich zu untersuchen ist. Ein günstiges Ergebniß hängt von der Auffindung geeigneter Gefällwechselpunkte ab, eine Aufgabe, welche genaue Ortskenntniß erfordert und am leichtesten, mit Sicherheit eigentlich nur durch den Besitz guter Karten oder Waldpläne, im Maßstab von höchstens 1:10,000—12,000 (mit Horizontalkurven) gelöst wird. Der ganze Arbeitsgang ist überhaupt ein anderer, ob Plane zu Gebot stehen oder nicht.

Wenn vorhanden, kann in schon bekannter Weise mittelst der Plankurven der Wegzug projektirt, auf das Gelände übertragen und dort entsprechend geändert oder berichtigt werden. Man sucht zuerst die vorhandenen Fixpunkte auf und bezeichnet sie mit Signalen, welche sich aus der Ferne übersehen und leicht erkennen lassen. Als natürliche Zeichen dienen hohe oder freistehende Bäume und Baumgruppen, Bergvorsprünge, Felsen; künstliche Ersatzmittel sind hohe Stangen mit Brett- oder Lattstücken, Reisig-, Strohbüscheln, auf Baumgipfeln befestigte Fahnen oder Kreuze und dergl. Eine Uebersicht über die so gewonnene Signalkette erreicht man zuweilen durch Ersteigen naher Höhenpunkte, darf jedoch in Waldungen davon nicht zuviel erwarten. Man thut oft besser, die gewonnenen Hauptpunkte nur im Plane anzumerken oder einen besonderen Situationsplan zu entwerfen, welcher zum Gebrauch bei der direkt folgenden Auffsuchung der Einzelrichtungen dienen mag.

Das Abstecken der Einzelstrecken von Haupt- zu Hauptpunkt bringt uns Belehrung, wenn wir die Gesammtrichtung übersehen können, ob und welche vorläufigen Hauptpunkte beizubehalten oder zu verlegen sind.

Die specielle Absteckung erfährt aber eine verschiedene Behandlung, je nachdem

1. mit einstweiliger Außerachtlassung kleiner Unebenheiten nur die kürzeste geeignete Richtung zu finden ist (Ebene und flaches Hügelland) oder
2. die passende Gefäll-Linie mit einem Instrument ermittelt werden muß (Gebirgsland); jedoch auch
3. je nachdem in beiden Fällen das Gelände offen zu überschauen (Blöße, Lichtung, Ackerland) oder holzbewachsen ist (hohes Holz oder Dickicht).

Zunächst sucht man bei den Absteckungen die „Straßenachse" herzustellen, d. h. jene Mittellinie, welche man sich mitten durch die Wegbreite in der ganzen Längenerstreckung hindurchgezogen denkt.

I. Absteckung in der Ebene.

§ 53.

Das Verfahren, gerade Linien mit oder ohne Hindernisse abzustecken, ist ebenso eine geodätische Aufgabe, wie die Absteckung von Schneussen, welche den Wald in gleich große Flächentheile zerlegen sollen. Angedeutet mag jedoch hier werden, wie Wegrichtungen, deren definitive Beibehaltung noch ungewiß ist, im geschlossenen Wald mit wenigen Hilfsmitteln ohne förmlichen Aufhieb aufzusuchen und wie sie zu benützen sind, wenn sie zur Weganlage sich ganz oder theilweise unbrauchbar erweisen.

Ist kein Waldplan vorhanden, so kann

1. wenn Waldlage und Begrenzung sich dazu eignet, die Verbindung der Hauptpunkte dadurch angebahnt werden, daß man am Endpunkte einen Gehilfen ein lautes oder deutlich sichtbares Zeichen geben läßt (Ruf, Hornsignal, Feuer) — bei stiller Luft — vom Anfangspunkt diese Richtung durch Stäbe bezeichnet und sie unter leichtem Aufasten durch Rückwärtsvisiren verfolgt. Der gesuchte Endpunkt E (Fig. 74)

Fig. 74.

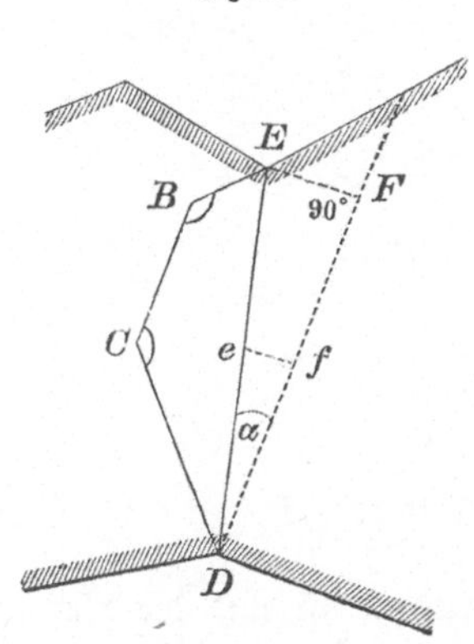

wird selten erstmals erreicht; man mißt daher DF und die senkrechte Entfernung FE, berechnet diese Abweichung auf die beliebige Länge Df aus dem Ansatz

$$DF : EF = Df : ef,$$

steckt ef ab und verlängert De gegen E.

2. Beim Besitz eines Winkelinstruments kann von D in der vermutheten Richtung vorgegangen und wenn CD sich als unrichtig erweisen, von C nach B in genäherter Richtung und nöthigenfalls in B wieder die Linie gebrochen werden, bis man E erreicht. Die Messung von EB, BC und CD und ihrer Brechungswinkel erlaubt dann Konstruktion des Vielecks DEBC... und Berechnung des Winkels CDE (denn aus BC, CD und ∢ BCD berechnet sich BD und ∢∢ CBD und CDB u. s. w.). Oder wenn F in geradem Zuge erreicht worden, läßt sich aus DF = a und EF = b der Winkel EDF = α berechnen, da $\operatorname{tg} \alpha = \frac{b}{a}$.

3. Statt der Absteckung einer gebrochenen Linie im geschlossenen Wald nimmt man mit Meßtisch oder Winkelinstrument die kleinere Waldgrenze CDE... RQP links oder rechts der gesuchten Linie CP auf (Fig. 75), bestimmt die anliegenden Winkel bei C und P und stellt das Instrument in C oder P auf, um einige Stäbe auf die Richtung CP einzuvisiren.

Fig. 75.

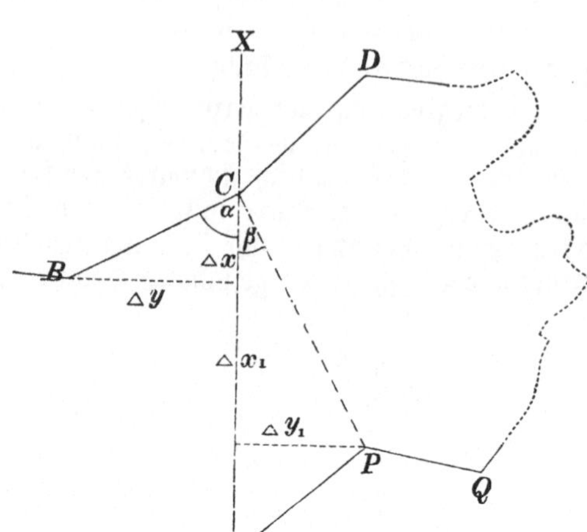

Bei geringen Entfernungen wird sich das erste Verfahren als das kürzeste und einfachste empfehlen.

Wenn ein Plan vorhanden ist und die Vermessungsergebnisse zur Verfügung sind, so bestimmt man den Winkel, welcher die Richtung der Linie CP (Fig. 75) angibt, aus den Koordinaten der Winkelpunkte B, C und P.

Es sei XY = Abscissenachse.

Der unbekannte Winkel, hier z. B. ∢ BCP, zerlegt sich in ∢ BCS = α und PCS = β, welche aus den Koordinaten-Differenzen von B und C (= Δ x u. Δ y), sowie von P und C (Δx_1 u. Δy_1) gefunden werden:

$$\Delta x : \Delta y = 1 : \text{tg}\, \alpha, \quad \text{tg}\, \alpha = \frac{\Delta y}{\Delta x},$$

$$\text{ebenso} \qquad \text{tg}\, \beta = \frac{\Delta y_1}{\Delta x_1}.$$

Man bedient sich eines zur Verfügung stehenden Meßtisches, auf welchen man eine Planskizze (oder den Plan selbst) aufspannt, wenn obige Berechnung umgangen werden will, stellt genau über C oder P auf und richtet mittelst scharf angelegtem Lineal 2 bis 3 Stäbe ein u. s. w. Oder wenn ein Winkelinstrument zu Gebot steht, verfährt man, unter Einstellung auf ∢ (α + β), in bekannter Weise.

Bei beiden Verfahren wird für lange Linien gewöhnlich eine zweite berichtigende Absteckung nachfolgen müssen.

Finden sich unvermuthete Bau-Hindernisse in einer Wegrichtung, so wird deren Umgehung durch theilweises oder je nach Umständen gänzliches Verlassen der Linie nöthig. Große Umwege vermeidend, wird man in einer gebrochenen oder Bogenlinie, welche der ersten Richtung sich möglichst nähert, dem baufähigen Gelände folgen und verschiebt die Zugslinie so oft, bis die kürzeste und baufähigste Richtung gefunden ist, z. B.:

Fig. 76.

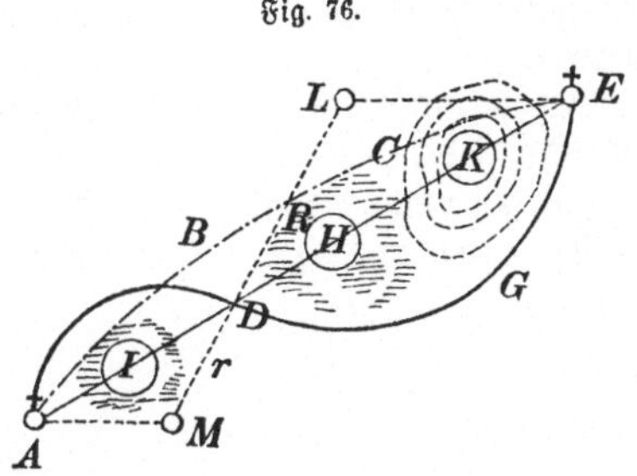

Es sei AE die erste Linie und ein Hinderniß in H oder in J und K (Fig. 76), so wird der Wegzug im einen Falle sich in die Bogenlinie ABCE, im andern Falle mit den Halbmessern DM = r und DL = R in die Sförmige Zugslinie ADGE umwandeln lassen. Auch in der Ebene oder flachem Hügelland wird es, wenn ein Wegzug von Haupt- zu Hauptpunkt abgesteckt ist, kleiner Verebnungen und Gefällausgleichungen meist bedürfen, desgleichen der Abkürzungen und Ausrundungen unfahrbarer Winkelzüge. Man bewirkt diese Verbesserungen von Auge, mit Hilfe der Visirkreuze und einiger Stäbe, oder läßt nach Bedarf ein förmliches Nivellement streckenweise oder den ganzen Wegzug entlang folgen. Vor Allem verpfählt man den neuen Wegzug auf allen Hauptpunkten, in gleichen Abständen auf Zwischenpunkten und macht ihn sonst noch kenntlich (Anplatten, Lichten, Wundmachen des Bodens).

Die Arbeiten der Gefällausgleichung und Abrundung der Winkel finden ausgedehntere Anwendung bei den Wegbauten im Gebirge, wo sie ausführlich zur Sprache kommen werden.

II. Absteckung im Gebirge.

§ 54.

Im Bergland wird für Einzelstrecken entweder

1. eine bestimmte Richtung einzuhalten gesucht, welche man nur wenig verändern und welcher man das Gefälle unterordnen will, so: beim Verlegen der Wege auf die bestehenden Schneussenlinien, beim Ersteigen sanfter Abdachungen, Verfolgen eines Thalzugs, Prüfen eines älteren Weges auf seine Herstellung in fahrbareren Stand; oder
2. soll ein möglichst gleiches Gefälle hergestellt und dazu die Richtung gesucht werden.

Danach ergeben sich zwei Absteckungsverfahren.

§ 55.

Aufsuchen eines Wegzugs in bestimmter Richtung.

Wenn ein Wegnetz die Richtungen der Einzelstrecken vorschreibt, so bleibt nur übrig, diese abzustecken und durch ein Detailnivellement sich über ihre Annehmbarkeit zu verlässigen. Es gibt uns die Gesammtlänge und Höhe des Wegzugs (ob gerade, gebrochene oder Kurvenlinie), das relative Gefäll der Stationen und das absolute zwischen je zwei Hauptpunkten, belehrt uns über etwaige Gefällwechsel und Bauanstände. Das Vorhandensein guter Waldplane wird auch diese Arbeit erleichtern, aber selten ersparen.

Aus den Manual-Einträgen muß sich im Vergleich mit der durchschnittlichen Steigungshöhe, welche jedem Stationspunkt im Verhältniß seiner Entfernung vom Anfangspunkt zukommen müßte, ergeben, um wie viel die einzelnen Stationspfähle zu tief unter oder zu hoch über der Gefälllinie stehen.

Fig. 77.

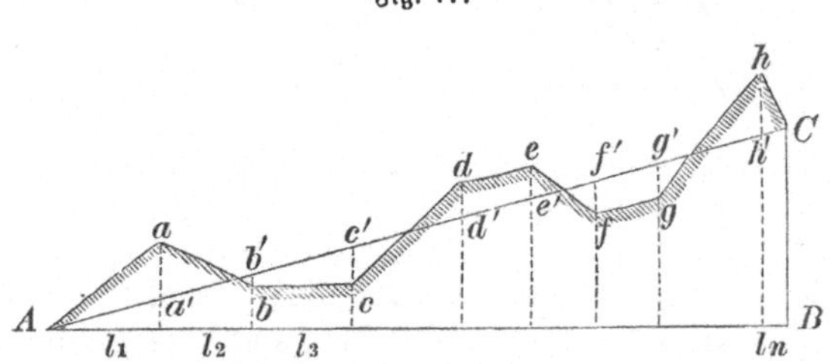

In Fig. 77 sei AB (Totallänge) = L, BC (Totalhöhe = H), die Stationslänge = l und die Totalhöhe jeder Station über A = Ordinate a, b, c, d ...., so können wir die Höhe des Ab- und Auftrags auf zweifachem Wege feststellen:

1. graphisch, indem wir die Einzellängen und -Höhen in entsprechendem Maßstab als Abscissen und Ordinaten auftragen, die Linie AC ziehen und mit dem Zirkel die Differenzen $+ (a - a_1)$, $+ (b - b_1) = - (b_1 - b)$, $+ (c - c_1) = - (c_1 - c)$ 2c. als Ab- oder Auftragshöhen abgreifen.

   Je genauer die Zeichnung und je größer der Maßstab, um so zuverlässiger werden die abgegriffenen Differenzen.

2. Auf dem Rechnungswege wird man dieselben Zahlen ebenso leicht und genauer finden; aus der Aehnlichkeit der Dreiecke ergibt sich $L : H = l_1 : a_1 = l_1 + l_2 : b_1 = \ldots$ oder, da $H:L = O, op$,

$$a_1 = O, op \cdot l_1$$
$$b_1 = O, op \cdot (l_1 + l_2)$$
$$\vdots$$
$$h_1 = O, op\ (l_1 + l_2 + \ldots + l_n)$$

woraus

$$\begin{aligned} a - a_1 &= a - (l_1 \cdot O, op) \\ b - b_1 &= b - (l_1 + l_2)\ O, op \\ &= - [(l_1 + l_2)\ O, op - b] \\ h - h_1 &= h - (l_1 + \ldots + l_n)\ O, op \end{aligned}$$

mit Worten: Erscheinen positive Differenzen, so erfordern die betreffenden Stationen Abtrag, im umgekehrten Falle Auftrag, was in getrennten Kolonnen einzutragen ist, um schließlich die Ab- und Auftragsummen einander gegenüber zu stellen. Beispiel (Fig. 78).

Fig. 78.

A
B
C
N
M
D
E
F
L/2
a
b
c
d
e
f
g
h
k
l
m
0,66
1,80
2,46
2,19
1,41
4,65
6,78
7,11
6,24
8,34
6,54
8,76
9,80
30
1
30
2
30
3
15
3a
15
4
30
5
30
6
30
7
30
8
22,5
9
22,5
10
15
10a
24 m

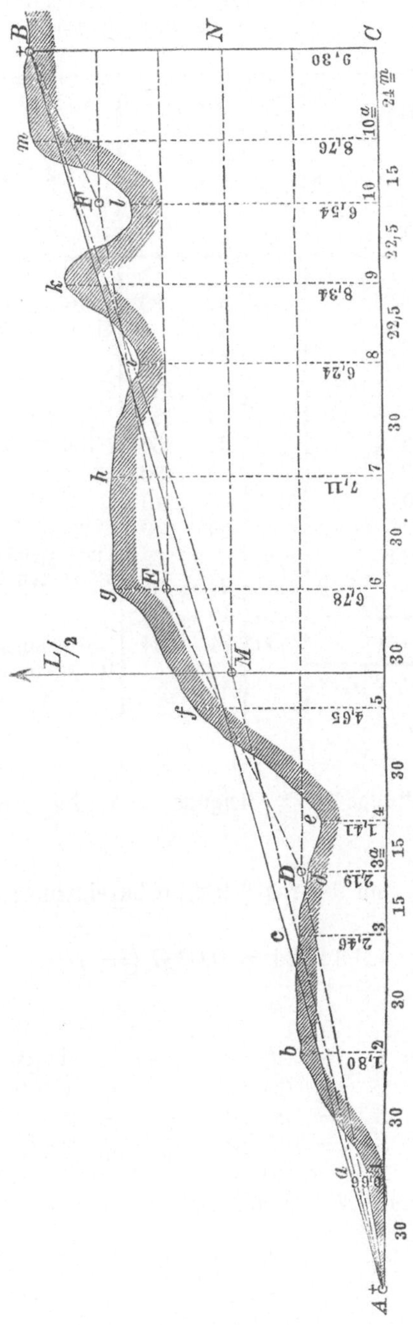

Das Nivellement eines Wegzugs, welcher den Staatswald Pr. durchziehen soll, um die westliche Verkehrsrichtung von Rh nach Mz zu besserem Absatz von Brennmaterial zu öffnen, hätte zu folgenden Ergebnissen geführt:

Stations-Punkte von	bis	Abgelesene Lattenhöhe hint.	vord.	Einzel- Steigung	Fall	Total-Anzug	Horizontale Länge Einzel	Total	Bemerkungen
		Meter							
				+	—	+			
A	1	1,86	1,20	0,66	—	0,66	30	30	Bei A Einmündung in die Heerstraße von Rh. nach Mz.
1	2	2,07	0,93	1,14	—	1,80	30	60	
2	3	1,92	1,26	0,66	—	2,46	30	90	
3	3a	1,50	1,77	—	0,27	2,19	15	105	
3a	4	1,41	2,19	—	0,78	1,41	15	120	Bei Stat. 4 kreuzt der „Franzosenweg" den Wegzug.
4	5	4,11	0,87	3,24	—	4,65	30	150	
5	6	2,76	0,63	2,13	—	6,78	30	180	
6	7	1,89	1,56	0,33	—	7,11	30	210	
7	8	1,44	2,31	—	0,87	6,24	30	240	Stat. 7 liegt in der Abth.-Linie zwischen Abth. 5 und 6, 19,5^m von Stein F.
8	9	3,09	0,99	2,10	—	8,34	22,5	262,5	
9	10	0,96	2,76	—	1,80	6,54	22,5	285	
10	10a	3,03	0,81	2,22	—	8,76	15	300	
10a	B	2,01	1,47	0,54	—	9,30	24	324	Einmündung in den alten Grenzweg zwischen Rh. u. Fch.
		28,05	18,75	13,02	3,72		324		
	—	18,75	3,72						
	+	9,30	9,30						

Auf 324^m Gesammtlänge 9,3^m Steigung = 2,87% oder 1^m Steigung auf 34,84^m Entfernung.

Berechnung der Ab- und Auftragshöhen für die einzelnen Stationspunkte.

$$\frac{H}{L} = 9{,}3 : 324 = 0{,}0287 \ (= o, op)$$

Prozentanzug für

Station 1 = 30 × 0,0287 = 0,861
" 2 = 60 × " = 1,722
" 3 = 90 × " = 2,583
" 3a = 105 × " = 3,013
" 4 = 120 × " = 3,444
u. s. w.

demnach

Station	Totalanzug	Prozentanzug	Differenz Auftrag −	Differenz Abtrag +
	In Metern			
1	0,66	0,86	0,20	—
2	1,80	1,72	—	0,08
3	2,46	2,58	0,12	—
3a	2,19	3,01	0,82	—
4	1,41	3,44	2,03	—
5	4,65	4,31	—	0,34
6	6,78	5,17	—	1,61
7	7,11	6,03	—	1,08
8	6,24	6,89	0,65	—
9	8,34	7,53	—	0,81
10	6,54	8,18	1,64	—
10a	8,76	8,61	—	0,15
B	9,30	9,30	—	—
			− 5,46	+ 4,07
			− 1,39^m	

Die Ordinatensumme des Abtrags zeigt sich somit gegen jene des Auftrags um 1,39^m zu klein, was vermuthen läßt, daß bei Einhaltung des durchschnittlichen Gefälls von 2,87% zu den nöthigen Aufschüttungen die Abtragsmassen nicht ausreichen (wenn man vorläufig davon absieht, daß nicht gerade zwei gleichen Summen von Profilhöhen gleiche Profilflächen und Kubikmassen entsprechen, daß es auf den Böschungsgrad ankommt u. s. w.).

Wollte man nun die vorläufige gröbere Ausgleichung so weit ausdehnen, daß die Differenzen des Auf- und Abtrags einander nahezu gleich würden, so könnte dies entweder durch gleichmäßige Vertheilung des plus oder minus auf alle n Stationen, welche um ein gleichmäßiges 1/n zu heben oder zu senken wären, oder mittelst Umwandlung der durchschnittlichen Gefälllinie in 2 oder mehr Gefällgrößen stattfinden und zwar ansteigend von unten nach oben, wenn die Auftragshöhen vorwiegen

(wie in unserem Beispiel),

abnehmend nach oben im umgekehrten Falle.

Ist nur um Weniges Auftrag $\gtrless$ Abtrag, so genügt eine einmalige Gefällbrechung, je nach Umständen im Mittelpunkt, weiter oben oder weiter unten, zur Ausgleichung.

Angenommen, es wäre (Fig. 79) wieder $AB = L$, $BC = H$; die durchschnittliche Gefälllinie AC aber hätte in der Differenzensumme des $\left.\begin{matrix}\text{Abtrags}\\\text{Auftrags}\end{matrix}\right\}$ ein Mehr von $\left\{\begin{matrix}n \times AV\\n \times AV_1\end{matrix}\right\}$ ergeben, so ließe sich die Ausgleichung durch gleichmäßige $\left\{\begin{matrix}\text{Hebung um } AV\\\text{Senkung „ } AV_1\end{matrix}\right\}$ bewirken. Da jedoch die Endpunkte unverrückbar sind, so wandeln wir z. B. das Parallelogramm $AVWC$

in ein Dreieck von gleichem Flächeninhalt um und erhalten so, wenn $aa_1 = dd_1 = ff_1 = 2\,AV$, $AVWC = L \cdot AV = L \cdot \frac{aa_1}{2} = L \cdot \frac{dd_1}{2} = \ldots$

Fig. 79.

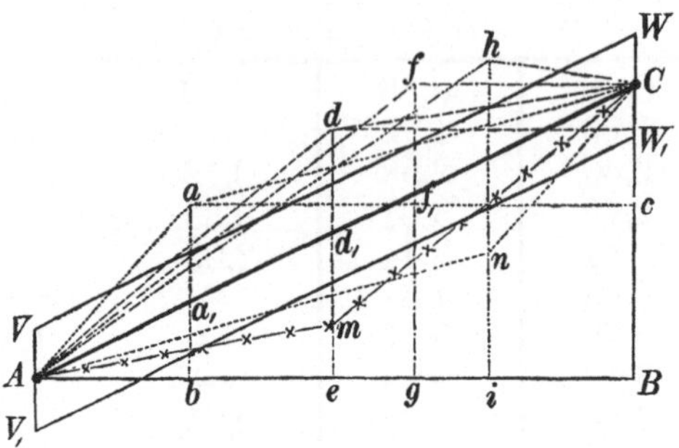

und ersteigen demnach die Höhe H in verschiedenen Arten gebrochenen Gefälls, welche offenbar in gleicher Weise die Ausgleichung von Ab- und Auftrag bewirken können; nur darf der Punkt des Gefällbruchs nicht höher hinaufrücken als der Endpunkt c selbst liegt (nämlich bis f), weil sonst Gegengefäll entstehen würde, und ebenso wenig darf er tiefer als auf jenen Ort geschoben werden, von wo zu A herab sich noch ein angemessenes Gefäll ergibt.

Je nachdem das Gelände näher bei A oder bei C bedeutendere Erhebungen zeigt, werden wir im Uebrigen eine freie Wahl des Bruchpunkts so treffen, daß der Gefällbruch jene Erhebungen möglichst übersteigt oder zur Ausgleichung von Ab- und Auftrag tiefer schneidet und annehmbare Gefällverhältnisse gewährt. In Fig. 79 ergeben sich als Gefällprozente

$$\text{für Punkt a: } o,op_1 = \frac{ab}{Ab} \text{ und } o,op_2 = \frac{Cc}{ac},$$

$$\text{„ „ d: } o,op_3 = \frac{de}{Ae} \text{ und } o,op_4 = \frac{CW_1}{dW_1}$$

u. s. w.

Der Augenschein lehrt, daß unter ihnen sehr große Verschiedenheit herrscht.

Würde in analoger Weise, wie das Gefäll nach oben in zwei abnehmende Gefälle zerlegt wurde, das Gefälle durch Linienbrechungen wie AmC, AnC rc. verändert, so würde dasselbe gegen C hin ansteigen.

Statt der Zerlegung des Durchschnittgefälls in 2 Gefälle könnte ebenso gut eine Drei-, Vier- rc. Theilung eintreten und bietet überhaupt die verschiedenartige Umänderung der Gefällverhältnisse, sich anschmiegend an das Geländeprofil, das einzige Auskunftsmittel, um eine unveränderliche Zugsrichtung, wenn sie große Unebenheiten aufweist, ohne allzukostspielige Bauarbeiten doch in fahrbaren Zustand zu versetzen, wie an unserem Rechnungsbeispiel (Fig. 78) anschaulich werden wird.

Um das Mehr von $1{,}39^m$ im Auftrag zu beseitigen, welches je auf eine Entfernung (Stationslänge) von 30^m vertheilt $= 1{,}39 : 10{,}8 = 0{,}13^m$ (genauer 0,1287) für jede Station beträgt, kann man die Mitte des

Wegzuges um den doppelten Betrag = 0,26^{m} senken und von diesem neuen Mittelpunkt die Gefälllinien gegen die Endpunkte auslaufen lassen. Zu diesem Ergebniß gelangen wir noch durch folgende Rechnung:

Heißen wir allgemein n die Stationenzahl und d die Differenz zwischen Ab- und Auftrag, welche auf alle Stationen zu vertheilen ist, so wird die Höhe = ± z (um welche die Wegmitte zu erhöhen oder zu erniedrigen ist) als letztes Glied einer arithmetischen Reihe gefunden, deren erstes Glied = 0, deren Summe = $\frac{d}{2}$ und deren Gliederzahl = $\frac{n}{2}$ ist:

$$\left(\frac{o+z}{2}\right)\frac{n}{2} = \frac{d}{2}, \text{ folglich } \pm z = \frac{2d}{n}.$$

Fig. 80.

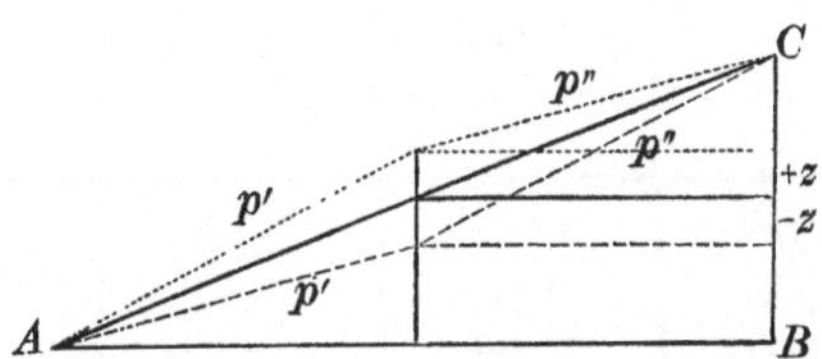

Somit vermindert oder steigert sich das Gefäll bis zur Wegmitte um diesen Betrag, es wird, da

$$\frac{L}{2} : \frac{H}{2} \pm \frac{2d}{n} = 100 : p'$$

auf der ersten Weghälfte $p' = \frac{100}{L}\left(H \mp \frac{4}{n} d\right)$

„ „ zweiten „ p'' mit entgegengesetztem Werthzeichen $\left(\pm \frac{4}{n} d\right)$

Im obigen Beispiele wird demnach in der ersten Weghälfte das Gefäll kleiner, in der zweiten größer um

$$2 \times 1{,}39 : 10{,}8 = 0{,}26^{m}$$

es wird $p_{,} = \frac{100}{324}\left(9{,}3 - \frac{4 \times 1{,}39}{10{,}8}\right) = 2{,}71$ und

$$p_{,,} = \frac{100}{324}\left(9{,}3 + \frac{4 \times 1{,}39}{10{,}8}\right) = 3{,}03 -$$

ein ganz annehmbares Verhältniß, nach welchem nunmehr die Ordinaten umzurechnen sind.

Erste Strecke (Länge 162^{m}, Ersteigung 4,39^{m})

	Station	1	= 30 ×	0,0271	= 0,81	Meter
	„	2	= 60 ×	„	= 1,63	„
	„	3	= 90 ×	„	= 2,44	„
	„	3a	= 105 ×	„	= 2,85	„
	„	4	= 120 ×	„	= 3,25	„
	„	5	= 150 ×	„	= 4,06	„
(neue)	„	5a	= 162 ×	„	= 4,39	„

Zweite Strecke (Länge 162^m, Ersteigung 4,91^m)

Station 6 = 4,39 + (180 — 162) 0,0303 = 4,94
" 7 = 4,39 + (210 — 162) 0,0303 = 5,85
: :
" 10a = 4,39 + (300 — 162) 0,0303 = 8,57
" B = 4,39 + (324 — 162) 0,0303 = 9,30

Diese Ansätze ergeben sich dadurch, daß auf halber Weglänge um den Totalanzug 4,39^m der ersten Strecke die Niveaulinie auf MN hinaufrückt und die Entfernungen für die Berechnung um $\frac{L}{2} = 162^m$ zu mindern sind.

In Folge der Gefälländerung stellt sich Auf- und Abtrag wie folgt:

Erste Strecke Station	Totalanzug	Prozent-anzug	Differenz Auftrag	Differenz Abtrag
	Meter			
1	0,66	0,81	0,15	—
2	1,80	1,63	—	0,17
3	2,46	2,44	—	0,02
3a	2,19	2,85	0,66	—
4	1,41	3,25	1,84	—
5	4,65	4,06	—	0,59
			2,65	0,78

Für den neuen Punkt zwischen Station 5 und 6 (162 — 150 = 12^m über Station 5 hinaus) wäre der Totalanzug besonders zu berechnen oder mit dem Zirkel abzugreifen.

Es ist g — f = 2,13 und 30 : 12 = g — f : x

$$x = 0,4\ (g - f)$$

und zu suchen war f + x = 4,65 + 0,85 = 5,50^m.

Zweite Strecke Station	Totalanzug	Prozent-anzug	Differenz Auftrag	Differenz Abtrag
	Meter			
6	6,78	4,94	—	1,84
7	7,11	5,85	—	1,26
8	6,24	6,76	0,52	—
9	8,34	7,44	—	0,90
10	6,54	8,12	1,58	—
10a	8,76	8,57	—	0,19
B	9,30	9,30	—	—
			2,10	+ 4,19
Hiezu von der ersten Strecke:			2,65	+ 0,78
			— 4,75	+ 4,97
				— 4,75
				+ 0,22^m

ein verschwindender Ueberschuß für vorläufige Ausgleichung.

Ungeachtet jetzt über die ganze Wegerstreckung hin die Ausgleichung hergestellt ist, wäre es doch möglich, daß die neue Gefälllinie nicht befriedigte, wenn nämlich der weite Transport der Abtragsmassen an die Auftragstellen zu große Kosten veranlaßte und der Abtrag an einzelnen Punkten zu tiefe und unbequeme Gelände-Einschnitte, der Auftrag dagegen zu hohe Aufschüttungen erforderte. Zur Umgehung dessen wäre entweder eine solche Gefälllinie aufzusuchen, welche ermöglichte, die Ausgleichungen innerhalb kürzerer Strecken zu erreichen, wie dies z. B. die Gefälllinie ADEFB in Aussicht stellt, welche 4 verschiedene Steigungsverhältnisse hat — oder es müßte nach Umständen, wenn sich ohne allzugroßen Aufwand in der Richtung AB kein fahrbarer Wegzug auffinden ließe, die Richtung verlassen und dem zweckmäßigeren Gefälle geopfert werden. Hiemit würde die Aufgabe 2 an uns herantreten: die Richtung des besten Gefälls erst aufzusuchen.

Das in obigem Rechnungsbeispiel gebrauchte Ausgleich-Verfahren leidet übrigens an dem mathematischen Gebrechen, daß den einzelnen Ab- und Auftragshöhen ein gleicher kubischer Werth nicht zukommt, schon deßwegen, weil die Entfernungen nicht gleich groß sind, weßwegen das Verfahren nur die Ausgleichung der größten Extreme oder die Prüfung einer Linie auf ihre Brauchbarkeit bezwecken kann.

Am wenigsten ist die gewünschte Gewähr für die beiläufige Ausgleichung dann gegeben, wenn die einzelnen Ordinaten des Abtrags kleiner und zahlreicher, jene des Auftrags dagegen viel größer aber weniger an Zahl sind — oder umgekehrt.

Stünden nämlich die Querprofilflächen der Einzelstrecken im einfachen Verhältniß zu den Höhen des Ab- oder Auftrags, so müßten (bei gleicher Wegbreite) die Ab- oder Auftragsmassen in gleichen Schichten wie die Profilhöhen ab- oder zunehmen, sich also verhalten wie die Produkte aus den betreffenden Stationslängen und Ab- oder Auftragshöhen. Dann änderte sich in unserem Beispiel die erste Rechnung wie folgt:

Stationen	Auftrag	Abtrag
1	0,20 × 30 = 6,0	—
2	—	0,08 × 30 = 2,4
3	0,12 × 30 = 3,6	—
3a	0,82 × 15 = 12,3	—
4	2,03 × 15 = 30,4	—
5	—	0,34 × 30 = 10,2
6	—	1,61 × 30 = 48,3
7	—	1,08 × 30 = 32,4
8	0,65 × 30 = 19,5	—
9	—	0,81 × 22,5 = 18,2
10	1,64 × 22,5 = 36,9	—
10a	—	0,15 × 15 = 2,3
	= — 108,7	= + 113,8
		— 108,7

Somit Abtragsüberschuß: 5,1

während die erste Rechnung ein Mehr am Auftrag ergeben hatte. Obiger Mehrbetrag, auf die Weglänge vertheilt, wäre 5,1 : 324 = 0,015 m, also so geringfügig, daß die erste Gefälllinie annehmbar wäre.

Zweierlei Momente sind jedoch in Anschlag zu nehmen:

1. Die Seitenwände der Ab- und Auftragskörper sind beinahe nie senkrecht, sondern nach einem Böschungswinkel geneigt, welcher meistens $\frac{R^\circ}{2}$ nahekommt, und nach der Größe dieses Winkels, sowie nach dem Verlauf des Geländeprofils, welches durch die Böschungslinie näher oder entfernter z. B. einerseits in C, D E, anderseits in F...

Fig 81.

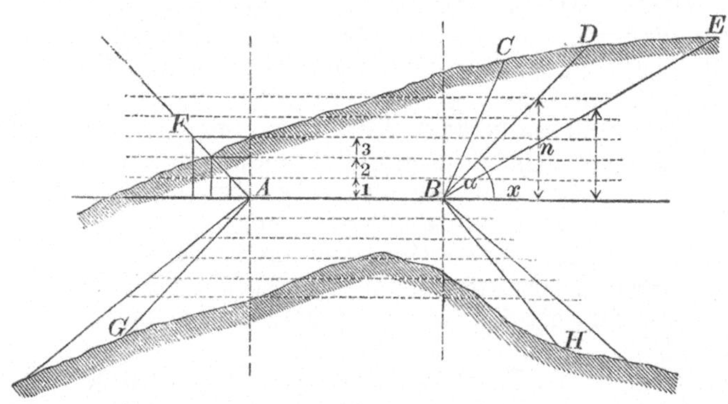

geschnitten wird, müssen die Ab- und Auftragskörper an Masse ab- oder zunehmen. Bei „einfüßiger" Böschung (Diagonale des Quadrats) nimmt die Querprofilfläche bis zu dem Punkte, wo das Geländeprofil die Böschungslinie schneidet, wenn AB (Wegbreite) = b und die senkrechte Höhe über B = 1, 2, 3 ... n in dem Verhältniß zu:

$$(b \times 1) + 2\,\frac{1^2}{2} = b + 1$$

$$(b \times 2) + 2\,\frac{2^2}{2} = 2b + 4$$

$$(b \times 3) + 2\,\frac{3^2}{2} = 3b + 9$$

$$\vdots$$

$$(b \times n) + 2\,\frac{n^2}{2} = n\,(b + n)$$

Aendert sich das Böschungsverhältniß, indem $\sphericalangle\,\alpha \gtrless \frac{R^\circ}{2}$ wird, so wird die Böschungslinie umgekehrt $\lesseqgtr$ BD und $x \gtrless n$. Wenn $\sphericalangle\,\alpha = \frac{R^\circ}{2}$, ist $x = n$, andernfalls aber wird $x = n\,\frac{1}{\operatorname{tg}\alpha}$ oder $\left(\frac{1}{\operatorname{tg}\alpha} = \beta\right) = n\beta$

Allgemein nimmt also die Querprofilfläche in dem Verhältniß $b + \beta : n\,(b + n\beta)$ so lange zu, als eine unregelmäßige Geländeoberfläche das Verhältniß nicht ändert. Dies gilt selbstverständlich für Auftrags- wie Abtragsprofile.

2. Die Auf- und Abtragskörper berechnen sich, wie der betreffende Paragraph näher darlegen wird, nicht einfach nach der Querprofilfläche einer Station, sondern aus der Mittenfläche von je 2 Stationen (oder dem arithmetischen Mittel aus den Endflächen).

Es darf daher keine Wegabsteckung definitiv angenommen werden, bevor die Querprofile gemessen und auf Grund ihrer Flächengrößen die Ab- und Auftragsmassen berechnet sind.

§ 56.

Von der stufenweisen Gefällveränderung.

Zuweilen wird das Ansinnen gestellt, das Gefäll einer Weglinie nach einem bestimmten Verhältniß, um n, 1 oder $\frac{1}{n}$ Prozente, nach Oben ab-, seltener es zunehmen zu lassen. Darf demgemäß die Richtung selbst verändert und beliebig nach rechts oder links aus- oder eingebogen werden, so handelt sich's nur beim Nivelliren um die nöthige Aufmerksamkeit, damit streckenweise am rechten Ort die Höhenabstände der Stationen ermäßigt werden. Ist dagegen die Horizontallänge und Totalhöhe gegeben und bestimmt, in wieviel und wie großen Abstufungen das Gefälle ab- oder zunehmen soll, so muß der erste Prozentsatz durch Rechnung gesucht werden. Der Fall liegt bei nur 2 oder 3 Abstufungen sehr einfach z. B. $L = 2200^m$, $H = 66^m$, somit durchschnittliches Gefäll = 3%. Soll die erste Weghälfte um 1% stärker ansteigen als die zweite, so vertheilt sich diese Differenz auf beide Weghälften, es ist p_1, weil um 1 : 2 zu erhöhen, $= p + \frac{1}{2}$ und $p_2 = p - \frac{1}{2}$, worauf

1. Strecke $1100 \times 0{,}035 = 38{,}5^m$
2. „ $1100 \times 0{,}025 = 27{,}5^m$ ersteigt,

zusammen: $66{,}0^m$,

denn es muß sein

$$\frac{L}{2} \times \frac{p_1}{100} + \frac{L}{2} \times \frac{p_1 - 1}{100} = H, \text{ woraus}$$

$$p_1 = \frac{100\,H}{L} + \tfrac{1}{2} = p + \tfrac{1}{2}.$$

Ebenso erhielten wir für 3 Gefällstufen den Ansatz

$$\frac{L}{3} \times \frac{p_1}{100} + \frac{L}{3} \times \frac{p_1 \mp 1}{100} + \frac{L}{3} \times \frac{p_1 \mp 2}{100} = H$$

$$3\,(p_1 \mp 1) = \frac{3\,H}{L}\,100$$

$$p_1 = p \pm 1$$

Fig. 82.

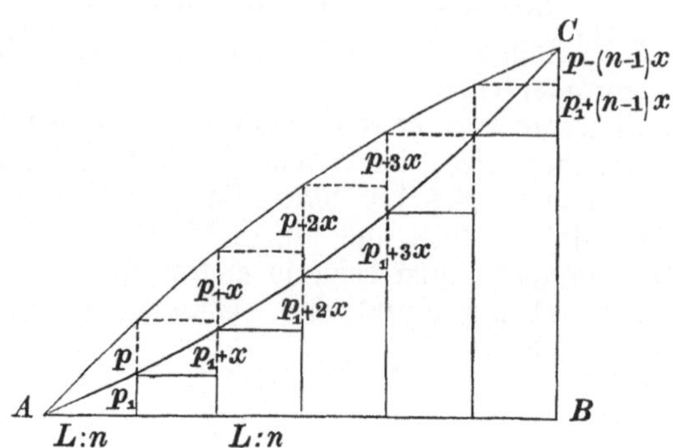

Allgemein entwickelt sich für eine beliebige Anzahl regelmäßiger Gefäll-Uebergänge auf der Wegrichtung AB = L bis zur Höhe H, wenn die Gefälldifferenz = x (Ganze oder Bruchtheile v. Proz.):

$$\frac{L}{n}\,\frac{p_1}{100} + \frac{L}{n}\,\frac{p_1 \mp x}{100} + \frac{L}{n}\,\frac{p_1 \mp 2x}{100} + \ldots$$

$$\ldots + \frac{L}{n}\,\frac{p_1 \mp x\,(n-1)}{100} = H$$

und durch Summirung dieser Reihe

$$\left(\frac{p_1 + p_1 \mp (n-1)\,x}{100}\right) \times \frac{L}{2} = H$$

woraus $p_1 = \frac{H\;100}{L} \pm \left(\frac{n-1}{2}\right) x = p \pm (n-1)\,\frac{x}{2}$

Z. B. die Wegstrecke 2200^m mit 66^m Gesammtersteigung soll so abgesteckt werden, daß vom Anfangspunkt die Steigung alle 200^m um 0,25% abnimmt, wie groß ist das Anfangsgefäll?

$$\frac{L}{n} = 200^m \text{ und } n = 2200:200 = 11,$$

$$\text{somit } p_1 = 3 + \frac{10 \times 0{,}25}{2} = 4{,}25$$

Auf die ersten $\frac{L}{n}$ werden erstiegen 8,50^m, auf jedes weitere $\frac{L}{n}$ um $200 \times 0{,}0025 = 0{,}5^m$ weniger, somit auf elf Stationslängen die Summe der arithmetischen Reihe von 11 Gliedern = $(8{,}50 + 8{,}50 - 5{,}00)\,\frac{11}{2} = 66^m$.

Eine andere Lösung dieser Aufgabe ist nicht wohl zulässig, da die Bedingung nicht dahin lautet, jeden Moment das Gefäll zu ändern, sondern vielmehr je eine gewisse Strecke bei demselben Gefäll zu beharren. Auf einer Zugslinie, deren Gefälle mit jedem Moment wechselte, würde den Zugführern und Zugkräften die schwierige, ja peinliche Aufgabe erwachsen, unaufhörlich den Grad des Kraftaufwands für Förderung oder Hemmung neu zu suchen. Kombinirt wird die Aufgabe dann, wenn bei längerem Steigen auf gewisse Distanzen die Steigung durch Ruheplätze mit mäßigstem

Anzug unterbrochen werden soll, also ein ständiger Prozentsatz mit einem zu- oder abnehmenden wechselt.

§ 57.

Aufsuchen der Wegrichtung nach dem Gefäll.

Im Gebirge ist meistens dem Gefälle das Augenmerk zuerst zuzuwenden und die Aufgabe zu lösen, daß man dem natürlichen Gefälle durch Aufsuchen einer Reihe von Geländepunkten soweit folgt, als Aussicht für günstige Gestaltung einer Straßenanlage bleibt. Den Höhenabstand zwischen Anfangs- und Endpunkt zu kennen, ist erstes Erforderniß, die kürzeste Entfernung zwischen ihnen nur gefragt, weil sie die beiläufige Richtung angibt, von welcher sich die einzelnen Stationspunkte desto weiter entfernen, je größer die Neigung der Berghänge. Die kürzeste Linie L wird soweit durch gebrochene oder Bogenlinien ersetzt, daß wenn p das höchstzulässige Gefäll, $L = \frac{100\,H}{p}$ wird, somit von unserer Gefällwahl, wenn die Weglänge, auch die Richtung abhängen muß.

Müssen wir einen bestimmten Höhe- oder Tiefepunkt erreichen (was ebenfalls oft in unserer Wahl liegt), ohne aus einem vorhandenen Plan das Nöthige erheben zu können, so untersuchen wir ohne förmliches Nivellement, in welche Wegrichtung uns ein bestimmtes Gefäll führt und gründen darauf, je nach dem Ergebniß, die Wegabsteckung mit Einhaltung oder Modifikation der Richtung in vertikaler und horizontaler Projektion.

Zum Rekognosciren der Gefäll-Richtung steckt man mit Einstellung des Instruments auf das gewünschte Gefäll flüchtig ab, auf offenem Gelände oft von einem einzigen Stationspunkt auf mehrere Stationen hinaus. Unter beständigem Vorwärtsrücken mit der Nivellirlatte und unter Verpfählen der Zwischenpunkte nähert man sich dem nächsten Hauptpunkt und vergewissert sich darüber,

a. welche Berichtigung des ersten p stattzufinden habe, um den angestrebten Punkt wirklich mit dem Wegzug zu treffen,

b. ob Richtung und Gefäll über ein baugenehmes Gelände führen.

Sind einzelne Vorkommnisse (Felsparthien, Abstürze 2c.) dem Wegzug hinderlich, so kann entweder durch Brechen der Gefälllinie eine Umgehung versucht oder, wenn die ganze Linie mißfällt, einer anderen Richtung nachgegangen werden.

Im ersten Fall liegt es innerhalb erlaubter Gefällgrenzen in unseren Händen, örtlichen Hindernissen durch Steigerung oder Mäßigung von p auf $p \pm x$ auszuweichen und dann (Fig. 83) entweder statt der anfänglichen

Fig. 83.

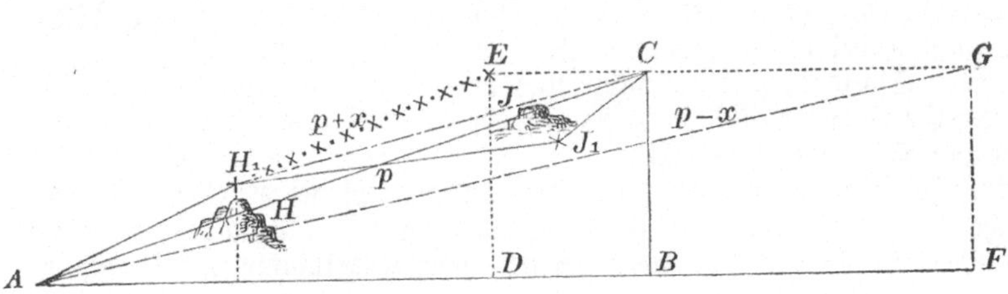

Richtung und Weglänge L den kürzeren oder weiteren Weg $L_1 = \frac{100\,H}{p \pm x}$ anzunehmen und mit größerem bezieh. kleinerem Durchschnittsgefäll zu dem erstrebten Hauptpunkt zu gelangen —

$$AD\,\frac{p+x}{100} = DE = AB\,\frac{p}{100} = BC,$$

$$\text{bezieh. } AF\,\frac{p-x}{100} = FG.$$

Oder man wählt Richtung und Gefäll nach Umgehung des Hindernisses bei H oder J wieder so, daß die Gefällerhöhung oder Minderung um x auf der nächstfolgenden Strecke sich wieder ausgleicht, also wenn n Stationen weit mit $p \pm x$ gestiegen wurde, nun umgekehrt n Stationen das Gefälle $p \mp x$ erhalten oder: auf die ganze restliche Länge bis zum Hauptpunkt C das plus oder minus vertheilt wird und z. B. der Steigung AH_1 die Steigung H_1C oder die gebrochene Steigung H_1J_1C folgt.

So können Bauwidrigkeiten in einem beliebigen Theil von L durch örtliche Aenderung von Steigung und Richtung vermieden werden, am besten wohl so, daß die anfängliche Steigung die stärkere und sie dann entweder stufenweise weiter abnimmt oder eine Strecke weit durch ein geringeres Prozent unterbrochen wird, um sich wieder fortzusetzen. Das Rückwärtseinschneiden durch Absteckung von oben mit $p - x$, nachdem von Unten eine gewisse Höhe mit p erreicht worden, ist oft ein empfehlenswerthes Mittel; es erlaubt, zwei oder mehrere Gefälle leicht in einander überzuführen und die billigste Baurichtung rasch zu finden. Man stößt z. B. beim Abstecken auf eine Felshalde, welche nur eine oder zwei passirbare Terrassen hat. Sofort stellt man auf einer derselben mit $p \pm x$ auf und schneidet rückwärts auf die bereits mit p abgesteckte Zugslinie ein. Kann der Gefällwechsel auf einen Bergvorsprung oder Rücken mit schwächerem Abfall gelegt werden, so wird er dem Auge entzogen.

Ob die Gegend übersehbar oder dicht bewachsen, ist hier ziemlich gleichgiltig, höchstens halten Dickichte im Abstecken etwas auf. Auch der Signale oder des Besteigens hoher Bäume oder von gegenüber liegenden Berghöhen, wie es Scheppler (a. a. O.) wiederholt empfiehlt, bedarf es sehr selten. Ein gutes Instrument, einige Uebung und häufige Begänge des betreffenden Waldtheils helfen leicht zurecht.

Will man das Verfahren auf große Strecken ausdehnen, so macht die Rücksicht auf Zeitersparniß ein flüchtiges Abstecken ohne Längenmessung rathsam, bis man über die geeignete Richtung und die einzuhaltenden Steigungen beiläufig in's Reine gekommen, soweit man im Besitz eines Plans mit guter Kurvenzeichnung noch dessen bedarf.

Das genauere Abstecken der speziellen Steigungen, wenn man sich orientirt hat, geschieht jetzt in bekannter Weise durch Nivelliren aus der Mitte.

Da man hiebei die horizontalen Abstände zu messen hat und gleich groß macht, jeden Stationspunkt verpfählt und mit fortlaufender Nummer versieht und jeden Gefällwechsel sich aufzeichnet, läßt sich auf jedem Punkte die bisher erreichte Höhe sofort berechnen.

Beim Projektiren in einer oder der anderen Weise bietet die Bodenoberfläche aus- und einwärtsgehende Krümmungen, bald nahe der Form regelmäßiger Wölbungen (Cylinder-, Kegel- oder Kugelmantel), bald in unregelmäßigen Falten und Wellen, durchschnitten durch Aus- und Abschwemmungen, zerrissen durch Rinnen, Hohlgassen und Spaltungen. Flache und gleichmäßige Formen lassen größere Stationen und rascheres Fortschreiten zu. Sind die Aus- und Einbuchtungen stärker und kürzer, aber noch regelmäßig, so wird man ihnen die Zugslinie durch Verkürzen der Stationen anpassen müssen; man erreicht dadurch ein Hereinfallen der einzelnen Punkte in die natürliche Kurve und vermeidet ebenso ein tiefes Einschneiden in die Bergwand, als ein zu weites Hinausverlegen des Wegkörpers. Sobald aber die Berghänge wie öfter im Hügelland und gewissen Gebirgsformationen in unregelmäßigen Wellenlinien verlaufen oder bald durch Kuppen und Köpfe, bald durch Einschnitte unterbrochen sind, wird ein Anlehnen der Zugslinie an das Gelände kaum möglich. Man wird dann besser mit längeren Stationen die Unregelmäßigkeiten überschreiten, indem man unter Vermeidung der höchsten und tiefsten Orte die Gefällpunkte auf die Durchschnitts-Linie oder -Fläche des Geländes zu bringen sucht. Nivellement, Profilaufnahme und Berechnung von Ab- und Auftrag sind hier, weil eine Ausgleichung dennoch stattfinden muß, immer schwieriger und zeitraubender.

Nach vollzogener Wahl der Zugslinie hätte in der Regel das Auftragen des Längeprofils zu folgen, um eine Uebersicht über die Baulinie zu gewinnen. Regelmäßige Wegzüge über einförmiges unschwieriges Gelände machen es öfter ganz entbehrlich.

Macht es starker Wechsel der Bodenformen dennoch nöthig, so läßt es sich in einfachster Form ausführen. Während der Abstecktung trägt man in sein Notizbuch die Stationslängen, Einzelsteigungen, Gefällwechselpunkte so wie jene Gegenstände, deren Besonderheiten zu beachten und durch Messungen speciell festzustellen sind, sogleich ein. Hieraus wird das Längenprofil leicht konstruirt. Veränderungen in den Einzelstrecken ergeben sich mit der Berechnung des Wegkörpers zur Ausgleichung nachher immer noch. Man verschiebt lieber einzelne Stationspunkte, als daß man zu kostspielige Erdtransporte vornimmt. Andere Aenderungen, mehr oder minder bedeutend theils in Bezug auf die Richtung, theils auf die Weglänge, verursacht aber hauptsächlich das Abrunden der Gefälle an den Wechselpunkten und das Abstecken der Kurvenzüge.

Auch bei der sorgfältigsten Arbeit kann daher die Richtung der ersten Absteckung noch keine definitive sein. Veränderungen und Berichtigungen müssen sogar in vielen Fällen mehrfach nachfolgen, bis die Steigungsverhältnisse, die abgerundete Zugslinie und die Ausgleichung der zu bewegenden Massen mit einander stimmen und — den Interessen der Betheiligten entsprechen.

§ 58.

Verbindung beider Verfahren.

Um zweckentsprechende Richtungen nicht gänzlich aufzugeben, genügt es in vielen Fällen, ihnen soweit zu folgen, als sie baufähiges Gelände und angenehmes Gefälle bieten, und die nicht bauwürdigen Strecken durch Umgehungslinien zu ersetzen, so daß die Wegzüge mannigfaltige Kombinationen von Geraden und Bogenlinien darstellen.

Im Hügellande sind manche Abdachungen im oberen oder unteren Theil flach genug, auf der übrigen Strecke aber zu steil für geradlinige Schneussenwege. Ebenso fallen oft einzelne Kuppen mitten in eine sonst annehmbare Richtung. Man braucht deßwegen nicht die angenommenen Grundzüge eines Wegnetzes aufzugeben, sondern wandelt sie in fahrbare Linien von entsprechender Biegung und Längenerstreckung um, entweder im Ganzen oder nur stückweise.

Fig. 84.

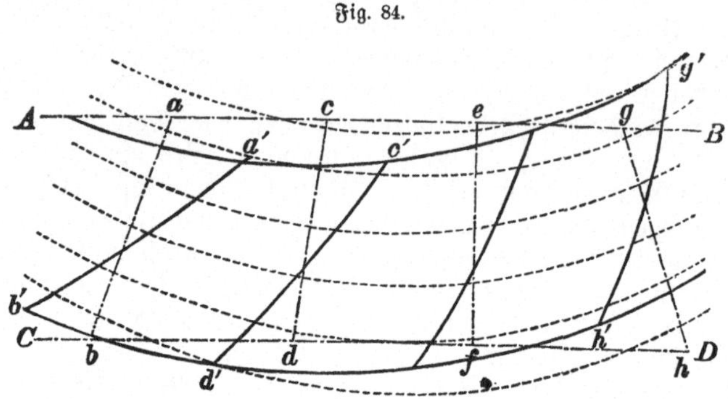

In Fig. 84 seien die Hauptwege A B und C D im Bauplan gelegen und durch vier Stellwege a b . . . . g h zu verbinden. Die ersteren erhielten als Sehnen der Horizontalkurven zu viel Gegengefälle, die letzteren in ihrer Strahlenrichtung eine das zulässige Maximum überschreitende Steigung. Läßt man die Hauptwege als Bogenlinien mit schwachem Gefälle den Kurven nahezu folgen und steckt von der neugewonnenen Grundlinie b_1 h_1 aus in gleichmäßigen Abständen statt a b, c d, ... g h die Linien a_1 b_1 . . . . g_1 h_1 mit dem zulässigen Gefällprozent ab, so wandelt sich das ungefügige Schneussennetz in ein leicht durchführbares Kurvennetz um. Die Richtung bleibt im Ganzen dieselbe, die Gefälllinien werden normal, die Wegstrecken nur wenig verlängert, somit bei einem Minimum an Baufläche und Kosten die Zwecke des Wegbaues völlig erreicht. Zugleich deutet das Beispiel an, zu welchen groben Verstößen die Schneusseneintheilung eines Waldes führen kann, wenn nicht zugleich die Herstellbarkeit der Schneussen in Fahrwege erwogen wird.

Sind Schneussenlinien nur streckenweise durch Hindernisse unterbrochen, so behält man die zugänglichen Strecken bei und sucht, nach genauer örtlicher Prüfung, zwischen den Endpunkten je zweier beibehaltenen Geraden die Verbindung durch Ersatzlinien von zulässigem Gefäll und fahrbarer Kurvenform herzustellen. Je nach Beschaffenheit der zu umgehenden Hindernisse reicht dazu ein einziger Gefällzug mit einfacher Krümmung aus oder muß ein mäßiges Gegengefälle und eine zusammengesetzte Kurvenlinie als Ersatz zugelassen werden. Am schnellsten unterrichtet man sich über die geeignetste Ersatzlinie, wenn durch ein flüchtiges Nivellement der Höhenabstand und die Geländeform zwischen B u. C (Fig. 85) aufgenommen wird. Ein zwischenliegender Bergkopf oder Rücken

Fig 85.

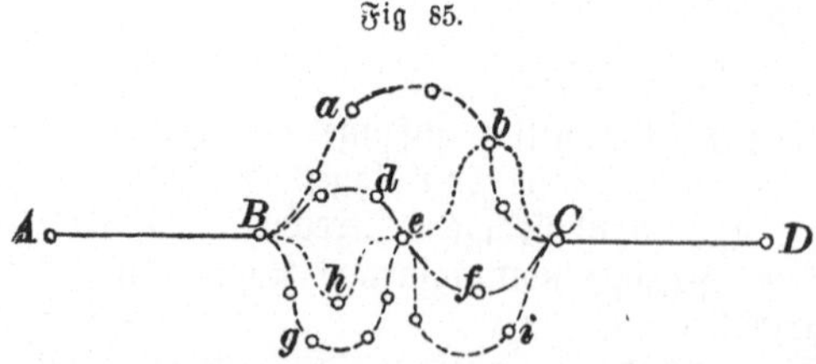

wird durch einen ähnlichen Zug wie B a b C umgangen, eine Mulde durch B d f C, ein quer ziehendes Thal meist durch einen Doppelzug wie B g e i C oder B h e b C überschritten werden müssen. Wie diese Zuglinien in fahrbare Bögen und Gegenbögen mit dem geringstzulässigen Halbmesser umzuwandeln seien, werden die folgenden Paragraphen zeigen.

III. Abrundung der Winkelzüge in der vertikalen und horizontalen Ebene.

§ 59.

Nach der ersten Absteckung sind die Straßenachsen noch unregelmäßige Ketten von Geraden, welche sich in mannigfachen Winkeln schneiden und der natürlichen Fortbewegung der Fuhrwerke schlecht entsprächen. Es ist gleichsam ein eckiges Gerüste, welches als Grundlage dient, aber erst in ein gefälliges, dem Geländekörper sich anschmiegendes Gewand zu hüllen ist.

Sowohl im Schnitt der Vertikalebene bieten die Gefällwechselpunkte solche der Abrundung bedürftige Ecken als noch mehr die Winkelpunkte des Wegzugs im Grundriß. In beiden Richtungen müssen daher Verschiebungen und Biegungen der Linien eintreten, jedoch so, daß Weglänge und Gefäll im Ganzen möglichst verbleiben. Wo eine unregelmäßige Geländeform viele derartige Aenderungen, zum Theil mit Verkürzung der Weglinien, voraussehen läßt, empfiehlt sich's sogar, bei der ersten Absteckung sogleich ein etwas schwächeres Gefäll anzunehmen, namentlich wenn das höchstzulässige Gefäll zur Anwendung kommt. Tritt nachher beim Abrunden der Winkel oder gar beim Durchschneiden vieler kurzer Krümmen eine Verkürzung des Wegzugs ein, so bleibt sie ohne nachtheiligen Einfluß auf das Gefälle.

§ 60.

Gefällabrundung in den Wechselpunkten.

Ist einer der vielen Fälle eingetreten, wo eine Gefällbrechung geboten war, so darf der Gefällübergang kein deutlich wahrnehmbarer sein; vielmehr muß er so vermittelt werden, daß der Wechselpunkt für das Auge verschwindet und beim Befahren des Weges nicht empfunden wird.

Man kann dies „Ausrunden des Gefälls" sogleich bei der ersten Absteckung dadurch bewirken, daß man auf einigen Stationen Zwischengefälle absteckt d. h. von einem Gefäll zum andern mit Gefällgrößen, welche zwischen beiden liegen, in beliebigen aber gleichen Differenzen übergeht, also allgemein von dem Gefälle a zu b, deren Differenz = d, durch die

Fig. 86.

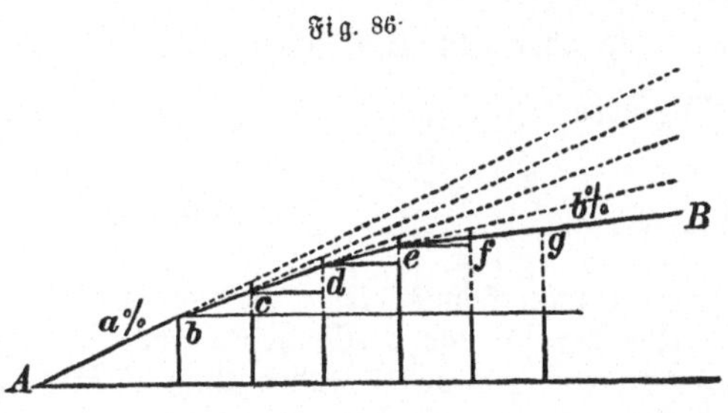

Gefälle $a \mp \frac{d}{n}$, $a \mp \frac{2d}{n}$, ... $a \mp \left(\frac{n-1}{n}\right) d$ in kürzeren (Halb-

oder Drittel-) Stationen über die Punkte b, c, d, e, f nach g, wo in der Richtung gegen B das geringere Gefälle b erreicht ist z. B. aus 8% mit 7,8 — 7,6 — 7,4 — 7,2 in 7%, eine für die meisten praktischen Zwecke hinreichend feine Abrundung.

Die Abrundung nach fertigem Abstecken macht etwas mehr Mühe. Ist das Gefälle nach Aufwärts gebrochen, so wird vom Bruchpunkt B (Fig. 87a)

Fig. 87a.

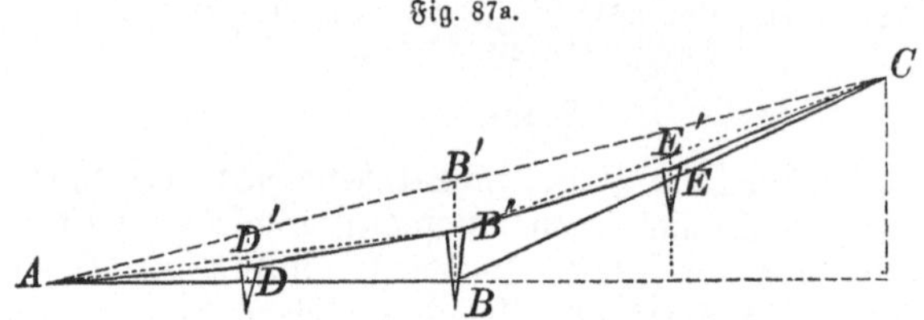

nach A und C die gleiche horizontale Entfernung abgemessen, die Gefälllinie AC einvisirt, über B auf die Höhe $\frac{BB'}{2} = BB''$ verpfählt, von der Pfahlhöhe B'' nach A und C einvisirt, auf $\frac{DD'}{2}$ und $\frac{EE'}{2}$ verpfählt und wenn nöthig zwischen den neuen Gefällbrüchen dieselbe Manipulation wiederholt.

Eine andere sehr einfache Ausrundung besteht in dem Verfahren (Fig. 87b),

Fig. 87b.

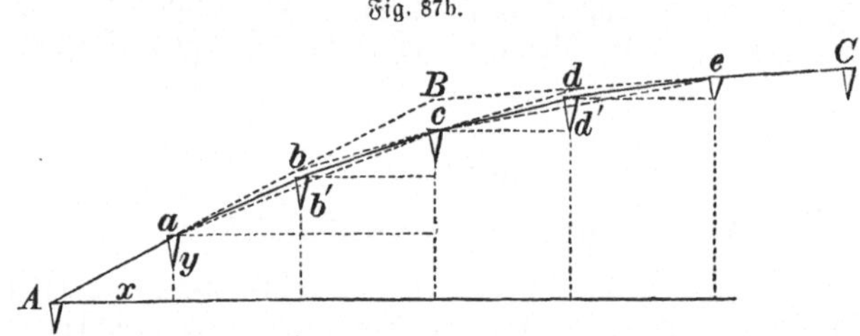

vom Brechungspunkt B die kürzeren Strecken Bb = Bd abzustecken, mittelst der Visirkreuze zwischen b und d den Punkt c einzurichten und zu verpfählen, von b nach a, von d nach e die Entfernung bc = cd zu nehmen und über den Visirlinien ac und ce die Erhöhung $\frac{bb_{,}}{2}$ u. $\frac{dd_{,}}{2}$ als Pfahlhöhe festzulegen. Es ergeben sich so die stufenweise abnehmenden Gefälle $\frac{y}{x}$, $\frac{y - \frac{bb'}{2}}{x}$, $\frac{y - bb'}{x}$ u. s. w.

Erachtet man keines dieser Verfahren für genügend, so kann an ihre Stelle eine der folgenden Methoden der förmlichen Kurvenabsteckung treten, indem man eine zusagende Kurve zu ∢ ABC in vertikalem Sinne konstruirt und dann auf das Gelände überträgt. Der Abrundung wäre der Halbmesser für die Tangentialpunkte a und e zu Grunde zu legen.

Für eine Steige, welche mit horizontaler Bahn schließt, bildet die Horizontale die Grundlinie der auf- oder abwärts gerichteten Kurve und letztere geht unmittelbar aus der Geraden hervor.

Es versteht sich, daß man auch die Gleichung einer Kurve, welche eine Steigung mit gleichmäßiger Gefällabnahme bildet, ableiten könnte. Wäre schon A in Fig. 87b der Koordinaten-Ursprung, so müßte, wenn $\frac{dy}{dx}$ das Gefälle für jeden Punkt der Kurve ausdrückt, die Bedingungs-Gleichung $\frac{d^2y}{dx^2} = C$ (Constante) lauten. Im Waldwegbau wird von derartigen feineren Abpfählungen der Gefällausrundung selten Gebrauch gemacht werden.

§ 61.

Absteckung der Kurven.

Mit der Unregelmäßigkeit des Geländes nimmt für die Straßenachse die Zahl und Größe der Winkelzüge zu und im Gebirge verstärken und häufen sich die Biegungen derart, daß ohne Abrundungen keine fahrbaren Wegzüge entstehen würden, denn die Fuhrwerke vermögen sich nur in Bogenlinien fortzubewegen, wenn sie eine Gerade verlassen müssen. Sie lassen bei jeder Wegbiegung die Außenwinkel liegen und überschreiten störende Innenwinkel. Wird die Wendung an spitzen Scheitelpunkten unmöglich, so läuft das Fuhrwerk Gefahr umzustürzen oder bei starkem Trieb über die Fahrbahn hinaus zu gerathen. Auch das ablaufende Wasser verschmäht Winkelzüge, macht sich, wenn ihm das Gefäll die nöthige Kraft verleiht, in Bogenlinien Bahn, schwemmt entgegentretende Winkel ab und flößt die „todten Winkel" zu, denn jene Kräfte, von welchen die Richtung centraler Bewegung ausgeht, sind, wenn auch sehr verschieden von Natur, jeweils eine gewisse Zeit hindurch beständig wirksam, nehmen in kleinsten Zeitabständen in der Wirkung zu und wieder ab.

Ein Fuhrwerk könnte nur stoßweise mit Gefahr der Beschädigung oder mittelst besonderer Kraftanwendung in einem Moment der Ruhe, also mit Zeitverlust, aus einer geraden Richtung in eine zweite dirigirt werden.

Eine solche gezwungene Bewegung läßt sich nur vermeiden

a. wenn die vorläufig abgesteckten Geraden durch tangirende Kreisbögen verbunden oder

b. regelmäßige dem Gelände folgende Bögen unmittelbar statt der Biegungen abgesteckt werden.

In den einfachsten Fällen genügt zwischen zwei Geraden von einiger Länge ein tangirender Bogen mit konstantem Halbmesser und Krümmung nach Außen oder Innen d. h. eine einfache Kurve. Sie bleibt stets innerhalb des Winkels beider Linien und verkürzt dadurch die Straßenachse. Lassen wir sie aus dem Winkel heraustreten, so kann dadurch die Straßenachse verkürzt, verlängert oder gleich lang erhalten werden, je nach der Größe des angenommenen Bogenhalbmessers. Die Kurve ist in diesen Fällen schon eine doppelte, weil ein Gegenbogen die Rückkehr zur Geraden vermitteln muß; z. B. in Fig. 88 bleiben die Bögen der Radien MT und M'T' innerhalb des Winkels ACB und sind $< 2\,CT$ u. $2\,CT'$ Der Bogen BCA des Radius M'T'' tritt heraus und schneidet die Schenkel bei A und B. Der Bogen DpqrsE des Radius no tritt aus ∢ DCE, ist auffällig > CD + CE und bedarf eines Gegenbogens Dp und Es zum Anschluß in D und E u. s. w.

Fig. 8.

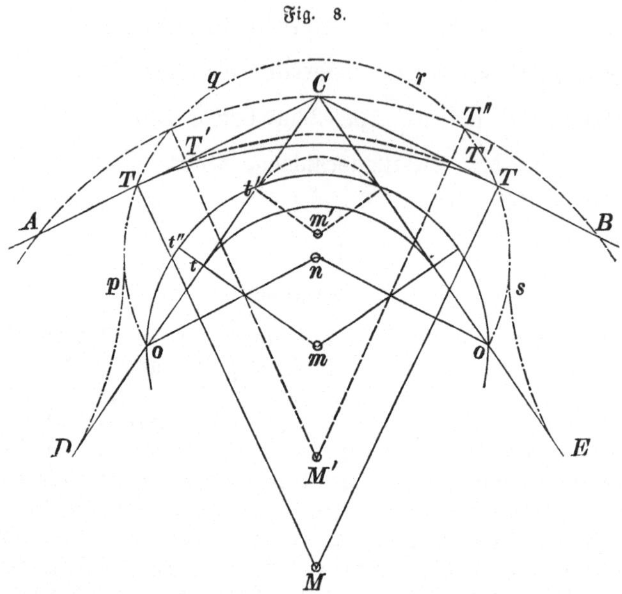

Werden die Biegungen der Achse kürzer, häufiger und von verschiedener Größe, so sind die Bögen verschiedener Radien aneinanderzureihen, welche sich wechselnd nach Innen und Außen wenden: wir erhalten zusammengesetzte Kurven.

Bei stumpfen Winkelzügen sind tangirende Bögen nach dem Augenmaß oder kurzer Hand mit 2 Meßruthen und einigen Stäben leicht abzustecken; schon genauer mit der Kreuzscheibe. Wir messen beliebig von C aus CT oder CT′ gegen A und B ab, errichten in T und T′ Senkrechte nach Innen, finden M oder M′, worauf Bogen TT oder T′T′ mit Band, Kette oder dergleichen bei freiem Gelände auf einer Anzahl Zwischenpunkte verpfählt werden kann. Ist das Gelände bewachsen, so läßt sich auch schnell eine Zeichnung fertigen, auf der Sehne TT eine Anzahl Senkrechte errichten, abgreifen und mit der Kreuzscheibe auf das Gelände übertragen.

Dabei bleiben wir aber ungewiß, ob der zufällig gefundene Radius, welcher vom Scheitelwinkel (ACB, DCE) und der Größe der Tangente (CT, CT′, Ct, Ct′) abhängt und mit beiden ab- oder zunimmt, die erforderliche Größe zu einer fahrbaren Bogenlinie besitzt — was namentlich bei kurzen und zusammengesetzten Bogenlinien von Belang ist. Bei sehr stumpfen Winkeln wie ∠ ACB ist in der Fahrbarkeit, ob der Halbmesser = MT oder M′T′, wenig Unterschied; desto erheblicher ist er bei spitzen Winkeln, z. B. mt gegen m′t′ und vorzugsweise bei ihnen wird ein Heraustreten nöthig.

Als Vorarbeit ist deßwegen die Aufgabe zu lösen, die Tangentialpunkte T als Ursprung des Bogens sowie den Mittelpunkt zu suchen, wenn der

Halbmesser r gegeben ist, dessen geringst-zulässige Länge durch die üblichen Fuhrwerke, das Gelände und die Wegbreite bedingt wird.

Zur Lösung führen zunächst folgende Wege (Fig. 89):

Fig. 89.

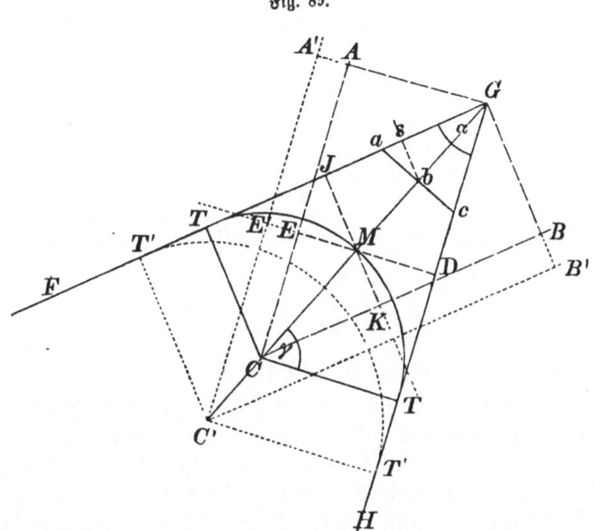

I. mit der Kreuzscheibe werden auf GF und GH je 2 Senkrechte von der Größe CT = r errichtet: GA und DE, GB und JK und über ihre Endpunkte die Linien AE und BK soweit verlängert, bis ihr Schnitt in C den Mittelpunkt des Bogens TMT liefert, zu welchem durch Auf- und Abrücken mit der Kreuzscheibe in den Richtungen FG und GH die Tangentialpunkte T noch gesucht werden.

II. Durch Abstecken von Ga = Gc und Halbiren der Verbindungslinie ac in b wird $\sphericalangle$ FGH = α halbirt, über b die Linie Gc gezogen und auf ihr der Punkt C gesucht; man rückt zu diesem Zwecke mit der Kreuzscheibe und Meßkette oder Schnur von G gegen T weiter, bis auf beiden Seiten die Senkrechte CT = r.

Man findet auch T leicht durch Rechnung, wenn nach Halbiren von ac die Senkrechte bs errichtet und Gs = x, bs = y gefunden wird, denn $GT = r\,\frac{x}{y}$.

III. Man ermittelt $\sphericalangle\ \alpha$ durch Messung oder in Ermanglung eines Instruments durch Rechnung aus den Seiten des Δ Gac, nämlich (Ga = Gc = a und ac = b)

$$2\left(a \cdot \sin\frac{\alpha}{2}\right) = b,\ \sin\frac{\alpha}{2} = \frac{b}{2a}.$$

Ferner:

$$GT\,(=t) : CT\,(=r) = 1 : \operatorname{tg}\frac{\alpha}{2}$$

$$t = \frac{r}{\operatorname{tg}\frac{\alpha}{2}} = \frac{r \cdot \sin\alpha}{1 - \cos\alpha}$$

und

$$\mathrm{G}\,\mathrm{b}\,(=\mathrm{d}) : \frac{\mathrm{b}}{2} = 1 : \mathrm{tg}\,\frac{\alpha}{2}$$

$$\mathrm{tg}\,\frac{\alpha}{2} = \frac{\mathrm{b}}{2\,\mathrm{d}}$$

$$\text{folglich } \mathrm{t} = \mathrm{r}\,\frac{2\,\mathrm{d}}{\mathrm{b}}$$

oder auch, da $\sphericalangle\,\gamma = 90^\circ - \frac{\alpha}{2}$,

$$\mathrm{t} = \mathrm{r} \cdot \mathrm{tg}\,\gamma.$$

Ist r bekannt, so kann also von T aus mit der Kreuzscheibe C sofort bestimmt werden.

§ 62.

Verschiedene Methoden der Kurvenabsteckung.

Die Absteckung von Kurven erfordert die Festlegung so vieler Punkte, als nöthig, um ihren Verlauf zu erkennen und Zwischenpunkte jederzeit ohne Mühe einschalten zu können. Zufolge der Natur unserer Projektionen für Wegbauten sind die wesentlichsten Stücke zur Kurvenbestimmung: die *Halbmesser* und *ihre Tangenten*. Speziell für die *Absteckung von Kreisbögen* ist unsere Aufgabe:

entweder Aufsuchen der *Bogenanfänge* und *Bogenmitte* als Hauptpunkte

oder Aufsuchen einer Reihe von *Bogenpunkten*.

1. Ist der Halbmesser gewählt, T und C bestimmt, so kann der Bogen, wie schon angedeutet, abgesteckt werden:

a. mit Hilfe einer Meßkette oder Leine, welche in C befestigt mit dem andern Ende im Kreis bewegt oder auf bewachsener Fläche wiederholt als Radius durchgesteckt wird oder

b. mit Hilfe einer Zeichnung in beliebigem Maßstab, indem man die gemessenen und berechneten Größen aufträgt, eine Anzahl Abscissen und Ordinaten abgreift und auf dem Gelände aussteckt.

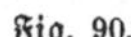

Fig. 90.

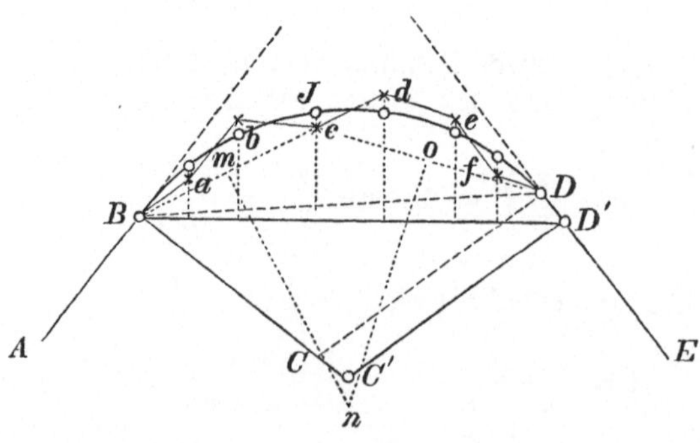

Nach dem Gefälle abgesteckte Wegzüge können dabei auf kurzen Strecken und bei einfachen Geländeverhältnissen durch ein abgekürztes Verfahren geregelt werden. Die Bogenhalbmesser ergeben sich aus der Sachlage, wenn Verschiebungen zulässig. Z. B. (Fig. 90) zwischen den Geraden AB und DE entstand der Gefällzug Bab...fD. Die Senkrechten BC und CD zwingen, weil ungleich groß, zur Annahme des Mittelpunktes C′ und des Halbmessers BC′. Nach dieser Richtigstellung wird die Sehne BD′ und Bogen BJD′ gezogen, die berichtigte Ordinate für a, b, c.... mit dem Zirkel abgegriffen und der Bogen danach durchgesteckt. Wo nöthig, fügt man Zwischenpunkte ein. Für Bögen, welche sich von der Abscissenachse zu weit entfernen, bildet man zwei Achsen aus beliebigen kleineren Sehnen.

Fig. 91.

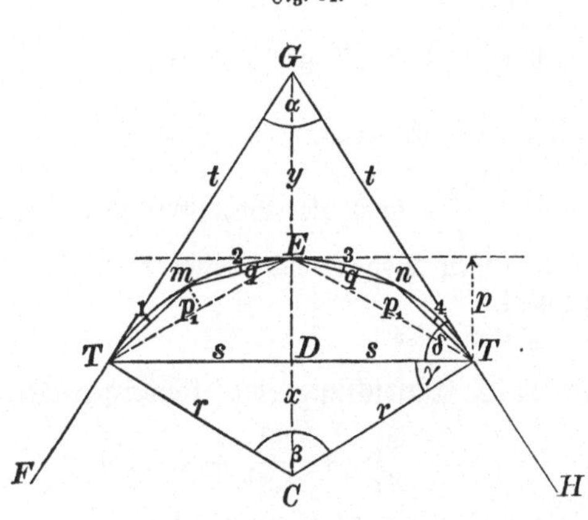

2. Wenn C (Fig. 91) gesucht, durch Messung $GT = t$ und $\frac{TT}{2} = s$ gefunden worden, so kann aus einfachen Ansätzen die „Pfeilhöhe" DE des Bogens TET über der Sehne TT bestimmt werden; dabei sei

$$DC = x \text{ und } DG = DE + EG = p + y$$

$$\sphericalangle\sphericalangle\, \delta + \gamma = \sphericalangle\sphericalangle\, \gamma + \frac{\beta}{2} = \delta + \frac{\alpha}{2} = 90^\circ$$

somit $\sphericalangle\, \delta = \frac{\beta}{2}$ und $\sphericalangle\, \gamma = \frac{\alpha}{2}$; $\sphericalangle\, \frac{\beta}{2} = 90^\circ - \frac{\alpha}{2}$

$\Delta\, CGT \backsim \Delta\, TDG \backsim \Delta\, CDT$, woraus

$$r : t = s : p + y = x : s = 1 : \operatorname{tg} \frac{\beta}{2}$$

$$x = \frac{r \cdot s}{t} = s : \operatorname{tg} \frac{\beta}{2}$$

$$p + y = \frac{t \cdot s}{r}$$

ferner, da $DE = CE - CD$,

$$DE\ (p) = r - x = r\left(1 - \frac{s}{t}\right) = r - \frac{s}{tg\frac{\beta}{2}}$$

$$\text{und } y = \frac{st}{r} + \frac{rs}{t} - r.$$

Zieht man Sehne TT nicht zu nahe am Mittelpunkt eines Kreises und vom Endpunkt E des Pfeils p die 2 kleineren Sehnen TE, so kann der auf $\frac{TE}{2}$ errichtete Pfeil $p_1 = \frac{DE}{4}$ gesetzt werden. Daraus entwickelte sich die vielfach übliche s. g. „Viertelsmethode“. Wenn nämlich $\sphericalangle\ \alpha$ bestimmt, der Tangentialpunkt T ermittelt und TT gemessen, so wird DE nach obiger Formel berechnet und aufgetragen.

Dann können weiterhin durch Auftragen von $p_1 = \frac{r - x}{4}$ auf $\frac{TE}{2}$ zwei weitere Bogenpunkte, durch Auftragen von $q = \frac{p_1}{4} = \frac{r - x}{16}$ auf $\frac{Tm}{2}, \frac{Em}{2}, \frac{En}{2}$ und $\frac{Tn}{2}$ noch vier Bogenpunkte (1, 2, 3, 4) hinzugefügt werden, was bei großen Bögen noch weiter fortsetzbar. Hiezu folgende Näherungsformel:

Es ist, da x auch $= \sqrt{r^2 - s^2}$

$p = r - \sqrt{r^2 - s^2}$ und durch Entwicklung einer konvergirenden Reihe

$$= r - \left(r - \frac{s^2}{2r} + \frac{s^4}{8r^3} - \ldots\right),$$

mit Weglassung der minderwerthigen hinteren Glieder

$$p = \frac{s^2}{2r} = \frac{(\frac{1}{2}\,TT)^2}{2r} = \frac{TT^2}{8r}$$

Ebenso $p^1 = \frac{(\frac{1}{4}\,TT)^2}{2r} = \frac{TT^2}{32r}$, folglich

$$p^1 = \tfrac{1}{4}\,p.$$

Somit genügt zu weniger scharfer Uebung die Kenntniß des Halbmessers und der Sehnenlänge, um rasch im Kopfe die Pfeilhöhe zu berechnen und die nöthige Anzahl Bogenpunkte hinzuzufügen.

3. Nach Fig. 92 sei der Mittelpunkt C und die Entfernung der beiden Tang.-Punkte = GT = t bekannt und Ts = s gemessen, ferner unterstellt, daß MT und NT = x, MN = 2x, so berechnet sich x aus dem Ansatz:

$$t : s = t - x : x$$

$$\frac{t}{s} = \frac{t - x}{x} = \frac{t}{x} - 1$$

$$\frac{s\ t}{s + t} = x$$

Fig. 92.

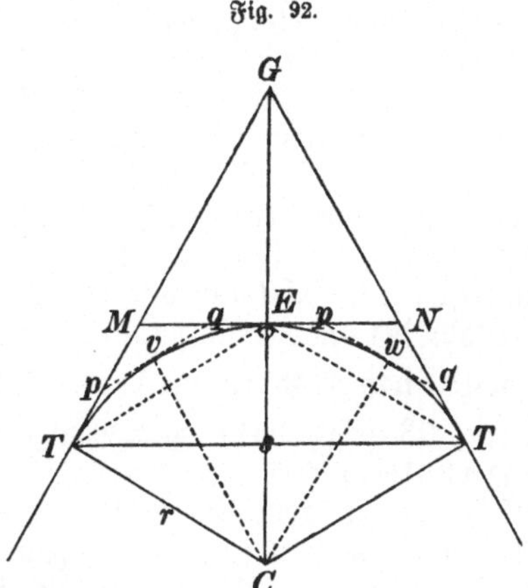

Daraus berechnet sich ferner

$$Es = p = \sqrt{x^2 - (s - x)^2} = s\sqrt{\left(\frac{2t}{s+t} - 1\right)}$$
$$= s\sqrt{\frac{t - s}{t + s}}.$$

Bemerkung. Die Annahme, daß $MN = MT + NT = 2x$, fußt darauf, daß durch Ziehung der Linien CE, CM und CN ∢ TCT in 2 und 4 gleiche Theile zerlegt (ein Vieleck mit doppelter Seitenzahl konstruirt) wird; ∢ $MCT = MCE = \frac{MCN}{2}$.

Wird das berechnete x nach M und N von T aus aufgetragen, so ergibt sich in $\frac{MN}{2}$ der Scheitelpunkt E des Bogens, ebenso wenn jetzt $TE = 2s_1$ und MT oder $NT = t_1$ — mit Benutzung der obigen Formel — x_1 zur Bestimmung von p und q und zum Aufsuchen der Bogenpunkte v und w ꝛc.

Darauf beruht die sogen. „Halbirungs-Methode", welche, weniger bekannt und geübt als die vorige, mit Ausschluß des Rechnungswegs lediglich durch Messen und Halbiren nicht allein Kreisbögen, sondern auch andere stetige Kurven innerhalb eines gegebenen Winkels liefert. Es wird dabei nicht die Sehne, sondern unmittelbar die Scheitellinie MN des Bogens gezogen. Man habe (Fig. 93) als Ursprung der Kurve die Punkte A und B zulässig befunden,

Fig. 93.

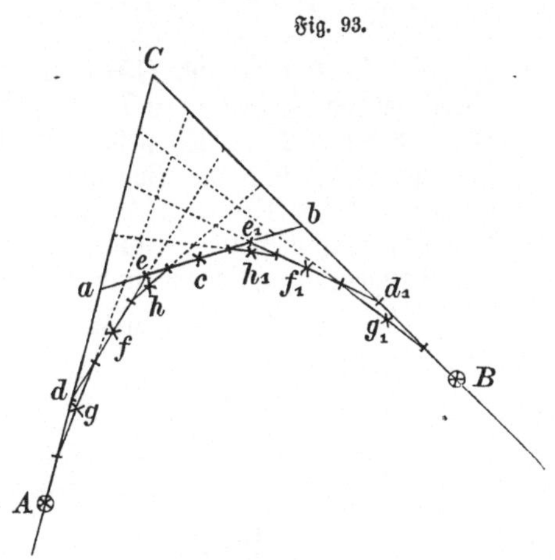

AC und BC halbirt und die Linie ab gezogen, deren Mitte c den Scheitel der Kurve bildet. Darauf werden Aa und Ac halbirt, ihre Mittelpunkte durch die Linie de verbunden und ihre Mitte f, wie ebenso f_1 jenseits zwischen B und C als vierter und fünfter Bogenpunkt gewonnen. Durch Halbiren von Ad und df, ef und ec, Verbinden der Mittelpunkte und Halbiren dieser Verbindungslinien erstehen die Bogenpunkte Nr. 6 und 7 in g und h, anderseits Nr. 8 und 9 in g_1 und h_1. Das Verfahren verlangt eine große Aufmerksamkeit, selbst auf offener Fläche, verwirrt leicht, führt jedoch, bei freier Wahl der Tangentialpunkte A und B, auch wenn AC $\gtrless$ BC genommen wird, immer zu entsprechenden Ausrundungen; nur entfernen sich diese, wie Fig. 93 zeigt, mehr oder weniger vom Kreisbogen, sind ellyptisch oder parabolisch.

4. Dem vorigen schließt sich ein ähnliches Verfahren an, um ohne Aufsuchen des Centripunktes von einem Tangentialpunkt zum andern nach Belieben einen Krejsbogen oder eine gedrückte Kurve zu bilden (Methode der Winkeltheilung):

Fig. 94.

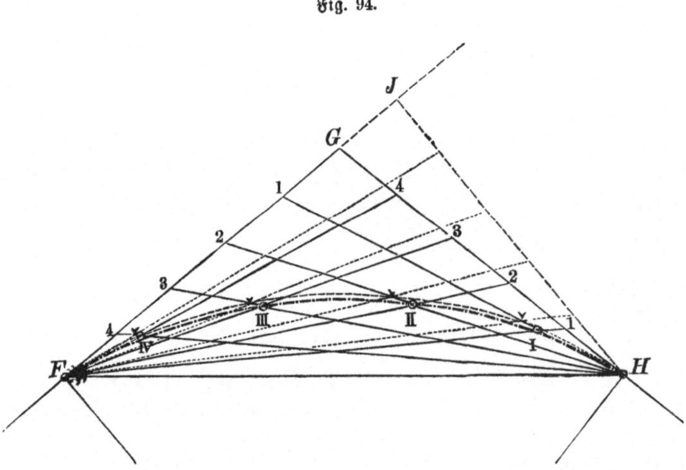

a. Die Winkel GFH und GH|F werden durch Theilung der gegenüberliegenden Seiten in n Theile zerlegt, indem man H1, H2 . . ., Hn und F1, F2 . . ., Fn zieht. Wo H1 und F1 . . ., Hn und Fn sich schneiden, sind die Bogenpunkte I, II . . . N, welche verpfählt werden. Wird FG = GH genommen, so entsteht ein Bogenstück desselben Halbmessers (beiläufig), wie wenn der Centripunkt aus den Tangentialpunkten F und H gesucht wäre.

Fig. 95.

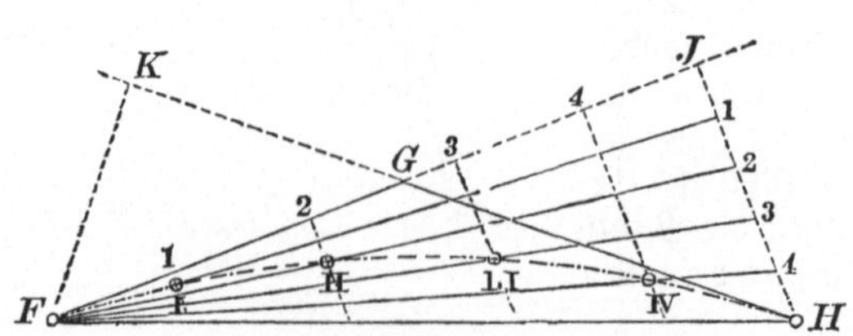

b. Wenn der Ursprung der abzusteckenden Kurve in F und H liegt (Fig. 95), kann FG oder HG soweit über G verlängert werden, bis die Senkrechte des Endpunktes J auf H, bez. K auf F trifft. Dann wird die verlängerte Linie in ebensoviele Theile getheilt (und einwärts mit Senkrechten auf den Theilpunkten versehen), als HJ oder FK Theilpunkte erhält, um von ihnen den gegenüberliegenden Winkel z. B. durch F1, F2... zu theilen. Die gesuchten Bogenpunkte fallen nun wieder dorthin, wo die Senkrechten I1, II2... die entsprechenden Theilungslinien F_1, F_2.... schneiden. Kreisbögen entstehen auch hier, wenn FG = GH.

Fig. 96.

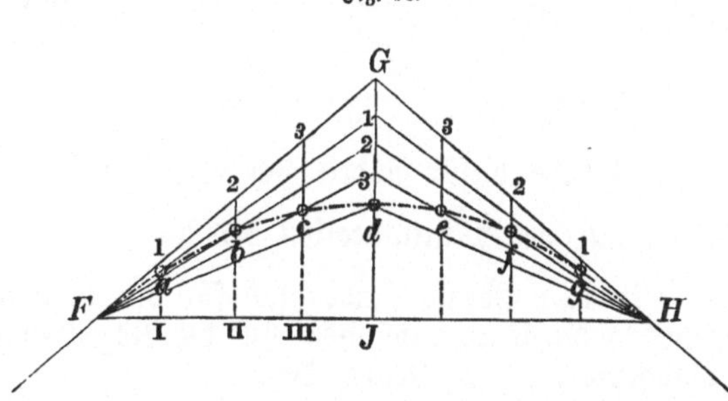

c. Bei Theilung der Sehne FH von G auf ihre Mitte J, Errichtung von Parallelen zu GJ von den Theilpunkten I, II, III — ferner Halbirung von GJ, Theilung der oberen Hälfte Gd in ebensoviel Theile, wie JF zerlegt worden, und Ziehung von F1, F2... Fd erhält man, wie Fig. 96 zeigt, in den Schnittpunkten aus I1 und F1 — a aus II2 und F2 — b u. s. w.

Dies Verfahren eignet sich zur Bogenabsteckung an Bergrücken, weil die abzusteckenden Geraden auf den beiden Einhängen keine Visirhindernisse finden.

5. Abstecken der Bogenpunkte mittelst Tafeln.

(Koordinaten-Methode).

Fig. 97.

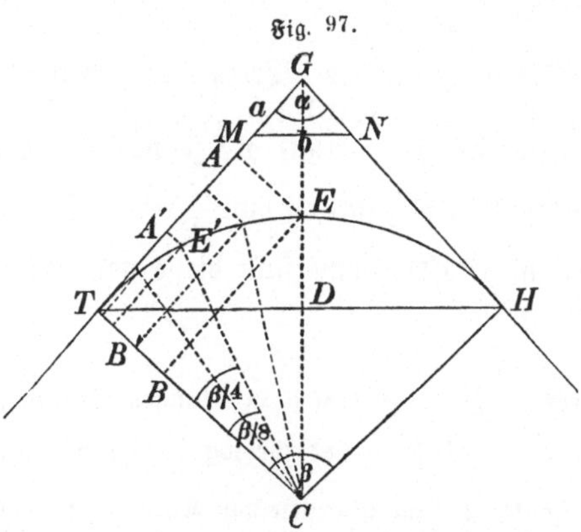

a. Der Winkel α (Fig. 97) sei gemessen oder durch Rechnung gefunden, indem GM und GN = a von G aus abgeschnitten und MN = b sei;

$\frac{b}{2} : a = \sin \frac{\alpha}{2}$ bei dem Halbmesser 1, wonach der Winkel in der gegebenen Tafel aufzuschlagen ist. Nun ergeben sich zunächst $\sphericalangle \beta = 180^\circ - \alpha$, sowie die zur Bogenabsteckung nöthigen Größen:

Tangente $FG = r \operatorname{tg} \frac{\beta}{2}$,

Sehne $FH = 2r \sin \frac{\beta}{2}$,

Pfeilhöhe $DE = r - r \cos \frac{\beta}{2} = r\left(1 - \cos \frac{\beta}{2}\right)$

Bogenlänge $FEH = \frac{\beta}{360} 2r\pi$ oder, für $\frac{360}{2\pi}$ die übliche Bezeichnung ρ° eingesetzt, $= \frac{r\beta}{\rho^\circ}$ *).

Die sämmtlichen Werthe hiefür finden sich in bestehenden Kurventafeln verzeichnet, es bedarf nur der Multiplication der für $\angle \beta$ oder $\frac{\beta}{2}$ aufzusuchenden Zahlen mit r. Ebenso finden sich für den häufigen Gebrauch in mehreren Tafeln**) die Kurvenabstände, um die Bögen sowohl von der Sehne als der Tangente aus abzustecken, denn

Abscisse $AF = BE = \frac{FH}{2} = r \sin \frac{\beta}{2}$

Ordinate $AE = BF = DE = r\left(1 - \cos \frac{\beta}{2}\right)$

ferner Scheitelabstand $GE = r\left(\frac{1}{\cos \frac{\beta}{2}} - 1\right)$

denn $GE : AE = CE : BC$

oder $GE = \frac{r\left(1 - \cos \frac{\beta}{2}\right) \times r}{r \cdot \cos \frac{\beta}{2}}$ u. s. w.

Die bestehenden Tafeln geben die Werthe für verschieden große Intervalle (Kröhnke für 2 zu 2, Weisbach für 10 zu 10 Min.) und verschiedene Halbmesser (Kr. für r = 1000 als Funktion des Centriwinkels β, Weisb. für r = 1,000,000 als Funktion von $\frac{\beta}{2}$).

Für Absteckungen im Waldwegbau sind die Tafeln Nr. II u. III unseres Anhangs wohl ausreichend.

---

*) Die ständige Größe $\frac{180}{\pi} = \rho^\circ$ kommt in häufigen Gebrauch, es sei deßwegen ihr Werth = 57,296; $\frac{1}{\rho} = 0{,}01745$ und ihr log. = 1,75812 für ganze Grade hier angeführt.

**) H. Kröhnke, Handbuch zum Abstecken von Kurven auf Eisenbahn- und Weglinien, Leipzig 1871.
Weisbach, Der Ingenieur, 3. Aufl. (S. 293—300).

Soll zwischen Ursprung und Scheitel eines Bogens noch eine weitere Anzahl von Bogenpunkten (weil der Bogen zu groß) bestimmt werden, so ergäbe sich z. B. für die Abscisse FA′ die Ordinate $A'E' = AE \cdot \left(\frac{FA'}{FA}\right)^2$, somit wenn $\frac{FA'}{FA} = \frac{1}{4}, \frac{1}{2}, \frac{3}{4}$, allgemein $\frac{m}{n}$, wird (mit Zuhilfenahme der Parabel) beiläufig $A'E' = \frac{1}{16}, \frac{1}{4}, \frac{9}{16}$ AE, allgemein $AE\left(\frac{m}{n}\right)^2$; wenn jedoch Genauigkeit erforderlich, wird zu $FA' = r \sin \frac{m}{n} \beta$

$$A'E' = r\left(1 - \cos \frac{m}{n} \beta\right)$$

Besser noch als diese Rechnungsweise empfiehlt sich die Annahme von Zwischentangenten. Legt man nämlich die Zwischentangente $T_{,}T_{,,}$ so gelten die nämlichen Gleichungen wieder wie vorher, nur daß an Stelle des Winkels $\beta/2$ der kleinere $\beta/4$ gesetzt wird:

Fig 98.

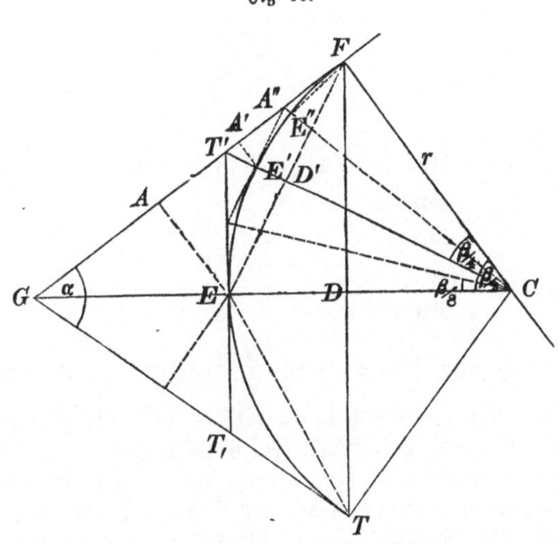

Tang. $FT' = r \operatorname{tg} \beta/4$ $(= ET, = TT,)$

Absc. $A'F = r \sin \beta/4$

Ordin. $A'E' = r\left(1 - \cos \frac{\beta}{4}\right)$ = Pfeilhöhe D′E′

Scheitelabstand $T'E' = r\left(\frac{1}{\cos \beta/4} - 1\right)$

Bogenlänge oder arc $\cdot$ $FE' = \frac{1/4\, r\beta}{\rho^\circ}$.

Entsprechende Werthe erhält man beim Einlegen der Viertelstangente mit $\beta/8$, doch wird man aller obigen 5 Werthe nimmer bedürfen, da z. B.

zwischen T und F der Werth A′E′ als Pfeilhöhe und Ordinate 2mal, der Werth A″E″ 4mal wiederkehrt.

Die Bogenlängen jeweils auch zu berechnen, gewährt den doppelten Vortheil der Kontrole und der genauen Feststellung der Straßenlänge. Sie lassen sich übrigens beinahe in jeder Logarithmentafel finden*)

b. Wenn G unzugänglich, steckt man beliebig die Linie KL, in welcher Visur und Messung möglich, ab (= C) und bestimmt die ∢∢ γ und δ. Dann ist (Fig. 99)

Fig. 99.

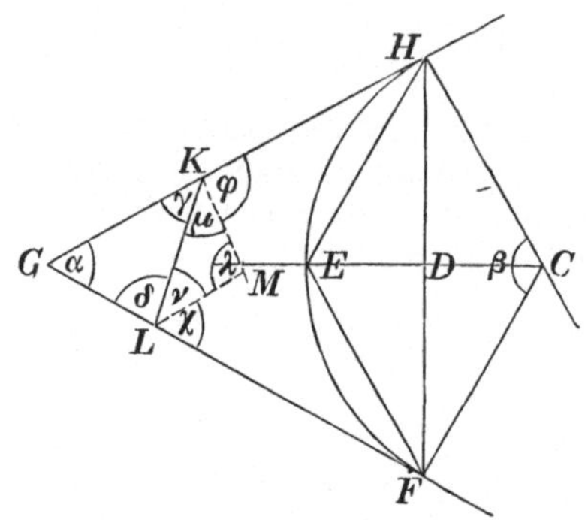

$$\sphericalangle\, \alpha = 180° - (\gamma + \delta) \text{ und } \sphericalangle\, \beta = \gamma + \delta$$

$$\text{und } GK = C \cdot \frac{\sin \delta}{\sin \alpha}$$

$$GL = C \frac{\sin \gamma}{\sin \alpha}$$

Wie früher läßt sich nun $FG = r \operatorname{tg} \frac{\beta}{2}$ rechnen, von K aus die Länge $HK = GH - GK$, von L aus $FL = FG - GL$ als Tangentialpunkt bestimmen, womit die Aufgabe des ersten Falls wiederkehrt. Vielleicht wird zuweilen statt einer Geraden KL eine Figur wie LMK abzustecken sein, um α zu finden. Dann mißt man KM und LM und die ∢∢ λ, φ und χ, woraus KL und die eingeschlossenen Winkel μ und ν zu berechnen. Setzt man die Ersatzwerthe für γ u. δ ein, so erhält man $\sphericalangle\, \alpha = \varphi + \chi - \lambda$ und hat damit die nämliche Aufgabe wie oben zu lösen.

Stehen zum Aufschlagen von Bogenlänge, Pfeilhöhe u. s. w. nur Tafeln zu Gebot, welche die entsprechenden Werthe von ganzen Winkelgraden (nicht auch von Minuten) angeben, so kann man, um sie auf Minuten genau zu erhalten, so verfahren:

Man sucht in der Tafel die nächsten Größen, welche sie für ganze Grade angibt, dividirt die Differenz durch 60 und nimmt dann mit dem Quotienten

---

*) Schlömilch, 5stellige Tafeln (S. 39 u. 40).
Gernerth, desgl. (S. 116).
Bremecker, 7stellige Tafeln (S. 288).

die weiter nöthige Rechnung vor. Es sei z. B. der Centriwinkel zu der Sehne (beim Halbmesser 1) = 1,4567 zu suchen. Der nächst kleinere der Tafel wäre 93° = 1,4507, also Differenz = 0,006.

Die Sehnendifferenz für 1 Minute beträgt zwischen 93 und 94° = $\frac{1,4627 - 1,4507}{60} = 0,0002$, folglich $\frac{a - b}{d}$ (a = gegebene Sehne, b die nächst kleinere, d die Differenz für 1 Minute) = 0,006 : 0,0002 = 30′ und gesuchter Centriwinkel = 93° 30′.

Soll umgekehrt zum Winkel 80° 24′ die Tangente (siehe Taf. III des Anhangs) bestimmt werden, so gibt die Tafel

für 81° eine Tangente = 0,8541
„ 80° „ „ = 0,8391

Differenz für 1 Grad = 0,0150

für 24 Minnten = $\frac{24}{60} \cdot 0,015 = 0,006$

also tg 80° 24′ = 0,8391 + 0,0060 = 0,8451.

Für Sehne, Bogenlänge und Pfeilhöhe ist die Rechnung die gleiche. Unserer Tafel III ist zur Abkürzung dieser Rechnung eine besondere Spalte beigefügt, welche die Differenzen für je 10 Minuten angibt.

§. 63.

Kurvenabsteckung durch direktes Aufsuchen der Bogenpunkte.

Wegen ihres umständlichen Verfahrens und der Nothwendigkeit vieler horizontaler Längenmessungen sind die meisten bisher geschilderten Methoden vorzugsweise in der Ebene, wo längere gerade Wegzüge nur in einzelnen Winkelpunkten abzurunden sind, am Platze. Im Gebirge wünscht man die vielen Messungen und Visuren innerhalb der Bögen möglichst zu ersparen und zieht, zumal bei geschlossenen Beständen, ein kürzeres und leichteres Absteckungsverfahren vor, um aus einer Weglinie als Tangente möglichst direkt in einen Bogen überzugehen, dessen Mittelpunkt nicht aufgesucht zu

Fig. 100.

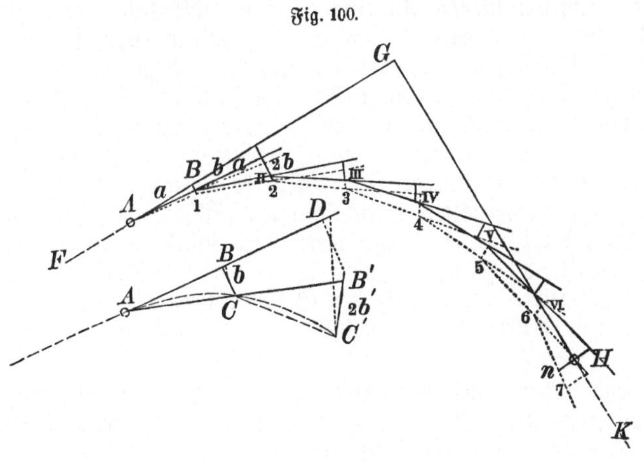

werden braucht, und dadurch einen oder mehrere durch ein Nivellement schon gegebene Punkte nach Wunsch nahezu oder ganz zu erreichen. Hiefür empfiehlt sich als gut durchführbar eigentlich nur die Koordinaten-Methode.

1. Ihr oberflächlicher Gebrauch ist mehr ein Suchen und Probiren und in der Regel ungefähr folgender (Fig. 100):

Die Linien FA und HK, welche sich unter dem Winkel G schneiden, sollen in der Richtung von A nach B durch eine Bogenabsteckung verbunden werden. Der Bogenanfang sei in A, Tangente also = AG.

Von A gegen G wird ein kleiner Abstand AB (5 bis höchstens 20^m) = a gemessen, in B der kleine Perpendikel (1, 2, 3...^{m}) BC = b errichtet, über den ersten dadurch erzielten Bogenpunkt C durch Verlängerung von AC, Messung von CB′ = a und Errichtung des Perpendikels B′C′ = 2b der zweite Bogenpunkt gefunden. In gleicher Weise wird unter jedesmaliger Verlängerung der Hypothenuse bis auf die Länge a und Abstecken der kleinen Cathete 2b fortgefahren, bis in der Nähe von K z. B. an Punkt 5 zu ersehen, ob Punkt 6 oder 7 den erstrebten Tangentenpunkt erreicht oder nicht. Der kürzeste Abstand des etwa sein Ziel verfehlenden Bogens von H wird nun ermittelt (= Hn), durch die Zahl n der abgesteckten Bogenpunkte getheilt, 2b um den Quotienten $\frac{Hn}{n} = q$ berichtigt (gemindert, wenn der letzte Punkt innerhalb des Winkels gefallen) und die Absteckung mit Perpendikel 2b ± q erneuert, bis mittelst der Bogenpunkte I, II ... VI jener Bogen festgestellt ist, welchen GH tangirt.

Wir haben somit, indem beiläufig AB = AC = CB′ = CC′ = a angenommen wird, nach der im vorigen § unter 2. erwähnten Näherungsformel

$$BC = \frac{a^2}{2r} = b \text{ u. } DC' = \frac{(2a)^2}{2r} = \frac{2a^2}{r}$$

$$B'C' = \frac{DC'}{2} = \frac{a^2}{r} = 2b$$

Hienach berechnet man nur die Ordinaten b und 2b aus dem Halbmesser und der angenommenen Abscisse a zur Absteckung des Bogens. Man verwendet dazu entweder 2 lange Meßruthen (von je 5—7,5^m), Meßketten oder starke Meßbänder, welchen man die Länge a gibt.

Wenn auch durch häufige Uebung sich eine ziemliche Sicherheit in der Anwendung dieses Verfahrens und in den geeigneten Modifikationen desselben erwerben läßt, um den jenseitigen Tangentenpunkt zu erreichen und mehrere derartige Bögen aneinander zu reihen, so ist wegen der Fehlerfortpflanzung, welche zu wiederholten Berichtigungen nöthigt, doch der Genauigkeitsgrad nur dann befriedigend, wenn durch den Anschluß an bereits gutbestimmte Bogenpunkte die Fehler hervortreten und nach rückwärts vertheilbar sind oder wenn eine Kette von abgesteckten Gefällpunkten an einem Berghang entlang flüchtig und beiläufig zu regelmäßigen Bogenlinien geordnet werden soll.

2. Korrekt und sicher wird das Absteckungsverfahren mittelst Aufsuchen der einzelnen Bogenpunkte erst durch Herleitung aus der Relation für den Kreisbogen, welche die analytische Geometrie lehrt:

Fig. 101.

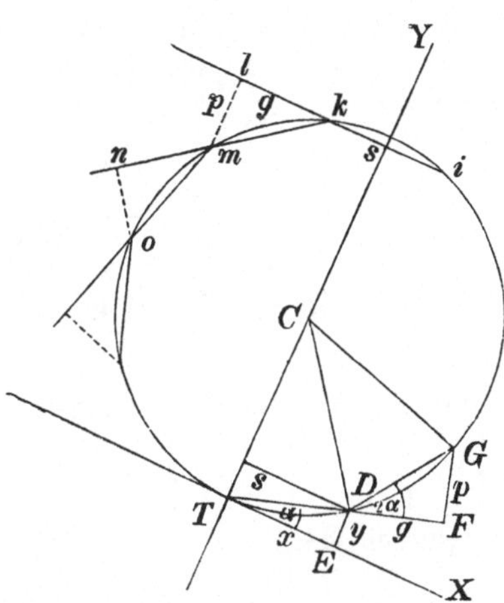

Wird (Fig. 101) die Sehne ki = s eines Kreises um kl = g d. h. soweit verlängert, daß die in l errichtete Senkrechte lm = p wieder den Kreisbogen schneidet und km = s, so wird jede Wiederholung (mit mn = g und no = p) das Gleiche bewirken und wenn das richtige Verhältniß g : p bekannt, jeder Kreisbogen von beliebigem r durch eine Kette von Umfangspunkten beliebig genau abzustecken sein.

Sei TX eine als Abscissenachse geltende Tangente und die durch C gezogene Linie TY die Ordinatenachse, so heißt die Relation für den Kreisbogen

$$r^2 = (r - y)^2 + x^2$$

Um x oder y einen bestimmten Werth zu verleihen, kann die eine Größe hergeleitet werden, wenn die andere bekannt:

$$x^2 = r^2 - (r - y)^2 = - y^2 + 2ry$$

$$x = \sqrt{y(2r - y)} \qquad \text{I.}$$

und aus

$$r^2 - x^2 = (r - y)^2$$

$$y = r - \sqrt{r^2 - x^2}$$

$$= r - \sqrt{(r + x)(r - x)} \qquad \text{II.}$$

sowie für die eingeschlossene Sehne DT oder

$$s = \sqrt{x^2 + y^2} \qquad \text{III.}$$

3. Hieran knüpfen sich folgende Lösungen:

Wenn für x eine bestimmte Entfernung bis E = a angenommen und DE (y) = b, sowie die Sehne = s nach obiger Formel berechnet ist — wie groß muß DF werden, damit die Senkrechte FG mit ihrem Endpunkt den Kreisbogen an einem Punkt schneidet, daß DG = s?

Behält man die ersten Bezeichnungen: g für DF und p für FG bei, so sind diese Größen, a als bekannt unterstellt, Funktionen von b und r.

Wenn $\sphericalangle$ DTE $= \alpha$, so ist

$$\sphericalangle \, CTD = CDT = CDG = 90^\circ - \alpha$$
$$\sphericalangle \, TDG = 2\,(90^\circ - \alpha) \text{ und folglich}$$
$$\sphericalangle \, GDF = 2\alpha.$$

Daraus ergibt sich

$$x = a = s \cdot \cos \alpha, \quad \frac{a}{s} = \cos \alpha$$

$$y = b = s \cdot \sin \alpha, \quad \frac{b}{s} = \sin \alpha$$

sowie

$$g = s \cdot \cos 2\alpha = s\,(\cos^2 \alpha - \sin^2 \alpha)$$
$$= s\left[\left(\frac{a}{s}\right)^2 - \left(\frac{b}{s}\right)^2\right] = \frac{a^2 - b^2}{s}$$

und mit Anwendung von Formel III.

$$g = \frac{(a + b)\,(a - b)}{\sqrt{a^2 + b^2}} \qquad \text{IV.}$$

In gleicher Weise wird

$$p = s \ \sin 2\alpha = s \cdot 2 \sin \alpha \cos \alpha$$
$$= \frac{2ab}{s} = \frac{2ab}{\sqrt{a^2 + b^2}} \qquad \text{V.}$$

Bei Absteckung kleinerer Sehnen könnte der Divisor unbedenklich durch den Näherungswerth $s = a + \frac{b^2}{2a} \ldots$ ersetzt werden.

4. a. Hiemit verschärft sich das sub 1 gezeigte Verfahren zu irgend wünschenswerther Genauigkeit. Hält man gleiche Abscissenunterschiede fest und berechnet für gleichmäßig wachsende $x = a\ a_{,}\ a_{,,}\ \ldots\ldots$ und für 1 Halbmesser (= 1, 10, 100 ...) eine Tafel der Werthe von y, so lassen sich mit ihrer Hilfe mittelst Kreuzscheibe und Meßlatte Bogenpunkte ad lib. abstecken, ohne daß eine Rechnung nöthig wird. Z. B. für g und p ergibt sich, wenn aus a und einem bestimmten Halbmesser (r = 100) der Werth b abgeleitet worden, folgende

Tabelle:

Wenn	so ist	woraus		Wenn	so ist	woraus	
a =	b =	g =	p =	a =	b =	g =	p =
10	0,50	9,96	1,00	17	1,46	16,82	2,91
11	0,61	10,95	1,22	18	1,63	17,78	3,25
12	0,72	11,94	1,44	19	1,82	18,74	3,62
13	0,85	12,92	1,70	20	2,02	19,70	4,02
14	0,98	13,90	1,96	21	2,23	20,65	4,43
15	1,13	14,87	2,25	22	2,45	21,59	4,87
16	1,29	15,85	2,57	23	2,68	22,54	5,33

Wenn	so ist	woraus		Wenn	so ist	woraus	
a =	b =	g =	p =	a =	b =	g =	p =
24	2,92	23,47	5,80	43	9,72	39,80	18,53
25	3,18	24,40	6,31	44	10,20	40,56	19,87
26	3,44	25,32	6,82	45	10,70	41,30	20,82
27	3,73	26,23	7,40	46	11,21	42,06	21,78
28	4,00	27,15	7,92	47	11,73	42,76	22,76
29	4,30	28,05	8,51	48	12,27	43,47	23,78
30	4,61	28,95	9,11	49	12,83	44,15	24,82
31	4,93	29,84	9,74	50	13,40	44,83	25,89
32	5,26	30,72	10,38	55	16,48	47,96	31,57
33	5,60	31,60	11,04	60	20,00	50,60	37,95
34	5,96	32,46	11,74	65	24,01	52,65	45,05
35	6,33	33,31	12,46	70	28,59	53,99	52,94
36	6,71	34,16	13,20	75	33,86	54,42	61,72
37	7,10	35,00	13,95	80	40,00	53,67	71,55
38	7,50	35,83	14,72	85	47,33	51,24	82,70
39	7,92	36,64	15,52	90	56,41	46,30	95,60
40	8,35	37,45	16,35	95	68,78	36,65	111,40
41	8,79	38,24	17,19	100	100,00	0,00	141,42
42	9,25	39,03	18,07				

Zur Berechnung derartiger Tafeln können bestehende Tafeln für die Formel II. (Siehe z. B. Bauernfeind's Vermessungskunde, 2. Auflage, Tafel Nr. XVI., S. 809 u. ff.) benutzt werden, welche für verschiedene Halbmesser und Abscissengrößen die zuständigen Ordinaten angeben, so die genannten Tafeln für

r =	100	200	300	400		r=1000
Absc. a	Ordinaten b =				Absc. a	Ord. b=
10	0,51	0,25	0,17	0,14	50	1,25
20	2,02	1,00	0,67	0,51	100	5,00
30	4,61	2,27	1,51	1,12	150	11,30
40	8,35	4,04	2,68	2,01	200	20,22
50	13,40	6,35	4,20	3,14	250	31,78
60	20,00	9,22	6,07	4,53	300	46,06
70	28,59	12,64	8,29	6,18	400	83,48
80	40,00	16,70	10,87	8,09	500	133,98
90	56,41	21,40	13,82	10,27	600	200,00
100		26,80	17,16	12,71		

Für die vielfachen Fälle, wo Bögen annähernd genau abzustecken sind und der Werth der Ordinate ein nur kleiner, ließen sich auch derartige Tafeln für die Näherungswerthe von y, wenn r eine bestimmte Größe (= 100 oder 1000) bleibt und für x verschiedene fixe Werthe (= 10, 15,

20, 25, 30 ... 50 ... 100 2c.) angenommen werden, zum praktischen Gebrauch aufstellen, indem man aus $y = r - \sqrt{r^2 - x^2}$ den Näherungswerth $y = \frac{x^2}{2r} + \frac{x^4}{8r^3} \ldots$ tabellarisch behandelte z. B. für $r = 1000$

Wenn $x =$	so wird $\frac{x^2}{2r}$	so wird $\frac{x^4}{8r^3}$	woraus $y =$	Wenn $x =$	so wird $\frac{x^2}{2r}$	so wird $\frac{x^4}{8r^3}$	woraus $y =$
10	0,05		0,05	110	6,05	0,018	6,07
20	0,20		0,20	120	7,20	026	7,23
30	0,45		0,45	130	8,45	036	8,49
40	0,80		0,80	140	9,80	048	9,85
50	1,25	0,001	1,25	150	11,25	063	11,31
60	1,80	002	1,80	160	12,80	082	12,88
70	2,45	003	2,45	170	14,45	104	14,55
80	3,20	005	3,21	180	16,20	131	16,33
90	4,05	008	4,06	190	18,05	163	18,21
100	5,00	012	5,01	200	20,00	200	20,20

4. b. Sollen bei der Absteckung nicht die Abscissen derselben Achse, sondern die Bogenstücke gleich lang bleiben, so kommen ihnen gleiche Centriwinkel zu und zwischen letzteren, den Radien und Bogenstücken besteht (Fig. 102), da nach der Entwicklung im vorigen § (Ord. Z. 5. a) arc. $\sphericalangle \beta \ (= b) = \frac{r \beta}{\rho}$, die Gleichung: $\sphericalangle \beta = \frac{b \ \rho}{r}$.

Fig. 102.

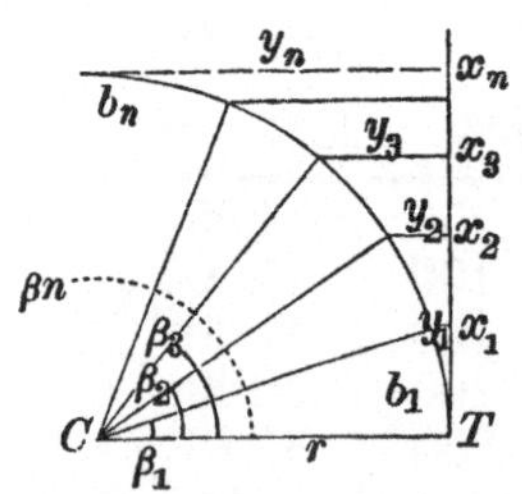

Werden danach vom Tangentialpunkt T die Centriwinkel über einen Kreisquadranten hin gezählt und berechnet, seien also $= \beta_1 - \beta_2 - \beta_3 \ldots \beta_n$, so hat man allgemein

$$x = r \sin \beta \text{ und } y = r\,(1 - \cos \beta)$$

oder auch für kleinere Centriwinkel,

$$\text{da } \cos \beta = 1 - 2 \sin^2 \frac{\beta}{2},$$

$$y = 2r \cdot \sin^2 \frac{\beta}{2}.$$

Nach diesen Gleichungen ist die sehr umfangreiche Tabelle II des H. Kröhnke'schen Handbuchs berechnet u. zwar für Halbmesser von 10—10,000, indem einer Zahlenreihe von Bogenstücken verschiedener Länge die zugehörigen Abscissen und Ordinaten beigefügt sind, nachdem die Tabelle I die jedem beliebigen Centriwinkel von 0°—119° für den Halbmesser 1000 entsprechende Bogenlänge gegeben hat und diese letztere für einen beliebigen Halbmesser $r_1, r_2 \ldots r_n$ durch Multiplikation mit $\frac{r_1}{1000} \ldots \frac{r_n}{1000}$ umgerechnet ist.

Z. B. Für Centriwinkel 30° (Halbmesser = 1000) gibt Tabelle I eine Größe des Bogenstücks b = 523,6, somit für r = 70 wird b = 523,6 $\times \frac{70}{1000}$ = 36,65 und Absc. x für 36 = 34,43 } = 34,99
„ 0,65 = 0,56 }

Ordin. y für 36 = 9,05 } = 9,33
„ 0,65 = 0,28 }

Die Tafeln geben namentlich die Werthe für die kleineren Halbmesser in reichlicher Zahl, welche gerade im Waldwegbau vorwiegend in Rechnung kommen.

Vergleichen wir die Absteckung mittelst gleicher Abscissendifferenzen und gleich großer Bogenstücke mit einander, so finden wir an jeder derselben für gewisse Fälle Vorzüge. Bei einer Wegabsteckung wird die Längenachse in möglichst gleichen Abständen verpfählt. Steht gerade am Anfang eines größeren Bogens ein Nummerpfahl, so gibt die Absteckung nach gleichen Bogenstücken (= den vorhergehenden Stationslängen) unmittelbar eine weitere Anzahl von Distanzpunkten. Wo jedoch eine Straßenachse aus einer Kette ungleichlanger Geraden und Kurvenstücke besteht — und dies ist die Mehrzahl der Fälle — nützt es nichts, daß ein Bogenstück für sich in gleichen Abständen verpfählt wird. Selten werden die Nummernpunkte gerade auf Bogenanfang und -Ende fallen. Vielmehr müssen die Pfahlnummern durchlaufen und die gleichmäßigen Abstände deßwegen meist nachträglich, nach Absteckung der ganzen Zugslinie, eingemessen werden. Das Abstecken mit gleichen Abscissen-Differenzen wird daher meistens vorzuziehen sein; denn es wird dabei das Abstechen der Abscissen erspart und nur die Aufzeichnung der Zahlenreihe der Ordinaten nöthig.

Uebrigens lehrt die Erfahrung, daß die Absteckungen im Walde, wenn ein Verfahren viele und langgestreckte Linienmessungen bedingt, viel zu zeitraubend und umständlich werden und die vielerlei Hindernisse dennoch die Schärfe der Messungen sehr beeinträchtigen.

5. Die größte Anwendbarkeit kommt, wenn Bogenlinien in großer Ausdehnung unmittelbar und sofort, mit möglichst beschränkter Rechnung und innerhalb der kleinsten Fläche festzustellen sind, der s. g. „Einrückungs-Methode" zu, welche die Koordinaten-Methode zur Grundlage hat.

Namentlich im Gebirge steckt man, wenn eine hinlängliche Anzahl Haupt- und Zwischenpunkte einnivellirt und vorläufig verpfählt sind, möglichst an sie anschließend die Zugslinie ganz oder streckenweise unmittelbar auf Kurven ab. Man geht dann, gemäß der Oertlichkeit, von einer Geraden in einen Bogen über, ohne es weiter zu beachten, ob die Gerade genau die Abscissenachse des aus ihrer Verlängerung hervorgehenden Bogens bildet.

Hiefür folgende Entwicklung (Fig. 103).

An der Geraden AD bilde die letzte Stationslänge BD die erste Sehne s des ihr folgenden Bogens D...N und DE = g aus ihrer Verlängerung die erste Abscisse. Dann sollen werden

$$BD = DF = FH = \ldots = s$$
$$DE = FG = HJ = \ldots = g$$
$$EF = GH = JK = \ldots = p.$$

Diese Unterstellung, welche den Centripunkt in M anstatt vielleicht in M' sucht, erspart die Ableitung der Koordinaten des Endpunktes der ersten

Fig. 103.

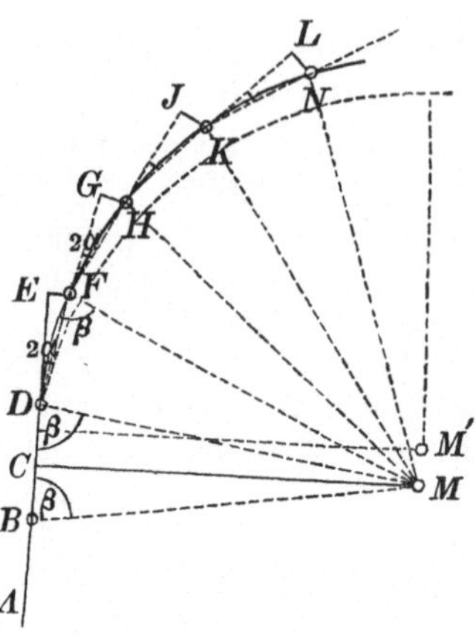

Sehne aus der Gleichung des Kreises, dagegen nicht die Entwicklung der Werthe g und p für einen bestimmten Halbmesser und die gewählte Sehnengröße s. Wir können zu diesen Werthen durch Formel-Entwicklung so gelangen:

$$\sphericalangle\, MBD = MDB = MDF = \ldots . = \beta$$

$$MC \perp BD,\; BC = \frac{BD}{2},\text{ folglich wenn}$$

$$\sphericalangle\, CMD = CMB = \alpha,$$

$$\sphericalangle\, BMD = 2\alpha$$

$$\left.\begin{array}{l}\sphericalangle\, MBD + MDB + BMD = 2\beta + 2\alpha \\ \sphericalangle\, MDB + FDM + EDF = 2\beta + EDF\end{array}\right\} = 180^\circ$$

woraus $\sphericalangle\, EDF = BMD = 2\alpha$.

Demzufolge ist in Δ MCD

$$MD\,(= r) \times \sin\alpha = CD\left(= \frac{s}{2}\right)$$

woraus $\sin\alpha = \dfrac{s}{2r}$ und $\cos\alpha = \sqrt{1 - \sin^2\alpha} = \sqrt{1 - \left(\dfrac{s}{2r}\right)^2}$.

Zur Entwicklung der Werthe g und p endlich ergibt sich in Δ DEF (wie in den folgenden $\Delta\Delta$ FGH...)

$$DE = g = s \cdot \cos 2\alpha = s\,(1 - 2\sin^2\alpha)$$

$$= s\left(1 - 2\,\frac{s^2}{4r^2}\right) = s\left[1 - \tfrac{1}{2}\left(\frac{s}{r}\right)^2\right] \qquad \text{VI.}$$

ebenso

$$EF = p = s \cdot \sin 2\alpha = s\;2\sin\alpha\cos\alpha$$

$$= s \cdot 2\,\frac{s}{2r} \cdot \sqrt{1 - \left(\frac{s}{2r}\right)^2}$$

$$= \frac{s^2}{2r^2}\sqrt{4r^2 - s^2}$$

$$= \tfrac{1}{2}\left(\frac{s}{r}\right)^2 \sqrt{(2r + s)(2r - s)} \qquad \text{VII.}$$

Hiemit wären Werthe gefunden, welche die Berechnung der Koordinaten für die Bogenabsteckung ohne Tafeln oder trigonometr. Hilfen gestatteten und allenfalls wäre der kombinirte Werth von p noch durch einen Näherungswerth zu ersetzen, indem für kleinere Bögen unbedenklich der Werth

$$\sqrt{4r^2 - s^2} = 2r - \frac{s}{4r}$$

genommen werden könnte, woraus

$$p\,(Nw) = {}^1/_2 \left(\frac{s}{r}\right)^2 \left(2r - \frac{s^2}{4r}\right)$$

$$= \frac{s^2}{r}\left[1 - {}^1/_8 \left(\frac{s}{r}\right)^2\right] \qquad \text{VIIa.}$$

(oder ungenau $p = s^2 : r$)

Falls die Praxis diese Formeln nicht annehmen wollte, läßt sich noch eine Rechnungsmethode vorschlagen, welche mindestens ebenso einfach sich gestaltet, wenn Tafeln der Winkelfunktionen (für den Halbmesser = 1 oder 1000) zu Gebot stehen.

Fig 104.

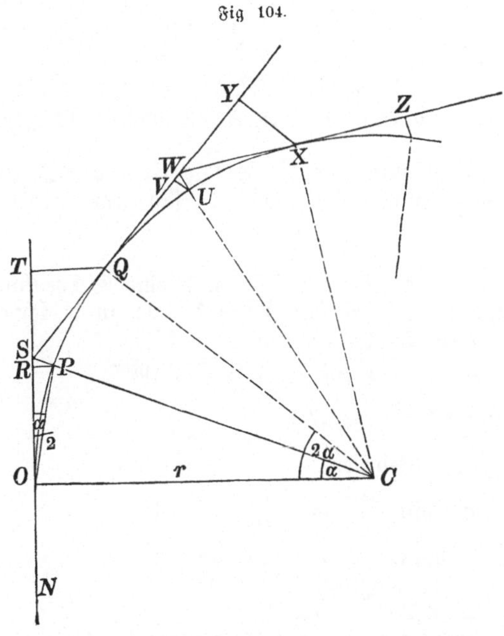

6. Man steckt vom Endpunkt O (Fig. 104) der Geraden NO, wenn der Bogen-Halbmesser r gegeben, unter Annahme der Tangente OT in der Verlängerung von NO und des Bogenanfangs in O, die zwei Bogenpunkte P und Q damit ab, daß man für die Bogenstücke OP und PQ, QU und UX .... eine konstante Größe = b bestimmt, woraus

$$\sphericalangle\, OCP = \alpha = \frac{b}{r}\,\rho \text{ und dann}$$

$$OR = g' = r \cdot \sin \alpha$$

$$OP = s = \frac{r \cdot \sin \alpha}{\cos \frac{\alpha}{2}} = 2r \cdot \sin \frac{\alpha}{2}$$

$$PR = p' = 2r \cdot \sin^2 \frac{\alpha}{2} = r\,(1 - \cos \alpha)$$

ferner

$$OT = g_2 = r \sin 2\alpha$$

$$QT = p_2 = r\,(1 - \cos 2\alpha)$$

$$= 2r \ \sin^2 \alpha.$$

Zur genauen Absteckung wäre auch der Werth von $RS = d$ zu ermitteln; derselbe betrüge $= p' \operatorname{tg} \frac{\alpha}{2} = r \sin \alpha \left(\frac{1}{\cos \alpha} - 1 \right)$ oder beiläufig $= p' \frac{\alpha}{\rho}$, wird aber bei kleinen Bogenstücken für die Absteckung indifferent.

Sind S und Q bestimmt, so entsteht durch Verlängerung von SQ die neue Tangente QY; an ihr wird durch Messung der nun berechneten Werthe

$$QV = g_1 \text{ und } QY = g_2$$

$$UV = p_1 \text{ und } XY = p_2$$

der 4. und 5. Bogenpunkt U und X gesucht, zu QV der kleine Werth $VW = d$ zugemessen und von W über X die nächste Tangente XZ gebildet.

Zur Probe kann schließlich die Länge $OP = s$ benützt werden, um durch die Messung der Abstände PQ, QU ... sich gegen grobe Fehlerfortpflanzung zu sichern.

Beispiel (zu 5):

Es sei für einen Halbmesser $= 75^m$ und eine Sehnenlänge $= 15^m$ der Werth von g und p nach Formel VI und VII zu berechnen, so wird

$$g = 15\,[1 - \tfrac{1}{2}\,(\tfrac{1}{5})^2] = 14{,}7^m$$

$$p = \tfrac{1}{50} \sqrt{165 \times 135} = 2{,}98^m$$

(Nach Näherungswerth $\frac{s^2}{r} = 3^m$)

Zu 6) ergäbe das gleiche Beispiel

$$\text{für } \sin \frac{\alpha}{2} = \frac{s}{2r} = 0{,}10$$

woraus $\sphericalangle\, \alpha = 11^\circ\, 28'\, 42''$

als Bogenstück $b = 15{,}01^m$

ferner $g_1 = 14{,}96^m$, $p_1 = 1{,}5^m$

$g_2 = 29{,}25^m$, $p_2 = 6{,}0^m$ (genau 5,94)

$d = 0{,}30$ (genau 0,277)

Das letztere Verfahren erforderte mithin bei größerer Genauigkeit auch eine etwas längere Rechnung. Es ließe sich jedoch, für die meisten praktischen Fälle hinreichend genau, unter Anwendung einer Tafel für die goniometrischen Winkelfunktionen, namhaft abkürzen, indem man das Bogenstück $b =$ Sehnenlänge s gelten läßt, den Winkel $\frac{\alpha}{2}$ aus $\sin \frac{\alpha}{2} = \frac{s}{2r}$ in der

Tafel nachschlägt, dann in derselben die Funktionswerthe für sin α und cos α, so wie für sin 2α und cos 2α aufsucht und durch ihre Multiplikation mit r und 2r die zur Absteckung nöthigen Koordinaten berechnet, wobei die Funktionswerthe nicht schärfer als für Winkel von 10 zu 10 Minuten und bis auf 2 Dezimalen in Ansatz zu kommen brauchen. Obiges Beispiel verkürzte sich dann etwa so:

$$\sin\frac{\alpha}{2} = 0{,}10, \text{ folglich } \sphericalangle\,\alpha = 11^\circ\,30'$$

$$g_1 = 75 \times 0{,}199 = 14{,}9,\quad p_1 = 1{,}5$$

$$g_2 = 75 \times 0{,}391 = 29{,}3,\quad p_2 = 75\,(1 - 0{,}92) = 6{,}0$$

Ebenso könnte (nach Rechnungsverfahren 3 dieses Paragr.) mittelst der Tafel x und y aus den Funktionswerthen von $\sphericalangle\,\alpha$ / g „ p „ „ „ „ $\sphericalangle\,2\alpha$ direkt durch eine Multiplikation gefunden werden.

Uebrigens muß ausdrücklich darauf hingewiesen werden, daß so lange der Centriwinkel für ein gewähltes s (od. b) 2 Grad nicht übersteigt, noch auf 3 Dezimalstellen genau und bis zu 5 Grad noch auf 2 Dezimalen genau $p_2 = 4p'$ (unter Ord. Z. 6) u. $p = 2b$ (unter Ord. Z. 3) sich ergibt.

Fig. 105.

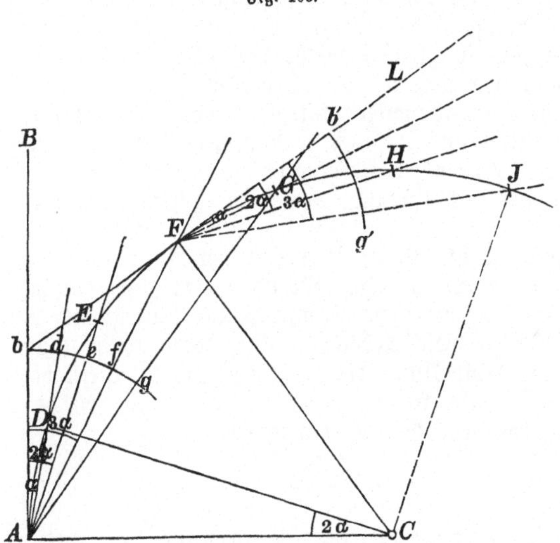

7. Noch bleibt eine Methode zu erwähnen, welche als „Sehnen-Methode" bekannt und obgleich weniger werthvoll als die vorhergehende, doch immerhin in manchen Fällen verwerthbar ist.

Wenn wiederum AC = r und AB eine Tangente des Kreisbogens ADE... J, so läßt sich, da ja zwischen den Winkeln BAD, DAE, EAF.... = α, 2α, 3α.... und dem Centriwinkel ACJ und seinen Theilen ACD = 2α 2c. eine bestimmte Beziehung besteht, an die Tangente AB ein solches Strahlenbüschel mit gleichgroßen Winkeln anlegen, daß den letzteren oder ihren Vielfachen auch einfache oder vielfache Sehnen und Bogenstücke entsprechen. Wäre der ganze Centriwinkel $= \beta$ und würde, um von A und F aus die Absteckungen vorzunehmen, in 2 Theile und jeder wieder in n Theile getheilt, so wäre z. B., um lauter Bogenstücke von der Größe AD zu erhalten,

$$2\alpha = \frac{\beta}{2n}$$

und folglich $\sphericalangle$ BAD = DAE = ... und wenn Bogenstück AD = DE = ... = b,

$$b = \frac{2\alpha r}{\rho}, \text{ woraus } \alpha = \frac{b}{2r}\rho$$

und wenn Sehne AD = DE = ... = s

$$s = 2r \sin\alpha, \text{ woraus } \sin\alpha = \frac{s}{2r}$$

Auf Grund dieser Beziehungen kann ein Winkelinstrument zum Abstecken der Bogenpunkte verwendet werden, indem man es zuerst in A aufstellt, nach B einvisirt, um α die Visur rechts wendet und die Länge s (welche häufig = b gelten kann) von A nach D absteckt. Darauf wird von B die Visur um 2α nach E gedreht, von D aus die Länge s gegen E gemessen (am besten mit Meßband oder Kette) und der Bogenpunkt E (wie D) verpfählt. Gesichert wird diese Absteckung noch, wenn man auf AB eine beliebige Länge Ab aufmißt, den senkrechten Abstand bd des Strahls Ad sucht und in gleicher Weise die Abstände der übrigen Strahlen durch Absteckung von de, ef.... kontrolirt.

Bei der Bestimmung allzuvieler Strahlen von einem Punkte aus wird die Methode schwerfällig und unsicher. Man geht daher möglichst über den Scheitelpunkt F des Bogens nicht hinaus, vermehrt überhaupt seine Aufstellungen so oft, als das Gelände den stets länger werdenden Visirlinien hinderlich wird.

So benutzt man z. B. Punkt F zur neuen Auffstellung, visirt auf A an, dreht um $3\alpha = \sphericalangle$ AFb gegen Punkt b und findet in der Verlängerung FL der Linie bF die neue Tangente zur Einvisirung der Strahlen FG, FH.... Sollen diese Arbeiten richtig werden, so muß sowohl die Berechnung als die Absteckung des $\angle\ \alpha$ und seiner Vielfachen genau genommen werden. Bei sehr kleinem α ist's jedoch gleich, ob die Berechnung aus der Sehne s oder dem Bogen b geschieht.

Wägen wir die Vortheile und Nachtheile der betrachteten Absteckungsmethoden gegeneinander ab, so finden wir:

1. Die Koordinatenmethode ist am genauesten und hat den wesentlichen Vorzug, daß sich die Fehler höchstens in den Abscissen fortpflanzen, was belanglos ist; zeitraubend und mitunter lästig sind die vielen Längenmessungen und nöthigen Visuren zwischen Bogen und Tangente, in dichteren Beständen eine wahre Geduldsprobe.
2. Die Einrückungsmethoden stehen ihr an Genauigkeit alle nach, fördern dafür aber ungemein und übertreffen durch eine gewisse

Biegsamkeit und Leichtigkeit der Anordnung für den Waldwegbau alle andern Methoden. Wenn etwas näher studirt, und eine Zeit lang geübt, tritt ihre praktische Brauchbarkeit stets mehr hervor.

3. Die Sehnenmethode leidet weniger an dem Nachtheil der Fehlerfortpflanzung als an der Bedingung, daß die Visuren ein ebenes Gelände bedürfen. Da aber Kurvenabsteckungen im Gebirgswalde am nöthigsten sind, wird sie schwerlich jemals im Waldwegbau den Vorzug erhalten.

† § 64. †

Die Absteckung von Nichtkreisbögen.

Die Vermittlung des Uebergangs von einer Geraden zur andern durch einen Kreisbogen oder überhaupt die Umwandlung in Kreisbögen will zuweilen weder unserem Auge recht zusagen noch der Geländeform sich anpassen. Bei gewissen Gebirgsformen herrscht eine größere Hinneigung zu parabolischen oder ellyptischen Kurvenlinien als zum Kreisbogen vor, sowohl vermöge des Verlaufs ihrer Horizontalkurven als in Folge dessen, daß ihre Abdachungen gegen oben oder unten an Steilheit ab- oder zunehmen oder überhaupt den Grad ihrer Neigung vielfach ändern. Wir selbst aber führen ein Heraustreten unserer Zugslinien aus den Kreisbögen herbei, wenn wir die Gefällverhältnisse nach oben oder unten stufen-

Fig. 106.

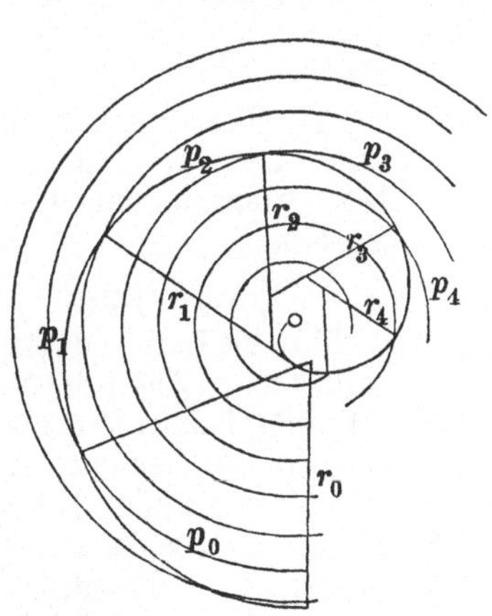

weise mäßigen oder verstärken, wie Fig. 106 andeutet, wo das Gefälle aus $p_0 < p_1 < p_2 \ldots$ sich steigert.

Die Konstruktion derartiger Bogenlinien durch Rechnung wäre meistens viel zu umständlich und es dürften wenige Ausnahmen vorkommen, wo die folgenden einfachen Verfahren ihre Anwendbarkeit versagten.

I. Wenn in Fig. 107 die Geraden FG und GH durch eine Kurve zu verbinden sind, deren Berührungspunkte T und T_1 ungleichweit von G entfernt liegen, so wird man bei stumpfen Winkeln eine verbindende Kurvenlinie schnell finden, wenn TT_1 gezogen, von G eine Senkrechte darauf gefällt und über L soweit verlängert wird, bis sie Linie TJ (als Radius der Tangente GT) in J erreicht — wenn ebenso $T_1K \perp GT_1$ gezogen, darauf 2 Bogenstücke Ta und T_1c ausgeführt und ihre Verbindung durch

Fig. 107.

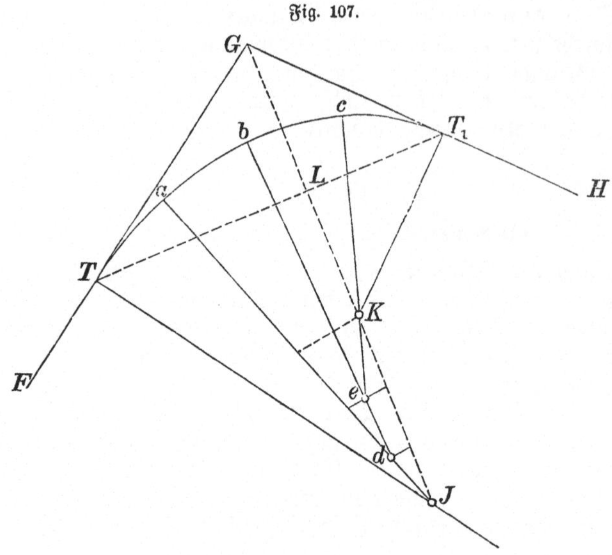

ein Zwischenstück abc hergestellt wird, dessen Halbmessergrößen ad und be stufenweise um $\frac{TJ - KT_1}{n}$ ab- oder zunehmen.

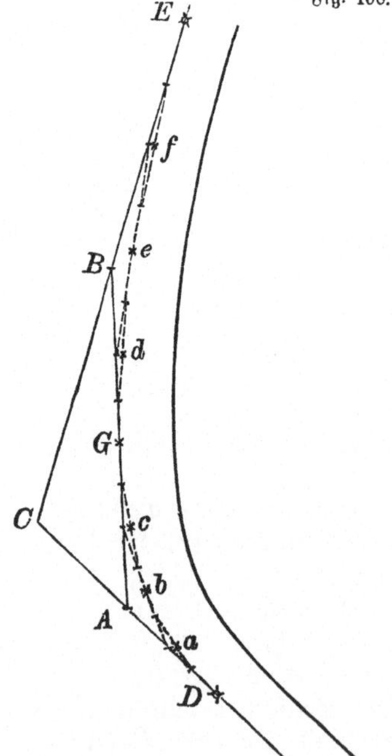

Fig. 108.

II. Man verfährt ähnlich wie in § 62 unter Ord. Z. 3 u. 4 bei den Methoden der Halbirung und Winkeltheilung gezeigt worden.

a. Halbirung.

Wird die Halbirung streng durchgeführt, so halbirt man (Fig. 108) die Tangenten CD u. CE beide, halbirt ferner die Verbindungslinie der Halbirungspunkte A u. B und erhält so zwei Bogenstücke DabcG und GdefE, welche ab- oder zunehmenden Halbmessern entspringen. Modifizirt man die Halbirung, indem die Sehne AB nicht halbirt, sondern von C aus durch eine Senkrechte in 2 Bogentheile zerlegt, im Uebrigen aber beiderseits halbirt wird, so ergibt sich ein mehr nach einer Seite hin gedrängter Bogen. Beide entsprechen vollständig dem Lastentransport, welcher sich bergab von E nach D bewegt.

b. Winkeltheilung.

Dieselbe führt zu sehr mannigfaltigen Kurvenergebnissen, je nachdem (wie in Fig. 109)

Fig 109

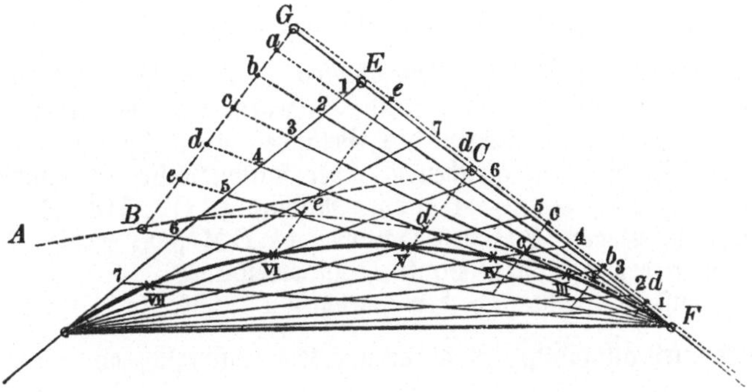

1. die Tangenteu gleich groß (DE = EF) oder ungleich (BC > CF) sind und
2. die Tangenten in gleich große Theile oder in Progressivtheile nach einem bestimmten Zahlenverhältniß getheilt werden.

In nebenstehender Figur ist:

DE und EF so getheilt, daß die Abstände sich verhalten wie 2:3: 9

BG nach dem Verhältniß 2:3: . . . :7

FG " " " 4:6: . . . :14.

Erstere Theilung liefert den Bogen D VII · VI . . . I F, die andere den Bogen Be · c · aF.

Ohne triftige Gründe zu solchen Absteckungen zu greifen, führt leicht in das unfruchtbare Gebiet der Spielereien.

III. Auch hier gewährt die Koordinaten-Methode in ihrer vollen mathematischen Gesetzmäßigkeit die sichersten Wege, um die abzusteckenden Bogenlinien, wenn größere Kreisbögen desselben Halbmessers nicht passen wollen, beliebig einer parabolischen Form zu nähern.

Fig. 110.

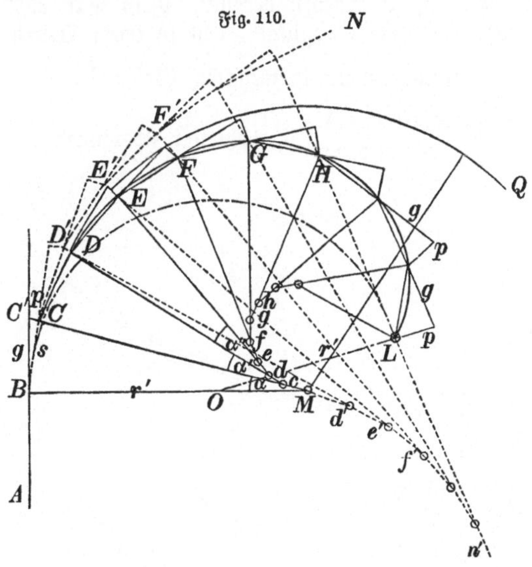

a. Beginnen wir (in Fig. 110), von der Geraden AB in die Bogenlinie BC mit dem Halbmesser $BM = r$ und dem Bogenstück $BC = \frac{\alpha r}{\rho}$ oder der Sehnenlänge $s = 2r \sin \alpha$ einzulenken, finden aber im weiteren Verfolg diesen Bogen vom Ziel ablenkend, dagegen die Bogenlinie des Halbmessers $OB = OL = r'$ wegen des Geländes undurchführbar — so bleibt die Möglichkeit, mit dem gleichen s, aber stationsweise sich minderndem r ($r - x$, $r - 2x$, ... $r - nx$ oder Radius = Cc, Dd, Ee...) anfänglich von dem Bogen BQ des Halbmessers BM ganz wenig abzuweichen und dennoch den gesuchten Punkt L zu erreichen.

Da hiebei s konstant bleibt und der Halbmesser nicht, so ändert sich auch der Centriwinkel allmählig; er wird, nachdem anfänglich $\sin \alpha = \frac{s}{2r}$, immer größer, nämlich

$$\sin \alpha_1 = s : 2\,(r - x)$$
$$\vdots$$
$$\sin \alpha_n = s : 2\,(r - nx)$$

und demgemäß wird erklärlicher Weise nicht die Abscisse g, aber die Ordinate p wachsen.

Umgekehrt werden die Ordinaten, wenn die Halbmesser z. B. um $2x$ ($= Md_1 = d_1 e_1 = e_1 f_1 = \ldots = 2cd$) wachsen, indem wir den stets flacher werdenden Bogen BC'D'E' ... mit den Radien MC, $D_1 d_1$, $E_1 e_1$... abstecken, allmählig kleiner:

$$\sin \alpha_1 = s : 2\,(r + 2x) = s : D_1 d_1$$
$$\vdots$$
$$\sin \alpha_n = s : 2\,(r + 2nx) = s : N_1 n_1$$

b. Ganz die gleichen Effekte werden erreicht, wenn man eine Bogenabsteckung mit bestimmtem g und p beginnt, den letzteren Werth dann konstant beibehält und g nach einem bestimmten Gesetz $\left(\text{um } x \text{ oder } \frac{1}{x}\right)$

zunehmen läßt, um zu größerem, } Halbmesser überzugehen.
abnehmen " " " kleinerem }

Fig. 111

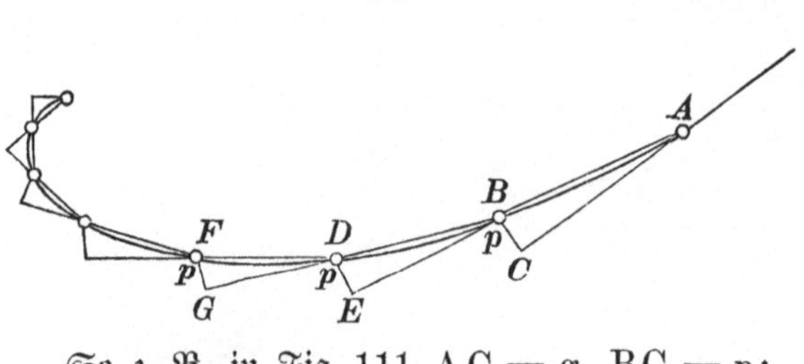

So z. B. in Fig. 111 $AC = g$, $BC = p$;
$BE = g - n$, $DG = g - 2n$....
dagegen $DE = FG = \ldots = p$

Danach gestaltet sich wiederum die Einrückungs-Methode zu einem noch geschmeidigeren und biegsameren Verfahren als sie ohnehin ist. In Wirklichkeit wohnt ihr für solche Fälle die größte Leichtigkeit inne, um sofort, wenn aus freier Hand kein Kreisbogen gelingen will, welcher befriedigt, entweder durch stufenweise Aenderung der Abscisse oder der Ordinate, bald in positivem, bald in negativem Sinne, Bogenlinien aus anderen Krümmungsgesetzen zu finden und so lange das Gesetz der Progression an der einen oder andern Funktion zu ändern, bis die Kurve die schon bestehenden Niveaupunkte völlig oder annähernd in sich aufnimmt, z. B.

Es sei g konstant $= 20^m$ und p sei als Anfangswerth $= 2^m$ und nehme bei jeder Station (bez. jeder 2., 3.,... nten) um $0{,}1^m$ ab oder zu —

oder es sei p konstant $= 2^m$, g als Anfangswerth $= 20^m$ und nehme stationsweise um 1^m oder $0{,}5^m$ ab oder zu.

Es versteht sich, daß die Größe des Anfangswerths von großem Einfluß ist und eine richtige Einlenkung in den angrenzenden Linienzug mit in Betracht kommen muß.

Fig 112

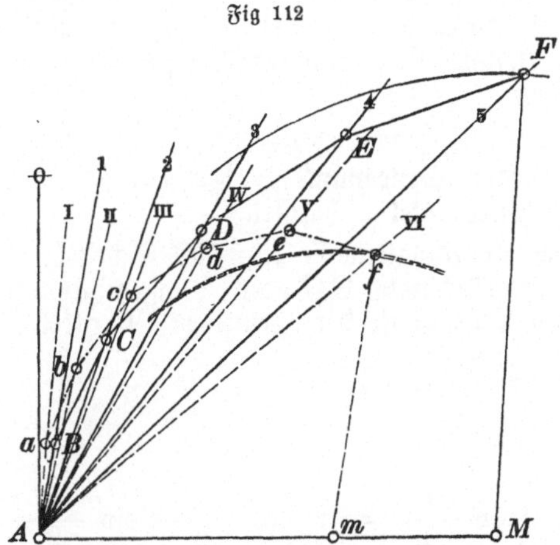

IV. Aehnlicher Modifikationen ist erklärlicherweise auch die Sehnen-Methode fähig. Es können hier die Strahlen so angeordnet werden, daß immer der nächste von dem vorhergehenden einen größeren Abstand einhält (mit anderen Worten: daß ihre Winkel in einem stetigen Verhältniß wachsen oder abnehmen), so $\measuredangle\, \Theta A 1$, $1 A 2 \ldots$ für Kurve $A a b c \ldots f$, welche, den Kreisbogen Af des Halbmessers mf umgehend, dennoch nach f gelangt; oder es können die Sehnen stetig vergrößert oder verkleinert werden: AB, BC, CD... für Kurve ABCD..., welche innerhalb des Kreisbogens AF (mit Halbmesser MF) den Endpunkt F erreicht (Fig. 112).

Diese Andeutung mag hier genügen.

V. Zur Ausführung einer genauen parabolischen Kurve muß der Parameter gegeben sein d. h. die Gleichung der Kurve muß zuerst entwickelt und dadurch ihr Charakter bestimmt, es müssen die Koordinatenwerthe hergeleitet werden. Da schwerlich jemals im Waldwegbau die Parabel eine Rolle spielen wird, vielleicht den Bau größerer Rampen ausgenommen, mögen die Entwicklungen auf das Folgende beschränkt bleiben.

Fig. 113.

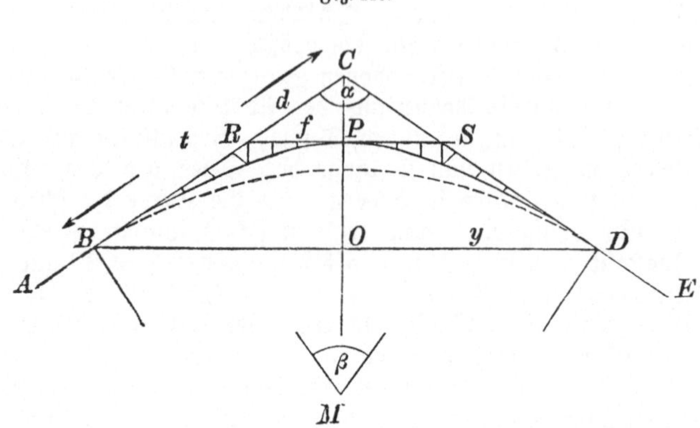

Sollen AB und DE (Fig. 113) statt durch den Kreisbogen der Tangentenpunkte B und D durch die Parabel BPD verbunden werden, deren Gleichung, wenn ihr kleinster Krümmungshalbmesser = r, für ein rechtwinkliges Koordinatensystem

$$y^2 = 2rx\ (= ax),$$

so ist der Scheitel- oder Wendepunkt P der Kurve in der Linie CO zu finden, welche den Scheitelwinkel α halbirt.

Der Ursprung der Koordinatenachse liegt im Scheitel, CO bildet die Abscissenachse und die Ordinate BO des Tangentialpunktes B = y ist, gemäß einer bekannten Eigenschaft der (gemeinen) Parabel,

$$= 2x \operatorname{tg} \frac{\alpha}{2} = r \cdot \cot \frac{\alpha}{2}$$

demnach BC oder

$$t = y : \sin \frac{\alpha}{2} = r \cot \frac{\alpha}{2} : \sin \frac{\alpha}{2}$$

$$= r \operatorname{tg} \frac{\beta}{2} : \cos \frac{\beta}{2} \text{ ꝛc.}$$

Mit Hilfe dieser Ansätze können somit die Tangentialpunkte, wenn r gegeben ist, aufgesucht werden.

Für den Scheitelpunkt P der Parabel wird die Entfernung von C aus der Gleichung gefunden: CP oder

$$e = \frac{y}{2} \cot \frac{\alpha}{2} = \frac{r}{2} \operatorname{tg}^2 \frac{\beta}{2}$$

ferner CR = CS oder

$$d = e : \cos \frac{\alpha}{2} = \frac{r}{2} \sin \frac{\beta}{2} : \cos^2 \frac{\beta}{2}$$

und die Entfernungen der Punkte R und S in der Tangente t vom Scheitelpunkt der Parabel, also PR = PS oder

$$f = e \ \mathrm{tg} \frac{\alpha}{2} = \frac{r}{2} \mathrm{tg} \frac{\beta}{2}.$$

Die Absteckung dieser Größen liefert die Punkte P, R und S und zugleich damit außer dem Scheitelpunkt auch die Achsen der Parabel (CM und PR, bez. PS).

Zur Absteckung des Parabelbogens selbst müßten diese Achsen einem System rechtwinkliger Koordinaten zu Grunde gelegt werden, indem man die Parabel in mehrere Kurvenzweige theilt, so daß die Auffindung der nöthigen Zahl von Parabelpunkten
einerseits von den Linien BR und PR
anderseits ebenso von DS und PS
zu bewerkstelligen wäre.

Zunächst erhält man aus der ersten Gleichung für einen beliebigen Bogen-Punkt n den Werth der Abscisse

$$x = y^2 : 2r$$

Die zugehörigen Ordinaten $y_1 y_2 y_3 \ldots y_m$ der Abscissenpunkte $n_1 n_2 \ldots n_m$ erhalten die Größe, welche der kleinste Krümmungshalbmesser r der Parabel bedingt, und sind so zu wählen, daß ihre Unterschiede einander gleich sind, also $y_1 - y_0 = y_2 - y_1 = \ldots . y_m - y_{m-1}$.

Demnach muß sein

$$x_m - x_{m-1} = \frac{y_m^2 - y_{m-1}^2}{2r}$$

Nach den berechneten Werthen der Koordinaten erfolgt dann die Bogenabsteckung wie bei Kreisbögen.

Am einfachsten für den Praktiker gestaltet sich übrigens die Konstruktion des Parabelbogens in der Weise, daß er aus den gegebenen Bestimmungsstücken die weiter nöthigen Werthe bestimmt, um zunächst den Abstand des Scheitels der Parabel zu finden, alsdann die Pfeilhöhe als Abscissenachse in eine beliebige Anzahl von Abscissen theilt und deren Ordinaten berechnet und aufträgt.

Es sei z. B. gegeben (Fig. 114)
der Winkel bei $C = \alpha = 82^\circ$
die Tangente $AC = BC \ (= t) = 70^m$
die Ordinate $AD = BD \ (= y) = 46^m$
so ist der kleinste Krümmungshalbmesser FG oder

$$r = y : \cot \frac{\alpha}{2} = 40^m$$

ferner

$$DE \ (= x) = y : 2 \ \mathrm{tg} \frac{\alpha}{2} = 26{,}3^m$$

$$CE \ (= e) = \frac{y}{2} \cdot \cot \frac{\alpha}{2} = 26{,}45^m$$

$$EH = EJ \ (= f) = e \cdot \mathrm{tg} \frac{\alpha}{2} = 23{,}0^m$$

und $CH = CJ \ (= d) = e : \cos \frac{\alpha}{2} = 35{,}3^m$

Fig. 114.

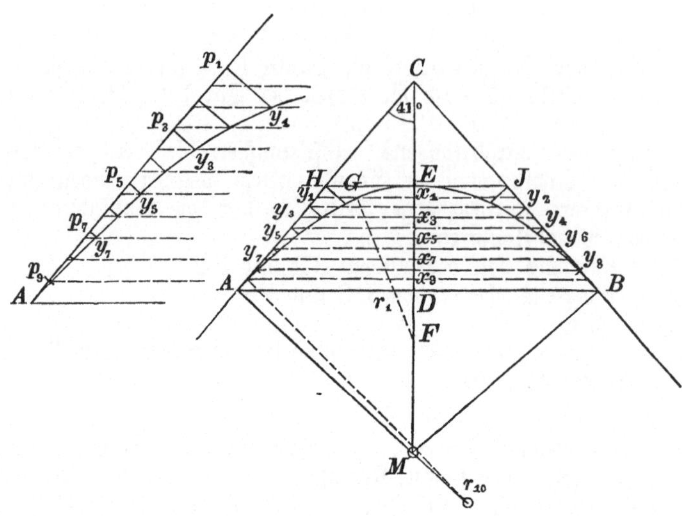

Mittelst dieser Größen fällt es nun leicht, nach Zerlegung von DE und AH in n Theile (z. B. 10) für die Abscissen $x_2\ x_3 \ldots$ die Ordinaten abzuleiten

$$x_1 = 0{,}10\,x, \text{ woraus } y_1 = 46{,}0 \sqrt{0{,}10} = 14{,}7$$
$$x_2 = 0{,}20\,x, \quad \text{"} \quad y_2 = 46{,}0 \sqrt{0{,}20} = 20{,}7$$

ebenso

$y_3 = 25{,}3$	$y_7 = 38{,}6$
$y_4 = 29{,}0$	$y_8 = 40{,}9$
$y_5 = 32{,}7$	$y_9 = 43{,}7$
$y_6 = 36{,}4$	$y\ = 46{,}0$

Nach Auftrag dieser Werthe auf die Parallelen werden die Endpunkte mittelst eines Kurvenlineals (oder von freier Hand) zur Parabel AEB verbunden.

Behufs Uebertragung auf das Gelände fällt man, um die Messung langer Linien von der Abscissenachse aus zu vermeiden, von AH, AJ und BJ Ordinaten, greift sie mit dem Zirkel ab und bestimmt mit Meßlatten und Kreuzscheibe draußen die nöthige Anzahl von Bogenpunkten. Entweder hält man dazu die berechneten Bogenpunkte $y_1, y_2, \ldots y_9$ fest und sucht dazu die neuen Abscissenpunkte $p_1, p_2 \ldots p_9$;
oder behält die Endpunkte der Parallelen als Abscissenpunkte bei und bedarf dann des Fällens und Abgreifens neuer Ordinaten.

Diese Behandlung ist ebenso einfach als sie rasch von Statten geht. Sie reicht ebenso wie die durchgängige Anwendung der Gleichung für die gemeine Parabel (die s. g. Apollonische) für alle Fälle der Praxis vollkommen aus.

Wie der kleinste Halbmesser FG, womit das oberste Bogenstück GE ausgezogen werden kann, andeutet — ließen sich die weiteren einzelnen Bogenstücke auch durch Aufsuchen der Centren für die zugehörigen größeren Halbmesser, deren größter in der Richtung AM liegt, mit dem Zirkel geben, jedoch ebenfalls nicht ohne Rechnung. Es berechnet sich der größte Halbmesser aus dem Ansatz

$$r_m = \frac{y_m^2 - y_{m-1}^2}{2\,(x_m - x_{m-1})}$$

§ 65.

Die Absteckung zusammengesetzter Kurven.

Das Ordnen der Niveaupunkte eines Wegzugs muß immer so stattfinden, daß alle einzelnen Stücke der Zugslinie sich leicht und natürlich zu einem geschlossenen Zug verbinden, in welchem die Fortbewegung keine Hindernisse mehr findet.

Diese Forderung ist erst erfüllt, wenn

a. jede im Wegzug befindliche Gerade die Tangente des vorhergehenden und des folgenden Bogenstücks bildet und

b. je zwei ohne Vermittlung einer Geraden sich folgende Bogenstücke von beliebigem Halbmesser eine gemeinschaftliche Tangente besitzen.

Erfahrene geübte Praktiker suchen diesen Forderungen oft unbewußt mit mehr oder weniger Geschick nachzukommen.

Manche glauben, immer zwischen je zwei Bogenstücke eine Gerade legen zu müssen. Dies ist unnöthig, wir halten im Gegentheil einen flachen Bogen schöner und der Fahrbarkeit zusagender, ohne daß die Beibehaltung von Geraden ausgeschlossen wäre.

Fig. 115.

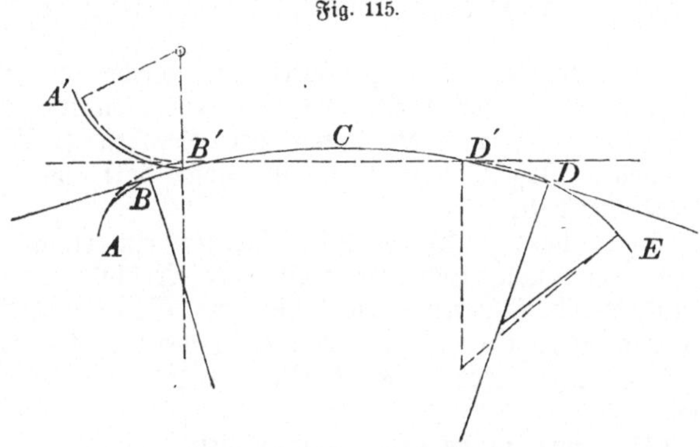

Es wird z. B. die Zugslinie ABCDE oder A′B′CDE aus zwei kleineren und einem mittleren größeren Halbmesser an Schönheit und Fahrbarkeit den Linienkomplex AB′D′E mit der Geraden B′D′ weit übertreffen.

Gehen zwei Bögen direkt in einander über, so müssen ihre Mittelpunkte in einer Geraden liegen, welche senkrecht auf der gemeinschaftlichen Tangente steht und diese im Berührungspunkt als gleichgroßer, verkürzter oder verlängerter Halbmesser trifft oder schneidet.

In Fig. 116 zeigen

1. Die Bogenstücke der Halbmesser AR und BR_1 oder DR_2 den Uebergang in einander in C mit Oeffnung nach einer Seite (ebenso ar mit br_1 und dr_2);

2. die zusammengesetzten Bögen R C r das Umsetzen der Bogenlinien von links nach rechts und umgekehrt, theils mit gleichgroßem, theils zu- oder abnehmendem Halbmesser.

Fig. 116.

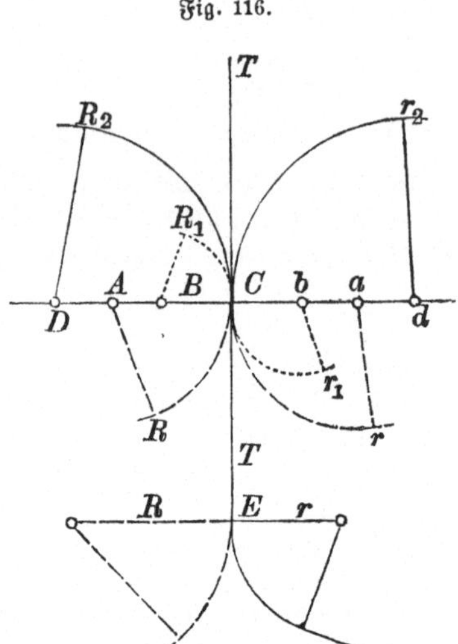

Stets ist der Wendepunkt in C, die gemeinschaftliche Tangente ist T T und die Halbmesser fallen entweder zusammen oder setzen in gerader Richtung über.

Liegt eine Gerade zwischen 2 Bogenstücken, so bleibt die Tangente gemeinsam, die Halbmesser aber rücken parallel auseinander, die Berührungspunkte entfernen sich um die Länge der Geraden (C E). Die Entwicklung eines neuen Bogens beginnt somit immer dort, wo r in T T den Berührungspunkt herstellt.

Der Wegbau bietet häufige Gelegenheit, hierauf ein einfaches Verfahren zu gründen, um namentlich bei vielfachem Geländewechsel, mit ungleichen Ein- und Ausbuchtungen, eine Kette von Geraden durch tangirende Bögen zu verbinden oder in eine ununterbrochene Kette von lauter Bogenstücken umzuwandeln, nachdem das Nivellement die nöthigen Anhaltspunkte gegeben hat.

Es sei (Fig. 117) eine solche Kette von Linien: a b, b c, c d .... Beginnend bei a b und b c suche man mit gewähltem r und Tangente $bt_0 = bt_1$ — die Berührungspunkte t_0 und t_1 so wie den Mittelpunkt m_0 und ziehe Bogen $t_0\, t_1$. Zur Abrundung von ∢ b c d übertrage man darauf t_1c auf c d, so daß $ct_2 = ct_1$ — ziehe $t_2 m_1 \perp cd$, wodurch die Verlängerung von $m_0\, t_1$ in m_1 geschnitten und der Mittelpunkt m_1 für arc · $t_1\, t_2$ gefunden wird. In derselben Weise findet man die

Punkte t_3 und m_2 für arc. $t_2\, t_3$
„ t_4 „ m_3 „ „ $t_3\, t_4$
„ t_5 „ m_4 „ „ $t_4\, t_5$
Allgemein „ t „ m_{n-1} für arc $t_{n-1}\, t_n$

Zwischen t_6 und t_7 bleibt eine Gerade. Man beginnt daher wieder, von h aus die gleich weit entfernten Berührungspunkte t_7 und t_8 durch

Fig 117.

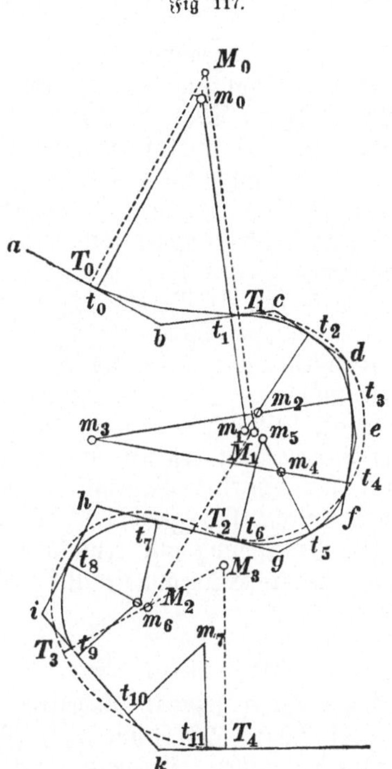

Annahme von $\frac{\text{hi}}{2} = \text{h}\,\text{t}_8$ zu bestimmen, zugleich auch $\text{i}\,\text{t}_9 = \frac{\text{hi}}{2}$ zu nehmen, wodurch hier m_6 zum Mittelpunkt von zwei Bogenstücken $t_7\,t_8$ und $t_8\,t_9$ wird. Bogen $t_{10}\,t_{11}$ bleibt isolirt u. s. w.

Wie ein Blick auf die Figur zeigt, sind noch verschiedene Modifikationen möglich. Eine solche ist angedeutet durch die größeren Bogenstücke $T_0\,T_1$ — $T_1\,T_2$ — $T_2\,T_3\,T_4$, welche die Zugslinie in größeren Zügen mittelst weniger Radien, jedoch mit Hinaustreten über die Winkel (wovon im folgenden Paragraph die Rede) in eine zusammenhängende Kette von Bögen verwandelt.

Ob die Abrundung jedes einzelnen Winkels mittelst spezieller Bogenstücke oder das Aufsuchen solcher Halbmesser, welche in längeren gleichstrahligen Bögen mehrere Winkel zugleich abschneiden, vorzuziehen sei, läßt sich kurzweg nicht entscheiden. Bei größeren Stationslängen und regelmäßigen großen Geländeformen ergibt auch die Einzelabrundung fahrbare Züge, bei einem Minimum von Baukosten, weil die Massenbewegung in Ab- und Auftrag auf das Nöthigste zu beschränken ist.

Durchschnittenes vielfach wechselndes Gelände verlangt gewöhnlich durchgreifende Abrundungen in größeren Zügen, veranlaßt dafür aber auch größeren Aufwand.

Beläßt man die Abrundungen innerhalb der Winkel, so verkürzt sich der Wegzug desto mehr, je spitzer die Winkel und je größer die angenommenen Bogenhalbmesser. Obgleich Verkürzungen im Allgemeinen erwünscht, tauchen doch für zwei Fälle Bedenken dagegen auf:

1. Die Verkürzung steigert das angenommene Gefälle, was unthunlich, wenn es bereits die höchste zulässige Grenze erreicht.
2. Oeffnet sich ein Bogen gegen Thal, so rückt die Weglinie zu weit heraus und veranlaßt Mangel an Auftragsmassen; im umgekehrten Fall entsteht ein zu tiefes Anschneiden des Berghangs und Ueberschuß von Abtragsmassen. Nur wenn zwei gleichgroße umsetzende Bogen sich folgen, gleicht sich Mangel und Ueberschuß aus.

Erstrebt man eine fortlaufende Bogenlinie, so muß es einleuchten, daß aus dem Anfangshalbmesser $m_0 t_0$ bez. $M_0 T_0$ die folgenden sich von selbst entwickeln und nicht mehr von unserer Wahl abhängen. Nur wenn eine Gerade die Bogenbildung abschließt, wie z. B. zwischen t_6 und t_7, ist der nächste Halbmesser neu zu bestimmen. Schon deßwegen wäre es tadelhaft, wo längere Gerade mit Vortheil beizubehalten sind, sie ohne Rücksicht auf den höheren Aufwand durch Bogenlinien ersetzen zu wollen.

Die Absteckungsmethoden für einzelne Bogenstücke sind eigentlich als Anfangsgründe zu betrachten, welche sich gewöhnlich in ihrer Anwendung nicht so einfach gestalten. In Verbindung mit dem so eben gezeigten Verfahren lassen sich jedoch schon eine große Anzahl ziemlich komplicirter Kurvenzüge bilden.

† § 65a. †

Lösungen einiger hierher gehörigen Aufgaben.

I. Die Absteckung von zwei Bögen ABC und abc (Fig. 118), welche nicht direkt in einander übergehen sollen, ist noch durch Herstellung der gemeinschaftlichen Tangente Cc zu ergänzen.

Fig. 118.

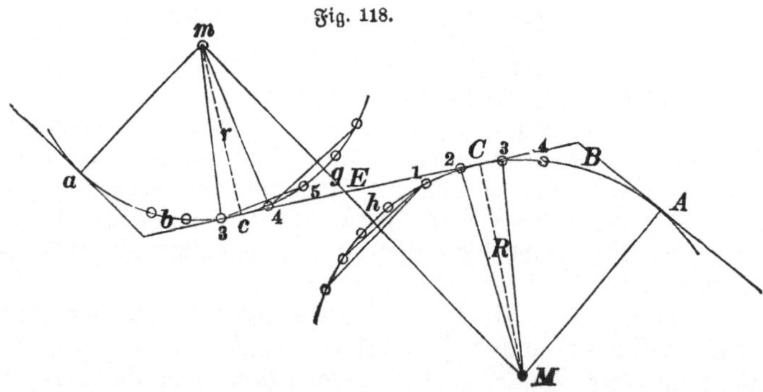

1. Man macht die Bogenlinien auf dem Gelände durch Aufstellen von Stäben oder Pfählen deutlich sichtbar z. B. in den Punkten 1, 2, 3 und 4 und visirt über zwei solche Punkte des einen Bogens, daß die Verlängerung der Visirlinie den andern Bogen möglichst nahe streift. Wird dies unter Wechseln des Standpunkts an beiden Bögen wiederholt, so verbessert sich die Richtung der Linien so lange, bis sie ganz oder nahezu in einander fallen. Die Linie ist richtig, wenn sie an beiden Bögen 1 Punkt berührt, ohne die Bögen zu schneiden.

2. Man steckt in beiden Bögen von einem Umfangspunkt, in dessen

Nähe der Endpunkt der Tangentenlinie vermuthet wird, einen Radius ab (z. B. als Senkrechte auf einer Sehnenmitte), errichtet darauf z. B. auf m4 und M3 eine Senkrechte und rückt, wenn diese die Tangente nicht gibt, mit der Kreuzscheibe oder dem Winkelspiegel so lange rück- oder vorwärts, bis die Visur den eigenen Standpunkt mit dem Bogenmittelpunkt m oder M und dem äußersten Punkt des andern Bogens im rechten Winkel zeigt.

3. Man steckt an beiden Bögen parallele Sehnen ab, sucht auf ihnen, wie vorhin, die Richtung der Halbmesser und ihre Verlängerung über den Bogen hinaus und wiederholt dies so lange, bis die Halbmesser beider Bögen in eine Linie fallen, welche die Richtung der Centralen Mm angibt. Die Punkte g und h, zwischen welchen die Entfernung beider Bögen die kürzeste, sind nunmehr leicht zu bestimmen, dagegen ist noch die Lage des Punkts E zu ermitteln, was durch folgende Rechnung geschieht:

$$\Delta\, MCE \sim \Delta\, mcE,\ \text{folglich,}$$

wenn $MC = R$, $mc = r$, $Mm = m$ und $Em = x$ (woraus $ME = m - x$)

$$R : r = ME : Em \text{ und}$$
$$R + r : r = m : x$$
$$x = m \frac{r}{R + r} \text{ und } ME = m\left(\frac{R}{R + r}\right)$$
$$Eg = x - r \text{ u. s. w.}$$

Schließlich läßt sich dann die Größe der Tangente Cc ebenfalls aus den beiden bekannten Seiten der 2 Dreiecke berechnen.

II. Zwei Linienzüge nahen einander von entgegengesetzten Richtungen, indem sie mit den Geraden AB und CD (oder mit Bögen, welche durch AB und CD tangirt) in den Punkten B und D endigen. Die Endpunkte sind durch einen Gegenbogen zu verbinden.

1. $AB \parallel CD$.

Fig. 119.

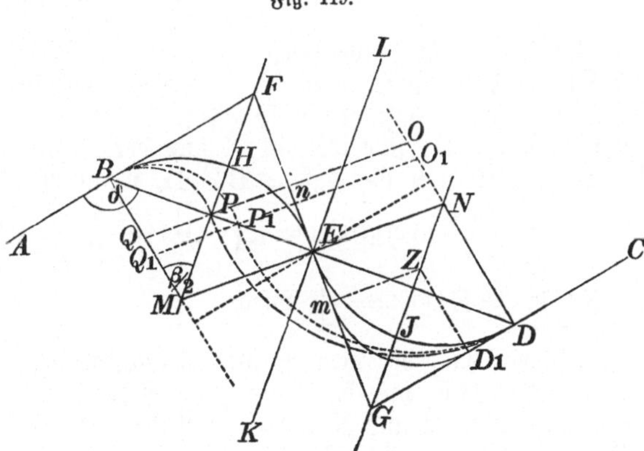

Durch Konstruktion wird der Verbindungsbogen BHEJD hergestellt, wenn man die Linie BD zieht, halbirt und in $\frac{BE}{2}$ und $\frac{DE}{2}$ durch die Senkrechten FM und GN schneidet. In ihnen liegen die Centripunkte M und N, welche man durch Senkrechte von B und D aus zu erreichen sucht, um mit $BM = DN = r$ im Zirkel von M und N aus die Gegenbögen auszuziehen. Werden zwei Bögen gewünscht, deren Halbmesser verschiedene Größen haben z. B. $r : R = 1 : 2 = 2 : 3$ u. s. w., so wird zuerst BD in diesem Verhältniß getheilt und dann in der Mitte jedes Theilstücks $\left(\frac{BP_1}{2}\right.$ und $\left.\frac{P_1D}{2}\right)$ die Senkrechte errichtet, welche von B und D aus zu kreuzen ist.

Durch Rechnung gelangt man zum Ziel, wenn man r (bezieh. r und R) aus $\sphericalangle ABE = EDC$ und der Sehne $\frac{BD}{2}$ $\left[\text{bezieh.}\ \frac{BD}{n}\ \text{und}\ \frac{BD(n-1)}{n}\right]$ ermittelt und in den Senkrechten BK und DO aufsucht. Es sei

$$\sphericalangle ABD = \delta,\ \text{folglich}\ \sphericalangle FBE = \sphericalangle BMF = 180^\circ - \delta = \frac{\beta}{2}$$

$$\frac{BD}{2} = BE = 2s,\ \text{daher}$$

$$r = s : \sin\frac{\beta}{2}$$

Ferner

$$r : s = BK : 2s\ (\text{und}\ DL : DE)$$

$$\text{woraus}\ r = \frac{s}{2s}\,BK = \frac{BK}{2}\left(\text{oder}\ \frac{DL}{2}\right)$$

$$\text{und}\ MN = 2r\ (\text{Centrale}).$$

Bei sehr großer Entfernung und sehr stumpfem $\sphericalangle\ \delta$ könnten die Bögen noch durch eine Gerade getrennt werden, indem man von E die gemeinschaftliche Tangente gegen F und G gleich weit als Gerade beibehielte, um ebensoviel von B gegen F, von D gegen G rückte und mit entsprechend verkleinertem r beiderseits die Geraden verbände z. B. mit $mz = r_1$ die Linien mn und CD_1.

2. Die Linien AB und CD konvergiren.

In diesem häufigeren Falle findet man die passenden Verbindungsbögen auf die einfachste Weise durch Konstruktion so (Fig. 120):

Man zieht und halbirt BD, schneidet in E mit der Senkrechten KL, versetzt Punkt E um so viel nach E_1, daß $\sphericalangle BE_1D$, wenn die Linien AB und CD unter $\sphericalangle BZD = \sphericalangle \xi$ konvergiren, $= \sphericalangle\left(\delta + \varepsilon + \frac{\xi}{2}\right) = 2R - \frac{\xi}{2}$, somit beiläufig $\sphericalangle EBE' = EDE' = \frac{\xi}{4}$ wird.

Die Versetzung geschieht nach der dem Punkte Z entgegengesetzten Seite von BD. Darauf werden BE_1 und E_1D durch die Senkrechten HM und JN halbirt, welche zugleich in M und N durch Schneiden von BO und DF ($\perp$ AB und CD) die Centripunkte für die Bögen BPE_1 und E_1QD ergeben. Diese Bögen entspringen ungleichen Halbmessern, weil die verschiedene Größe der Sehnenwinkel HBE_1 und FDE_1 auch die Ungleichheit der Centriwinkel bedingt. Sollten jedoch die Halbmesser gleich sein (wozu selten ein triftiger Grund vorhanden), so müßte die Differenz durch Verschiebung auszugleichen oder das mittlere r durch Rechnung gesucht werden.

Auf dem Rechnungswege finden wir entweder für jeden der beiden Bögen einen bestimmten Halbmesser mittelst eines einfacheren Verfahrens,

Fig. 120.

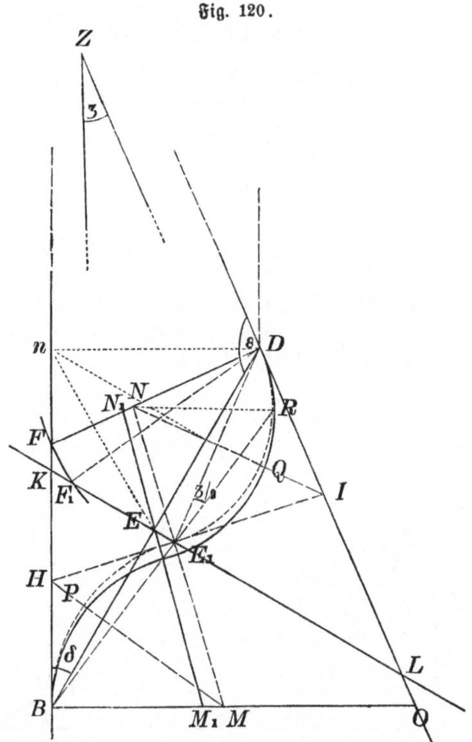

abhängig von $\sphericalangle\, \delta$ und $\sphericalangle\, \varepsilon$ oder wir stellen vornherein das Verhältniß der beiden Halbmesser fest und berechnen die Lage der Centralen MN danach.

Behalten wir die früheren Bezeichnungen bei, verlängern BE_1 bis R, ziehen $RN \parallel Dn$ ($\perp$ auf BZ), so ist, weil $RN \parallel BM$, auch $Dn \parallel BM$,

$$\text{demzufolge } \sphericalangle\, DE_1R = \frac{\sphericalangle\, DNR}{2} = \frac{NDn}{2}$$

$$\text{oder} = \frac{90^\circ - \delta - NDB}{2} \text{ und (da } \sphericalangle\, NDB = \varepsilon - 90^\circ)$$

$$= \frac{2\,R^\circ - (\delta + \varepsilon)}{2} = \frac{\xi}{2}$$

Wird nun Punkt E_1 als Berührungspunkt der beiden Bögen angenommen, so ergiebt sich,

$$\text{da } \sphericalangle\, BE_1D = 2\,R^\circ - \frac{\xi}{2},$$

$$\sphericalangle\, DBE_1 = \sphericalangle\, BDE_1 = \frac{1}{4}\,\xi$$

$$\text{daraus } \frac{BD}{2} : \cos\frac{\xi}{4} = BE_1 = DE_1 \text{ und}$$

$$BE_1 : \cos\left(R^\circ - \delta - \frac{\xi}{4}\right) = BD : 2\cos\frac{\xi}{4}\sin\left(\delta + \frac{\xi}{4}\right)$$

$$= BM = r_1$$

Hiemit ist auch, weil $\sphericalangle$ BME$_1$ ebenfalls bekannt$\left(\text{nämlich} = \delta + \frac{\xi}{4}\right)$, die Lage der Centralen MN und die Größe von NE$_1$ = r$_2$ gegeben, indem DN die Centrale begrenzt. Uebrigens könnte DN durch einen ähnlichen Ansatz wie der vorige bestimmt werden, nämlich

$$\text{da } \sphericalangle NDE_1 = \varepsilon + \frac{\xi}{4} - R^\circ,$$

$$BD : 2 \cos \frac{\xi}{4} \sin\left(\varepsilon + \frac{\xi}{4}\right) = DN = r_2$$

Um ein gleiches r für beide Bögen oder zwei Radien von bestimmtem Verhältniß zu finden, bieten sich mehrere Rechnungsverfahren. Eines der einfachsten wäre etwa das folgende (Fig. 121).

Fig. 121.

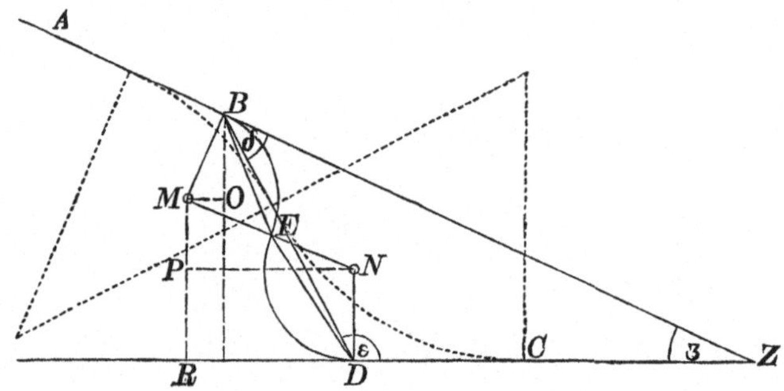

Es sei wiederum $\sphericalangle$ DBZ = δ, $\sphericalangle$ BDZ = ε und $\sphericalangle$ BZD = ξ; die Seite BZ = a, DZ = b, wodurch auch BZ bekannt. BM = DN = x sei zu entwickeln.

$$RZ = a \cos \xi + x \sin \xi$$
$$MR = a \sin \xi - x \cos \xi$$

In Δ MNP ist

$$(2x)^2 = MP^2 + NP^2 = (MR - PR)^2 + (RZ - DZ)^2$$
$$= (a \sin \xi - x \cos \xi - x)^2 + (a \cos \xi + x \sin \xi - b)^2$$

woraus

$$x^2 (1 - \cos \xi) + x \sin \xi (a + b)$$
$$= \frac{a^2 - 2ab \cos \xi + b^2_3}{2} = \frac{BD^2}{2}$$

und

$$x \,(Nw) = \frac{BD^2}{2 \cdot \sin \xi \,(a + b)}$$

Müssen die Punkte B und D nicht festgehalten werden, so genügt auch die Abrundung der Winkel ABE und EDC nach einer der früheren Methoden. Dann wird ein gemeinsamer Halbmesser X von anderer Größe nöthig, nämlich aus dem Ansatz:

$$X \operatorname{tg} \frac{\delta}{2} + X \operatorname{tg}\left(R^\circ - \frac{\varepsilon}{2}\right) = BD$$

$$X = \frac{BD}{\operatorname{tg}\frac{\delta}{2} + \cot\frac{\varepsilon}{2}} = \frac{BD \sin\frac{\varepsilon}{2}\cos\frac{\delta}{2}}{\cos\left(\frac{\varepsilon}{2} - \frac{\delta}{2}\right)}$$

III. Zwei Linienzüge begegnen sich mit den Endrichtungen AB und ED, welche sich in der Vorwärtsverlängerung unter ∢ α schneiden. Zwischen ihnen soll die Verbindung mittelst zweier Kreisbögen hergestellt werden, für deren einen der Halbmesser $r_1 \gtrless r_2$ gegeben ist.

Fig. 122.

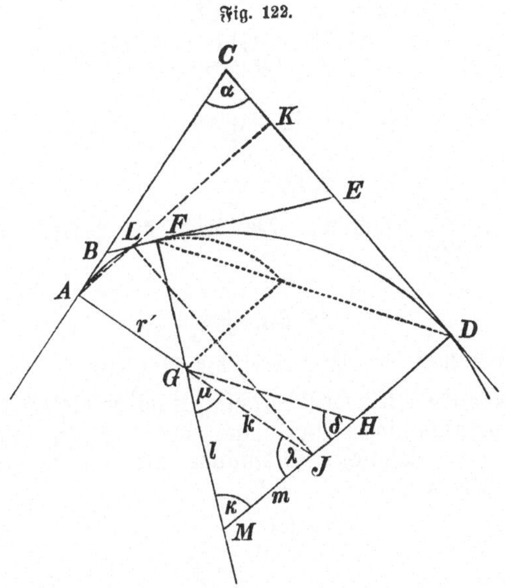

Durch Konstruktion löst sich die Aufgabe, wenn A und D als Tangentenpunkte und $AG = r_1$ gegeben, der Punkt F der gemeinschaftlichen Tangente aber unbestimmt gelassen ist, am einfachsten auf dem Wege, daß man AG von D nach H aufträgt, GH zieht und ∢ MGH = GHM (= δ) aufträgt, die Linie GM zieht und dann bis zu Bogenstück AF verlängert. Hiemit ist $DM = r_2$ bestimmt. Da die Centrumpunkte G und M in der Linie FM liegen, ergeben sich auch durch Errichten von BE ⊥ FM die Tangentenabschnitte AB = BF und DE = EF.

Durch Rechnung wäre DM (= r_2) und, zur Absteckung der beiden Kreisbögen arc. G (= AF) und arc. M (= DF) mittelst Koordinaten, $AB = t_1$ und $DE = t_2$ zu ermitteln. Zu diesem Behuf wäre zuerst AG bis J zu verlängern, AK ⊥ CD und JL ∥ CD zu ziehen und seien die Winkel bei J, G und M = λ, μ und κ, die Seiten ihnen gegenüber = l, m und k gewerthet, sowie AC = a und CD = b. Die Unbekannte DJ sei = x. Alsdann ist

$$b = a \cos\alpha + (r_1 + k) \sin\alpha$$

$$\text{woraus } k = \frac{b - a\cos\alpha}{\sin\alpha} - r_1$$

und, wenn $\frac{b - a \cos \alpha}{\sin \alpha} = n$ gesetzt wird,

$$x = a \sin \alpha - (r_1 + k) \cos \alpha = a \sin \alpha - n \cos \alpha$$

In Δ GJM ist $l = r_2 - r_1$, $m = r_2 - x$ und $\sphericalangle \lambda = \alpha$, somit

$$(r_2 - r_1)^2 = k^2 + m^2 - 2\,km \cos \alpha$$
$$= (n - r_1)^2 + (r_2 - a \sin \alpha + n \cos \alpha)^2$$
$$- 2\,(r_2 - a \sin \alpha + n \cos \alpha)\,(n - r_1) \cos \alpha$$

Ist hieraus das gesuchte r_2 entwickelt,*) so findet man $\sphericalangle \varkappa$ aus dem Ansatze:

$$\sin \varkappa : \sin \alpha = k : l$$
$$= (n - r_1) : (r_2 - r_1)$$

sodann, da $\sphericalangle \mu = 2\,R^\circ - (\alpha + k)$, die Tangentenstücke

$$t_1 = r_1 \operatorname{tg} \frac{\mu}{2}$$

$$t_2 = r_2 \operatorname{tg} \frac{\varkappa}{2}$$

wofür die Funktionswerthe, wenn man die Größe der Winkel berechnet hat, direkt sich aufschlagen lassen.

† § 66. †

Absteckung ohne Verkürzung des Wegzuges.

Alle seither entwickelten Methoden veranlassen durch Abstecken der Kurven eine Abkürzung der ursprünglichen Weglänge, ohne daß dies immer genehm wäre. Es wurde auf die möglichen Mißstände und wie sie zu vermeiden seien, auch schon hingewiesen.

Fig. 123.

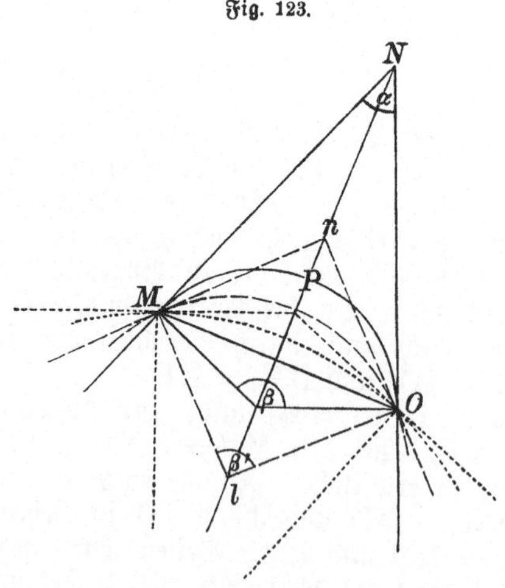

*) Es ergäbe sich auch, mittelst Messung der Linie $DF = d$ und des $\sphericalangle EDF = EFD = \tau$, das gesuchte r_2 viel leichter aus

$$r_2 = d : 2 \sin \tau$$

in welchem Falle auch $\sphericalangle \varkappa$ bereits gefunden wäre.

Wäre das anfänglich gewählte Steigungsverhältniß = p, um innerhalb zweier Stationslängen MN und NO, welche sich (Fig. 123) unter $\sphericalangle \alpha$ schneiden und deren jede = a, die Höhe h zurückzulegen, und wäre, da $2a : h = 100 : p$,

$$O, op = h : 2a$$

so verstärkt es sich um einen gewissen Betrag, sobald arc. MPO = arc. β als Zugslinie eintritt; denn offenbar ist $2a >$ arc. β. Es wird jetzt

$$O, op_1 = \frac{h}{arc.\,\beta} > O, op \text{ um } 2a : arc\,\beta$$

Sinkt der Scheitelwinkel α unter R°, so steigert sich die Differenz $2a -$ arc. β, umgekehrt mindert sie sich.

Wenn z. B. $\sphericalangle MnO = M1O = 90°$ und $r = 100$, sowie $Mn = a = r$,

$$\text{ist } 2a : arc.\,\beta_1 = 2r : \frac{r\beta_1}{\rho} \left(\text{oder } \frac{r\pi}{2}\right)$$

$$= 200 : 157$$

$$\text{folglich } p = \frac{100 \times h}{200} = 0,5h$$

$$p_1 = \frac{100 \times h}{157} = 0,637h$$

$$\text{also } p : p_1 = 500 : 637.$$

Mit der Mehrung der Verkürzungen wird die Ungunst der Gefällverhältnisse wachsen, am meisten bei den spitzen Winkeln, wo gerade die Wahl des Halbmessers am engsten beschränkt und die Möglichkeit dadurch geraubt ist, die Bogenlänge der Schenkellänge 2a bis auf eine kleine Differenz zu nähern, wie bei sehr stumpfen Winkeln.

Demzufolge lassen sich die bisherigen Methoden unbedingt und ohne Rücksicht auf die Gefälländerung nur anwenden, wenn entweder letztere unerheblich bleibt oder wenn die bewirkte Gefällanhäufung sich wieder durch Vertheilung auf die Wegstrecken vor und hinter dem Bogen beseitigen läßt.

Fig. 124.

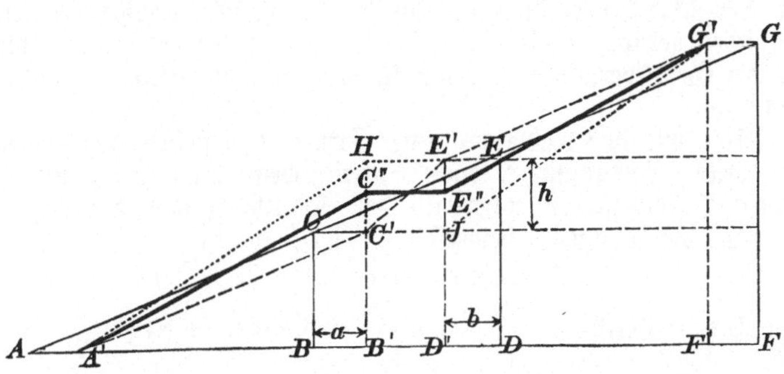

Beispiel (Fig. 124). Angenommen, die ursprüngliche Straßenachse AF mit der Totalsteigung FG verkürze sich in der Mitte von BD auf B'D' = BD − (a + b). Dadurch häuft sich hier die Erhebung DE −

$BC = h$ auf kleinerer Strecke und an Stelle des Prozentsatzes $O, op = \frac{h}{BD}$ tritt der Prozentsatz

$$O, op_1 = \frac{h}{BD - (a + b)}$$

Durch die Annäherung der Punkte A und F um $(a + b)$ rücken die Punkte C und E nach C′ und E.′

Sollte jetzt Strecke B′D′ — etwa als Wend- oder Ruheplatz — ohne Gefäll bleiben ($=$ C″E″ $\|$ B′D′), so müßte die Höhendifferenz von C′ u. B′ ($= h$) sich auf die Strecken A′B′ und D′F′ hälftig (oder in einem sonstigen Verhältniß) vertheilen. Die Steigung, anfänglich bestimmt auf

$$O, op = \frac{FG}{AF} = \frac{h}{BD},$$

erhöhte sich auf

$$O, op_2 = \frac{FG}{AF - BD} = \frac{FG}{A'B' + D'F'},$$

Punkt C rückte hinauf nach C″ und Punkt E hinab nach E″ u. s. w.

Die Umstände könnten auch zulassen oder dazu zwingen, die Steigung von D′F′ oder A′B′ allein um das ganze h zu erhöhen, wodurch das Längenprofil entweder den Gefällzug A′HE′G′ oder A′C′JG′ erhielte.

Zu großer Gefällverstärkung läßt sich schon vornherein dadurch vorbeugen, daß man beim Nivelliren überall, wo derartige Fälle in Aussicht stehen (scharfe Bergrücken und Thaleinschnitte, zu Rampen ersehene Plätze), das Gefäll mäßigt oder ganz wagrecht durchfährt. Folgen jedoch viele Krümmungen kurz aufeinander, so kann das angedeutete Mittel nur die Ueberschreitung des höchsten Gefälls verhüten, weniger leicht die häufigen Gefällwechsel, welche durch die Verschiedenartigkeit der Krümmungen dem anfänglich gleichmäßigen Gefäll sehr bedeutende Schwankungen mitzutheilen drohen. Am ungünstigsten gestalten sich dann die Gefälländerungen als größere Steigerungen gerade dort, wo sie am mißliebigsten werden: an den schärfsten Krümmungen der Wegzüge, denn hier soll die Gefällminderung Regel sein.

Dem zu entgehen, läßt man die Kurven, welche nach den seitherigen Methoden innerhalb der Winkel verblieben, aus ihnen mehr oder weniger heraustreten, entweder gerade so viel, daß die Weglänge unverändert bleibt oder behufs der Gefällverminderung um so viel, daß die Wegachse sich noch verlängert.

Um das Eine wie das Andere in unser Ermessen zu stellen, wäre jeweils zu ermitteln, welche Verkürzung V dann eintritt, wenn man arc. β mit dem sonst genehmen Halbmesser r innerhalb des Scheitelwinkels beließe. Es wäre stets, wenn die Tangente beiderseits $= a$

$$V = 2a - \text{arc.}\ \beta$$

oder, für arc. β den Werth $= \frac{r\beta}{\rho}$ eingesetzt und für $a = r\ \mathrm{tg}\ \frac{\beta}{2}$,

$$V = r\left(2\ \mathrm{tg}\ \frac{\beta}{2} - \frac{\beta}{\rho}\right)$$

woraus, da $1 : \rho$ (wenn β in Graden ausgedrückt ist) $= 0{,}0175$,

$$V = 2r\left(\mathrm{tg}\ \frac{\beta}{2} - 0{,}009\ \beta\right)$$

Wenn das ursprüngliche Gefäll = p, so wird man demzufolge um so ziel unter der erstrebten Höhe zurückbleiben, als der ausfallenden Strecke vugekommen wäre, nämlich V. O, op.

Zur Ausgleichung bestehen nur die zwei Möglichkeiten:
entweder um den fehlenden Betrag das Gefäll vor und hinter dem Bogen eine beliebige Strecke weit zu verstärken;
oder besser: den abzusteckenden Bogen um V zu vergrößern.

Für den letzteren Weg bedarf es lediglich der einfachen Berechnung, um wieviel r

a. für die ganze Bogenlänge oder
b. für einen passenden Theil des Bogens — einerseits oder in seiner Mitte —

wachsen müsse, damit ein neuer Bogen sich ergebe, welcher = 2a oder

c. damit er um so viel größer als 2a (= 2a + x) werde, daß auf die Erstreckung des Bogens ein kleineres Gefäll als p $\left(\text{z. B. } 4a, \text{ wenn } p_1 = \frac{p}{2}\right)$ zu Stande kommt.

Wenn also arc. β für r = rβ : ρ, so müßte Rβ : ρ = 2a sein oder arc. β : 2a = r : R

$$R = \frac{2a \cdot r}{\text{arc. } \beta} = 2a \frac{\rho}{\beta}$$

und im Falle c. $R_1 \beta : \rho = 2a + x$

$$R_1 = \frac{(2a + x)\rho}{\beta} = \frac{(2a + x)\, 57{,}3}{\beta}$$

Im Falle a. und c. kann nun freilich arc. β für R oder R_1 — weil an die übrige Weglinie hinter A und B (Fig. 125), nämlich vorläufig

Fig. 125.

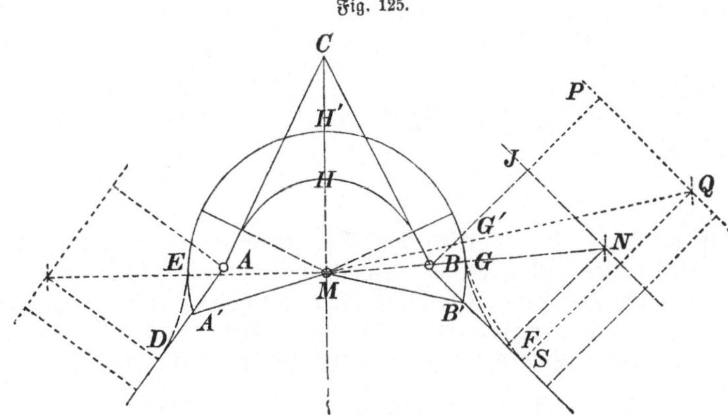

in A' und B' anzuschließen — um etwas länger ausfallen, denn z. B. SG' > BS; diese Verlängerung ist jedoch für den Bauaufwand belanglos, dagegen für Gefällminderung und Fahrbarkeit willkommen. Dadurch nämlich, daß der neue Bogen, dessen Scheitelpunkt nach H' rückte, die Tangenten der Nachbarstrecken AD und BF in A' und B' schneidet, wird eine

Abrundung der ∢∢ DA′E und GB′F mittelst Ueberführen der Bogenenden A′E und B′G in entgegengesetzte Bogenstücke nöthig, indem man mit gemeinsamem R eine S-Kurve konstruirt. Man läßt zu diesem Behuf beiderseits die Stücke DE und FG den Bogen A′H′B′ und die Linien AD und BF berühren und stellt so den fahrbaren Wegzug wieder her. Der Mittelpunkt für Bogen DE und FG ergibt sich rasch, wenn zur Geraden AD und BF Parallele JN mit dem Abstand R gezogen, mit dem Zirkel 2R gegriffen, in M eingesetzt und die Parallele in N geschnitten wird. Darauf wird mit dem Zirkel R gegriffen, in N eingesetzt und beiderseits Gegenbogen DE und FG ausgeführt.

Es bliebe unbenommen, die vermittelnden Bogenstücke auch mit größerem Halbmesser, also f l a c h e r anzulegen; dann müßte etwa, um Bogen SG′ mit Halbmesser G′Q = R′ zu erhalten, die Parallele mit dem Abstand SQ = BP gezogen und von M aus mit R + R′ im Zirkel das Bogenstück gebildet werden.

Zu b. Will man nur einen Theil des Bogens um so viel vergrößern als 2a > arc. β, so ist dies e i n e r s e i t s oder in der B o g e n m i t t e ausführbar.

Fig. 126.

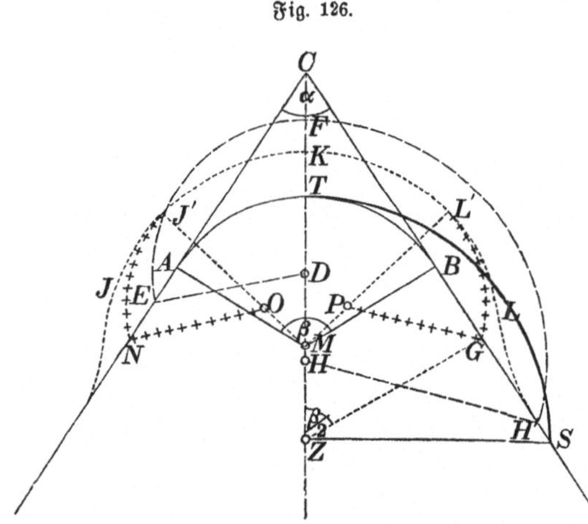

Ganz auf die e i n e S e i t e wird die Bogenerweiterung gelegt, wenn die Bodenoberfläche hier viel günstiger beschaffen ist und der Gefällzug von C gegen S bergabwärts dem Fuhrwerk das Ausfahren eines weiteren Bogens auferlegt. Dieser Anforderung zu entsprechen, muß der größere Halbmesser R der einen Bogenseite allein die ganze Verkürzung V ausgleichen, es muß also, da die Bogenhälfte $AT = \frac{r\beta}{2\rho}$ verbleibt,

$$\frac{r\beta + R\beta}{2\rho} = 2a \text{ werden, somit}$$

$$R = \frac{4a\rho}{\beta} - r = \frac{229,18\,a}{\beta} - r$$

Genauer noch fällt die Rechnung aus, wenn R erst probeweise aufgetragen, dann vom zweiten Schnittpunkt des Bogens nach C gemessen und die Größe der beiden Schenkel des ∢ α (= AC + CS, bez. EC + CH') zur Größe der beiden Bogenstücke in Vergleich gesetzt wird, um danach eine Berichtigung eintreten lassen zu können z. B.

$$\sphericalangle EDC = \gamma, \sphericalangle CHH' = \delta$$

$$\frac{r \cdot \gamma + R \cdot \delta}{\rho} = EC + CH' = 2a + x$$

Die einmalige Durchführung dieser Rechnung dient als Kontrole und wird nahe genug zur Ausgleichung führen.

Das gefundene R ist auf der Halbirungslinie CZ von T aus aufzutragen und von Z der Bogen TS mit dem Zirkel auszuziehen. Statt dessen kann jedoch auch R von M oder einem Punkt hinter M gegen C aufgetragen oder zwischen M und C eingemessen, z. B. von H mit ihm Bogen FH' ausgezogen werden; dann aber müßte für r (= AM) von F gegen D ein neuer Mittelpunkt gesucht werden, um arc. AT durch Hinausrücken in F an den größeren Bogen und etwa in E (vorläufig) an die Tangente wieder anzuschließen. Dadurch würde auch diesseits der Bogen aus ∢ C heraustreten, ungeachtet r unverändert bliebe.

Auf die Bogenmitte läßt sich die Erweiterung ebenfalls beschränken und zwar auf eine beliebige Größe des Bogenstücks, arc. JKL aus ∢ β oder J'KL' aus einem Theil von ∢ β. Alsdann ist noch beiderseits von den Endpunkten J' und L' der Halbmesser r gegen M abzumessen und mittelst arc. J'N und L'G wieder an die Tangenten CR und CS anzuschließen. Die Vorzüge des Hinausrückens von der Mitte aus sind klar: die Rechnung ist einfach, die Konstruktion leicht und die Kurve nach Belieben zu verflachen.

Hieraus ergibt sich eine große Auswahl der Mittel, um durch Herausverlegen des ganzen Bogens oder eines Theiles desselben die Verkürzung der Straßenachse aufzuheben und eine der Geländeform entsprechende Kurve zusammenzusetzen.

Es versteht sich, daß letztere in allen Fällen noch durch entsprechende Gegenbögen, wie im Falle a gezeigt, zu einem in die nächste Gerade oder Kurvenlinie einlenkenden Wegzug zu ergänzen ist.

Wenn auch der gezeigte Rechnungsweg nirgends zu einer ganz genauen Ausgleichung führt, weil die Bogenenden und Gegenbögen stets etwas länger werden, als die entsprechenden Tangentenstücke z. B. JN > AN — so kann er dennoch als völlig ausreichend für die Praxis gelten, welche die einfachsten Mittel vorziehen muß.

Sogleich beim Projektiren austretender Bögen müssen die Schenkel des ∢ C hinreichend verlängert oder die anschließenden Geraden in die Konstruktion hereingezogen werden, um die ganze Figur in sich zu fassen und die nöthige Basis zu bieten, damit die Einlenkungen richtig geordnet und sicher auf das Gelände übertragen werden können. Auch strebt man, Punkt C als Winkelpunkt, hinter welchen die Wendung des Weges fällt, an eine Stelle des Berges mit möglichst flacher Abdachung zu legen. Dadurch ergibt sich ein größerer Scheitelwinkel und ein mäßigeres Heraustreten der Kurve. In gleichem Maße vermindert sich Ab- und Auftrag und erlangt man größere Halbmesser. —

Bei der Umwandlung unregelmäßiger Winkelzüge durch Anwendung einer passenden Reihenfolge von Geraden und Bogenlinien bieten sich mancherlei Fälle, wo eingetretene Verkürzungen wiederum durch anderweitige Verlängerungen der Achse ausgeglichen werden, nicht allein durch Hinauslegen der Bögen, sondern auch durch Umwandlung von Geraden in Bogenlinien, entweder einer allein oder mehrerer zugleich, welche sich als Sehnen eines gemeinsamen Bogens darbieten oder deren Winkelpunkte sich wenigstens in eine Kurve aufnehmen lassen.

Wie eine Anzahl Punkte sich beiderseits einer Geraden so nahe lagern können, daß man füglich den Winkelzug in der Geraden aufgehen lassen muß, können auch für eine Anzahl Stationspunkte einer Wegstrecke einfache oder zusammengesetzte Kurven so konstruirt werden, daß keine wesentliche Verkürzung der Mittellinie erfolgt.

Ergibt sich nämlich an einem Orte dadurch, daß der Bogen als eingeschrieben im Winkelzug erscheint, eine Verkürzung, so läßt sich diese ausgleichen, indem man den folgenden Bogen den Winkelzug umschreiben läßt. Ist aber die Verkürzung als Unterschied zwischen Bogen und anfänglichen Tangenten berechenbar, so ist anderseits ebenso leicht der Unterschied zwischen Bogen und Sehnen festzustellen*) und für eine Kette von Geraden unschwer zu ermitteln, bei welchem Halbmesser arc. ζ nicht

Fig. 127.

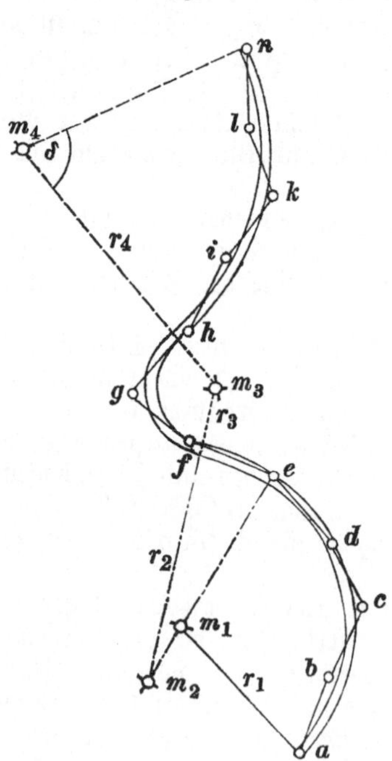

*) Es ist nämlich diese Differenz

$$\Delta = \frac{r\beta}{\rho} - 2r \sin\frac{\beta}{2} = 2r\left(0{,}009\,\beta - \sin\frac{\beta}{2}\right).$$

allein der Summe der Geraden, welche er zu umschreiben hat, gleichkomme, sondern auch die Differenz des vorhergehenden Bogenstücks zugleich zur Ausgleichuug bringe — also gleichsam eine fortlaufende Abrechnung von einer Wegstrecke zur andern!

Es sei z. B. die Kette a b c . . . n (Fig. 127) zu einem fortlaufenden Bogen umzubilden, so kann r_1 so gewählt werden, daß

$$\text{arc. } m_1 = \text{oder} \lesseqgtr ab + bc + cd + de$$

$$\text{arc. } m_2 = ef, \text{ sodann aber muß,}$$

$$\text{weil arc. } m_3 < fg + gh \text{ um den Betrag } V,$$

$$\text{arc. } m_4 = V + hi + \ldots + ln \text{ werden,}$$

$$\text{folglich } r_4 = \left(\frac{V + hi + \ldots + ln}{\delta}\right) \rho \text{ u. s. w.}$$

Eine derartige Rechnungskontrole entfällt bei gleichmäßigen Bergformen und schwachem Gefälle, wird sich also auf gewisse Fälle beschränken und zwar gerade auf jene, wo ohnehin die Konstruktion der Planzeichnung bedarf. Hier aber sind die nöthigen Zahlengrößen für die Rechnung am leichtesten zu erheben.

IV. Die Absteckung der Bögen aus kleinstem Halbmesser.

§ 67.

Die Größe der geringst-zulässigen Bogenhalbmesser.

Wenn nach der ersten Absteckung aus den natürlichen Biegungen des Geländes eine Straßenachse hervorgegangen, deren Korrektur sich nöthig erweist, um fahrbare Bogenlinien zu erlangen, muß man zum Voraus wissen, welche kleinste Bogenhalbmesser den örtlichen Anforderungen der Fahrbarkeit noch entsprechen.

Jedes einzelne Bogenstück muß einem so großen Halbmesser entspringen und zugleich eine so breite Bahn besitzen, daß die beladenen Wagen keine Gefahr laufen und ihre Bespannung in der Fortbewegung nicht gehindert oder zu sehr aufgehalten ist. Der Bau von Landstraßen erfolgt mehr mit Rücksicht auf allgemeine Fahrbarkeit als auf die Baukosten, bei Waldwegen dagegen ist nur der forstwirthschaftlich gebotene Bauaufwand zulässig. Jede Bogenlinie aber, deren größerer Halbmesser die Bergkurven zu durchkreuzen zwingt, wie z. B. die Linie a b c . . f in Fig. 128 mit R′, R″ und R‴

Fig. 128.

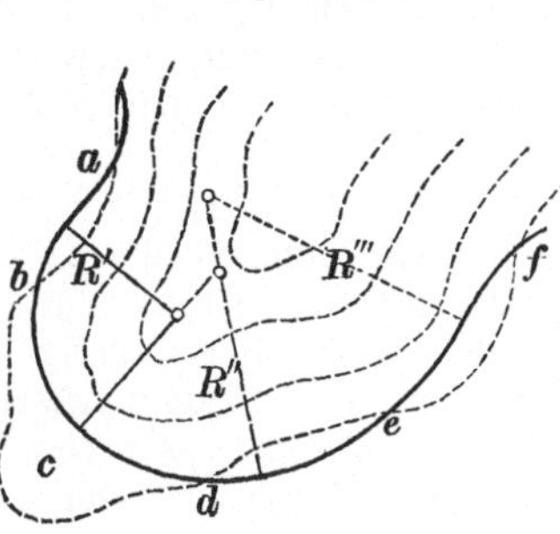

veranlaßt durch stärkeres Anschneiden der Bergwand b c d und Herausbauen aus a b und d e größere Ab- und Aufträge und vertheuert die Bauten in um so rascher steigendem Verhältniß, als die Bergwände steiler und felsiger sind, als dagegen die Abböschung flacher und die Wegkrone breiter werden muß. Die Bogenhalbmesser sollen daher ohne triftige Gründe nicht größer gewählt werden, als die übliche Holztransportweise (bez. die künftig nöthige) gerade erfordert.

Dies richtet sich

1. nach der Länge und Breite der belasteten Fuhrwerke, von welchen wir jedoch — einerseits von Schleif- und Schlitt-, anderseits von Schienenwegen absehend — nur den Karren, Leiterwagen und Langholzwagen in Betracht zu nehmen haben und zwar bei ihnen nach ihrer Bauart
   a. die Länge der Gestellachsen oder Spurweite,
   b. den Durchmesser der Räder,
   c. die Breite des Wagens, wenn beladen,
   und bei den zweiachsigen
   d. die Entfernung zwischen Vorder- und Hintergestell-Achse;
2. nach der Bespannung (Ein-, Zwei-, Vier- u. Sechsspänner — selten mehr!)
3. nach dem Winkel, bis zu welchem die Vorderachse gegen die Lenkwiedachse seitwärts bewegt werden kann (Beweglichkeit der Vorderachse und Deichsel);
4. nach der dem Hinterwagen möglichen Kurve (der Achsenmitte), deren Lauf abhängt
   a. von der Bahn des Vorderwagens,
   b. von der Beweglichkeit der Hintergestellachse und
   c. von der Entfernung zwischen beiden Gestellachsen;
5. nach der Wegbreite oder der größeren Breite des betreffenden Wegbogenstücks und seiner nächsten Begrenzung (z. B. Felswand oder Böschung).

Bei den kürzesten Spannfuhrwerken, den Karren, wurde schon festgestellt (in Kap. 3 des vorigen Abschnitts), daß ihre Wendung eine kurze, leichte und jeder Wegbogen mit ihnen zu befahren sei, dessen Halbmesser der doppelten Länge ihrer Achse oder beiläufig ihrer doppelten Spurweite noch gleichkommt. Sie lassen sich jedoch nur mit Kurzholz beladen und können überhaupt bei uns ihrer beschränkten Anwendung wegen nirgends beim Wegbau maßgebend sein.

Die Leiterwagen haben, je nach der örtlich-wechselnden Bauart, eine Länge von 6—8^{m}, bewegliche Vordergestelle, welche sammt der Deichsel zuweilen Seitendrehungen bis über 90° ausführen können, und feste Hintergestellachsen, so daß die Hinterräder keiner Bewegung in eigener Bahn fähig sind.

Wesentlich unterscheiden sich davon die Langholzwagen: ihre Ladung liegt unmittelbar auf Vorder- und Hintergestell (Oberwagen fehlt), die Lenkwiede ist vom ersteren gelöst, mit dem Hinterwagen verbunden in jedem Einzelfall entsprechend weit unter die Langholzladung zurückgeschoben und an derselben mit Ketten und dem s. g. Spannprügel befestigt. Durch Lockerung der Ketten (Loddern, Schwippen oder Schwicken) kann vorübergehend diese feste Verbindung aufgehoben, behufs Ausfahrens kleinerer

Bögen die Lenkwiede unter der Last hinweg seitwärts gedreht und ihr so viel Spielraum gegeben werden, daß die Hintergestellachse sich in einen entgegengesetzten Winkel zur Längenachse des Wagens wie das Vordergestell setzt und die Hinterräder ebenfalls der Kurvenbahn der Vorderräder folgen können, was die Beweglichkeit des sonst schwerfälligen Fuhrwerks bedeutend vermehrt. Ist das Langholz vermittelst des vorderen und hinteren „Achsschemels" so hoch oder höher geladen, als der Raddurchmesser hoch ist, so streifen die Räder die Last nicht und erlauben größere Drehungen der beiden Gestellachsen.

In Folge dieser abweichenden Bauarten und Einrichtungen führen die Fuhrwerke sehr ungleichgroße Bewegungen aus und müssen in ihrer Betrachtung von einander getrennt werden, wenn wir untersuchen wollen:

1. welches der geringst-zulässige Bogenhalbmesser sei
   a. für den Gebrauch von Leiterwagen
   b. „ „ „ „ Langholzwagen ohne und
   c. „ ihren Gebrauch mit Lockerung,
2. welches die mindeste Wegbreite für die Fahrbarkeit der Bögen der kleinsten Halbmesser sei.

Vor Beantwortung von 1. a. ist zu betonen, daß nur durch Drehung des Vordergestells in seiner Achsenmitte b (Fig. 129a) eine Kreisbewegung

Fig. 129a.

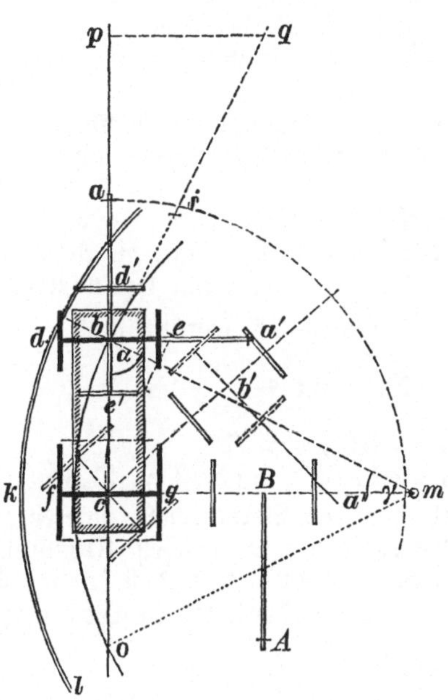

überhaupt ausführbar und daß die Größe des Kreisbogens von der Länge bc (Gestellabstand), der Weite des Radkastens und Höhe der Räder, deren Streifen am Radkasten (Oberwagen) den Achsenwinkel α begrenzen muß, oder solcher Bauart des Wagens, welche ein Hindurchbewegen der Räder unter dem Oberwagen erlaubt, (wie die Gestellrichtung d'e' aus de) abhängig bleibt. Die Bewegung der Hinterräder kann, weil sie jener der Vorderräder (wenn auch innerhalb des von letzteren beschriebenen Bogens dkl) völlig zu folgen haben, hier unbeachtet bleiben.

Soll ein Leiterwagen im engsten Raum wenden, so müssen die Zugthiere die Deichsel mit dem Vordergestell seitwärts drücken. Gelingt dies nur bis zur Richtung bi, so stellt sich, nachdem das eine Rad bis zum Radkasten zurückgegangen, die Achse des Vordergestells in die Richtung bm und bildet mit bc den Winkel mbc $= \sphericalangle \alpha$. Konstruirt man durch Verlängerung der Achsenlinie fg bis m Δ bcm, verlängert bc, bis bo = 2bc und zieht mo, so bilden bm und om die Halbmesser r des kleinsten Bogens bo, welchen der Wagen noch durchlaufen kann, und die Längenachse bc = s stellt die halbe Sehne des Bogens aus Halbmesser r und dem Centriwinkel bmo dar. Es ergibt sich somit (aus dem Ansatz $s = r \sin [90 - \alpha] = r \sin \gamma$)

$$r = \frac{s}{\sin \gamma} = \frac{s}{\cos \alpha} \qquad a)$$

Vermag das Vordergestell, indem die Räder bis unter den Wagen gehen, die Seitenbewegung fortzusetzen, bis de in die Richtung d'e' gelangt (Richtung von bc), so wird $\sphericalangle \alpha = 0$, $\sphericalangle \gamma = 90°$ und das Minimum von $r = s$. Alsdann muß jedoch, damit die Zugthiere die Deichsel aus der Richtung ba in die Richtungen ba', b'a'' und BA bringen können, wobei die hintere Achsenmitte ständig in c bliebe und die Hinterräder schließlich $\parallel$ fg stünden (und die Vorderräder $\perp$ cm) genügender ebener Spielraum vorhanden sein. Der Halbmesser für den Wendplatz müßte mindestens = ac sein.

Der $\sphericalangle \alpha$ bestimmt sich durch unmittelbare Messung von $\sphericalangle$ abi $= \sphericalangle \gamma$ oder durch Rechnung, wenn man die Wagentheile mißt, von deren Stellung zu einander er abhängt.

Anmerkung. Ohne Winkelmessung wird r auch bestimmt, wenn man die Deichsel ihre größte Wendung machen läßt, die Achse bc soweit (bis p) verlängert, bis die Senkrechte pq = s, dann bp mißt (= t) und ansetzt:

$$r = \sqrt{t^2 + s^2}, \text{ woraus auch}$$

$$r\,(Nw) = t + \frac{s^2}{2t} - \ldots$$

z. B. $t = 10^m$, $s = 6^m$

$r = 11{,}69^m$, $r\,(Nw) = 11{,}8^m$.

Erfahrungsmäßig dreht sich das Vordergestell unserer gewöhnlichen Leiterwagen nur soweit seitwärts, daß $\sphericalangle \alpha$ zwischen 40 und 60° wechselt. In obigen Ermittlungen ist dann noch unterstellt, daß in der erforderlichen Breite des Bogenstücks volle Freiheit besteht und es als Zugkraft nur eines Zweigespanns bedarf.

Für eine Länge der Wagenachse (bc)

	$= 6^m$	8^m
	wird r in Metern	
wenn $\sphericalangle \alpha = 40°$	7,83	10,44
$= 50°$	9,33	12,45
$= 60°$	12,00	16,00

Aus Vorsicht wird man diese Zahlen immer etwas höher greifen und selbst dort, wo nur ausnahmsweise Langholzfuhren vorkommen, mit dem Halbmesser nicht unter 10^{m} herabgehen, um leicht fahrbare, ungefährliche Bogenlinien zu erzielen. Die gleiche Absicht wird dazu anleiten, den Halbmesser höher zu greifen, wenn man das Bogenstück nicht verbreitert und für lebhaften Verkehr zu bauen ist.

Zu 1. b. Für Langholzwagen gilt, wenn die Abfuhr ohne Lockerung Regel werden soll — widrigenfalls zwei Leute beim Fuhrwerk sein müssen — die gleiche Rechnung wie bei a. Nur verlängert sich die Distanz s mit der Länge des geladenen Stammholzes und kann, weil die Ladung eine geringere Breite einzunehmen pflegt und auf den „Schemeln" liegt, durch Verkleinerung von $\sphericalangle \alpha$ dem Vordergestell etwas mehr Beweglichkeit verliehen werden. Dazu kommt, daß das hintere Gestell bei $^2/_3$—$^3/_4$ der Stammlänge untergeschoben wird, also bei Stämmen von 30^{m} Länge die Distanz s doch nur 20—24^{m} groß wird.

Für $\sphericalangle \alpha = 45°$ und Stämme von 18—30^{m} würden demgemäß die nöthigen Bogenhalbmesser eine Größe von 25,45—42,42^{m} erhalten müssen, dagegen R für $\sphericalangle \alpha = 50°$ von 28,02 bis 46,67^{m}
$= 60°$ „ 36,00 „ 60,00^{m}
d. h. je größeres Langholz in hohen Nutzholz-Umtrieben eine Wirthschaft erzeugt und je bequemer sie die Abfuhr für jegliches fremdes Fuhrwerk einrichten will, desto größere Bogenhalbmesser müssen gewählt werden, wobei dann solche von 50—60^{m} selbst den größten Ansprüchen genügen.

Zu 1. c. Anders gestaltet sich das Verhältniß, wo wegen der Beschränktheit der Langholztransporte oder zu hohen Aufwands in steilem und

Fig. 129b

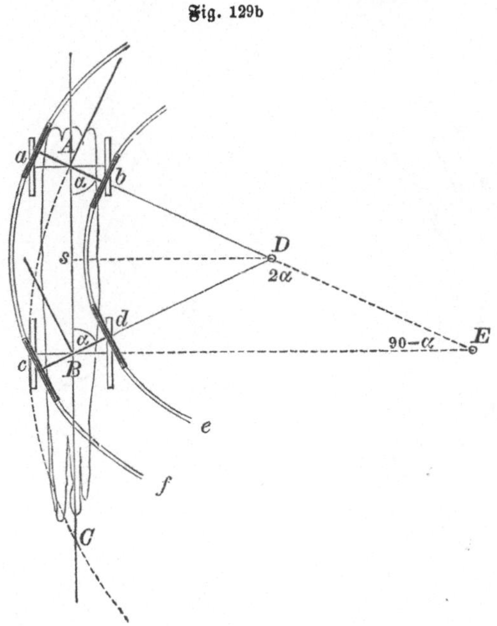

zerrissenem Gebirgsland den Fuhrleuten die Lockerung des Hinterwagens zugemuthet werden muß.

Ob nun die größere Beweglichkeit des Fuhrwerks, welche gleichzeitig bei dem jetzigen Ladverfahren eine größere Unbequemlichkeit und ein größeres Aufgebot an Zeit und Mannschaft bedeutet, im Wegbau selbst durch Zulassung von kleineren Bogenhalbmessern so günstige Folgen habe, daß die Zumuthung des Lockerns berechtigt erscheint, bedarf der Untersuchung.

Nehmen wir sofort an, die Vorder- und Hinterachse hätten gleich große Beweglichkeit oder (Fig 129b) es sei

$$\sphericalangle DAB = \sphericalangle DBA = \alpha$$

und konstruiren für die Distanz der Wagengestelle $= AB$ das ΔABD, so stellen sich die Radachsen ab und cd als Enden der zwei gleichgroßen Radien Da und Dc dar und die Räder vermögen sich in der gleichen Spur (arc. bde und acf) um das Centrum D zu bewegen. Wegen Gleichheit der Achsenwinkel wird die Hilfslinie Ds die Sehne $AB = s$ und $\sphericalangle ADB$ halbiren, worauf die Rechnung von 1. a. wiederkehrt:

$$\sphericalangle ADs = 90^\circ - \alpha = \sphericalangle AEB$$

$$AD = BD = r = \frac{s}{2\cos\alpha} \qquad \text{b)}$$

oder

$$AD : \sin\alpha = s : \sin(180 - 2\alpha)$$

$$AD = r = \frac{s \cdot \sin\alpha}{\sin 2\alpha} = \frac{s}{2\cos\alpha}$$

$$\text{folglich } r = \frac{AE}{2} = \frac{R}{2}$$

Fig. 129c.

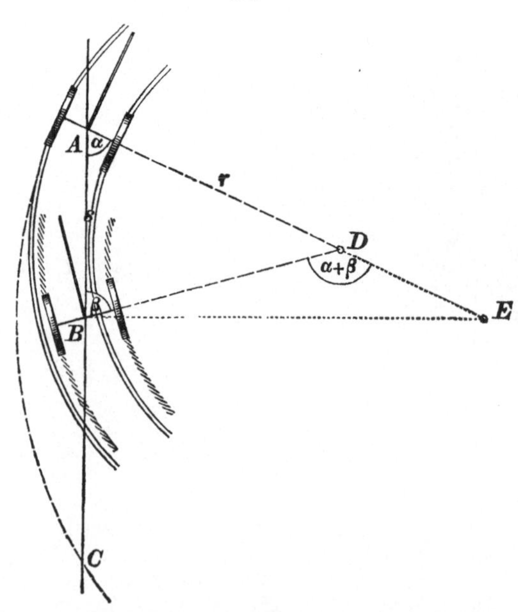

d. h. beim Schwippen oder Lockern der Hinterwagen können Bögen aus halb so großem Radius passirt werden als bei festem Hinterwagen.

Der Umstand, daß die Beweglichkeit beider Gestelle nicht immer gleich groß wird, modificirt das obige Verhältniß etwas, ohne jedoch seine Bedeutung sehr herunterzusetzen. Es sei nämlich (Fig. 129c)

$$\sphericalangle DAB = \alpha < \sphericalangle DBA = \beta$$

so wäre bei festem Hinterwagen der nöthige Halbmesser $= AE = CE = R$; durch Lockerung des Hinterwagens dagegen verkleinert sich der Halbmesser auf $r = AD = AE - DE$.

Da $AB = s$ und $\sphericalangle\sphericalangle\ \alpha$ und β meßbar, ergibt sich aus dem Ansatz

$$r : s = \sin\beta : \sin\left[180^\circ - (\alpha + \beta)\right]$$

$$r = s\ \frac{\sin\beta}{\sin(\alpha+\beta)}. \qquad c)$$

Dabei ist jene Seite von Δ ABD als r anzunehmen, welche dem größeren Winkel gegenüber liegt. Wäre $\alpha > \beta$, so müßte also die Gleichung sein:

$$r_1 = s\ \frac{\sin\alpha}{\sin(\alpha+\beta)}.$$

Man wird auch gewöhnlich den Achsenwinkel des Vorderwagens als maßgebend annehmen dürfen, weil die Fuhrleute den Hinterwagen gerade so weit loslösen als nöthig ist, damit er den Bewegungen des Vorderwagens folgt.

Beispiel. Ein genau gearbeitetes Wagenmodell hatte eine Distanz der Gestelle (s) von $13{,}2^m$ und Winkelgrößen für $\alpha = 53^\circ\,40'$, für $\beta = 60^\circ\,30'$.

Ohne Lockerung ergab sich
durch Rechnung . . . . $R = 22{,}28^m$
auf dem Versuchswege . . . . $= 22{,}50^m$

Mit Lockerung
aus num (log 13,20
+ log sin 60° 30′
— log sin 65° 50′) . . $r = 12{,}59^m$
mittelst Versuchs . . . . $= 12{,}75^m$

somit $r = 0{,}56$ R.

Wenn ferner, bei der nämlichen Größe der Achsenwinkel α und β,
$s = 18^m$, so würde $r = 17{,}13^m$ und $R = 30{,}38^m$
$= 21^m$, „ „ „ $= 20{,}03^m$ „ „ $= 35{,}44^m$
$= 24^m$, „ „ „ $= 22{,}90^m$ „ „ $= 40{,}51^m$

Aus Alledem geht eine so beträchtliche Ersparniß an Baukosten hervor, daß bei beschränktem Verkehr unter schwierigen Geländeverhältnissen die Zumuthung der Lockerung sich vollständig rechtfertigt.

Als Erfahrungszahlen über die geringst-zulässige Größe der Halbmesser dürften sich die folgenden ergeben:

a. bei reiner Brennholzwirthschaft . . . . $10—16^m$
b. bei Nutzholzwirthschaft, wo Lockerung Regel ist oder die Stämme vor der Abfuhr zerlegt werden . . . . . . $15—24^m$
c. für ungehemmten Verkehr mit befestigtem Hinterwagen . $30—40^m$

Letztere Zahlen mit 60^m als äußerste Grenze der Nothwendigkeit ersparen die örtliche Verbreiterung, zu welcher kleinere Bögen zwingen, und gewähren auch Viergespannen freie Fortbewegung. Steht irgendwo die Umwandlung oder Benutzung von Hauptfahrwegen zu Schienenwegen in Aussicht, so empfiehlt sich der vorsorgliche Ausschluß aller zu kleinen Bogenhalbmesser, um baldigen Umbau zu vermeiden.

§ 68.

Die geringste Breite der kleinsten Wegbögen.

Hat ein Fuhrwerk mit festem Hinterwagen einen Bogen auszufahren, und es ist dabei entweder die Entfernung s des Vorder- und Hinterwagens klein (wie beim Leiterwagen) oder der Bogenhalbmesser für den Langholzwagen groß genug, so werden die Hinterräder einen Bogen für sich beschreiben, etwas innerhalb der Spur der Vorderräder. Beim Langholzwagen wird diese Doppelspur schon beachtenswerth, sobald die Gestellachsen einen Abstand von $8-10^m$ haben und die Seitenwendung der Vorderachse gegen 40 Grad beträgt. Die Spuren der beiden Gestelle entfernten sich z. B. bei der Wendung eines Wagens, dessen $s = 13{,}2^m$, in einem Bogenhalbmesser von $22{,}5^m$ im Scheitel des Bogens um $\frac{1}{6}$ dieses Halbmessers.

Ist also ein kleinstrahliger Bogen zu passiren, so muß der Hinterwagen vom Eintritt in den Bogen an selbst nach erfolgtem Lockern, je nachdem $\sphericalangle\,\alpha$ oder $\sphericalangle\,\beta$ größer, einen längeren oder kürzeren Weg einschlagen als der Vorderwagen, da seine Achsenstellung ihn in jene Bogenrichtung zwingt, welche dem Halbmesser, dem Centriwinkel der beiden Achsen und dem Zug des Vorderwagens entspricht. Wie Fig. 130 andeutet, mag z. B. der

Fig. 130.

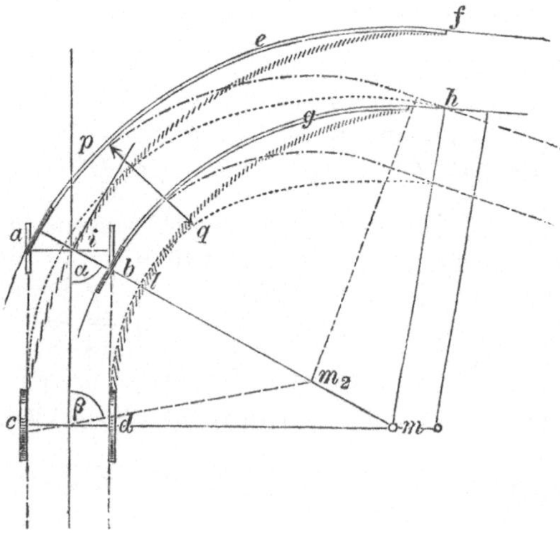

Vorderwagen ab nach einer Wendung um $\sphericalangle\,\alpha$ mit Halbmesser $\frac{am + bm}{2}$

seine Räder in den Bögen aef und bgh fortbewegen; der Hinterwagen folgt zuerst in gerader oder einer Uebergangsbogenlinie bis i und dann in den Bögen if und lh. Daraus entsteht eine Verbreiterung der Bahn, welche bei pq oder beiläufig im Scheitel des Bogens am größten ist und bei fh, dem Einlenkungspunkt in die gemeinsame Tangente, ihr Ende findet. Aehnlich wird, wenn am gelockerten Hinterwagen $\sphericalangle \beta \gtrless \alpha$, dessen Räderspur einen andern Bogen als der Vorderwagen beschreiben und wird in Folge dessen auf dem halben Wege des ausgefahrenen Bogens die Spurbreite beider Gestelle am größten sein, nämlich $= pq = 0{,}10\,r$ bis $0{,}12\,r$ oder noch mehr. Jedes andere Fuhrwerk wird seine Bogenlinien je nach seiner Bauart, der Größe der Lockerung, der Länge der Ladung, der Bewegung der Zugthiere, beeinflußt durch die Leitung des Fuhrmanns und manche Nebenumstände, welche eine Ablenkung aus der eingeschlagenen Bahn hervorrufen, mehr oder weniger verändern. Auch ist der nöthige Raum für den Fuhrmann und für Ausweichen bei Begegnungen, sowie die nächste Begrenzung der Fahrbahn — ob in einem tiefen Einschnitt (ein- oder beiderseits) oder auf freier Aufdammung, ob die Einschnittsböschungen steil oder flach — in Rücksicht zu nehmen.

Soll nun die Frage gelöst werden, welche geringste Fahrbahnbreite jedem Bogenhalbmesser zukommt, so könnte man zur Entscheidung durch Konstruktion oder auf dem Wege des Versuchs gelangen. Nach Feststellung der Bogencentren für Vorder- und Hinterwagen könnten nach den Außentheilen des Fuhrwerks (mit Bespannung und Ladung) die zugehörigen Radien gezogen und die Bögen gezeichnet werden, welche sich bei der Fortbewegung des Fuhrwerks entwickeln. Dann würden die Bögen von R′, R″... und r′, r″... (als Maxima und Minima) den Bahnraum begrenzen und die Fahrbahnbreite auf der Scheitellinie des Wegbogens sowie die Form der Bahn ergeben. Die Erwägung, daß die Bahn ohne Gefahr und zu große Hemmung muß passirt werden können, ließe uns noch etwas Raum zugeben. Ueberall wo die Durchfahrt nur mittelst Lockerung zu bewerkstelligen ist, muß diese Erwägung zur Verbreiterung in der Scheitellinie bestimmen.

Anhaltspunkte mögen noch hiefür die folgenden Entwicklungen liefern.

In Fig. 131 sei

Fig. 131.

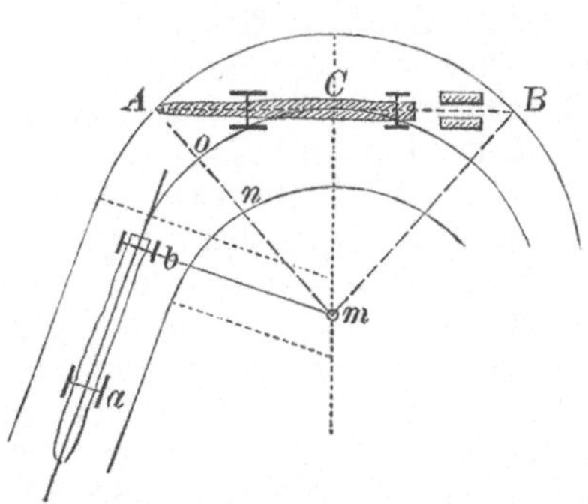

$AB = l$ (Länge der bespannten Fuhrwerke),
$AC = l:2$, $Cm = r$ (mittlerer Bogenhalbmesser),
$An = b$ (nöthige Wegbreite), $Am = r + \frac{b}{2}$

so ist

$$AC^2 + Cm^2 = Am^2$$
$$\text{oder } (l/2)^2 + r^2 = (r + b/2)^2$$
$$\text{woraus } b = \sqrt{l^2 + 4r^2} - 2r \qquad \text{d)}$$
$$\text{und } b\,(Nw) = \frac{l^2}{4r} - \frac{l^4}{16r^3} + \ldots.$$

So wäre z. B. für $r = 12^m$

bei l =	12,	18,	24,	30	Meter
b =	2,84 —	6,0 —	9,94 —	14,42	"
und b (Nw) =	3,0 —	6,7 —	12,0 —	18,70	" $\left(\text{aus } \frac{l^2}{4r}\right)$

Soll umgekehrt r bestimmt werden, wenn $l/2\,l$ und b festgestellt ist, so ergibt sich

$$(l/2\,l)^2 = rb + (b/2)^2$$
$$\text{woraus } r = \frac{l^2}{4b} - \frac{b}{4} \qquad \text{e)}$$

Unbedenklich wird hier $b/4$ für viele praktische Fälle vernachlässigt werden können, z. B.

Für $b = 5^m$ wird r		r (Nw)
wenn $l = 12^m$	5,95	7,20 Meter
= 18	14,95	16,20 "
= 24	27,55	28,80 "
= 30	43,75	45,00 "

Auf den Unterschied der Lockerung des Hinterwagens nehmen diese Formeln keine Rücksicht und die Wegbreite in der Scheitellinie geht daraus nicht hervor.

Sie unterstellen, daß bei dem regelmäßigen Fortschreiten der Zugthiere im Kreisbogen der ganze Zug demselben tangential bleibe, also wenigstens annähernd eine gestreckte Linie bilde, deren Endpunkte über die Straßenränder nicht hinausgelangen. Vor dem Beschreiten des Bogens boC steht die Längenachse ab des Wagens in der Tangente, bleibt darin mit dem Achsenmittelpunkt C und beim Austritt lenken auch die Mittelpunkte a und b der Gestellachsen wieder in die Tangentenlinie ein.

Es dürfen auch die daraus abgeleiteten Zahlenwerthe, wie solche z. B. Dengler in seinem schon genannten Werke (Seite 55) mittheilt, nur mit sorgfältiger Erwägung der vorliegenden Verhältnisse und entsprechender Abänderung zur Anwendung kommen. Halten wir fest, daß die Größe (Spurweite, Achsenlänge) der Fuhrwerke und ihrer Ladung und die Dimensionen des Fahrraums für Zugthiere und Wagenlenker in verschiedenen Wirthschaften nicht übereinstimmen, daß aber nebstdem die Geländeformen und die Größe der verfügbaren Mittel uns Rücksichten von wechselnder Zahl und Größe auferlegen, so folgt daraus von selbst die Nothwendigkeit, im Einzelfall nach persönlicher oder örtlicher Erfahrung die Dimensionen der Fahrbahn zu bestimmen oder, wenn diese Erfahrung nicht zureicht, mittelst Konstruktion und Rechnung sie zu suchen.

Die Rücksicht auf Kostenersparniß leitet uns dabei an, jedem Wegbogen jenen Halbmesser und jene kleinste Wegbreite zu verleihen, welche den schwächsten Anschnitt der Bergwand zur Folge hat.

Versuchen wir eine derartige Konstruktion im Folgenden für die beiden Fälle der Stammholzabfuhr ohne und mit Lockerung des Hinterwagens mit möglichst einfachen Hülfsmitteln durchzuführen. (Fig. 132).

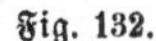

Fig. 132.

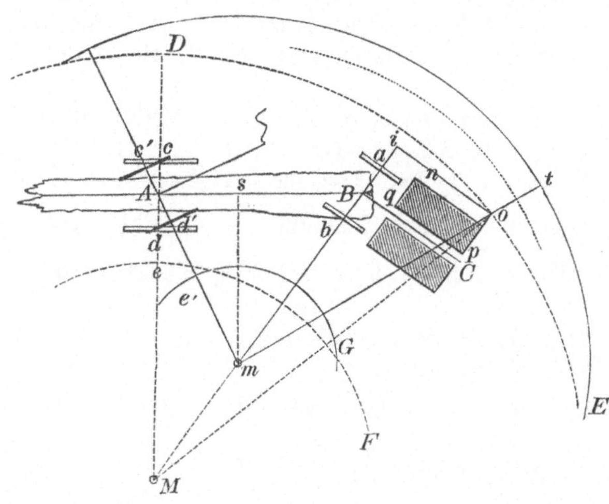

I. Ohne Lockerung. Es sei der größtnöthige und der geringstzulässige Halbmesser R = Mo und r = Me und die nöthige Wegbogenbreite B = R — r zu finden.

∢ ABM = α, AB (Abstand der Gestelle) = s, BC (Deichsellänge) = l, ab = cd (Spurweite) = w, deren Hälfte de vom Hinterwagen gegen M und ai vom Vorderwagen gegen Außen als unentbehrlicher Innen- und Außenrand des Fahrraums (bei oi für den Fuhrmann) zugegeben werden muß; nopq = Standraum des äußeren Zugthiers.

Es wird $R = \sqrt{Mi^2 + oi^2}$

$$r = AM - Ae \; (= \sqrt{MB^2 - AB^2} - Ae)$$

Mit diesen Halbmessern bewegt sich der ganze Zug mit dem um ∢ α nach rechts gewendeten Vordergestell und Gespann in dem Bahnraum eDoEF unbeengt weiter. Zur Berechnung von R und r ergibt sich

$$Mi = MB + Ba + ai$$

$$= \frac{s}{\cos\alpha} + \frac{w}{2} + \frac{w}{2}$$

(oder für ai eine andere Größe, $\gtrless \frac{w}{2}$, was die Rechnung kaum beeinflußt)

$$\text{und } oi = BC = l$$

$$\text{somit } R = \sqrt{\left(\frac{s}{\cos\alpha} + w\right)^2 + l^2} \qquad f)$$

$$\text{Ferner } AM = s \cdot \operatorname{tg} \alpha \text{ u. } Ae = \frac{w}{2} + \frac{w}{2}$$

$$\text{somit } r = s \cdot \operatorname{tg} \alpha - w \qquad g)$$

Was den nöthigen Raum für Ausweichen von Fuhrwerken betrifft, so müßte erst für die Konstruktion eine Anzahl von Unterstellungen (Begegnung mit leeren oder beladenen, gelockerten oder ungelockerten Fuhrwerken) gemacht werden.

Leeres Fuhrwerk beansprucht den Raum, welcher sich für das kleinste s berechnet, beladenes ohne Lockerung jenen, welcher der Differenz obiger Werthe von R und r wiederum entspricht d. h. die Wegbreite müßte = 2 (R — r) werden.

II. Mit Lockerung wird, wenn $\sphericalangle ABm = \alpha$ bleibt und $\sphericalangle BAm = \beta$ wird, wodurch sich s in AS und BS zerlegt und das Hintergestell in die Richtung c'd' tritt, eine Verbreiterung der Bahn nach Außen um $ot = \frac{w}{2}$ bis w, nach Innen mindestens um $\frac{w}{2}$ (so daß $d'e' = w$) nöthig wegen der größeren Gefahr, über den Wegrand hinauszugerathen. Es wird daher

$$R' = mo \text{ (bezieh. } mt)$$
$$r' = me'$$

Da
$$mo = \sqrt{mi^2 + oi^2} \text{ und}$$

$$mi = Bm + 2 \frac{w}{2} \text{ oder,}$$

da $Bm : \sin \beta = s : \sin (180 - a - \beta)$,

$$mi = s \cdot \frac{\sin \beta}{\sin (\alpha + \beta)} + w$$

$$R' = \sqrt{\left(\frac{s \cdot \sin \beta}{\sin (\alpha + \beta)} + w\right)^2 + l^2} \qquad h)$$

welche Größe noch um $ot = w$ zu verstärken wäre.

Ferner wird, da $me' = Am - Ae' = Am - \left(w + \frac{w}{2}\right)$ und

$Am : \sin \alpha = s : \sin (\alpha + \beta)$

$$r' = \frac{s \cdot \sin \alpha}{\sin (\alpha + \beta)} - 1{,}5\, w \qquad i)$$

Einen einfacheren Ausdruck für R' und r' erzielt die Unterstellung, daß die beiden Räder-Gestelle den gleichen Winkel zu AB einhalten d. h. daß $\sphericalangle \beta = \alpha$, denn alsdann würde

$$R' = \sqrt{\left(\frac{s}{2 \cos \alpha} + w\right)^2 + l^2}$$

$$r' = \frac{s}{2 \cos \alpha} - 1{,}5\, w$$

Beispiel. Wenn $s = 12^m$, $w = 1{,}4^m$,
$l = 3^m$, $\sphericalangle \alpha = 52°$ und $\sphericalangle \beta = 66°$, so wird im Falle I

$$R = \sqrt{\left(\frac{12}{0,62} + 1,4\right)^2 + 3^2} = 20,97$$

$$r = 12 \times 1,28 - 1,4 = 13,96$$

$$B = R - r = 7,01^m$$

und im Falle II

$$R' = \sqrt{\left(\frac{12 \times 0,91}{0,88} + 1,4\right)^2 + 3^2} = 14,13$$

$$r' = \frac{12 \times 0,79}{0,88} - 2,1 = 8,67$$

$$B' = R' - r' = 5,46^m$$

(bezieh. $6,54^m$)

Läßt man die übrigen Umstände unverändert bestehen, dagegen den einflußreichsten Faktor, den Abstand s des Vorder- und Hinterwagens, nach den Bedingungen der Kurz- oder Langholzwirthschaft in dem Rechnungsbeispiel ab- oder zunehmen, so wird:

Wenn s =	Für Fall I.			Für Fall II		
	R	r	B	R'	r'	B'
Meter	In Metern					
6	11,48	6,28	5,20	8,17	3,29	4,88
12	20,97	13,96	7,01	14,13	8,67	5,46
18	30,58	21,64	8,94	20,24	14,06	6,18
24	40,33	29,32	11,01	26,39	19,45	6,94

Dabei wäre im Falle II zu R' ein vorsichtiger Zuschlag von $1,4^m$ zu machen, während die *Formeln* eine um diesen Betrag geringere Größe von R' und B' angeben.

Die vorstehende Konstruktion, welche natürlich nicht als allgemeine Norm gelten kann und verschiedener Modifikationen fähig ist, gibt uns also zumal die Halbmesser der Außen- und Innenbögen und dadurch die Bogenbreite.

Sie belehrt uns ferner

1. daß im Falle I die Bogenbreiten rascher steigen, als im Falle II,
2. dieselben im Falle II demgemäß für kürzere Fuhrwerke und kleinere Halbmesser nahezu der Bogenbreite für Fall I gleich sein müssen, dagegen *längere Fuhrwerke beim Lockern auch weniger Wegbreite beanspruchen*;
3. daß jedoch im Falle I die größere Breite nicht so durchgängig ausgefahren wird, daher hier vom Scheitelpunkt des Bogenstücks (siehe Fig. 133) wo die Bogenbreite = sv, nach beiden Seiten sogleich auf die Wegbreite tu wieder zurückgegangen werden kann, während im Falle II der ganze Bogen in der vollen berechneten Breite, etwa bis auf bc und cd hergestellt werden muß (und meistens einer künstlicheren Absteckung mit Gegenbögen bedarf);

Fig. 133.

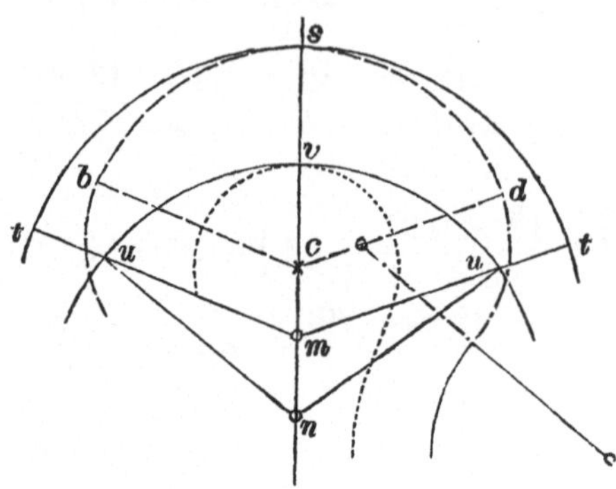

4. daß jede Bauanlage, deren Bogen der untersten Halbmessergrenze sich nähert, eine Bogenverbreiterung erheischt (da die gewöhnliche Breite unserer Waldwege 5 Meter kaum erreicht) und zwar eine größere in dem Verhältniß, als ein stärkerer Verkehr und ein umfangreicherer Transport von langschäftigen Stämmen zu vermuthen steht.

Erwähnt sei noch, daß man häufig die Wegbögen zum leichteren Ausweichen und Wenden mit breiteren Randbahnen versieht, diese Streifen jedoch ohne Versteinung herstellt, weil nur ausnahmsweise ein belasteter Wagen auf sie gelangt. Bogenstücke mit kleinstzulässigem Halbmesser möglichst voll auszubauen, muß angelegentlich empfohlen werden, damit sie kein Aergerniß des Verkehrs werden. Begrenzen sie bergseits hohe Böschungen oder bilden sie gar Bergeinschnitte, so müssen etwaige Einsparungen an der Wegbreite dadurch auszugleichen gesucht werden, daß man alle oberen Böschungen möglichst abflacht.

Eingehende Entwicklungen über die diesbezüglichen Anforderungen des Waldwegbaues brachte zuerst Ed. Heyer (a. a. O. S. 107 u. ff.) bei. Zu brauchbaren Erfahrungszahlen müßte man auf dem Wege des Versuchs zu gelangen suchen.

§ 69.

Absteckung von Rampen und Wendplätzen.

Nachdem in einer Reihe von Entwicklungen die Bogenabsteckung und die Begründung für die kleinsten Bögen, welche für bestimmte Verhältnisse noch als fahrbar gelten dürfen, durchgeführt worden, bleibt die specielle Behandlung der s. g. Widergänge oder Rampen und der Wendplätze übrig.

Wenn ein Wegzug auf gleicher Thalseite einen Höhe- oder Einmündungspunkt erreichen soll, aber vorher auf die thalbegrenzende Wasserscheide oder auf nicht überschreitbare Hindernisse, (z. B. die Eigenthumsgrenze oder Geländeschwierigkeiten) trifft, so muß er an geeignetem Platz umwenden und in einem Widergang sich fortsetzen. Bei engbegrenztem Thalgebiet kann sich dies öfter wiederholen. Der Weg windet sich dann im Zickzack bergan und an jedem Widergangspunkt entsteht eine Brechung der Zugslinie in spitzem Winkel, welcher an den steilsten Orten der Gehänge und beim geringsten Anzug des Wegs am kleinsten ausfällt. Zuweilen läßt sich ein unbequemer Widergang dadurch vermeiden, daß man auf der Wasserscheide, z. B. Fig. 134a, einem isolirten Bergkopf A begegnet und durch dessen

Fig. 134a.

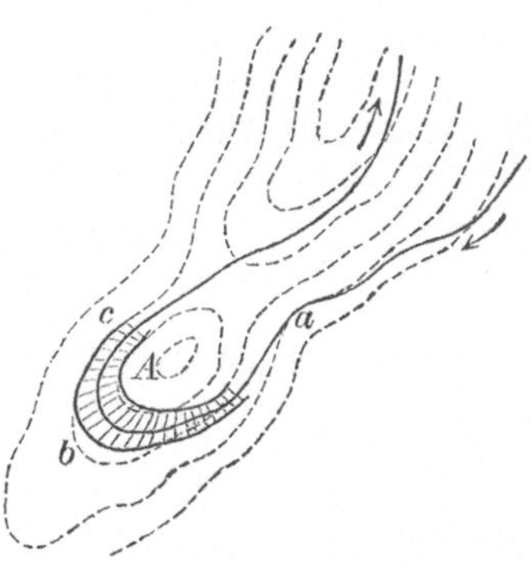

Umschlingung mit der theilweise wagrechten Kurvenlinie abc wieder auf die Bergwand zurückgelangt — oder daß ein Thalzug die Bergwand begrenzt, welcher zum gleichen Vorgehen eine hinlänglich weite Thalebene bietet und durch Verlegung des Bachbettes noch Raum gewinnen läßt, wie z. B. in Fig. 134b. Wenn Beides unmöglich, so bleibt nur übrig, eine

Fig. 134b.

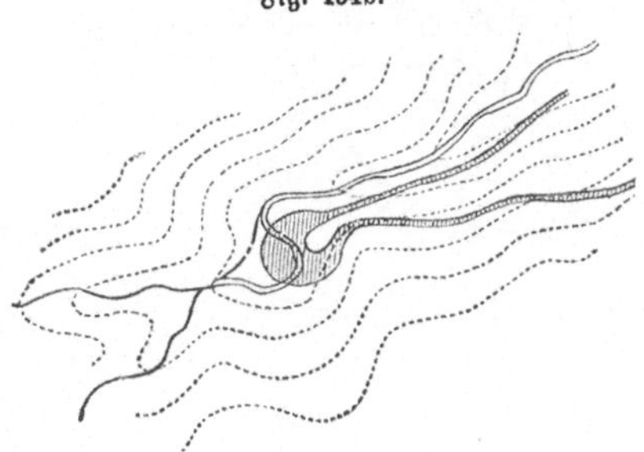

günstig d. h. möglichst schwach abfallende Stelle (Bergnase oder s. g. „Bühl") auszusuchen und hier den spitzen Winkel in eine fahrbare Bogenlinie, **Rampe** oder **Serpentine**, umzuwandeln. Der geübte Techniker mag es verstehen, selbst unter schwierigen Verhältnissen eine Rampe frei von Auge mit Hilfe weniger Messungen so abzustecken, daß sie allen Anforderungen genügt (?). Zu großes Selbstvertrauen und oberflächliche Behandlung läßt jedoch, wie unzählige Beispiele beweisen, gerade diese wichtigen Bauten leicht mißlingen. Sicher wird nur derjenige gehen, welcher die Absteckung auf vorherige genaue Messungen und Konstruktion durch Auftrag gründet und erst wenn letztere befriedigt, die abgegriffenen Dimensionen auf das Gelände überträgt.

Weniger nöthig, aber immerhin wünschenswerth ist dies bei den **Wendplätzen**. Wir verstehen darunter die örtlichen Verbreiterungen der Fahrwege, welche in geeigneten größeren Distanzen und in solcher kreisähnlichen Ausrundung angelegt werden, daß sie den Fuhrwerken ein leichtes Umkehren gestatten.

Die Rampen gestalten sich am einfachsten, wenn sie sich gleichheitlich auf die beiden gestreckten Schenkel des Widergangswinkels vertheilen und nicht die ganze Fläche bis zum Bogencentrum beanspruchen. Die Konstruktion wird in dem Maaße umständlicher, als die Geländeformung auf beiden Schenkelseiten von einander abweicht. Jst aber der Widergangswinkel so klein, daß die beiderseitigen Bogenränder sich innerhalb des Winkels berühren, so ist alle Umsicht nöthig, um durch Verschieben des Centrums ein-, aus- oder seitwärts sich die günstigsten Baubedingungen zu schaffen und mit den geringsten Mitteln eine hinlänglich weite und ebene Rampe zu erzielen. Sie erhält dann eine ähnliche Form wie ein Wendplatz und dient gewöhnlich auch als solcher.

1. Die Rampe vertheilt sich gleichmäßig auf beide Seiten (Fig. 135).

Fig. 135.

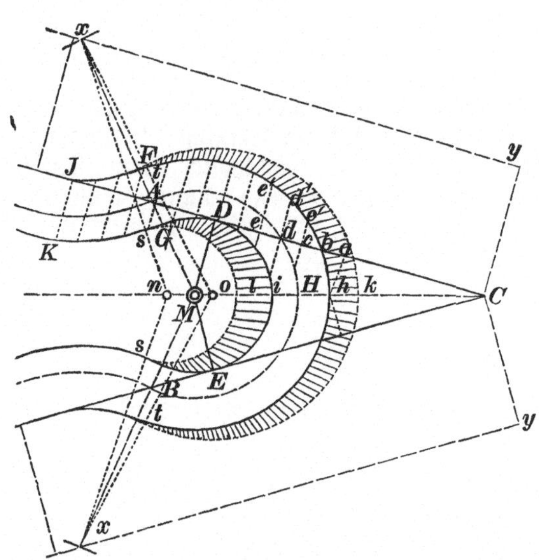

Jn ∢ ACB wurde DM als geringstzulässiger Halbmesser befunden, dessen arc. DE jedoch an dem Wegzug, weil $<$ CE + CD, eine Vermehrung der Steigung bewirkte. Durch Rechnung wurde gefunden, daß arc. AHB aus Halbmesser AM allen Wünschen entspricht, und darnach die mittlere Bogenlinie ausgezogen, welche in A und B die beiden Schenkel schneidet. Die nöthige Wegbreite (= b) wurde auf FG festgestellt und, damit die äußere Bogenlinie wieder in die Gerade CA einlenkt, xy || AC und BC mit dem Abstand FM = R gezogen und von M aus, mit 2R im Zirkel, in x geschnitten, hier der Zirkel eingesetzt und mit R im Zirkel der Gegenbogen FJ sowie mit Gx (= R + b) die innere Bogenlinie GK ausgezogen.

Um nun die ganze Rampe auf das von MC beiderseits gleich abfällige Gelände zu übertragen, wird von dem Scheitelpunkt h des Außenbogens auf AC die Senkrechte ha gefällt, die Entfernung bis zum Schnittpunkt b (= ab) abgegriffen und als Abscissen-Differenz zur Eintheilung von CJ (als Abscissen-Achse) benützt.

Die errichteten Ordinaten cc', dd', ee' u. s. w., der Reihe nach auf dem Maßstab gesucht und aufgezeichnet, liefern jetzt die Mittel, um mittelst Kreuzscheibe (oder Winkelspiegel) und einem Längenmaaß die nöthigen Bogenpunkte auf dem Gelände abzustecken. Das Nämliche wiederholt sich auf der andern Seite.

Nach Absteckung und etwa nöthiger Berichtigung der beiden Bogenhälften folgt die Gefällausgleichung, was von den vorhandenen Nivellirpfählen aus mit den Visirkreuzen geschehen kann, indem man zwischen C und den nächsten Stationspunkten (bei D, A oder J) eine beliebige Anzahl Niveaupunkte in der mittleren oder äußeren Bogenlinie einrichtet. Sodann werden die Längen- und Querprofile aufgenommen und die Ab- und Auftragsmassen, wie später gezeigt wird, berechnet. Gleichen sich die Massen nicht aus, so bewirkt man dies,

a. wenn Mangel an Abtrag,
entweder dadurch, daß man die innere Bogenlinie vom Scheitelpunkt i nach l zurückverlegt und mit dem kleineren Halbmesser ln den Bogen sls zieht, oder daß man die Abtragsböschung mehr abflacht, wie z. B. in Fig. 135a nach der Linie ln' statt ln;

Fig. 135a.

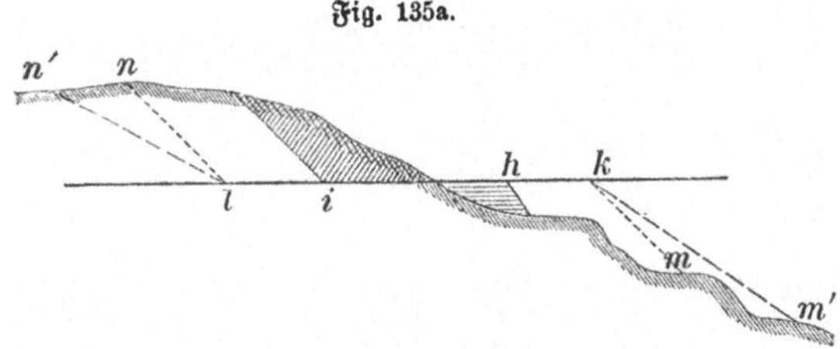

b. wenn Ueberschuß an Abtrag,
entweder dadurch, daß man die ganze Rampe gegen C hinausschiebt (was jedoch eine neue Absteckung nöthig macht) oder daß man den Außenbogen nach k verlegt und mit dem größeren Halbmesser Ok den Bogen tkt bildet — oder bei kleinerer Differenz, daß man der Anschüttung eine flachere Böschung gibt, km' statt km.

Es kann derart ohne ein umständliches Rechnungsverfahren auf der Zeichnung die Ausgleichung von Ab- und Auftrag vorbereitet und bis sie erreicht ist, die definitive Absteckung verschoben werden.

Beides, die Verbreiterung des Bogens und die Abflachung der Böschungen, trägt nur zur Vervollkommnung des Rampenbaues bei. Bezüglich der Verbreiterung wird man indessen nicht übersehen dürfen, daß ceteris paribus das Zugeben einer gewissen Breite kh am Außenbogen vermöge der Zunahme der Umfangslinie und Böschungshöhe viel mehr Abtragsmassen beansprucht als eine 2—3mal so große Breite li, um welche der Innenbogen zurücktritt.

Ferner: wie groß li oder hk werden müsse, kann geschätzt und berechnet werden. Zu letzterem gibt die zweitfolgende Abtheilung C dieses Abschnitts „Berechnung und Ausgleichung der zu bewegenden Massen" Anleitung.

Ist li oder kh bekannt (= n), so muß aus dem anfänglich angenommenen Halbmesser (= r) und dem Widergangswinkel C der neue Halbmesser (= R) berechnet werden.

Wenn (Fig. 136) der Scheitelpunkt des Bogens von i nach l verlegt

Fig. 136.

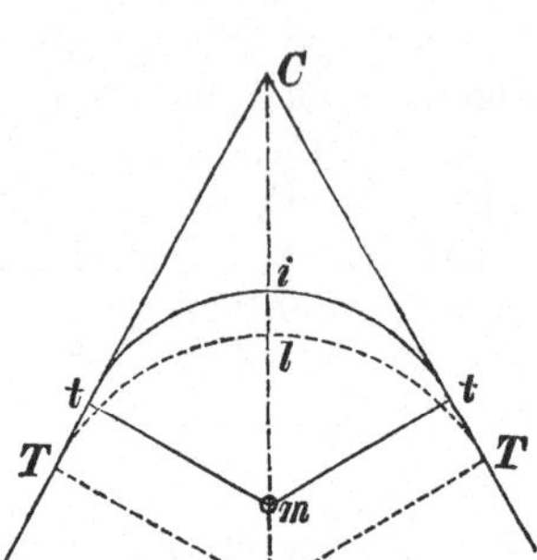

werden soll, so entsteht statt arc. tit (aus mt = r) arc. TlT aus MT = R. Er ergibt sich aus dem Ansatz

$$MT : mt = CM : Cm$$

oder

$$R : r = R + n + Ci : r + Ci$$

woraus, da $Ci = Cm - r = \frac{r}{\sin \frac{C}{2}} - r$,

$$R : r = R + n + r \left(\frac{1}{\sin \frac{C}{2}} - 1 \right) : \frac{r}{\sin \frac{C}{2}}$$

und schließlich

$$R = r + \frac{n \cdot \sin \frac{C}{2}}{1 - \sin \frac{C}{2}}$$

z. B. es wäre $r = 22^{m}$, $\sphericalangle C = 70°$ und die Verschiebung n solle $= 4^{m}$ sein, so wird

$$R = 22 + \frac{4 \times 0{,}57}{1 - 0{,}57} = 27{,}3^{m}$$

2. Die Rampe muß mit Rücksicht auf die ungleiche Bodengestaltung jederseits mit andern Halbmessern konstruirt werden, welche mehrmals wechseln.

Stellen wir die Behandlung dieses Falles sogleich durch das Beispiel in Fig. 137 dar.

Ein Wegzug trifft mit den Stationspunkten Nr. 31 bis 35 auf einen nach allen Seiten von schroffen Felswänden begrenzten Bergkopf und macht mit den Stationspunkten 35, 36 u. ff. seinen Widergang.

Fig. 137.

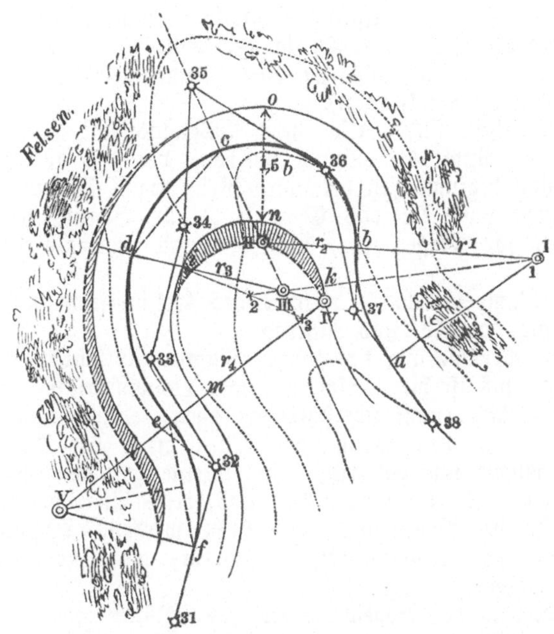

Um das Plateau des Kopfes mit den mäßigsten Kosten zu einer fahrbaren Rampe zu benützen, muß der Winkelzug 31—38 mit einem Winkelinstrument (oder der Kreuzscheibe) aufgenommen und der Abstand der nächsten Felswände durch einige Messungen festgestellt werden. Der äußerste spitze Winkel (bei 35) läßt sich mit der mittleren Bogenlinie bei 34 weiter überschreiten als bei 36. Man schneidet daher die angenommene Mittellinie (Wasserscheide) A 35 von 36 mit dem kleinsten Halbmesser und findet den Mittelpunkt II, zieht den Bogen bc (soweit es räthlich erscheint), führt die Tangente 37b zu diesem Bogen, überträgt ihre Länge von 37 nach a, errichtet hier die Senkrechte Ia, welche die Verlängerung von IIb in I schneidet und führt dann von hier, nachdem $r_1 =$ Ib in den Zirkel genommen, den Bogen ba aus. Anderseits wird darauf zwischen 34 und dem Felsrand (um halbe Wegbreite einwärts) Punkt d angenommen, auf $\frac{dc}{2}$ eine Senkrechte errichtet, — A 35 als Verlängerungslinie von Halbmesser IIc in Punkt III geschnitten und mit IIId $= r_3$ der Bogen cd ausgezogen. Derselbe könnte bis St. 33 fortgeführt werden. Um jedoch die Fahrbarkeit der Rampe mit Benutzung der großen Abtragsmassen der Bogenstrecke bcd zu erhöhen, wird Punkt e weiter hinaus verlegt, darauf wie vorhin verfahren, um den Centrumspunkt IV in Verlängerung von IIId zu finden, mit r_4 Bogen de ausgezogen, schließlich mittelst Schneidens durch die Senkrechte Vf auf der Mitte der Stationen 31 und 32 oder auf $\frac{ef}{2}$ der letzte Centrumspunkt V gesucht und mit Bogen ef gegen Station 31 eingelenkt.

Nach Außen kann nun mit Benützung der gleichen Radien $\pm$ b/2 (wenn b = normale Wegbreite) der Wegrand ebenfalls hinzugefügt werden.

Die Wegverbreiterung, hier z. B. in der Scheitellinie um b/2 nöthig befunden (so daß no = 1,5b), wird ganz nach Innen gelegt (bei Absteckung von Bogen def bereits berücksichtigt).

Die innere Bogenlinie findet also ihren Ausgangspunkt in n, nachdem on gemessen und der Punkt k bestimmt worden, von wo am Bogenstück ab die Verbreiterung beginnt. In bekannter Weise ergibt sich durch Schneiden der verlängerten Linie Ik das Centrum 2 für Bogen kni, ebenso Centrum 3 und 4 für Bogen im, bis in m die Normalbreite wieder eintritt.

Diesem ersten Rampenentwurf, welcher der Geländeform sich anpaßt, folgt die Berechnung von Ab- und Auftrag.

Eine allgemeine Verschiebung der ganzen Rampe zur Ausgleichung von Mangel oder Ueberschuß ist hier, insofern ernste Bauhindernisse oder Vertheuerungen die Baufläche nicht überschreiten lassen, ebensowenig statthaft als eine Aenderung an den Böschungsverhältnissen. Die Ausgleichung bewerkstelligt sich beinahe nur dadurch, daß einzelne geeignete Stellen für größeren Abtrag wie z. B. bei Bogen kni und solche für Anbringung von mehr Auftrag z. B. bei Bogen def aufgesucht werden. Bauschwieriges Gelände setzt überhaupt Aenderungen an Form und Ausdehnung der Rampen engere Grenzen.

Auch beim Uebertrag der Bogenlinie auf das Gelände macht sich ungestaltige Bodenform geltend. Lange Koordinatenachsen müssen vermieden werden. Am besten theilt man die äußere und innere Bogenlinie in Stücke mit gleichgroßer Sehne, fällt von den Sehnenenden Senkrechte auf den ersten Winkelzug (hier St. 31, 32 . . . . . 38), greift die Koordinaten auf dem Maaßstab ab, trägt sie in die Zeichnung oder einen Handriß ein und stellt sie mit Längemaaß und Kreuzscheibe auf dem Gelände fest. Schließlich bleibt die Gefällausgleichung mit Hilfe der Visirkreuze übrig. —

3. Ersteigt ein Wegzug (Fig. 138a) von o mit dem Gefälle O, op $= \frac{Ao}{An}$

Fig. 138b.

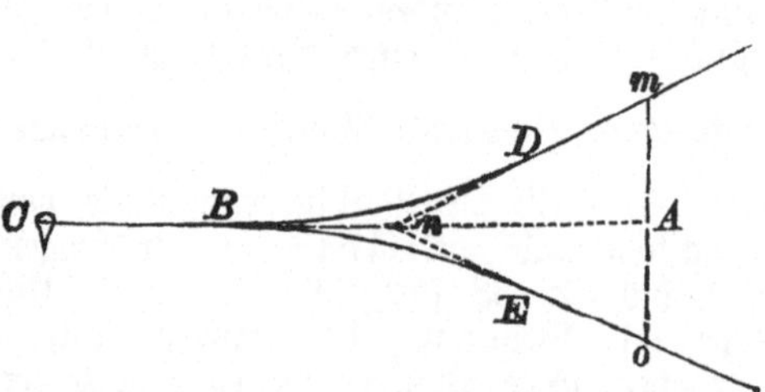

den Punkt n und wendet von hier gegen Punkt m, so wird bei n eine Rampe nöthig, welche sowohl ihres Halbmessers als ihrer ermäßigten

Steigung wegen über n hinaus gelegt werden muß, so daß im Vertikalschnitt die Linie CB der Rampe eine Horizontale bildet, während EB und BD jene Bogenlinien darstellen, auf welchen die Gefällübergänge stattfinden.

Darf dabei das Minimum des Halbmessers so klein sein, daß die inneren Bogenränder ineinander fließen (Halbmesser = Bogenbreite), so entsteht eine Kehrrampe. Ihr Centrumspunkt bestimmt sich zumeist aus dem Gefälle p des Wegs und dem Grad der Gefällermäßigung, welchen wir bei der Rampe eintreten lassen wollen. Die Ermäßigung sei $= \frac{p}{n}$, so muß, wenn (Fig. 138b) $mn = a$, $no = b$ und $Bn = r$, in der Achsenlinie FBG mit $(a + b + r\pi) \frac{0,op}{n}$ dieselbe Höhe erstiegen werden, wie mit $(a + b)\ 0,op$ oder es muß $r = \frac{(n - 1)(a + b)}{\pi}$ sein.

Fig. 138b.

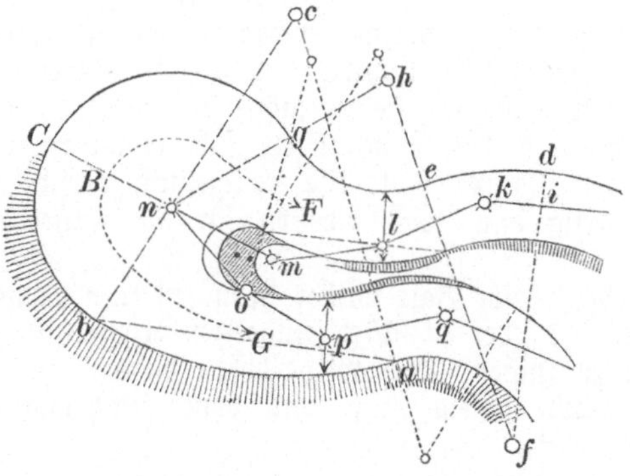

Erwiese sich nun der in Aussicht genommene Halbmesser kleiner, sollte aber gleichwohl beibehalten werden, so bliebe nur der Ausweg, den Centrumspunkt so weit vom Punkt n hinauszuverlegen (um die Entfernung x), daß die Gefällminderung möglich würde, d. h. es müßte beiläufig (nach Fig. 138c) unter Annahme von $ms = a$ und $ot = b$, so wie $su + vt = 2x$

$$(a + b + r\pi + 2x) \frac{0,op}{n} = (a + b)\ 0,op$$

Fig. 138c.

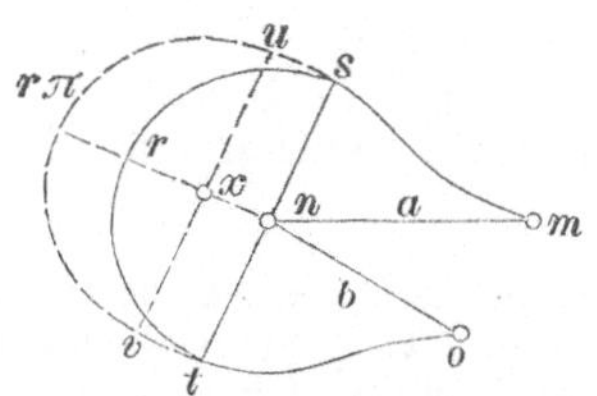

$$\text{somit } x = \frac{(n-1)(a+b) - r\pi}{2}$$

werden.

Ist der Centripunkt des Rampenplatzes, der Halbmesser und der Punkt l und p ober- und unterhalb der Rampe, wo der Weg seine Normalbreite wieder annimmt, festgestellt, so folgt die Konstruktion der Kurven in früherer Weise. Eine Senkrechte auf $\frac{pq}{2}$ mit halber Wegbreite gibt den Punkt a, seine Verbindung mit dem Halbmesser-Endpunkt b die Sehne ab, eine Senkrechte in $\frac{ab}{2}$ und die Verlängerung von bn bis c den Halbmesser des Bogenstücks ab; ebenso ergibt sich aus einer Senkrechten auf $\frac{kl}{2}$, der Uebertragung von $\frac{kl}{2}$ nach i und Errichtung einer Senkrechten fi der Bogen de aus Punkt f, sodann wenn gutächtlich*) der Punkt g, wo der Kreisbogen aus Halbmesser bn endet, bestimmt worden, der Gegenbogen eg aus Punkt h. In ähnlicher Weise konstruirt man die Innenbögen, nachdem zuvor ermessen worden, wie weit sie vermöge der Neigung des Berghangs und des nöthigen Anzugs der Böschungen sich einander nähern können. Die innere Figur der Rampe stellt sich demgemäß verschieden, bald als Spitze, bald keulenartig dar, was indessen für die Fahrbarkeit ohne Bedeutung ist.

Die gröbsten Fehler beim Bau solcher Rampen sind immer im schlechten Bemessen ihres Gefälles oder in ihrer unganzen Konstruktion, wenn nicht in Beidem zugleich zu suchen. Wir wiederholen daher: vor dem Rampenbau nach Absteckung von freiem Auge und ohne mathematische Grundlage ist entschieden zu warnen!

4. Die Kehrrampen dienen bei guter Konstruktion zugleich als Wendplätze d. h. als Stellen, um zur Rückfahrt umzudrehen. Man bedarf jedoch der letzteren oft an Orten, wo Rampen fehlen. Die richtige Anlage eines Wendplatzes bedingt eine durch Lage und Boden gut geeignete Wegstelle, deren geringes Gefäll die Ebnung und Erweiterung zu einem freien Platze von rundlicher Form ohne erhebliche Kosten gestattet.

Die Aussteckung gründet sich auf die Annahme jenes kleinsten Halbmessers, bei welchem leere Fuhrwerke umzuwenden vermögen und gestaltet sich daher meist einfacher als bei eigentlichen Rampen.

Wenn möglich legt man sie auf die Kreuzung zweier Fahrwege, wo ohnedem eine Ausrundung nöthig fällt. Alsdann gilt der Wendeplatz für zwei Abfuhrrichtungen. Die Absteckung läßt sich für diesen Fall, wie Fig. 139 veranschaulicht, bewerkstelligen:

Es kreuzen sich die Straßenachsen AB und CD in M. Der kleinste Halbmesser r einschließlich halbe Wegbreite sei = EF. In der Mittellinie

*) Wählt man gutächtlich den Halbmesser = gh für den ausschließenden Bogen ge, so wird Punkt h dadurch gefunden, daß man mit ng + gh einen kleinen Bogen von n aus beschreibt und diesen mit gh (= he) + ef vom Punkt f aus mittelst eines zweiten Bogens schneidet. Wäre Punkt g gegeben, so müßte gh berechnet werden.

Fig. 139.

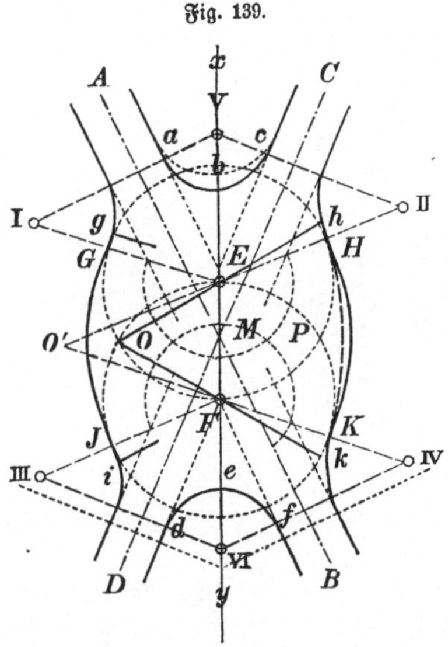

xy wird $\frac{EF}{2}$ von M aus nach beiden Richtungen hin aufgetragen, in E und F der Zirkel eingesetzt und mit gegriffenem EF der Bogen GFH und JEK ausgezogen, darauf in O und P eingesetzt, von O nach h in der Verlängerung von OE gegriffen und Bogen hk und gi gezogen.*) Zur Ergänzung bedarf es jetzt nur der 2 Innenbögen abc und def, so wie der 4 kleinen Gegenbögen, welche in bekannter Weise von den Punkten V und VI, bezieh. I und II, III und IV aus konstruirt werden.

Noch einfacher läßt sich der Wendplatz kreisartig zusammendrängen, indem mit EF von M aus zwei Kreisbögen GJ und HK ausgezogen und durch die übrigen 6 kleineren Bögen ergänzt werden. Dabei verliert jedoch der Wendplatz an Geräumigkeit und Sicherheit der Benützung, ohne daß an Baukosten erheblich gespart würde, da nur in der Längenrichtung, nicht gegen die Tiefe des Bergs der Anschnitt beschränkt wird.

Die Absteckung der Wendplätze geschieht am leichtesten von einer Mittellinie xy aus auf Grund einer Zeichnung, welcher man die Koordinaten mit dem Zirkel entnimmt, ähnlich wie bei den Rampen.

Man erleichtert sich die Anlage sehr, wenn vornherein das Nivellement bei dem Kreuzungspunkt eine Ebene EF vorsieht, welche sowohl die Steigung AB — CD, als die kreuzende Steigrichtung MN — OP unterbricht, und nachher die Gefällinien durch Ausrundungen mit der Ebene verbindet, wie es Fig. 140 andeutet.

Im Gebirge wird den Wendeplätzen niemals die regelmäßige Formung werden können, wie sie in Fig. 139 sich darstellt. Vielmehr wird nach der Bodengestaltung und der Steigung der sich kreuzenden Fahrwege der ebene Platz zwischen E und F zu konstruiren sein, jedoch immer so, daß ebenso-

*) Wäre Berührungspunkt H gegeben, so müßte HE nach rückwärts verlängert und in O' durch Ziehung von FO' ($\sphericalangle$ O'FE = $\sphericalangle$ O'EF) geschnitten werden, um den Halbmesser HO' des einschließenden Bogens zu finden.

Fig. 140.

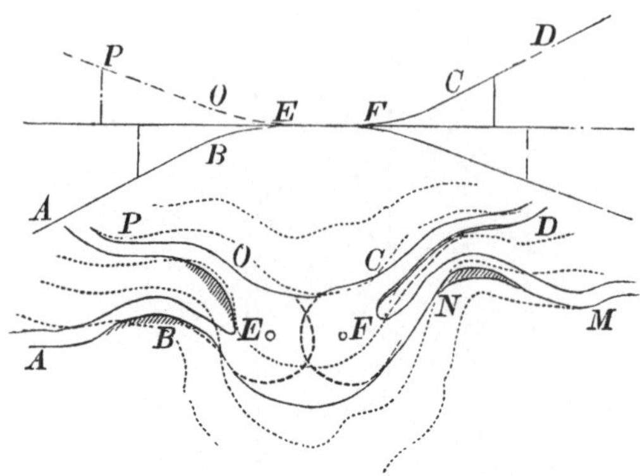

wohl das Fuhrwerk in der Richtung AEP oder MFD als zum Rückweg ohne Gefahr und Aufenthalt wenden kann.

Bieten sich keine Kreuzwege, so sind für die Wendplätze jene Stellen aufzusuchen, welche der Wirthschaft ständig zu dienen vermögen und zugleich durch ihre natürliche Beschaffenheit sich empfehlen. Zumeist sind es jene Orte, welche auch für Rampenanlagen sich eignen.

S. g. Ausweichplätze, welche bei schmalen Fahrwegen in gewissen Entfernungen sich wiederholen müssen, erfahren eine ähnliche Behandlung, bedürfen jedoch einer viel geringeren Ausdehnung (etwa zwei- bis dreifache Wegbreite) und erhalten am besten eine ovale Form.

B. Erste Durchführung der Kurvenzüge.

§ 70.

Nach welch' beliebigen Methoden die erste Absteckung mag durchgeführt worden sein, eine Verläßigung über die Formung des Wegzugs, wenigstens bei schwierigen Strecken, sollte dann immer folgen.

Die beste Prüfung besteht darin, daß ein Grundriß des Wegzugs aufgenommen wird, wozu sich folgende Verfahren eignen:

a. eine Aufnahme mit der Kreuzscheibe bei einfacheren und kürzeren Wegzügen, wenn sichere Grundlinien sich dafür gewinnen lassen, z. B. nahe Grenz-, Gemarkungs-, Eintheilungs-Linien, welche man aus Vermessungswerken entlehnt und auf welche vom Wegzug in entsprechenden Abständen Senkrechte gefällt werden;

b. eine bald flüchtigere, bald genauere Aufnahme mit dem Meßtisch, wenn dazu Apparate zur Verfügung stehen;

c. die Aufnahme mit einem Winkelinstrument behufs der Bildung von Koordinaten. Bei diesem sichersten Verfahren genügt es, vom Ausgangs- bis zum Endpunkt eine Anzahl Winkelpunkte, auf welche leicht einzuvisiren und durchzumessen ist, womöglich unter Anschluß an feste Punkte des Waldplans, durch Messung der Winkel und horizontalen Abstände festzulegen und alle Zwischenpunkte und Kurven mit der Kreuzscheibe oder dem Winkelspiegel einzumessen.

Der gemessene Linienzug ist ein offener; eine Polygonseite und ihre zwei anliegenden Winkel sind als Unbekannte zu suchen, um die Koordinaten berechnen und auftragen zu können (Fig. 141).

Fig. 141.

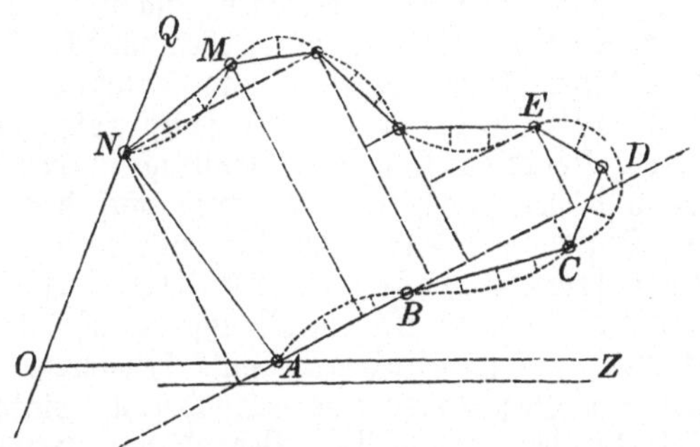

Als Abscissenachse dient entweder die Grenz- oder Weglinie AZ, in welche der Wegzug einmündet, oder die erste Polygonseite AB = a. Ersteres ermöglicht den Anschluß des Polygons an das bestehende Wegnetz (bez. den Waldplan) durch Messung von ∢ BAZ und ∢ MNQ und erläßt, da NO und AO nebst dem eingeschlossenen Winkel, somit alle Seiten und Winkel des Polygons bekannt, die vorherige Berechnung von Unbekannten. Wenn unthunlich, so sind Seite AN = n und die anliegenden ∢∢ N u. A nach den Lehren der Polygonometrie zu entwickeln:

$$\sphericalangle\sphericalangle\ A + B + \ldots . + N = (n - 2)\ 2\ R^\circ$$

$$\text{Ord. } A = 0,\ \text{Absc. } A = a$$

$$\text{Ord. } B \text{ und Absc. } B = 0$$

Ferner, wenn die reduc. Winkel = $\beta, \gamma, \delta \ldots \alpha$ und die übrigen Polygonseiten = b, c . . . . m,

$$\text{wird } \frac{n \sin \nu}{n \cos \nu} = \operatorname{tg} \nu = \frac{-(b \sin \beta + c \sin \gamma + \ldots . + m \sin \mu)}{-(b \cos \beta + c \cos \gamma + \ldots . + m \cos \mu - a)}$$

Ist der reduc. Winkel ν gefunden, so folgt der Umfangswinkel N aus dem Ansatz

$$\sphericalangle\ \nu = \sphericalangle\ N + \sphericalangle\ \mu \pm 2\ R^\circ$$

und Umfangswinkel A aus

$$\sphericalangle\ A = (n - 2)\ 2\ R^\circ - (B + C + \ldots + N)$$

Für die unbekannte Seite n endlich können zwei Ansätze stattfinden, welche sich aus der Gleichung für tg ν ergeben:

$$n = -\frac{b \sin \beta + c \sin \gamma + \ldots + m \sin \mu}{\sin \nu}$$

oder

$$= -\frac{b \cos \beta + \ldots\ldots + m \cos \mu - a}{\cos \nu}$$

Der Auftrag der hieraus berechneten Koordinaten läßt am ehesten den Weg prüfen und durch bessere Konstruktionen ergänzen.

Wo der Waldplan viele Anhaltspunkte bietet, genügt zuweilen schon das Auftragen des Linienzuges mittelst eines guten Transporteurs zur Ersparung der Rechnung.

Wer zu diesen Verfahren sich entschließt, kann auch die unmittelbare Absteckung von Kurven im Walde gänzlich unterlassen, nach dem Nivellement nämlich den Linienkomplex des Wegzuges mit einfachem Winkelinstrument aufnehmen, auf dem gefertigten Plane (im Maaßstab von 1:1000 bis 2000) sämmtliche Bogenlinien konstruiren und mittelst Kreuzscheibe und Längenmaß auf das Gelände übertragen, nachdem Ab- und Auftrag berechnet und ausgeglichen ist. Zwar werden manche Bogenlinien sich vielleicht als schwer durchführbar ergeben und ebenfalls Berichtigungen bedingen, aber an Arbeit im Freien wird sehr gespart.

Das Abgreifen der Koordinaten und ihr Eintrag in den Grundriß geschieht im Zimmer und der nachherige Uebertrag auf das Gelände geht ungemein rasch von Statten (1/2 Kilom. im Tag und mehr).

Das Verfahren sichert große abgerundete Kurvenzüge, denn was auf einem Plan von nicht zu kleinem Maaßstabe sich fahrbar und dem Auge gefällig zeigt, wird sich im Großen ebenfalls bewähren. Der Praktiker mag im Durchstecken der Bogenlinien eine bewunderungswürdige Gewandtheit besitzen, die Sicherheit der planmäßigen Behandlung erreicht er niemals. Dem Anfänger sollte sie jedenfalls bei allen wichtigeren Bauten ausschließlich Pflicht sein. —

Die Straßenachse gebrochener Wegzüge erleidet also stets Berichtigungen dahin, daß entweder lauter Bogenlinien abgesteckt oder Gerade und Bögen zusammengereiht werden. Sind dabei die Winkel $> 90°$, so können die Bögen innerhalb derselben belassen werden.

Wenn dagegen $< 90°$, so soll, besonders an steilen Hängen, der Bogen heraustreten und durch Gegenbogen wieder einlenken. Gleichmäßige Bergformen (bunter Sandstein, Granit 2c.) ergeben sogleich regelmäßige Bogenlinien; es genügt oft die präcisere Formung von Auge oder mittelst starker Schnüre, welche, erst lose um aufgestellte Stäbe geschlungen, allmählig zu Bögen von passender Rundung ausgespannt werden, um eine definitive Verpfählung folgen zu lassen. Zuweilen wendet man mehrere Verfahren an und wählt unter den Bogenlinien die zusagenden aus.

Nach Durchführung der Absteckungen darf nicht unterlassen werden,

a. das Nivellement zu berichtigen und auszugleichen;

b. die Stationslängen, welche sich bald verkürzten, bald verlängerten, wieder in die Bögen einzumessen. Um dann zur Berechnung der Erdmassen zu gelangen, folgt die Aufnahme der Querprofile.

Zweites Kapitel.

Von den Querprofilen.

§ 71.

Aufnahme.

Am besten von Station zu Station (bei einfacheren Verhältnissen auf jeder zweiten oder dritten), in gleichen Abständen, wird senkrecht zur Straßenachse das Querprofil abgesteckt. Es zieht in gerader Linie durch den Niveaupunkt jeder Station und erstreckt sich nach beiden Seiten der Straßenachse soweit als muthmaßlich Baugelände beansprucht wird. Man nivellirt jedes Profil in Abständen von 1—2^{m}, wenn der Boden sehr uneben und abfällig und eine sehr genaue Berechnung der Bauarbeiten nöthig ist; in Abständen von 3—5^{m} bei sanften gleichmäßigen Abdachungen und für flüchtigere Aufnahmen.

Man gebraucht dazu

a. Setzwage, Richtscheit und Meßruthe, wo die Aufnahme einfachen Gehilfen überlassen bleibt und an Arbeit gespart werden will, und führt dazu ein kleines Schreibheft (ähnlich wie Fig. 142), in welches

Fig. 142.

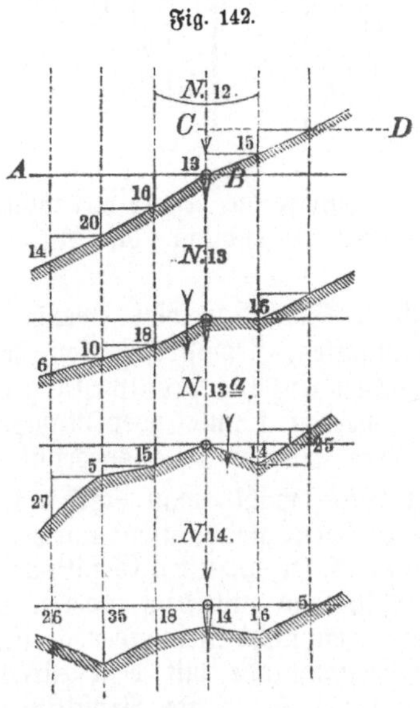

die Einzelmessungen von Auge sogleich eingezeichnet und die Zahlen beigeschrieben werden — die Längenabstände nur, wenn und wo sie ungleich groß sind. Bemerkungen werden seitwärts beigefügt. Bei jeder Station deutet ein Pfeil den Abstand der Straßenachse rechts oder links vom Niveaupunkt an; er wird gemessen und beigeschrieben.

b. Wasserwage, Senkel- oder Libelleninstrument dienen zu genaueren Aufnahmen und werden möglichst an einem Punkt aufgestellt, von wo sämmtliche Höhen eines Querprofils oder mehrere zugleich meßbar sind und auf nur 1 oder 2 Horizonte sich beziehen lassen, z. B. AB und CD in obiger Figur oder MN im Handriß des Formulars.

Zur Aufzeichnung gibt man dem Formular, den Handriß zur Seite, etwa folgende Form:

Station und Nivellir-punkt	des Querprofils			Horiz.-Ab-stände.	Handriß.
	Zeichen	Visirhöhe zm.	Ordinate zm.		
20. a.	d	33,7	— 13,2	3 m	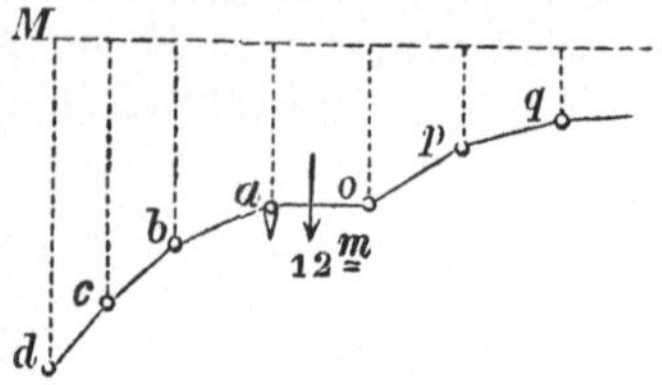
	c	32,5	— 12,0		
	b	30,0	— 9,5		
	a	20,5	0		
	o	20,5	0		
	p	15,7	+ 4,8		
	q	12,3	+ 8,2		

Fig. 142a.

Für einfachere Wegbauten genügt die erstere Art völlig; man beschränkt sogar bei mäßiger gleichartiger Abdachung die Aufnahme auf wenige Stationen.

Umgekehrt müssen für starke Geländewechsel, welche zwischen die Stationen fallen (Schluchten, Hohlgassen, Gewässer, Felsen, Wege ꝛc.) Zwischenstationen eingeschaltet und müssen einzelne Profilmessungen, wo das Längenprofil weit seitwärts verlegt werden könnte oder Rampen und dergleichen anzulegen sind, auf eine größere Querstrecke ausgedehnt werden.

Zum Auftrag der Querprofile wählt man starkes Kartonpapier, zieht darauf ein Rechtecksnetz von Parallelen: gleichlaufend mit dem Nebenrand in dem angenommenen wagrechten Abstand der einzelnen Gefällpunkte (1, 2, . . 5_m des gewählten Maaßstabs); gleichlaufend mit dem oberen Rande in solchem Abstand, daß die Profilzeichnungen nicht ineinander greifen. Auf die senkrechten Linien werden die Höhenabstände mit dem Zirkel aufgetragen und die abgestochenen Punkte von freier Hand als Profillinien verbunden. In Bezug auf die Bauarbeit muß schon während der Aufnahme die Bodenbeschaffenheit beachtet, durch Zeichen oder Bemerkungen angedeutet und nachher in der Zeichnung mit dargestellt werden z. B.

Fig. 143.

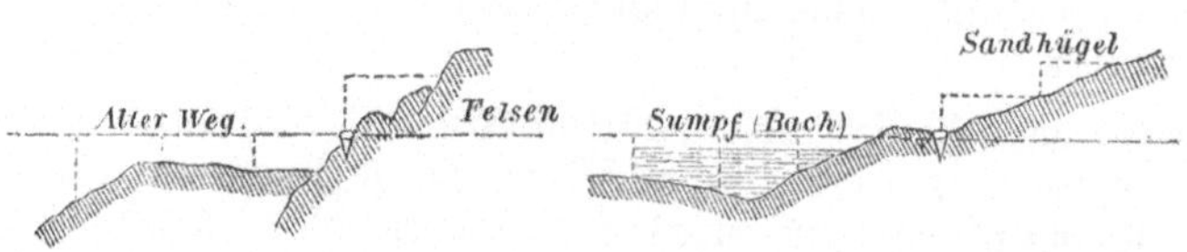

Die Vollendung der Querprofile erfordert die Anfertigung einer Schablone. Sie stellt, in gleichem Maaßstab wie die Profile, das Bild des normalen Wegquerschnitts mit seinen Erfordernissen in Wegbreite, Böschungen und Abzugsgräben dar.

Diese letzteren seien daher, bevor wir die Schablone konstruiren, in Betracht gezogen.

§ 72.

Die Wegbreite.

Die Breite der Fahrwege besteht aus der F a h r b a h n als Mittenfläche und der sie beiderseits einfassenden F u ß- o d e r S e i t e n b a h n (Fußbank, Banquet). Die Fahrbahn (auch Stein- oder Schotterbahn wegen der Herstellungsweise geheißen) wird stets am breitesten.

Die Fußbahn besteht aus einem Erdstreifen und hat bei ihrer geringeren Breite gegenüber der Fahrbahn einen verschwindenden Einfluß auf die Baukosten.

Das Verhältniß, in welchem die Wegbreite zu den Kosten steht, ist ein kombinirtes und vielfach wechselndes, muß aber bei unseren Entschlüssen in gründliche Erwägung gezogen sein.

Wenn (in Fig. 144) bc (Abtragsbreite) $= b$, de (Böschungshöhe) $= h$, $\sphericalangle cbd = \alpha$, $\sphericalangle dce = \beta > \alpha$, so ist

$$\sphericalangle bcd = 180^\circ - \beta \text{ und } \sphericalangle bdc = \beta - \alpha$$

somit, da $cd : \sin \alpha = bc : \sin(\beta - \alpha)$

$$cd = b \cdot \frac{\sin \alpha}{\sin(\beta - \alpha)}$$

ferner, da $h = cd \cdot \sin \beta$,

$$\Delta\, bcd = b \times \frac{h}{2} = b^2 \frac{\sin \alpha \sin \beta}{2 \sin(\beta - \alpha)} = \frac{b^2}{2(\cot \alpha - \cot \beta)}$$

Fig 144.

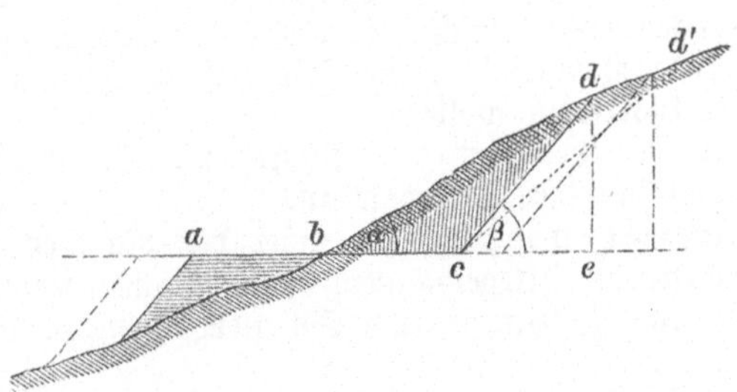

Hieraus ist entnehmbar, daß die Abtragsfläche, von deren Produkt mit der Weglänge die Baukosten zunächst abhängen, nicht nur

a. im quadratischen Verhältniß der Wegbreite, sondern auch
b. in dem Verhältniß wächst, wie das Produkt aus den sin. des künstlichen und natürlichen Böschungswinkels z u n i m m t und
c. wie der sin. der Differenz beider Winkel a b n i m m t (z. B. Böschung cd' statt cd).

Wenn also der Querschnitt im quadratischen Verhältniß der Wegbreite sich vergrößert, so muß der Bauaufwand, da die Weglänge dieselbe bleibt,

a. insofern die Baufläche zunimmt, im einfachen Verhältniß der Wegbreite,
b. sofern Ab- und Auftragsarbeit, sowie die Herstellungsarbeit der Steinbahn wächst, im quadratischen Verhältniß der Breite,

c. sofern die Böschungsarbeit größer wird, in dem Verhältniß des Werths von cb $\frac{\sin \alpha}{\sin (\beta - \alpha)}$ sich steigern.

Dazu kommt jedoch noch

d. daß Böschungs- und Mauerbauten, je höher sie sein müssen, desto massiver und schwieriger, also theurer werden und sonst entbehrliche derartige Bauten mit größerer Breite neu hinzutreten, desgleichen

e. daß alle Anlagen für Wasserableitung im einfachen Verhältniß der Wegbreite länger werden.

Hingegen sind breitere Wege bei ständigem Gebrauch billiger in der Unterhaltung und sicherer, müssen schmale Bahnen mit Ausweich- und Wendplätzen versehen sein und größere Krümmungshalbmesser haben. Wenn ein fertiger Fahrweg sich später als zu schmal erweist, wird die nachträgliche Verbreiterung viel theurer als die richtige erste Anlage, da ein Umbau die Wiederholung der Böschungsarbeiten, Grabenherstellungen rc. verlangt.

Es kommt deßwegen sehr darauf an, die Wegbreite so zu wählen, daß sie den Ansprüchen des Verkehrs geradezu entspricht, eine Anforderung, welcher die Unterscheidung von Haupt- und Seitenwegen zu Hilfe kommt. Man könnte z. B. eingrenzend feststellen

	Fahrbahn	Fußbahn	zusammen
1. Ständige Fahrwege . .	3,6—5,0	je 0,6—1	4,8—7,0^{m}
2. Stell- oder Seitenwege .	3,0—3,6	je 0,4—0,7	3,8—5,0^{m}
3. Schleif- und Schlittwege .	. . . .	. . . .	2,5—3,5^{m}

Außerhalb des Waldes können hohe Bodenpreise, im Uebrigen können kostspielige Aufdämmungen oder Einschnitte und Felsensprengungen zur Beschränkung der Wegbreite zwingen. Ohne sehr triftige Gründe hüte man sich, an der Wegbreite sparen zu wollen!

An Wegeinmündungen oder von dem Punkt, wo Stellwege sich zum Hauptweg vereinigen, nimmt die Wegbreite zu.

Oertliche Verbreiterungen müssen außer den Rampen, Ausweich- und Kehrplätzen eintreten: an kurzgespannten Krümmungen schmaler Bergrücken, für die Anlage von Holzlager- und Schotterplätzen, zu Ruhepunkten und dergleichen.

Für alle derartige Ausdehnungen der Querprofile sind entweder besondere Schablonen anzufertigen oder die Querschnitte einzeln zu konstruiren, namentlich wenn andere Böschungsverhältnisse angenommen werden.

Die Zuthaten der Landstraßen an Reitwegen, s. g. Sommerwegen und breiten Fußwegen sind dem Waldwegbau fremd; höchstens wird die Fußbahn aus örtlichen Gründen auf der Thalseite einmal höher angelegt. Dies und die Abwölbung der Fahrbahn kann jedoch bei Konstruktion der Schablone außer Acht bleiben.

§ 73.

Die Böschungen.

Die regelmäßige Abdachung, welche zu beiden Seiten eines Fahrwegs angelegt wird und ihn begrenzt, wenn er Bodenerhöhungen durchschneidet oder Vertiefungen dammartig überragt, heißt seine Böschung (Dossirung) und bildet einen wesentlichen Bestandtheil.

Obere Böschung heißt die durch Geländeanschnitt (Abtrag), untere die durch Aufschüttung (Auftrag) erhaltene. - Man unterscheidet auch Einschnitts-Böschungen (wenn der ganze Weg beiderseits vom Gelände überragt ist) und Damm-Böschungen (wenn das Gelände tiefer liegt). In beiden Fällen heißt die bergseits gelegene die innere, die thalseits gelegene die äußere Böschung (oder rechte und linke nach dem Fortschreiten des Wegbaues).

Fig. 145.

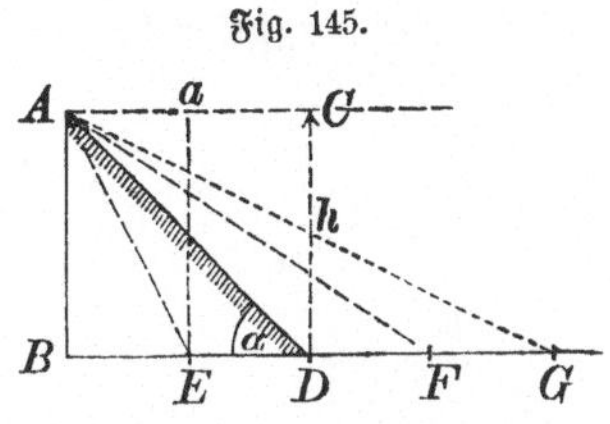

Das Böschungsprofil AD ergibt sich, wenn man durch eine Böschung einen Vertikalschnitt mit rechtwinkliger Fläche bis auf die horizontale Grundlinie BG gelegt denkt und die Grundlinie und Höhe mißt. Es entsteht so das rechtwinklige Böschungsdreieck ABD (ABE u. s. w.), dessen Hypothenuse das Profil oder die Böschungslinie gibt, dessen horiz. Kathete die „Ausladung", dessen senkrechte die „Böschungshöhe" und dessen Winkel α der „Böschungswinkel" heißt.

Der Punkt endlich, wo die Böschungslinie auf das Gelände-Profil trifft oder es schneidet, heißt der „Auslaufpunkt" oder (unten) der „Böschungsfuß".

Man mißt die Böschungen

a. durch Ermittlung des Böschungswinkels

$$AB = h,\ BD = a$$

$$\frac{h}{\sin \alpha} = \frac{a}{\cos \alpha} = AD \text{ und } \frac{h}{a} = tg\ \alpha$$

b. Durch Ermittlung des Verhältnisses zwischen Ausladung und Höhe (Böschungsverhältniß β)

$$h : a = 1 : \beta,\ \cot \alpha = \beta$$

Die Messung der Böschungswinkel nach Graden bietet offenbar einen unbequemeren Ausdruck als eine Verhältnißzahl, worin die Höhe die Maaßeinheit und die Ausladung die bewegliche Größe bildet.

Man heißt in diesem Falle das Verhältniß

wenn $a : h = 1 : 1$, einfache oder einfüßige
" $= \frac{1}{2} : 1$, halbfüßige
" $= 1\frac{1}{2} : 1$, (BF : AB), $1\frac{1}{2}$füßige
" $= 2 : 1$, (BG : AB), doppelte oder zweifüßige

Böschung u. s. w.

Bei 45° ist die Böschung eine einfache (sin = cos); mit dem Wachsen der Ausladung wird der Böschungswinkel kleiner, die Böschung flacher.

Sie ist $\frac{1}{2}$füßig, wenn $\sphericalangle \alpha = 63° 25'$
$1\frac{1}{4}$ " " $\sphericalangle \alpha = 38° 39'$
$1\frac{1}{2}$ " " $\sphericalangle \alpha = 33° 41'$
2 " " $\sphericalangle \alpha = 26° 34'$

Die Wege werden abgeböscht d. h. mit Böschungen von geeigneter Ausladung begrenzt — nach Oben, um das Abrutschen des Berghangs,

Verschüttung und Zerstörung der Wege, Gefährdung ihrer Besucher zu verhüten; nach Unten, um dem Wegkörper Halt und Dauer zu geben, da steile Abstürze dem Drucke keinen Widerstand und senkrechte Begrenzungen selbst bei Mauerbau keine volle Sicherheit bieten.

Am beweglichsten und angreifbarsten sind lockere bindemittelarme Böden, um so mehr, wenn ihre Oberfläche der natürlichen oder künstlichen Befestigung ermangelt. Die Bodenarten zeigen in dieser Hinsicht ein verschiedenes Verhalten theils nach ihrer Zusammensetzung, theils nach der Größe des Korns und ihrer Lagerung. Sie bedürfen, um in Ruhe zu verharren, eines Böschungs- oder Reibungswinkels („Winkel der Ruhe") zwischen 25 und 45° (die lockersten Böden: Moor, Schlamm, Flußkies bilden von Natur auch noch geringer geneigte Böschungen),

z. B. ist	a : h	Böschungswinkel
bei feuchter Dammerde .	1,07	43°
„ trockener „ .	1,23	39°
„ feinem trockenem Sand	1,67	31°
„ Moorboden zuweilen	2,5—3,0	24 – 18°

Die Festigkeit des trockenen reinen Thons = 100 gesetzt, beträgt jene der Gartenerde = 7, der Humusverbindungen = 7—9, der Ackerde = 33, des Thons mit 45% Sand = 57, mit 24% Sand = 69, mit 10% Sand = 83.

Diese Verschiedenheit muß auch den natürlichen Böschungswinkel beeinflussen, wozu noch das specifische Gewicht, der innere Zustand und die Art der Benarbung kommt. Will man letztere begünstigen, so muß die Böschung mindestens 1¼—1½füßig gebaut werden. Ueberhaupt müssen Aufschüttungen mit so starker Ausladung versehen werden, daß kein Abrutschen wahrscheinlich, und da kein allgemeines Maaß beibringlich, so muß innerhalb der höchsten und niedersten Grenze, welche sich zwischen künstlicher ½füßiger Lehm- oder Rasenböschung und aus Aufschüttung lockeren Materials entstehender 2füßiger Böschung, also in ziemlich engen Grenzen bewegt, nach örtlicher Erfahrung gewählt werden. Im Allgemeinen auferlegen uns die schweren bindigen nassen Böden weniger Sicherstellung als lockere, leichte und trockene Böden. Hohe oder vom Wasser bespülte Böschungen bedürfen flacherer Anlage, um dem größeren Druck oder Angriff besser zu widerstehen. Die Sicherheit flacher Abböschung muß jedoch erkauft werden, denn man bedarf dazu mehr Material und Arbeit. **Für die Regel empfiehlt sich für Böden von mittlerer Bindigkeit die einfüßige Böschung.** Die ½füßige wählt man für sehr feste Böden, zumal wenn Flächen- und Kostenersparniß geboten ist, stärkere Ausladungen bis zu 2, selten 2½füßiger Böschung bei flugsandartigem oder moorigem Boden. Die geringste Ausladung erhält der Felsboden, nämlich bis etwa 80°, wenn die Felsart nicht zerklüftet, zu rascher Verwitterung geneigt oder in Folge derselben in Zerbröcklung begriffen ist. Loses Felsgerölle verlangt umgekehrt flachere Böschung als fester Boden. Manche sehr feste Erdarten (z. B. der Löß) widerstehen sogar als nahezu senkrechte Wände der Auswaschung besser.

Bei Felswänden und Mauerwerk oder überhaupt bei steilen Wänden gebraucht man vielfach den Ausdruck „Anzug" und pflegt dabei die Ausladung als Einheit zur Höhe in Verhältniß zu setzen z. B. eine Mauer mit 1/8 Anzug aufbauen heißt: sie um 1^{m} auf je 8^{m} Höhe zurücktreten lassen.

Die Höhe der Böschungswände hängt, wie im vorigen Paragraph angedeutet, von der Neigung der Bergwand und dem gewählten Böschungsgrad ab. Je geringer die Differenz zwischen Neigungs- und Böschungswinkel, um so höher wird die Böschungswand. Der Böschungsfuß muß bei der Absteckung der Böschungen durch Messung oder Berechnung gesucht werden. Es sei z. B. (in Fig. 146) BD die Bergwand, auf welcher ein Weg in der Höhe AC = h durch Aufschüttung bis B abzuböschen wäre;

Fig 146.

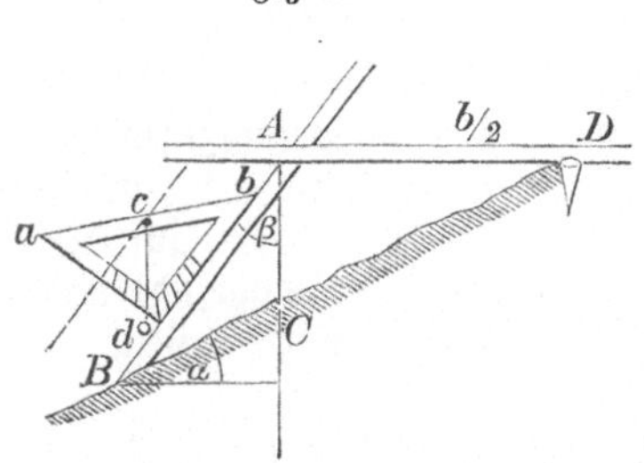

BC sei zu ermitteln, um den Böschungsfuß zu finden. Es sind der Neigungswinkel der Bergwand = α und, da das Böschungsverhältniß festgestellt, ∢ BAC = β bekannt;

$$\sphericalangle ACB = 90° + \alpha$$

$$\text{somit } \sphericalangle ABC = R - (\alpha + \beta)$$

$$\text{woraus } BC = h \frac{\sin \beta}{\cos (\alpha + \beta)}$$

In der Regel wird die Böschung direkt, ohne Berechnung, abgesteckt. Jedes Nivellirinstrument ist dazu verwendbar, am einfachsten der Gebrauch einer Setzwage, welche dazu hergerichtet ist,*) in Verbindung mit Richtscheit und Nivellirlatte. Jede weitläufige Messung oder Rechnung entfällt hier. In AC wird eine Latte senkrecht aufgestellt, in der Höhe A der Wegkrone ein Richtscheit (oder eine zweite Latte) schief angelegt und mit ihrem Ende gegen den Fußpunkt B aus- oder eingerückt (ihre Neigung vermindert oder verstärkt), bis der Senkel cd der Setzwage auf ihrem eingetheilten Schenkel ad den gewünschten Böschungsgrad anzeigt.

Zum gleichen Zweck dienen außer der Bergwage, dem Setzniveau ꝛc. die s. g. Böschungsmesser:

1. Das Böschungsloth (Fig. 147), 2 Stangen oder Lattenstücke, ab und bc, rechtwinklich verbunden, durch Beschläg und einen kleinen Bug ef gegen Verschiebung gesichert, tragen in c über dem eisernen spitzen Fuß eine dritte Stange oder Latte, welche sich derartig in einer Schraube bewegt, daß ihr oberes Ende d längs dem horiz. Arm ab sich hinschieben und gemäß der dort angebrachten Eintheilung auf jede übliche Größe der Ausladung einstellen läßt. Der Arm bc trägt einerseits ein Stift g, an welchem der Senkel gh hängt, um die senkrechte Aufstellung zu kontroliren.

*) Siehe im ersten Haupttheil § 13 Seite 32 und 33.

Fig. 147.

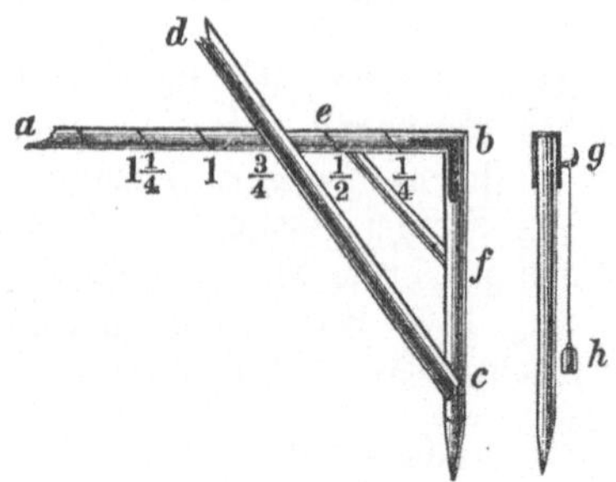

2. Das nach E. Heyer*) längst in Hessen übliche Böschungsinstrument (Fig. 148), welches er namentlich zur regelmäßigen Abböschung der Grabenwände empfiehlt: eine etwa 2^m lange Latte ab, an einem Ende mit hölzernem quadratischem Rahmen bcde, worin ein auf die Böschungsgrade oder Ausladungen eingetheilter Kreisbogen ce eingefügt und ein Senkel df oben befestigt ist, um den ∢ edf = α ablesen zu lassen.

Fig. 148.

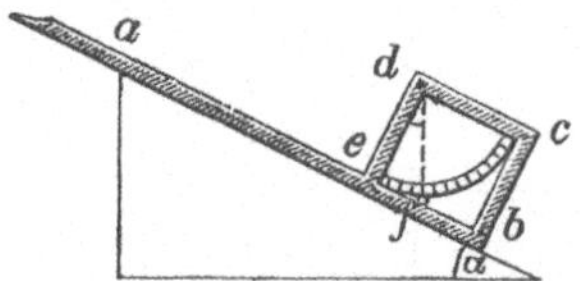

3. Der gleiche Zweck wird mit dem s. g. „Meßbrettchen", mit Faustmann's Spiegelhypsometer und ähnlichen Meßinstrumenten erreicht.

In vielen Fällen, wo man die Böschungen mittelst dieser Verfahren nicht bestimmen will oder kann, läßt sich auch zuerst die Schablone des Wegquerschnitts auf das gezeichnete Querprofil anlegen, die Böschung ausziehen, mit dem Zirkel die Entfernung des Böschungsfußes abgreifen und unmittelbar auf dem Abhange messen; so namentlich um die Grenzlinien der gesammten abzuräumenden Baufläche rasch aufzufinden und abzustecken. Ueberhaupt können die Böschungen entweder zugleich mit dem Auspfählen der Wegbreite, wenn nach Fertigung der Querprofile und Ausgleichung von Ab- und Auftrag das Längenprofil endgiltig festgestellt ist, oder auch während des Fortschreitens der Wegbauarbeiten allmählig abgesteckt werden (worüber noch Näheres beim Lattengestellbau).

§ 74.

Die Straßen- und Abzugsgräben.

Jeden Weg, welcher nicht dammartig den trockenen Boden überragt, müssen einer- oder beiderseits möglichst parallel mit der Straßenachse Gräben einfassen.

Sie haben das von Straße und Nachbargelände abfließende Wasser,

*) Siehe dessen „Waldwegbau" S. 71 unten.

theils von natürlichen Wasserläufen, theils von den Niederschlägen, aufzunehmen und den nächsten natürlichen Rinnsalen oder künstlichen Versenkungen zuzuführen. Dadurch bleibt die Fahrbahn und der ganze Wegkörper vor Abspülungen und starker Aufweichung bewahrt. Dies ist sehr wesentlich, weil für eine gute Fahrbahn nicht gerade völlige stäubende Trockenheit, als vielmehr ein gleichmäßiger geringer Feuchtigkeitsgrad erwünscht ist, welcher die Fahrbahndecke bindet. Nebstdem bilden die Gräben eine Schutzanstalt sowohl gegen Beschädigungen des Wegs während seiner mannigfachen Benützung als auch für das Nachbargelände gegen Ueberschreitungen durch Fuhrwerke, Zugthiere, Waidevieh 2c.

Behufs Haltbarkeit müssen die Gräben abgeböscht sein, also in ihrem Querprofil Trapeze bilden. Man unterscheidet (Fig. 149): obere Breite oder Weite ob, untere oder Grabensohle gs, die Grabenwände

Fig. 149.

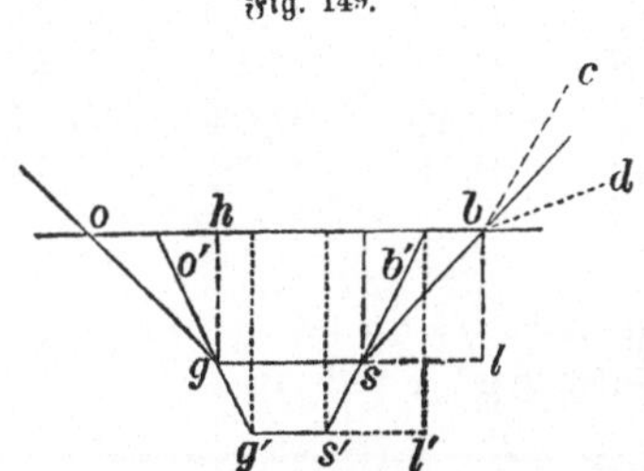

go und bs, Grabentiefe gh. Das Verhältniß von ob:gs ergibt sich aus der Neigung der Wände und diese aus der Bodenbeschaffenheit; die Größe des Querprofils aus den Zwecken der Grabenanlage, Schutzgräben oder Wassergräben, und bei letzteren hauptsächlich aus der Wassermasse, welche sie aufzunehmen und in einer gewissen Zeit fortzuführen haben, also auch zugleich aus der Größe des Gefälls, welches die Raschheit des Abflusses bedingt. Große Wassermenge und schwaches Gefäll, welches Stauungen befürchten läßt, so wie sehr lockerer Boden erfordern das größte Querprofil. Ist man hinsichtlich der Fläche beschränkt, so muß ein größeres Querprofil durch Vertiefung des Grabens z. B. o'g's'b' = ogsb erzielt werden.

Bei beiden Arten von Gräben bestimmt zuweilen ein dringender Bedarf an Bodenmassen (z. B. behufs Aufdammung des Wegs) zur Vergrößerung des Grabenprofils.

Für die gewöhnlichen Fälle genügt eine obere Breite von $^3/_4$—1^m, Sohlenbreite von 20—50^{zm} und Tiefe von 30—50^{zm}. Sandboden und Sumpf bedingen eine Erweiterung bis auf doppelte Profilgröße, Zwecke der Entwässerung zuweilen noch darüber hinaus.

Bezeichnet man die obere Grabenbreite ob mit w, die Tiefe gh mit t, das Böschungsverhältniß mit β und die Grabensohle mit u, so ist die Querprofilfläche $Q = \frac{(w + u)\,t}{2}$.

Es ist jedoch auch, da $oh = t\beta$ u. $u = w - 2t\beta$, wenn nur w, t u. β bekannt,

$$Q = \left[\frac{w + (w - 2t\beta)}{2}\right] t = (w - t\beta)\,t.$$

Hieraus wird der Querschnitt von Gräben verschiedener Größe rasch ermittelt und läßt sich zum praktischen Gebrauch in Tabellen zusammenstellen. Z. B.

bei ½füßiger Böschung wird

Wenn w in Metern	für t in Metern =				
	0,2	0,4	0,6	0,8	1,0
	Q in Quadrat-Metern:				
0,6	0,10	0,16	0,18	—	—
0,8	0,14	0,24	0,30	0,32	—
1,0	0,18	0,32	0,42	0,48	0,50
1,2	0,22	0,40	0,54	0,64	0,70
1,5	0,28	0,52	0,72	0,88	1,00

Für 1füßige Böschung wird Q = (w — t) t und in Fig. 149 daher das Trapez ogsb = Rechteck hglb und ist

Wenn w in Metern	für t in Metern =					
	0,2	0,3	0,4	0,5	0,6	0,7
	Q in Quadrat-Metern:					
0,6	0,08	0,09	—	—	—	—
0,8	0,12	0,15	0,16	—	—	—
1,0	0,16	0,21	0,24	0,25	—	—
1,2	0,20	0,27	0,32	0,35	0,36	—
1,5	0,26	0,36	0,44	0,50	0,54	0,56

Aus der Vergleichung der Tabellen ergibt sich denn zugleich, um wie viel ein Graben vertieft werden muß, wenn er bei geringerer Breite die gleiche Wassermasse aufnehmen soll; z. B. ist Q für w = 1,2; t = 0,4 u. β = 1 ebenso groß wie für w = 0,8; t = 0,8 und β = ½, auch wie für w = 1,0; t = 0,4 und β = ½, nämlich = 0,32 □ᵐ.

Will man überhaupt dieselbe Größe des Querschnitts beibehalten, aber größere Grabentiefe t^1, so muß die Grabenweite w und das Böschungsverhältniß β sich ändern und die neue Größe w^1 sich nach dem gewählten β^1 oder der veränderten Sohlenbreite u^1 ergeben.

Wo die Straßengräben an der Bergwand entlang ziehen, kann ihre Böschung mit dem Profil der Straßen-Böschung zusammenfallen oder beide Böschungen bilden einen stumpfen Winkel (sbc oder sbd), so namentlich bei Stützmauern.

Den Straßengräben ist beiläufig das gleiche Gefäll wie der Fahrbahn selbst, immer aber einiges Gefäll zu geben, damit das Wasser abzieht.

Bei stärkerem Straßengefäll (7% und mehr) muß jedoch der schädlichen Wirkung des Wassers, dessen Geschwindigkeit und wühlende Gewalt zu groß würde, vorgebeugt werden und zwar

bald durch häufigere *Ablenkung* mittelst Querrinnen oder Durchlässen, bald durch Ausschlagen der Gräben mit *Lehm*, *Rasen*, durch *Ausrollen* d. h. Auslegen mit gut gefügten in sich verkeilten Steinen,

Fig. 150.

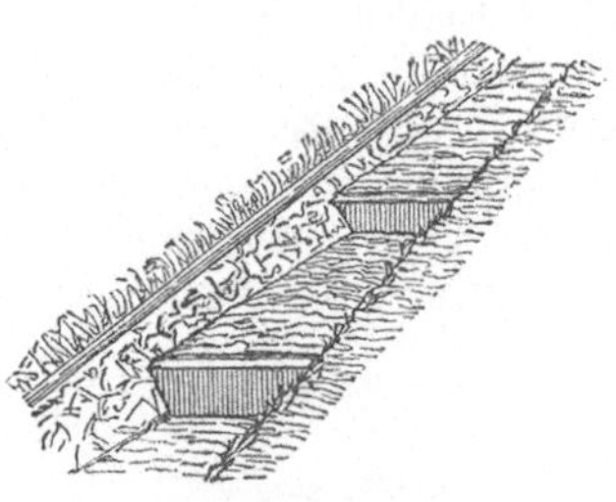

bald durch *Einlagen von Querschwellen* aus Holz oder Steinen (Fig. 150) oder auf besonders gefährdeten Strecken durch *Mauereinfassung und Sohlenpflasterung* (mit oder ohne Schwelleneinlage). Fließende Gewässer, welche eine Wegrichtung kreuzen, sollen möglichst in kürzester Linie in Pflasterrinnen über die Wegoberfläche oder in Dohlen unter dem Wegkörper abgeleitet und nur ausnahmsweise auf kurzen Strecken längs der Straße fortgeleitet werden (z. B. Wässerungseinrichtungen).

Grabenanlagen sind nöthig

1. *beiderseits* der Wege, wenn sie in gleicher Höhe mit dem Gelände liegen oder in dasselbe einschneiden (Durchstiche), desto breiter und tiefer, von je mehr Nässe die Wege zu leiden hätten;
2. *auf der Bergseite* bei Wegbauten den Berghängen entlang, damit keine Ueberfluthung, Abschwemmung oder Verschüttung mit Gerölle eintritt.

Die Absteckung der Straßengräben geschieht wie bei den Böschungen, zugleich mit der Wegbreite oder während der Wegbauarbeiten.

Wo die Grabenprofile in gleicher Form wiederkehren, fertigt man sich am besten *zwei Schablonen* aus Brett- oder Lattenstücken, welche (Fig. 151) das Grabenprofil „im Lichten" (oder nur die eine Grabenseite) darstellen. Mit Zuhilfenahme einer s. g. Graben- oder Gartenschnur, welche

Fig. 151.

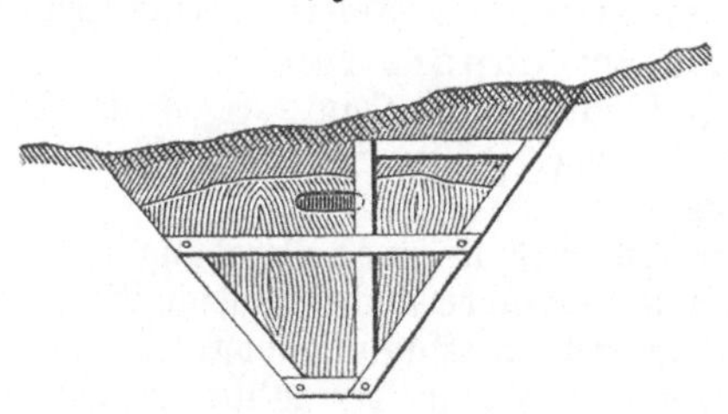

zwischen den Schablonen gespannt wird, geht die Auspfählung (etwa unter Aushebung von Musterprofilen) rasch von Statten und läßt sich die Grabenarbeit sehr genau ansführen und leicht kontroliren. Das specielle Ausstecken und Verlatten pflegt nur bei wichtigeren Grabenanlagen zu geschehen, welchen auch allein ein besonderes Nivellement vorausgeht.

Führt eine Weganlage über Gelände, wo Abtrag und Auffüllung häufig wechseln, so heischen die Grabenabsteckungen eine besondere Behandlung. Parallel der Straßenachse geführt, würden sie ungleiches Gefäll bekommen oder auf einzelnen Strecken vermöge der höheren Böschungen die Straße verschmälern. Man wird daher ihren Zug unterbrechen und für Seitenableitung sorgen oder, wenn letztere nicht wohl ausführbar, den Gräben einen selbstständigen Linienzug, dem Wege bald sich nähernd, bald wieder abbiegend anweisen, wodurch die Grabenränder beiderseits eine nach der Geländeform wechselnde Breite erhalten z. B. wie in

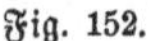
Fig. 152.

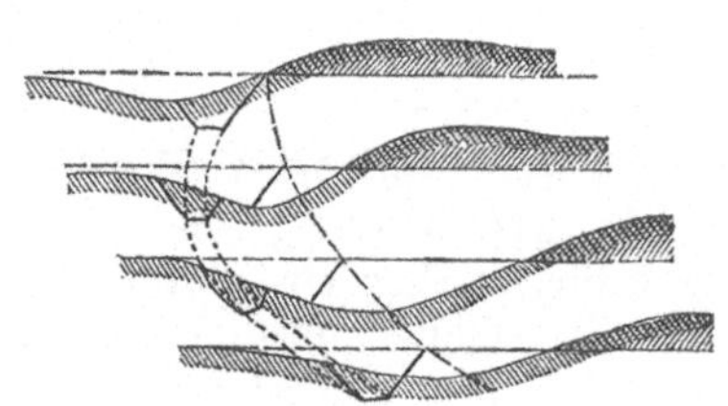

§ 75.

Die graphische Darstellung.

Die in § 71 erwähnte Schablone, deren man bedarf, um die aufgetragenen Querprofile zu *Querschnitten* des herzustellenden Wegs (nach Breite, Tiefe, Böschungen und Gräben) für jeden gemessenen Stationspunkt zu ergänzen, wird im gleichen Maaßstabe wie die gezeichneten Querprofile, also etwa von 1 : 100, zuweilen von 1 : 50 zu konstruiren sein. Sie soll uns den Normalschnitt des Bauobjekts für alle möglichen Fälle des Baues geben, nämlich in der Hauptsache folgende Schnitte:

a. *Das Gelände ist eben*, bedarf nur kleiner Ausgleichungen und beiderseitigen Grabenaufwurfs;
b. der Weg wird in das ebene Gelände vertieft, Fig. 153a Profil abcdef oder
c. dammartig darüber erhöht, Profil ABCD
d. der Weg wird in *unebenes Gelände* eingeschnitten, Fig. b u. c, Profile ghiklm und nopqrs oder
e. darauf durch Aufschüttung aufgebaut, Fig. b u. c, Profile EFGH und HJKL; in beiden Fällen ist das Gelände in der Mitte vertieft oder erhöht;
f. ein Theil des Wegs wird in einen Berghang oder eine durchfurchte oder wellenförmige Bodenoberfläche eingeschnitten, der andere Theil durch Anschüttung bez. Ausfüllung von Einsenkungen hergestellt, hälftig auf je einer Seite, in der Mitte oder zu beiden Seiten, Fig. d und e, Profil tuv und wxz, MNu, OPw und zRS.

Fig. 153.

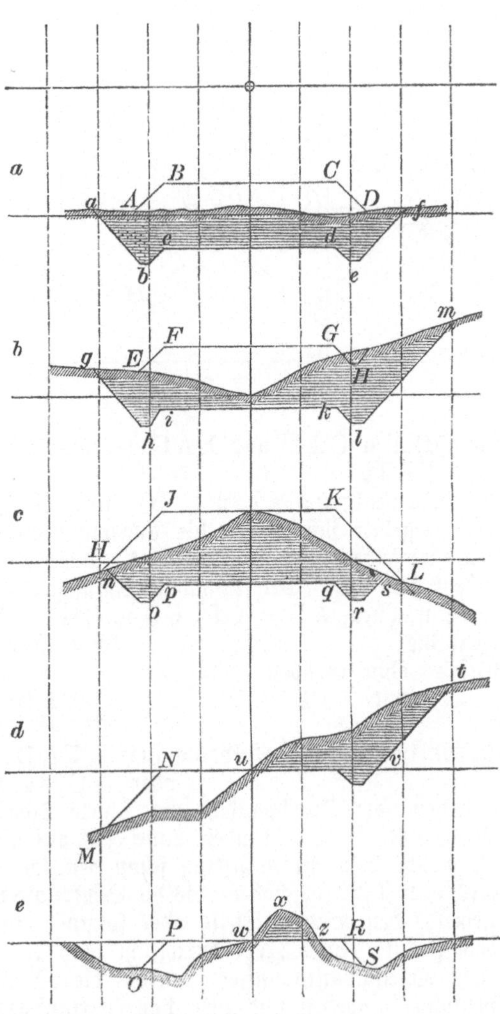

Bei den Einschnitten sind, je nach der weiteren Bodengestaltung einer- oder beiderseits Grabenanlagen vorzusehen.

Für diese verschiedenartigen Fälle muß der Schablone eine allgemein anwendbare Form verliehen werden, entweder für einen einmaligen Wegbau oder zum gewöhnlichen Gebrauch, wenn dieselben Anforderungen in Bezug auf Wegbreite, Gräben, Böschungen wiederkehren. Behufs dessen zieht man auf ein Rechteck von Karton oder Pauspapier die Niveaulinie NL, kreuzt mit ihr die Senkrechte SR und trägt auf NL nach beiden Seiten von Punkt D die halbe Kronenbreite des Weges auf, DA und DB. Durch Abstechen von CD und DE (Böschungshöhe h zur Ausladung AD = a) und Ausziehen der Linien entstehen die nach Außen und Innen, Oben und

Fig. 154.

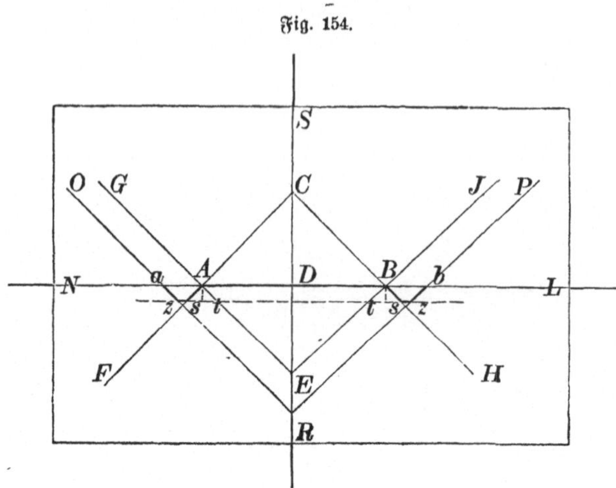

Unten laufenden Böschungslinien CAF und EAG (ebenso anderseits bei B die Linien CBH und EBJ).

Durch Auftrag der Grabenbreite Aa und Bb und Ausziehen der Parallelen OR und PR ergeben sich weiter die äußeren Böschungslinien und Grabenränder, durch Abstechen der Grabentiefe At und Bt und Ziehen von tt ∥ NL die Grabensohlen sz. Bei Annahme einfüßiger Böschungen wird die Konstruktion am einfachsten, AD = CD, EG u. CH ⊥ CA u. s. w.

Man besitzt jetzt die	Schablonen
für Wegeinschnitte ohne Gräben	GABJ
" " mit "	OzsABszP
" Wegdämme ohne "	FABH
" halb Einschnitt (mit Graben) halb Aufdammung	FABszP
oder	OzsABH

Die so zum Durchstechen oder Durchpausen eingerichtete Schablone wird mit der bis zu ihren beiden Rändern reichenden Linie NL auf die Niveaulinie jedes Querprofils, welche beim Profilauftrag schon deutlich markirt ist, angelegt und nach rechts oder links geschoben, bis die Senkrechte SR (ebenfalls bis zum Rand gehend) den mittelst Pfeils oder sonstwie angedeuteten Wegmittelpunkt (D) des Profils trifft. Jetzt durchsticht man die Schablone mit feiner Nadel an den Durchschnittspunkten, welche die Straßenkanten, Böschungen und Grabensohlen angeben und zieht das (vorläufige) Normalprofil deutlich aus, so daß der Durchschnitt der Ab- und Auftragsflächen in dem äußeren Umriß sich deutlich darstellt. Ueberall wo das Grabenprofil der Schablone das Geländeprofil nimmer berührt (darüber bleibt), wird das Einzeichnen einstweilen unterlassen.

Einfacher und bequemer, obgleich weniger scharf, handhabt sich die Schablone, wenn man die Form für Wegeinschnitte mit Graben und eine solche für Aufdammungen (man wählt zuweilen für beides ein verschiedenes Böschungsverhältniß) aus Karton oder dünnem Blech ausschneidet, nach Erforderniß bald die eine, bald die andere auf die Profile auflegt und ihren Linien mit Bleistift oder Feder folgt.

Unsere allgemeine Schablone liefert durch Ausschneiden nach FABH die spezielle Schablone A für Aufdammung, nach FABszP die spezielle

Fig. 155.

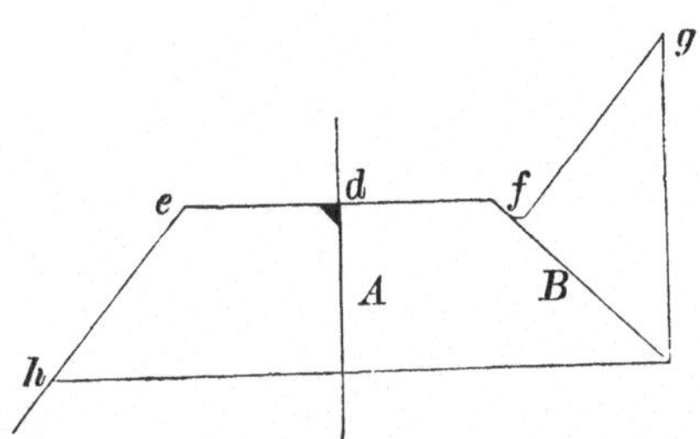

B für Aufdammung oder Abtrag einschließlich Grabenanlage. Beide werden auf die Wegemitte D mit ihrer kleinen Kerbe d z. B. Fig. 155 so aufgelegt, daß ihre obere Wegkante ef durch den Niveaupunkt A zieht, die Kante eh die Auftrags-, die Kante fg die Abtragsfläche abschließt (AEH und AFG).

Fig. 156.

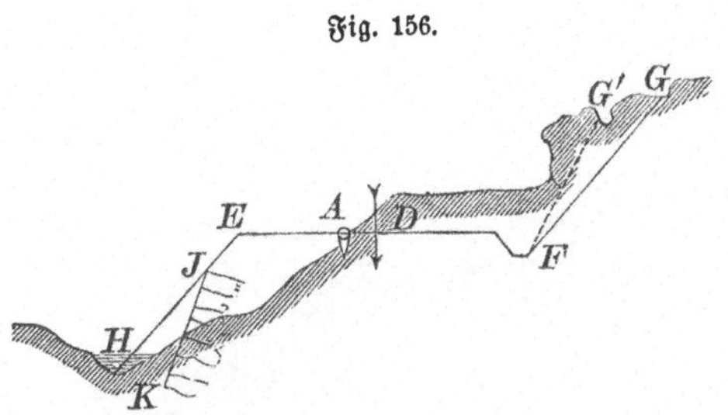

Nicht an allen Stationen sind jedoch die Formen der Schablone unverändert anwendbar; ein naher Wasserlauf nöthigt z. B., die Böschung EH durch das Profil JK einer Stützmauer, eine Felsparthie erlaubt, die Linie FG durch die steilere Anzugslinie FG′ zu ersetzen. Ebenso müssen die Querschnitte besonders konstruirt werden, wenn einzelne Wegstrecken eine Verbreiterung erfahren (Einmündungspunkte, Wendeplätze) oder wenn, wie an Rampen, zwei Querschnitte sich in einer Vertikalebene staffelartig aneinander reihen und zu prüfen ist, ob die Dammböschung des oberen Querschnitts nicht über die Einschnittsböschung des unteren hinausgreift.

Auch sind mehr Querschnitte aufzunehmen, wo plötzliche Uebergänge der Profile aus Aufdammungen in Durchstiche erfolgen, um bei Berechnung der Erdmassen keine groben Fehler durch unrichtige Mittel aus den Schnittflächen je zweier Stationen zu veranlassen.

Nach Herstellung aller Durchschnittskonturen werden solche Besonderheiten, welche bei der Aufnahme der Querprofile vorgemerkt wurden (Schluchten, Gewässer, Felsen 2c.), bei den betreffenden Stationen ergänzend eingezeichnet, die Geländeprofile durch einen dunkeln Farbstreifen bandirt und die Querflächen des Ab- und Auftrags durch Koloriren mit zweierlei Farbentönen deutlich gekennzeichnet, um die Berechnung der Erdmassen zu erleichtern:

Abtrag — die vom natürlichen oder „gewachsenen" Boden auszuhebende,

Auftrag — die über oder neben dem natürlichen Gelände abzulagernde Erdmasse.

Bemerkung: Manche vereinigen die Zeichnung des Längenprofils oder des Grundrisses für ein Wegprojekt mit jener der Querprofile auf einem Blatt. Sie ziehen zur Straßenachse eine Parallele, errichten in den Stationspunkten Querlinien und tragen hier die Querprofile auf. Dann muß aber, um letztere von einander zu halten, für Grundriß oder Längenprofil ein Maaßstab gewählt werden, welcher für die Querprofile genügt; da dies eine unerfüllbare Forderung ist, erscheint das Verfahren als ein summarisches auf Kosten der Genauigkeit.

Besondere Behandlung erfordern noch jene Querprofile, deren genauerer Verlauf für die Absteckung und Berechnung von Bauarbeiten bestimmter Art zu kennen nöthig ist, weil sie von der Profilform wesentlich abhängen, so namentlich wo Brücken und Dohlen hinfallen. Das Querprofil des Geländes gibt zugleich den Längeschnitt dieser Bauten, so in Fig. 157,

Fig. 157.

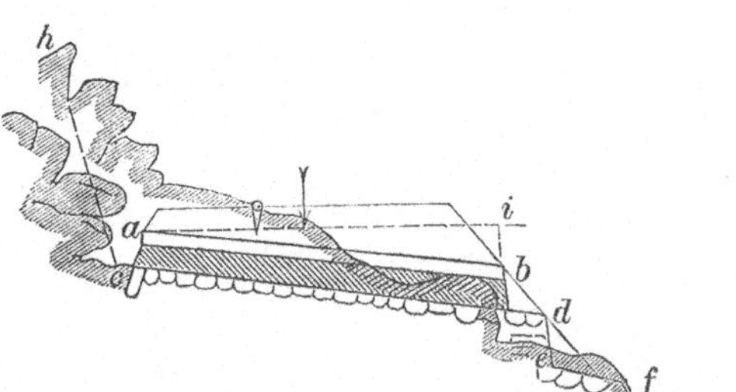

wo ab die Deckelung, ed die Sohlenpflasterung, defg die Auslaßbauten eines Deckeldohlens und ch die Grenzen der Felsensprengung und den Einlaß bezeichnen. Höhe ac, Länge cd und Fall bi des Dohlens, seine Bauart, die Tiefe unter dem Boden wird einerseits durch die Beschaffenheit des Geländes, anderseits durch Niveauhöhe und Breite des Weges bestimmt. An solchen Punkten hat daher die Profilaufnahme einen doppelten Zweck.

Drittes Kapitel.

Berechnung und Ausgleichung der zu bewegenden Massen.

§ 76.

Berechnung der Querschnitte.

Die Grundlage der kubischen Berechnung von Erdkörpern, deren Inhalt zu ermitteln ist, theils um die Größe der auf ihre Fortbewegung gerichteten Arbeit zu bemessen, theils um ihre zweckmäßigste Vertheilung anordnen zu können, muß in jener stereometrischen Form gesucht werden, welche ihrer dermaligen unregelmäßigen Gestalt am nächsten kommt. Hiernach sind die Dimensionen zu messen.

Die Querschnitte, von welchen im vorigen Paragraph die Rede war, bilden an fraglichen Erdkörpern die Grundflächen. Ihrer graphischen Darstellung wird daher die Ermittlung des Flächeninhalts unmittelbar zu folgen haben. Wir haben dabei die Wahl zwischen schärferen, mühseligeren und weniger genauen, aber kürzeren Rechnungsverfahren.

Die wünschbar genausten Ergebnisse würde eine Zerlegung in lauter Paralleltrapeze durch Fällung zahlreicher Ordinaten auf die Niveaulinien liefern. Aber dies Verfahren, umständlich und ermüdend durch vieles Zeichnen, Messen und Rechnen, wird im Waldwegbau Niemandem je beifallen, denn hier genügt eine Ermittlung bis höchstens auf 1/2 oder 1/4 Kubikmeter völlig; bei der Unebenheit des Geländes sind auch genauere Resultate nur eine Täuschung.

Eine Vereinfachung des Verfahrens schafft man sich schon anfänglich durch gesonderte Berechnung des Aushubs der Gräben. Der Inhalt ist als eine Säule zu betrachten, deren Grundfläche der Grabenquerschnitt, deren Länge die betreffende Stationslänge ist, und der ermittelten Kubikmasse jeder Sektion beizuschlagen. Man hat sich ferner schlüssig zu machen über die Rechnungsbehandlung hinsichtlich der Versteinung der Fahrbahn (des s. g. Steinbetts).

Es ist hier zu unterscheiden:

a. Das Material dafür wird aus dem Abtragskörper gewonnen. Alsdann muß letzterer den ganzen Bedarf an Auftragsmassen bestreiten; ob hinter dem Profil ABC (Fig. 158) noch das Stück

Fig. 158.

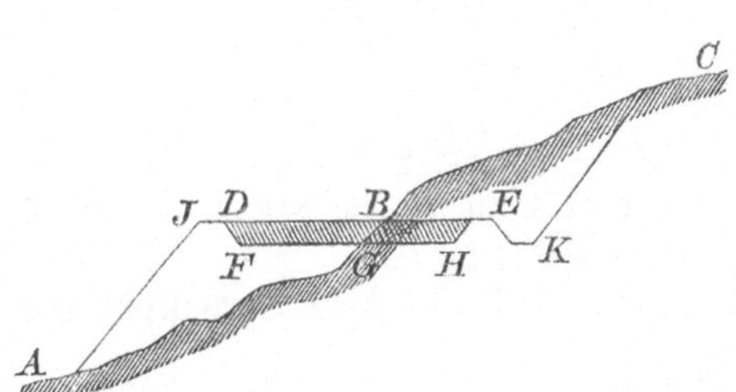

BE aufgegraben und mit Abhubsteinen die ausgehobene Erde ersetzt wird, ist ohne Einfluß auf die Rechnung, denn es wird, wenn Querschnitt EBGH = q und die Querschnitte CBEK = Ab, BJA = Au,

$$\text{Abtragsfläche} = \text{Ab} + \text{q}$$
$$\text{Auftragsfläche} = \text{Au} + \text{q}$$
$$\text{folglich Ausgleichung} = \text{Ab} + \text{q} - (\text{Au} + \text{q})$$
$$= \text{Ab} - \text{Au}.$$

Das Steinbett kann daher bei Berechnung von Ab- und Auftrag außer Betracht bleiben.

b. Das Material wird von anderwärts beschafft.

Dann vergrößert sich der Abtragsquerschnitt um BEHG und der Auftragsbedarf vermindert sich um den Körper der Grundflächen DBGF + BEHG d. h. um den Steinbettraum. Es muß also der ganze Querschnitt des Steinbetts DFHE von der Auftragsfläche in Abzug gebracht und nur AJB—DFHE als Rest darf mit dem Abtragsquerschnitt BEKC in Vergleich gezogen werden.

Die regelmäßige Form der Querschnitte ist eine Ausnahme. Ihr Flächeninhalt läßt sich aber genau genug ermitteln

1. durch Zerlegen in eine Anzahl Dreiecke, deren Grundlinien und Höhen man mit dem Zirkel abgreift;
2. durch Umwandeln der Figur in ein Dreieck, an welchem man eine Grundlinie und Höhe, oder in ein Trapez, an welchem man eine Diagonale als Grundlinie und die beiden Höhen mißt;
3. durch Auflegen eines auf Pauspapier, Fensterglas oder dergl. gezeichneten einfachen oder doppelten Planimeters d. h. eines Quadratnetzes (dessen große und kleine Quadrate = x oder O, ox □^{m} des angewandten Maaßstabs sind) auf jeden Querschnitt und Auszählen der hineinfallenden Quadrate, wobei die unganzen Reste in Gedanken zu Ganzen zusammengelegt und geschätzt werden. Jedes dieser Verfahren hat seine Vorzüge, je nachdem man es zu handhaben versteht.

Fig. 159a.

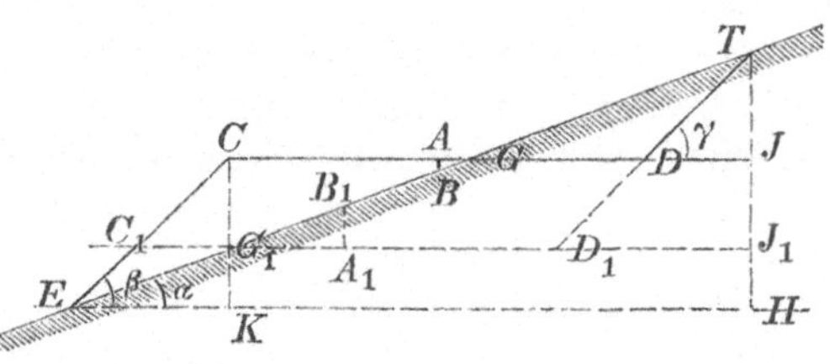

4. die Profilflächen lassen sich durch Rechnung bestimmen, wenn das Geländeprofil als gerade Linie gelten darf und bekannt sind:

Kronenbreite CD oder $C_1D_1 = b$

Neigung des Bodens ET aus dem Verhältniß von TH zu EH

$$\left(\frac{EH}{TH} = \cot\alpha\right)$$

Böschungsverhältniß

des Auftrags CE aus $\frac{EK}{CK} = \cot\beta$

des Abtrags DT in gleicher Weise

aus $\frac{DJ}{TJ} = \cot\gamma$

Aus der Lage der Kronenmitte A über oder unter dem Boden ergibt sich, ob die Auf- oder Abtragsfläche größer sei. Die Größe von AB (A_1B_1) = y (y') dient dann als Zeiger, um wieviel die beiden Flächen F' und F'' differiren.

Ist die Bodenneigung (cot α) = δ, das obere und untere Böschungsverhältniß (cot β = cot γ) = β, so wird für y = AB

$$\left.\begin{matrix}\text{Auftrags-}\\ \text{Abtrags-}\end{matrix}\right\}\text{Fläche}\left\}\begin{matrix}GCE\\ GDT\end{matrix}\right\}\frac{(b/2 \pm y\,\delta)^2}{2\,(\delta-\beta)}$$

und für $y^1 = A_1 B_1$ umgekehrt

$$\left.\begin{array}{l}\Delta\, G_1C_1E \\ \Delta\, G_1D_1T\end{array}\right\} = \frac{(b/2 \mp y^1\delta)^2}{2\,(\delta - \beta)}$$

oder, wenn $y\delta\ (y^1\delta) = AG\ (A_1G_1) = \pm x$, zu einem logarithmischen Ausdruck umgewandelt

$$F = (b/2 \pm x)^2 \frac{\sin\alpha \sin\beta}{2\sin(\beta - \alpha)}$$

entsprechend der Entwicklung in § 72.

Befindet sich die Kronenbreite CD $(C_1D_1) = b$ ganz unter oder über dem Boden, so entsteht lauter Ab-, bez. lauter Auftrag, wie in Fig. 159b, und wird $x > b/2$. Die Profilfläche F wird alsdann

$$= \frac{(b/2 + x)^2}{2\,(\delta - \beta)} - \frac{(x - b/2)^2}{2\,(\delta + \beta)}$$

Fig. 159b.

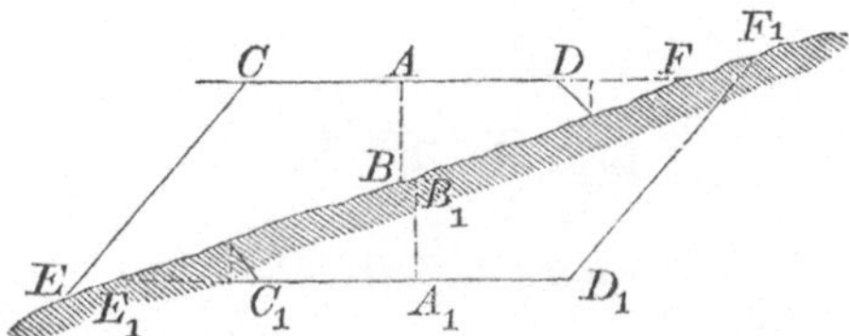

und wenn auf einen Nenner gebracht und im Zähler um $bx \cdot \beta - bx \cdot \beta$ vermehrt

$$= \frac{(b/2 + x)^2\,\beta + bx\,(\delta - \beta)}{(\delta - \beta)\,(\delta + \beta)}$$

ein zum praktischen Gebrauch unbequemerer Ausdruck als der obige.

§ 77.

Berechnung der Kubikmassen.

Denkt man sich alle Querschnitte in Trapeze oder Dreiecke umgewandelt und deren korrespondirende Winkelpunkte durch Linien verbunden, welche theils der Straßenachse parallel laufen, theils wo Auf- oder Abtrag = o, in der Richtung des Geländestrichs und Straßengefälls sich kreuzend zu Kanten oder Spitzen auslaufen, und denkt man sich die Parallellinien den ganzen Wegzug entlang laufend, so entstehen Reihen von bald prismatischen und prismatoidischen, bald pyramidalen Körpern, welche zwischen den Querschnitten je zweier Stationspunkte liegen:

1. Wenn beide Schnitte Auf- und Abtragsflächen haben, ein negativer Körper A (Auffüllung) über den Geländeprofilen, ein positiver B (Abhub) unter den Profilen, — Fig. 160a.
2. wenn beide Querschnitte nur Auf- oder nur Abtragsflächen haben, ein negativer Körper C oder ein positiver Körper D — Fig. 160b u. c.
3. ist der erste Querschnitt Auf-, der andere aber Abtragsfläche, so laufen beide auf eine Zwischenlinie des Geländes in eine Kante ab aus,

Fig 160

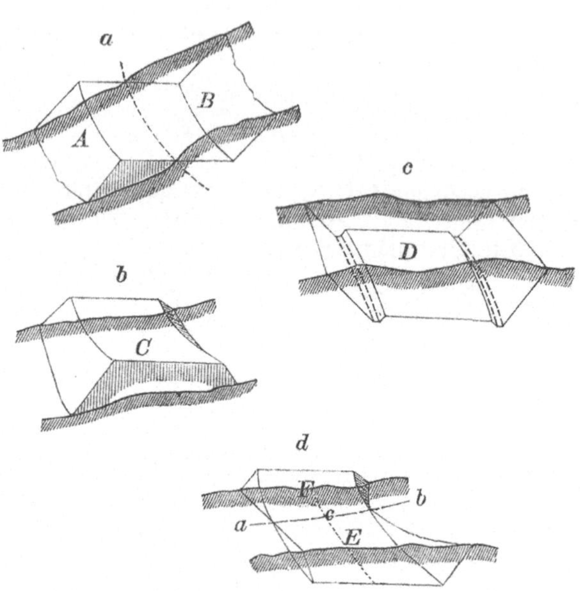

welche man Uebergangs- oder Durchgangslinie nennt und welche, je nach der Geländeform und der Richtung der Straßenachse, letztere bald schief, bald quer schneidet und die gemeinschaftliche Kante eines Abtragskörpers E und eines Auftragskörpers F bildet — Fig. 160d. Der in die Straßenachse fallende Mittelpunkt c (Durchgangspunkt) liegt dem kleineren Profil um so näher, je größer die Flächendifferenz beider Profile ist. Dieser Rechnungsfall wird durch Einlegen eines Zwischenprofils umgangen.

4. Ein kombinirter Schnitt entstünde, wenn das eine Querprofil nur Auf- oder Abtragsfläche, das nächste aber beides zugleich aufwiese. Dieser Fall hätte seine Ursache in schroffem Wechsel der Bodenoberfläche und müßte im Bestreben sicherer Berechnung durch Einlegen von mehr Querprofilen vermieden oder soweit reducirt werden, daß die entstehenden kleineren Pyramidenstücke neben den Hauptkörpern vernachlässigt oder unbedenklich als halbe Prismen berechnet werden könnten.

Die Form aller Auf- und Abtragskörper ist:

a. wenn je an beiden Stationen durch eine Querfläche begrenzt, beiläufig ein Prisma, Prismatoid oder Pyramidenstutz, dessen Länge (Höhe) = Stationslänge (oder horizontale Entfernung der Endflächen);

b. wenn das eine Profil ganz in der Ebene liegt (Inhalt = Θ) und das andere ganz Auf- oder Abtragsfläche, die Hälfte eines der obigen Körper;

c. in dem seltenen und vermeidlichen oben erwähnten Falle 4 ergibt sich ein größerer Auf- oder Abtragskörper von der Form eines Prismatoids oder Pyramidenstutzes und daneben ein kleinerer Pyramidenkörper, welcher die Distanz von seiner Grundfläche bis zum Durchgangspunkt (abhängig von der Geländeform) zur Höhe hat.

Wir hätten somit, bis auf letzteren Fall, die Kubikinhalte nach bekannten stereometrischen Regeln mit Hilfe der drei Formeln

für das Prisma $J_I = G \cdot H$

" " Prismatoid $J_{II} = \frac{1}{3} H\left(\frac{G+g}{2} + 2\gamma\right)$

worin G eine größere polygonale Endfläche, g eine kleinere beiläufig 3seitige Endfläche und γ die Mittenfläche bedeutet,

für den Pyramidenstutz $J_{III} = \frac{1}{3} H (G + \sqrt{G \cdot g} + g)$ zu suchen und im Falle b. diese Inhalte hälftig zu nehmen.

Die Anwendung der einfachen Prismenformel hätte, wo die Voraussetzungen dafür zutreffen, keinen Anstand. Gegen die anderen beiden spricht der lästige Umstand, daß in jedem Einzelfalle die Form des betreffenden Körpers festzustellen wäre, sowie daß der Rechnungsgang zu schwerfällig würde.

Da übrigens Pyramidenstutze nur an einzelnen Stellen vorkommen, wo die Wegbreite sich ändert und hier die Profile beliebig vermehrt werden können, so wird unter Umgangnahme von der Formel für J_{III} jene für J_{II} blos zu vereinfachen sein, um sie praktisch zu verwerthen.

Setzen wir nämlich die Mittenfläche $\gamma = \frac{G+g}{2}$, was zulässig, weil die Unebenheiten des natürlichen Bodens den Unterschied zwischen den beiden Seiten der Gleichung doch meist verwischen, so ergibt sich:

$$J = H \frac{G+g}{2}$$

Die Erfahrung hat wirklich gelehrt, daß man zu praktisch-genügenden Rechnungsergebnissen gelangt, wenn für je 3 Profilflächen, deren gleicher Abstand = H und deren Flächeninhalt = $G_1 - G_2 - G_3$ ist, angesetzt wird:

$$\left.\begin{array}{l} + A \text{ (Abtrag)} \\ - A \text{ (Auftrag)} \end{array}\right\} = \pm H\left(\frac{G_1 + G_3}{2} + G_2\right)$$

ohne weitere Beachtung der Größe und Form der Querschnitte.

Wird auf die Mittenstation $G_2 = 0$, so wird $\pm A = H \frac{(G_1 + G_3)}{2}$, wobei H = halber Abstand von G_1 und G_3. —

Wollte man die Erdmassen ohne Zugrundlegung von Profilflächen kubiren, so ließe sich dies annähernd aus der Höhe der Geländepunkte über der Weglinie und dem Abstande derselben auch bewirken. Solche Kubirungen könnten zu einem ansehnlichen Grad von Genauigkeit hingeführt werden; der Fehler aus der Vernachlässigung der Geländeneigung könnte nicht sehr erheblich sein, denn was einerseits zuzurechnen wäre, müßte anderseits in ähnlichem Betrag in Abzug kommen. Nur müßte eine hinlängliche Zahl Geländepunkte in die Rechnung eingeführt werden, um zu große Neigungsdifferenzen zu vermeiden und sich so der wirklichen Gestalt der Erdkörper möglichst zu nähern. Auch müßte man zum Voraus wissen, welche Böschungsverhältnisse dem Bodenzustand entsprächen z. B. Auftragsböschung $= 1^1/_4$, Abtragsböschung $= 1$ oder $^1/_2$. Bei Einschnitten wäre die Kronenbreite mit Rücksicht auf die Grabenbreite zu erhöhen. Wenn allgemein die ganze Breite $= b$, der Böschungskoefficient $= \beta$, die Entfernung je zweier Stationspunkte $= l$, die Höhe über oder unter Boden $= h$ (wenn ungleich $= H$ und h), so lassen sich

I. für ganze Einschnitte und Aufschüttungen 3 Fälle unterscheiden und Formeln zur gleichmäßigen Anwendung entwickeln:

1. Auf den Endpunkten der Strecke l liegt die Wegfläche um h höher oder tiefer als das Gelände.

Das Erdkörper-Prisma J ist

$$= lh\,(h\beta + b)$$

2. die Wegfläche befindet sich am einen Ende in Geländehöhe, am andern um h darunter oder darüber (Fig. 161a.)

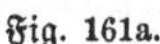
Fig. 161a.

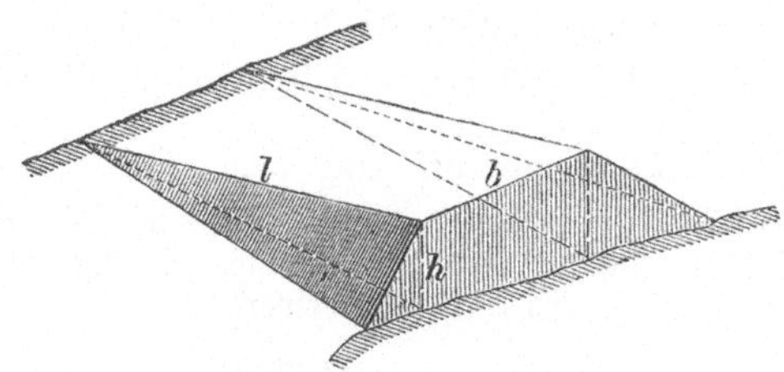

Der Längsschnitt des Erdkörpers bildet ein Dreieck. Der Körper ist zusammengesetzt

	Grundfläche	Höhe
aus einem 3seitigen Prisma	$\frac{hl}{2}$	b
und aus 2 Pyramiden	$\frac{h^2\beta}{2}$	l

$$\text{Inhalt} = hl\,\frac{b}{2} + hl \cdot \frac{h\beta}{3}$$

$$= \frac{hl}{6}\,(2\,h\beta + 3\,b)$$

3. Die Wegfläche ist am einen Ende um H, am andern um h über oder unter dem Gelände (Fig. 161b).

Fig. 161b.

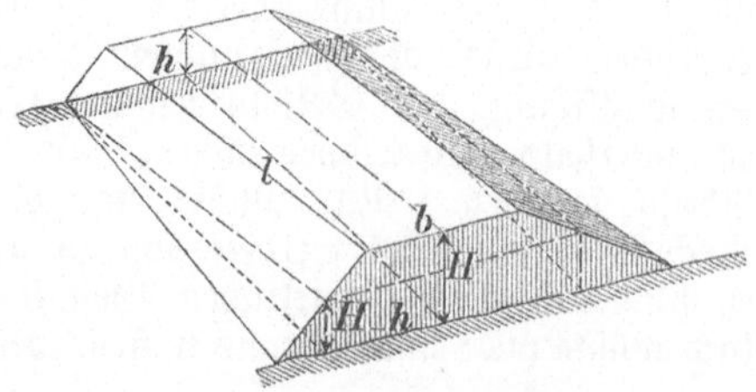

Der Längsschnitt ist ein Trapez, dessen Grundlinien H und h parallel und dessen Höhe l ist. Der Erdkörper besteht aus

	Grundfläche	Höhe
einem prismatischen Körper (wie bei 1)	$h(h\beta + b)$	l
einem zweiten solchen Körper	$\frac{(H-h)l}{2}$	$b + 2h\beta$
zwei Pyramiden	$\frac{(H-h)^2\beta}{2}$	l

daher beträgt das ganze Volumen

$$J = hl(h\beta + b) + \tfrac{1}{2}(H-h)l(b + 2h\beta) + \tfrac{1}{3}l\beta(H-h)^2$$
$$= l\left[\frac{b}{2}(H+h) + \beta\frac{(H^2 + Hh + h^2)}{3}\right]$$

oder annähernd, um $l\beta\frac{Hh}{3}$ zu groß,

$$J(Nw) = \frac{l}{6}(H+h)[2\beta(H+h) + 3b]$$

II. Für theilweise Einschnitte und Aufdammungen, wenn an einem Ende der Auslaufpunkt der Böschung einen senkrechten Abstand von h, am andern von H von der Wegebene hat und demgemäß am einen Ende von der

Fig. 161c.

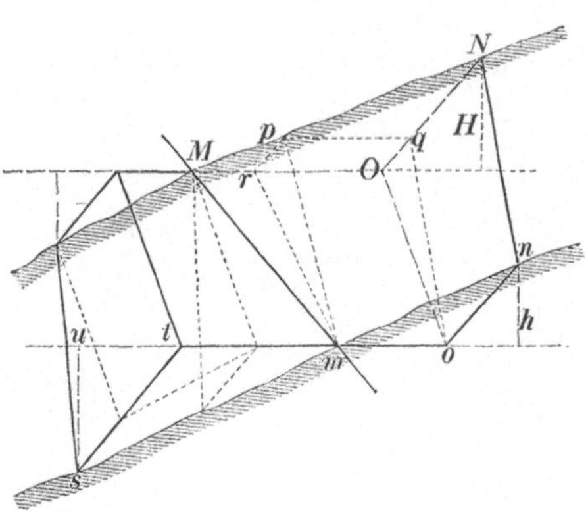

ganzen Wegbreite ein Theil $mo = b$, am andern ein Theil $MO = B = b\frac{H}{h}$ in Abtrag oder Auftrag liegt, läßt sich allgemein folgende Kubirungsformel herleiten:

Der senkrechte Längsschnitt durch $\frac{B}{2}$ und $\frac{b}{2}$ ist ein Trapez; desgleichen die Böschungswände des Abtrags und Auftrags, deren parallele Seiten im Verhältniß $B : b$ stehen und deren Entfernung $= l$.

Der Körper ist zusammengesetzt aus

	Grundfläche	Höhe
einem Prisma (Endflächen Npq u. nmo)	$\frac{bh}{2}$	l
einem zweiten Prisma (Endflächen Oqo und rpm)	$\frac{(H-h)l}{2}$	b
einer Pyramide (Mpr als Endfläche, Spitze in m)	$(b-l)\frac{H}{h}\frac{(H-h)}{2}$	l

woraus nach einigen Kürzungen als Volumen des ganzen Körpers

$$J = \frac{Hl}{6}\left[\frac{H}{h}(b-l)+2b+l\right]$$

welche Formel auch für den Auftragskörper gilt, mit der Erleichterung, daß die dafür einzusetzenden Werthe aus den Dimensionen des Abtragskörpers sich berechnen lassen, wenn ganze Wegbreite W gegeben ist, denn z. B.

$$mt = W - b \text{ und Höhe } su = H_1 \text{ für } \Delta\, mts$$

$$(\text{aus } H_1 : h = W - b : b) = h\frac{W-b}{b},$$

$$\text{daher } \Delta\, mts = (W-b)^2\frac{h}{2b} \text{ u. s. w.}$$

Falls die eine Station lauter Auf-, die andere lauter Abtrag aufwiese, so müßte für ein genaueres Verfahren die Entfernung des Durchgangspunkts von jedem Profil ermittelt, hiezu die Stationslänge H oder 2H in zwei spezielle Entfernungen L und l zerlegt und + A und — A aus den zugehörigen Grundflächen und Längen berechnet werden, nämlich

Fig. 162a.

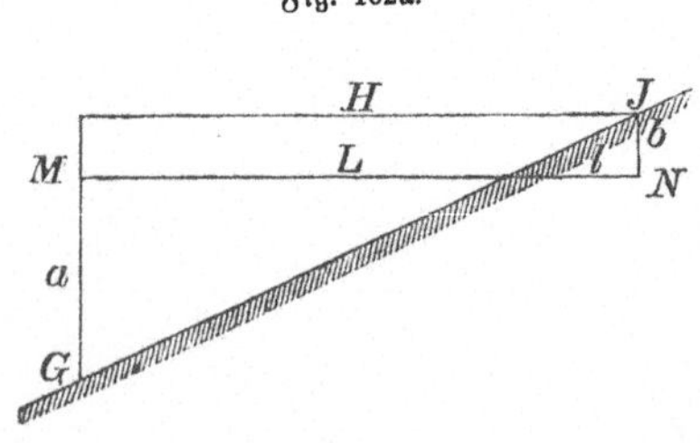

a. das Längenprofil GJ steigt oder fällt, die Weglinie MN zieht horizontal (Fig. 162a); Höhe von — A = a, von + A = b, so ist

$$H : a + b = L : a = l : b, \text{ somit}$$

$$L = H\frac{a}{a+b},\quad l = H\frac{b}{a+b}$$

b. auch die Fahrbahn steigt oder fällt; das Ergebniß wird jedoch das nämliche, denn (Fig. 162b) wenn Auftragshöhe MG = a, Abtragshöhe JN = b, GC = r, CJ = s, so wird

$$\begin{array}{l} l:s = L:r = L + l:r + s \\ b:s = a:r = a + b:r + s \\ \hline \text{folglich } l:b = L:a = H:a + b \end{array}$$

Fig. 162b.

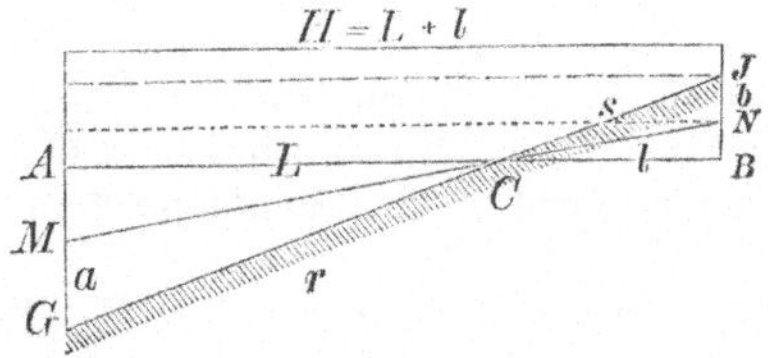

An Stelle der Auf- und Abtragshöhe die entsprechenden Querflächen G und g gesetzt, ergeben sich die Gleichungen

$$L = H \frac{G}{G + g}, \; l = H \frac{g}{G + g}$$

Obige Rechnungen werden erspart, wenn sich die Einzellängen aus einem sorgfältig gefertigten Längeprofil sicher entnehmen lassen.

Um der Verschiedenheit der Stationslängen Rücksicht zu tragen, wird man die Ab- und Auftragsmassen am einfachsten in folgender (oder ähnlicher) Tabellenform berechnen:

Stat.-Nr.	Querflächen		Flächenmittel		Horiz. Entfernung	Kub.-Inhalt		der Arbeitsloose			
	Abtrag	Auftr.	Abtrag	Auftr.		+	—	Nr. u. Bezeichn.	Länge	Kubik-Inhalt	
	Quadrat-Meter				Meter	Kubik-Meter			Meter	+	—
A.	0	0	2,70	3,05	50	135,0	152,5				
1.	5,4	6,1	4,25	5,00	50	212,5	250,0				
2.	3,1	3,9	4,65	1,95	40	186,0	78,0				
3.	6,2	0	3,10	4,90	60 †	71,9	180,3				
4.	0	9,8	1,90	4,90	20 †	10,6	70,6	Nr. 1-5 I	250	739	806
4a.	3,8	0	4,10	2,50	30	123,0	75,0	(bis zum Kreuzweg)			
4.	4,4	5,0									

† Die Entfernung 3—4 und 4—4a, zu je 60 und 20^m, ist nach obiger Formel zu zerlegen:

$$\frac{60}{6{,}2 + 9{,}8} = 3{,}75 \left\{ \begin{array}{l} \times 6{,}2 = 23{,}2 \\ \times 9{,}8 = 36{,}8 \end{array} \right. \Bigg| \; \frac{20}{9{,}8 + 3{,}8} = 1{,}47 \left\{ \begin{array}{l} \times 9{,}8 = 14{,}4 \\ \times 3{,}8 = 5{,}6 \end{array} \right.$$

und es berechnen sich danach die Kubikmassen zu

$$\left.\begin{array}{l} 3{,}1 \times 23{,}2 = + \; 71{,}9 \\ 4{,}9 \times 36{,}8 = - \; 180{,}3 \end{array}\right\} \text{ für Station 3—4}$$

$$\left.\begin{array}{l} 1{,}9 \times 5{,}6 = + \; 10{,}6 \\ 4{,}9 \times 14{,}4 = - \; 70{,}6 \end{array}\right\} \;\;\text{"}\;\;\text{"}\;\; \text{4—4a}$$

Es kommt somit jede Profilfläche, mit Ausnahme der ersten und letzten, zweimal in Rechnungsansatz. Die Stationslängen werden nach dem wirklichen Lauf der Straßenachse in die Rechnung eingesetzt und entweder

a. durch kontrolweise Nachmessung mit Ruthen oder Meßbändern in horizontaler Richtung oder
b. durch Abgreifen auf dem Grundriß oder Längenprofil mittelst des Zirkels oder
c. bei den Kurvenlinien durch Berechnung aus dem Kurvenhalbmesser und Centriwinkel jedes Bogenstücks (bezieh. Aufschlagen in Kurven- oder Sehnentafeln) erhoben, wobei höchstens noch Dezimeter berücksichtigt werden.

Anmerkung. Scheppler führt an a. a. O. S. 148 ein Rechnungsbeispiel mit Detail- und dann mit abgekürztem Verfahren durch und findet bei letzterem ein minus von 4% im Abtrag und von 4,4% im Auftrag — ein Unterschied, welcher nicht zu Gunsten des viel größeren Zeitaufwands spricht, da sich zudem das fragliche minus beiderseits nahezu aufhebt.

Nach unserer Erfahrung reicht das obige Rechnungsverfahren selbst für umfangreiche Wegbauten aus; unsere Bauunternehmer haben weder die darauf gegründeten Kostenanschläge jemals beanstandet, noch über Erdmassenmangel oder -Ueberschuß geklagt. Rathsam ist es, durch die Absteckung für ein knappes Zureichen der Abtragsmassen zu sorgen und die Unternehmer dann auf volle Abböschung hinzuweisen. Auch darf die Massenberechnung keine allzu summarische sein. Während oder nach derselben theilt man die gesammte Wegstrecke in passende Arbeitsloose d. h. man schneidet streckenweise dort Loosgrenzen oder Arbeitstheile ab, bis wohin Ab- und Auftragsmasse sich annähernd ausgleicht, so daß der Wegkörper unabhängig vom Mangel oder Ueberschuß der nächsten Loose herstellbar ist; zugleich mit Bedacht darauf, daß ein Ueberschuß innerhalb eines Looses zum möglich kleinsten Theil bergauf und überhaupt nicht zu weit verführt zu werden braucht. Als Loosgrenzen sucht man leicht erkennbare, Arbeitsabschluß gewährende Linien oder Punkte aus z. B. Distrikts- und Abtheilungslinien, Bergrücken, Kreuzungen anderer Wege u. s. w.

Die Rechnungsarbeit und die Looseintheilung werden erleichtert und grobe Fehler vermieden durch Zurhandnahme des Grundrisses, Längenprofils und der Querprofile.

Von manchen Seiten wird der richtige Umstand betont, daß der Bodenabhub, verwendet zu Aufschüttungen, in Folge der Lockerung einen größeren Raum einnimmt. Die erste Lockerung ist aber größer als die dauernde und wird durchschnittlich angenommen

bei leichtem Boden zu $\frac{1}{3}$ } vom Rauminhalt der
„ steinigem „ „ $\frac{1}{4}$ } Abgrabung.

Getrennt nach Bodenarten beträgt die Lockerung erfahrungsgemäß

1. bei Sand- und s. g. Auboden . . . . . . 15—20%
2. „ Lehm- und Thonboden . . . . 20—27%
3. „ Kiesboden und mit Brecheisen und Spitzhacke gelöstem Gestein . . . . 27—33%
4. „ gesprengten Felsmassen . . . . 33—50%

Hienach müßte der Abtrag nach örtlicher Erfahrung und persönlicher Schätzung stets um 15—50% gegenüber dem Bedürfniß an Auftrag niedriger gehalten werden. Hiegegen ist zu erwägen, daß bei soliden Wegbauten die Böschungen unter ständigem Feststampfen aufzubauen sind, daß bei andauernder Arbeit durch Regengüsse und Materialbeifuhr der Wegkörper sich stark setzt und daß man bei lockerem Boden die Auffüllungen 5—10% über die Normalhöhe aufschichtet und ihr Setzen abwartet. Man wird daher besser thun, die Volumveränderungen bei Waldwegbauten nur soweit zu berücksichtigen, daß man etwaige Abtragsüberschüsse der ersten Rechnung durch Veränderungen der Zugslinie beseitigt und die Abtragsmassen nur knapp für den nöthigen Auftrag bemißt.

§ 78.

Ausgleichung von Ab- und Auftrag.

Hat die Baufläche gleichmäßige Formen, so kann sogleich bei der Absteckung auf beiläufige Ausgleichung von Ab- und Auftrag nach dem Augenmaaß hingestrebt werden. Aber selbst bei langjähriger Uebung erschwert ein starker Formenwechsel und die Sorge für gefällige und zweckmäßige Abrundung der Kurvenzüge dies Vorhaben. Erst die Erdmassenberechnung weist uns nach, ob nur örtlich, in einzelnen Loosen und in welchen — oder ob über den ganzen Wegzug hin ein Ueberschuß oder Mangel sich herausstellt.

In beiden Fällen wird man, wenn die Differenz zwischen plus und minus höchstens 10% erreicht, insbesondere bei Abhubsmangel, von einer weiteren Ausgleichung abstehen können. Sind die Differenzen größer, so fällt eine Veränderung des Wegprojekts in Absicht der Ausgleichung nöthig. Je nach Befund reichen dazu

a. örtliche Abhilfen aus oder

b. muß der Straßenachse entlang in ganzer oder theilweiser Erstreckung eine Verschiebung der Zugslinien eintreten.

Zu a. Oertlich kann

1. die Abtragsböschung etwas flacher, jene des Auftrags etwas steiler (mit künstlicher Verstärkung) angelegt werden — und umgekehrt;
2. die Wegbreite, um Abhubsmassen abzulagern, streckenweise erweitert oder die Zahl der Lager-, Wend- und Ausweichplätze ꝛc. vermehrt;
3. von nahen unbewachsenen Plätzen, wenn Abhub mangelt, Steinschutt, Kies oder Erde beigeschafft oder
4. durch Einbauen von Holz und Erweiterung der Gräben in Tieflagen der Aufbau gefördert werden.

Ferner lassen sich

5. Kulturunternehmungen auf nahen Feldern, Wiesen oder Waldtheilen mit dem Wegbau in Verbindung setzen z. B. Entwässerungen, Verebnungen, Uebererdungen.

Die Umrechnung der demzufolge zu bewegenden größeren oder kleineren Massen und die Ergänzung der Querprofile fordert nur eine kleine Nacharbeit.

Wollen kleine Ueberschüsse durch Veränderung der Böschungsverhältnisse beseitigt werden, so bietet sich dazu folgender Rechnungsweg (Fig. 163):

Im Abtrag sei $BC = b$, $DH = h$, also Abtragsfläche $F = \frac{bh}{2}$.

Fig. 163.

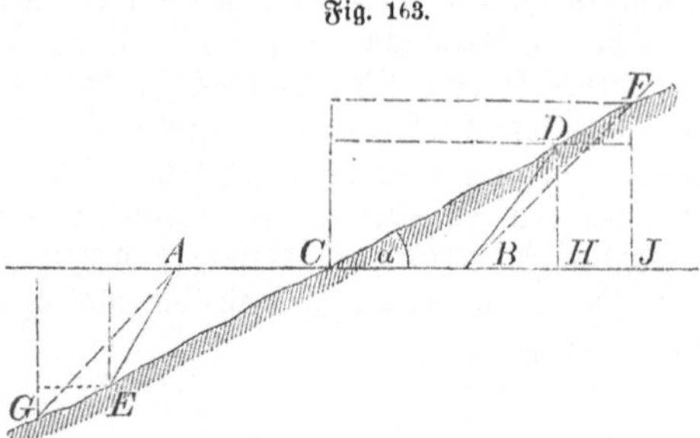

Der darin steckende Ueberschuß gegenüber der Auftragsfläche sei durch Umwandlung der Böschung BD in BF zu beseitigen. Die Differenz der Inhalte ergibt sich aus jener der Höhen, indem FJ = h + x, daher

$$\Delta = \frac{b\,(h + x)}{2} - \frac{b\,h}{2} = \frac{b\,x}{2}.$$

Für die Kubikmasse zwischen zwei Endprofilen, deren h und b ungleich groß, also einerseits $h_{,}$ und $b_{,}$ — anderseits $h_{,,}$ und $b_{,,}$ — entwickelt sich als Ueberschuß, wenn die Stationslänge = l,

$$U = {}^1\!/_2 \left[b_{,} \frac{(h_{,} \pm x)}{2} + \frac{b_{,,}\,(h_{,,} \pm x)}{2} - \left(\frac{b_{,}\,h_{,}}{2} + \frac{b_{,,}\,h_{,,}}{2} \right) \right]$$

woraus

$$\frac{2\,U}{l} = \pm \left(\frac{b_{,} + b_{,,}}{2} \right) x$$

und

$$\frac{4\,U}{l\,(b_{,} + b_{,,})} = \pm\, x \;(= FJ - DH)$$

d. h. **die Höhe der neuen Böschungskante über oder unter dem Punkt D ergibt sich, wenn mit dem Produkt aus mittlerer Abtragsbreite und der halben Stationslänge in den Ueberschuß dividirt wird.**

Mit dem berechneten x ist auch das neue Böschungsverhältniß bestimmt.

Es ist nämlich, wenn die Geländeböschung $\frac{CH}{DH} = \alpha$ (nämlich $= \cot \alpha$) und das anfänglich angenommene Abböschungsverhältniß $\frac{BH}{DH} = \beta$ $(= \cot \beta)$,

$$BJ = BH + HJ = x\alpha + h\beta$$

folglich die neue Böschung oder

$$\cot \gamma = \frac{x\alpha + h\beta}{h + x}$$

Auf trigonometrischem Wege läßt sich $\sphericalangle\,\gamma$ dann aus dem Ansatze finden

$$\frac{\sin(\gamma - \alpha)}{\sin(\beta - \gamma)} = \frac{h \sin \alpha}{x \sin \beta}$$

Umgekehrt ist demnach, wenn die Böschungswinkel α, β, γ und Böschungshöhe h bekannt,

$$x = h \frac{\cot \gamma - \cot \beta}{\cot \alpha - \cot \gamma}$$

oder, zu einem logarithmischen Ausdruck geordnet,

$$= h \frac{\sin \alpha \sin (\beta - \gamma)}{\sin \beta \sin (\gamma - \alpha)}$$

Es kann übrigens auch, wenn außer den Böschungswinkeln α und β noch $BC = b$ sowie der Flächeninhalt von $\Delta\, CBD = F$ und der gewünschte neue Inhalt von $\Delta\, CBF = F_1$ gegeben, hieraus $\sphericalangle\, \gamma$ berechnet und dann die Größe x abgeleitet werden, denn es ist

$$F_1 - F = \frac{b^2 \sin \alpha}{2} \left[\frac{\sin \gamma}{\sin (\gamma - \alpha)} - \frac{\sin \beta}{\sin (\beta - \alpha)} \right]$$

Selbstverständlich wäre die Rechnung für Ueberschuß oder Mangel am Auftrags-Querschnitt ganz die gleiche.

Zu b. Sind die unter a. angedeuteten Auskunftsmittel unzureichend, so erübrigt nur die Verschiebung der Straßenachse auf jenen Strecken, wo größere Differenzen zu beheben sind und zwar

1. durch Hebung oder Senkung (vertikale Verschiebung) der projektirten Gefälllinien, wenn die anfänglich angenommene Richtung beibehalten werden soll (Schneußenlinien, Grenzwege, Wege durch fremdes Eigenthum);
2. durch seitliche Verschiebung gegen die Berg- oder Thalseite, wenn die Richtung den Gefällverhältnissen untergeordnet ist (Kurvenlinien, deren Halbmesser beliebig sich ändern läßt, während das Gefälle durch eine Aenderung die zulässige Grenze überschreiten oder an Fahrbarkeit verlieren würde).

Vertikale oder seitliche Verschiebung können parallel mit der ersten Achsenlinie oder von einem oder mehreren passenden Hauptpunkten aus erfolgen, indem die Straßenachse bis zu einem geeigneten zweiten Punkt aus der ersten Richtung oder Steigung heraustritt oder indem sie, um auch den anfänglichen Endpunkt beizubehalten, mittelst ein- oder mehrfacher Brechung des Liniencomplexes gleichsam kürzer oder länger gespannt wird.

Nimmt man die Veränderung gutächtlich vor, so kann, nachdem auf Grund der neuen Stationslängen und Querschnitte (welche umgezeichnet wurden) die Umrechnung der Kubikmassen erfolgt ist, das unzureichende Ergebniß zur Wiederholung dieser mühseligen und zeitraubenden Arbeit nöthigen. Es ist daher, wenn die nöthige Veränderung umfangreich, die Ermittlung der Distanzen, um welche die Straßenachse behufs völliger Ausgleichung zu bewegen wäre, auf dem Rechnungswege anzurathen. Dazu empfiehlt sich die Anwendung eines möglichst kurzen und einfachen Näherungsverfahrens:

1. Hebung und Senkung.

Soll auf einer Durchstich- oder einer Dammbaulinie, wo lediglich Ab-, bezieh. Auftragsmasse überschießt oder mangelt, die Hebung oder Senkung parallel zur Straßenachse nur soweit stattfinden, daß der unterbrochene Anschluß am Anfangs- und Endpunkt wieder leicht zu finden ist und in der

Rechnung die Fortpflanzung der Bewegung über die Endpunkte hinaus oder ihr Aufhören innerhalb derselben unbeachtet bleiben kann, so bietet sich folgender Weg zur Ermittlung der lothrechten Hebungs- oder Senkungshöhe.

Mit Weglassung des Kubikinhalts der Seitengräben als belanglos für die Ausgleichung ergibt sich, wenn die Wegbreite b (einschl. Grabenbreite) und das Böschungsverhältniß β bestimmt ist, der Flächeninhalt (G) für jeden Querschnitt, dessen Höhe = h aus dem Ansatz:

$$G = (b + h\beta)\, h. \quad \text{(Siehe §§ 55 und 76).}$$

Fig. 164.

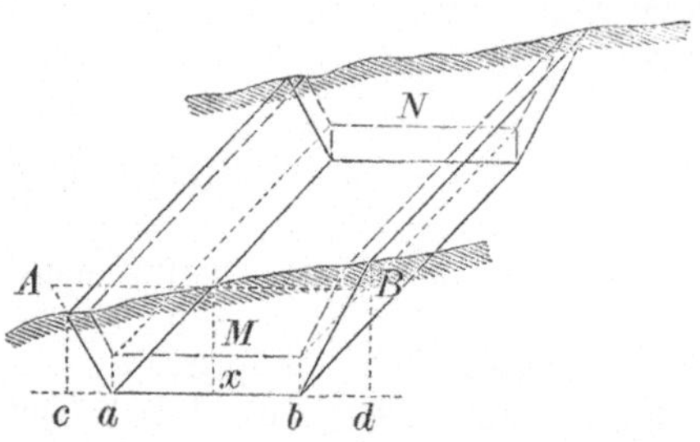

Wären die Querschnitte M und N (Fig. 164), innerhalb welcher die Ausgleichung zu bewirken ist, einander gleich, so wäre, wenn die Stationslänge = l, der Kubikinhalt $J = M \cdot l = N \cdot l$.

Für Hebung oder Senkung wäre somit die Höhe x zu erheben aus J—i. Es ist aber

$$J = (b + h\beta)\, h l$$

$$\text{und } i = [b + (h \pm x)\beta]\,(h \pm x)\, l$$

$$\text{folglich } \frac{J - i}{l} = x^2\beta \pm (2h\beta + b)\, x,$$

woraus

$$\pm\sqrt{\frac{J-i}{\beta l} + \left(h + \frac{b}{2\beta}\right)^2} = x \pm \left(\frac{b}{2\beta} + h\right)$$

oder für den Gebrauch ausreichend genau

$$\frac{J - i}{l\,(2h\beta + b)} = \frac{U}{l \cdot cd} = \pm x \text{ (Nw)} \qquad \text{a)}$$

d. h. wenn Abtragsmasse $\left\{\begin{matrix}\text{überschießt}\\ \text{mangelt}\end{matrix}\right\}$, ist mit der Baufläche in die Massendifferenz U zu dividiren und um die gefundene Größe x die Wegebene $\left\{\begin{matrix}\text{zu heben}\\ \text{zu senken}\end{matrix}\right\}$.

Sind die Endflächen M und N ungleich hoch, so tritt in dem Divisor der Formel a) an die Stelle von $2h\beta$ die Summe ihrer Höhen = $(h_{,} + h_{,,})\,\beta$, es wird

$$x = \frac{J - i}{l\,[(h_{,} + h_{,,})\,\beta + b]}$$

Ist das Gelände abgedacht, so ist unter h jene mittlere Tiefe der Querschnitte zu verstehen, deren Produkt mit der halben Summe der oberen und unteren Breite $\left(\frac{AB + ab}{2}\right)$ die Schnittfläche ergibt oder $h = 2M : (AB + ab)$.

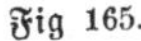
Fig 165.

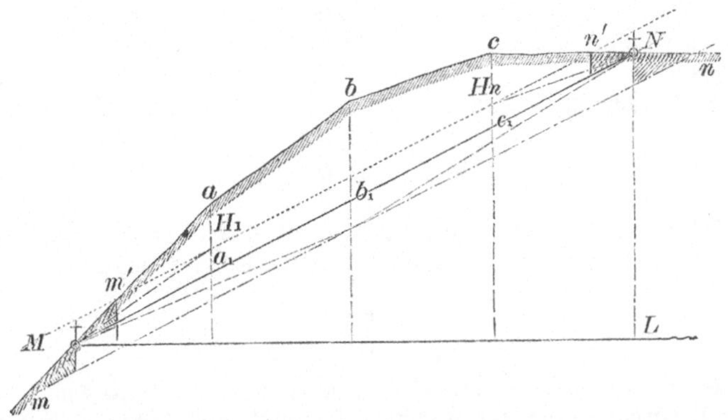

Wird eine Anzahl (n) gleicher Stationslängen l in die Ausgleichungsrechnung hereingezogen, indem die Endprofile M und N des Wegzugs mit dem ebenen Gelände zusammenfallen (M und $N = \Theta$), so wird

$$J = (G_{,} + G_{,,} + \ldots + G_n)\,l$$
$$= [b\,(H_{,} + \ldots + H_n) + (H_{,}^2 + \ldots + H_n^2)\,\beta]\,l$$

und ohne Rücksicht auf Verlängerung oder Verkürzung der Endstationen bis m und n (m' und n') wird, indem in $i = [b\,(h_{,} + \ldots + h_n + x) + (h_{,}^2 + \ldots + h_n^2 + x^2)\,\beta]\,l$ statt $h_{,}\,h_{,,}$ rc.

$H_{,} \pm x$, $H_{,,} \pm x$ rc. eingesetzt wird,

$$\frac{J - i}{l} = (n+1)\,x^2\beta \pm (n+1)\,b\,x \pm 2x\,(H_{,} + \ldots + H_n)\,\beta$$

woraus wieder als Näherungswerth

$$x = \frac{(J - i) : l}{(n+1)\,b + 2\,(H_1 + \ldots + H_n)\,\beta} \qquad \text{b)}$$

indem x jeweils in Einschnitten in Absicht der $\left.\begin{array}{l}\text{Hebung negativ}\\ \text{der Senkung positiv}\end{array}\right\}$ zu nehmen — bei Aufdammungen umgekehrt die Dammhöhe um x zu vergrößern bezieh. zu verkleinern ist.

Wollte man die bei M und N durch die $\left.\begin{array}{l}\text{Senkung}\\ \text{Hebung}\end{array}\right\}$ eintretende $\left\{\begin{array}{l}\text{Verlängerung}\\ \text{Verkürzung}\end{array}\right\}$ der Stationslängen mit in Rechnung nehmen, was in der Regel zu umständlich wäre, so ergäbe sich die Größe m, um welche sich l ändert, aus dem Ansatz

$$H_{,} : l = x : m, \text{ daher } l + m = l\left(1 + \frac{x}{H_{,}}\right)$$

und für i ergäbe sich dann eine weitschweifige Formel, welche die Rechnung unnöthig verlängerte.

Im Falle der **Hebung** ergibt sich an den Endpunkten **keine Profilfläche** $(xb + x^2 \beta)$, daher für x (Nw) in Formel b, richtiger n b anstatt (n + 1) b gesetzt wird d. h. es berechnet sich x etwas **größer**. Ueberhaupt gestaltet sich der Wegzug und die Ausgleichungsrechnung besser, wenn die parallele Hebung oder Senkung nur bis zu den vorletzten Endstationen $H_{,}$ und $H_{,,}$ durchgeführt und von da auf die Endpunkte M und N wieder eingelenkt wird.

Beispiel. Gemäß Fig. 165 u. 166 sei das Längenprofil M a b c N mit der Steigung MN und der horizontalen Länge ML = 240^m^ zu durchstechen.

Die Aufnahme in 4 Stationen von je 60^m^ habe eine mittlere Profilhöhe

in a von $3{,}5^m$
b „ $5{,}0^m$
c „ $3{,}4^m$

ergeben, die Wegbreite einschließlich Seitengräben solle $= 5^m$, das Böschungsverhältniß $\beta = 1:1$ werden. Daher wären die Querschnitte

in $a = 29{,}75 \square^m$
„ $b = 50{,}00 \square^m$
„ $c = 28{,}56 \square^m$

und würde $J = (29{,}75 + 50{,}00 + 28{,}56)\ 60 = 6498{,}6$ k/m, erwiese sich aber zur Ueberdammung der nächsten Thalsohle um 1500 k/m zu klein.

Fig. 166.

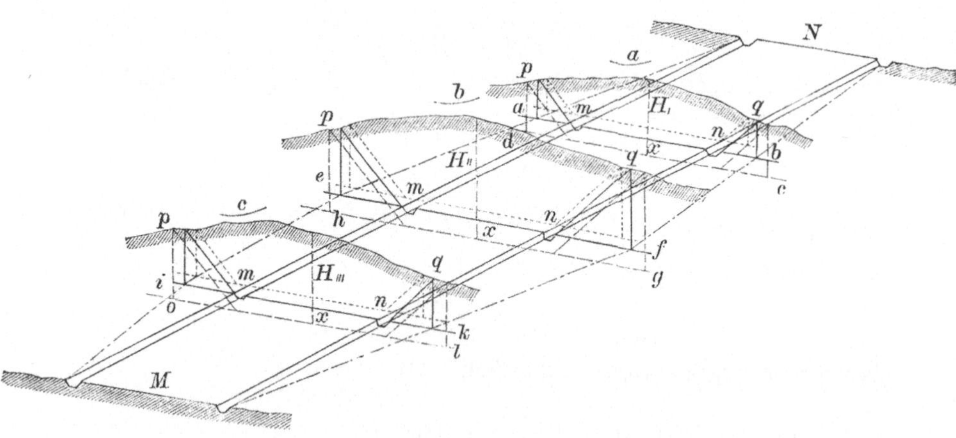

Die parallele Senkung x müßte demnach werden

$$= \frac{1500 : 60}{5\ 5 + 2\,(3{,}5 + 5{,}0 + 3{,}4)\ 1} = 0{,}51^m$$

Werden die Profile so tief gesenkt, so wird

$$a = (5 + 3{,}5 + 0{,}51)\ 4{,}01 = 36{,}13 \square^m$$
$$b = (5 + 5{,}0 + 0{,}51)\ 5{,}51 = 57{,}91 \square^m$$
$$c = (5 + 3{,}4 + 0{,}51)\ 3{,}91 = 34{,}84 \square^m$$

ferner wird die erste Stationslänge

$$l_1 = 60\left(1 + \frac{0{,}51}{3{,}5}\right) = 68{,}8^m \text{ und die letzte}$$

$$l_n = 60\left(1 + \frac{0{,}51}{3{,}4}\right) = 69{,}0^m$$

und berechnet sich nunmehr

$$i = 68{,}8\,\frac{36{,}13}{2} + 69{,}0\,\frac{34{,}84}{2}$$

$$+ \left(\frac{36{,}13 + 34{,}84}{2} + 57{,}91\right)60$$

$$= 1243 + 1202 + 5603 = 8048 \text{ k/m}$$

anstatt 6498,6 + 1500 = 7999 „

also zu viel um 0,6%

Wie leicht nachweisbar, läßt sich die Ausgleichung durch parallele Hebung oder Senkung der Gefälllinie in der Rechnung auch durchführen, wenn zwischen den Endpunkten die Querprofile bald aus Abtrags-, bald aus Auftragsflächen oder beiden zugleich bestehen. In Fig. 167 enthalten die Profile

Fig. 167.

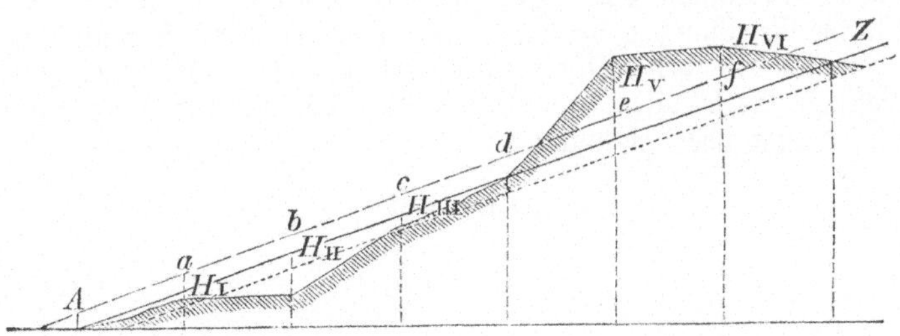

a, b und c nur Auftrag, e und f nur Abtrag und Profil d ist = 0. Bei gleichen Stationslängen ergiebt sich

$$(G_V + G_{VI} - G_I - G_{II} - G_{III})\, l = J - i = \pm U$$

Setzt man zur Beseitigung von U wie vorhin jede Profilhöhe wieder als $H \pm x$ ein und für die Senkung eine Endfläche von $(b + x\beta)\,x$ in d und Z, für die Hebung ebenso in d und A, nimmt ferner allgemein m positive und n negative Querschnitte und setzt bei der Entwicklung alle Produkte mit x auf die eine Seite der Gleichung, so ergibt sich einerseits $[b\,(H_I + .. + H_m - H_{m+1} - .. - H_{m+n}) + \beta\,(H_I^2 + .. H_m^2 - ... - H_{m+n}^2)]\, l\; (= J - i)$ und anderseits

$$[(m+n+1)\,x^2\beta \mp bx\,(m+n+1) \mp 2x\beta\,(H_I + .. + H_m + ... H_{m+n})]\, l$$

woraus, nach Vernachlässigung der quadratischen Größe,

$$\pm x\,(Nw) = \frac{(J - i) : l}{b\,(m+n+1) + 2\beta\,(H_I + .. + H_{m+n})}$$

Zu den gleichen Ergebnissen gelangt man, wenn nach dem Vorgange E. Heyer's*) die beiderseitigen Böschungsschichten von mp und nq (Fig. 166) als wagrecht projicirte Schichtflächen, welche Fortsätze der Wegniveauschichte darstellen, in der Rechnung behandelt werden. Das Produkt $2h\beta$ in dem Divisor der Formel a) bedeutet, wie ganz klar, in Fig. 166

$$(ap + bq)\ \beta = am + bn \text{ u. s. w.}$$

Setzen wir hienach in Formel a)

$$2h\beta + b = ab \text{ (bezieh. ef oder ik)} = B$$

und in Formel b)

$$nb + 2\,(H_{,} + H_{,,} + \ldots + H_n)\ \beta = B_{,} + B_{,,} + \ldots + B_n$$

so wird daraus

$$\pm x = \frac{J - i}{l\,(B_{,} + B_{,,} + \ldots + B_n + b)} \qquad c)$$

d. h. um die Größe der Hebung oder Senkung zu finden, dividire mit dem Flächeninhalt des Baugeländes der betreffenden Wegstrecke (= aeikfb in Fig. 166) in den Betrag des Abtragsüberschusses oder -Mangels.

Um sich derartige Berechnungsarbeiten bei Wiederholungen zu erleichtern, lassen sich Rechnungstafeln anlegen, aus welchen zu entnehmen ist, um wieviel die Querfläche bei

a. einer bestimmten Wegbreite und

b. einem bestimmten Böschungsverhältniß

für jede mittlere Profilhöhe durch Hebung oder Senkung zu- oder abnimmt. Setzen wir in die Gleichung $g = bh + h^2\beta$ nacheinander bestimmte Werthe ein, so ergeben sich aus den Differenzen die Flächen und aus deren Produkt mit der Weglänge die Massen, um welche Ab- oder Auftrag durch Hebung oder Senkung wächst oder abnimmt.

Fig. 168.

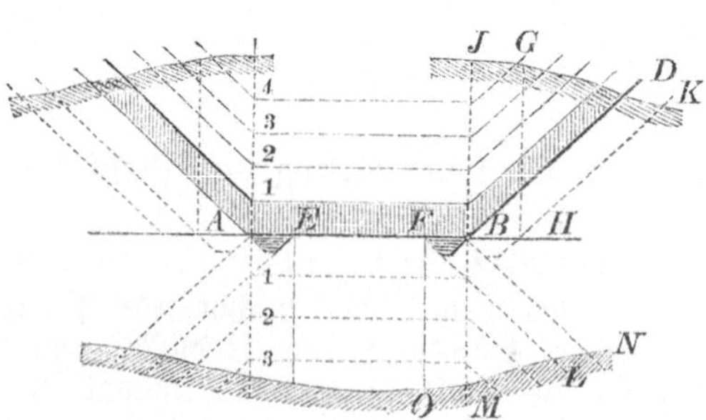

Wenn z. B. wie in Fig. 168 die Kronenbreite $AB = b$, $\beta = 1$ und über AB 4 Höhenschichten von der Höhe $= 1$, so wird

für die Höhen	A4		A3		A2		A1
G =	(b+4) 4		(b+3) 3		(b+2) 2		b+1
und deren Differenz		b + 7		b + 5		b + 3	

*) Auf Seite 29 u. ff. in seiner „Anleitung."

$$\text{oder } g_4 - g_3 = b + 7$$
$$g_4 - g_2 = 2b + 12$$
$$g_4 - g_1 = 3b + 15 \text{ u. s. w.}$$

Allgemein ist die Differenz zwischen einem Querschnitt G_n mit der größeren Profilhöhe $h = n$ und einem kleineren Querschnitt G_m mit $h = m$ für ein beliebiges gleiches Böschungsverhältniß β oder

$$G_n - G_m = (b + n\beta)\, n - (b + m\beta)\, m$$
$$= b\,(n - m) + \beta\,(n^2 - m^2) = \Delta \qquad \text{d)}$$

woraus $G_n = G_m + \Delta$ sich entwickelt, wenn G_m bekannt oder umgekehrt.

Aus Tafeln für bestimmte Kronenbreiten b und Böschungsverhältnisse β, welche nach Formel d) in ähnlicher Weise aufgestellt werden wie die Tafeln IV des Anhangs solche für $b = 5$ und $\beta = 1$, so wie für $\beta = {}^1/_2$ und $1^1/_2$ geben, sind dann die Differenzen, um welche die Gelände-Durchstiche oder -Aufschüttungen durch Hebung oder Senkung ihren Flächeninhalt verändern, ohne weitere Rechnung zu entnehmen. Nur ist bei allen Geländeeinschnitten b stets um die beiderseitige obere Grabenweite größer zu nehmen. Dieselben Tafeln sind ohne erhebliche Mehrrechnung für jedes größere oder kleinere b verwendbar, denn wie aus Formel d) ersichtlich beeinflußt die Wegbreite die Größe der Flächen- und Massendifferenzen nur in dem Produkte $b\,(n - m)$. Berechnen wir für eine andere Wegbreite $b \pm y$ den entstehenden Mehr- oder Minderbetrag $= [(b \pm y) - b]\,(n - m) = \pm y\,(n - m)$, so bedarf es nur einer Addition oder Subtraktion der gefundenen Größen, um die Zahlen der Tabellen für jede beliebige Kronenbreite eines Weges zu verwerthen z. B.

für $b = 4{,}2^m$ und $\beta = 1^1/_2$

wird bei einer Höhe in Metern

von n =	5,0	4,5	4,0	3,5	3,0	2,5	2,0	1,5
	wenn nach Tafel IVB Δ in Quadrat-Metern							
bei m = 1	56,00	46,37	37,50	29,37	22,00	15,37	9,50	4,37
—	3,20	2,80	2,40	2,00	1,60	1,20	0,80	0,40
=	52,80	43,57	35,10	27,37	20,40	14,17	8,70	3,97

denn, wie Fig. 168 zeigt, rückt die Fläche JBD im Abtrag und OFL im Auftrag einfach um $y/2$ nach GHK bezieh. MBN und Δ wächst beiderseits um $y/2\,(n - m)$, was die Rechnungsprobe mit der Formel bestätigen muß. Die nämlichen Tabellen sind dienlich zur Berechnung der größeren Aushubsmassen, welche durch tiefere und entsprechend breitere Grabenanlagen sich gewinnen lassen, wenn in Tieflagen die Wegbauten über den höchsten Wasserstand aufgebaut werden sollen (oder wenn es sich um Entwässerungsanlagen allein handelt, deren Aushub zu Auffüllungen dienen soll). —

Ziehen die Weganlagen den Berghängen entlang, so gestalten sich die Berechnungen etwas anders, da das Querprofil oder eine Anzahl Profile zugleich Ab- und Auftragsfläche ergibt und diese, in Folge theils der wechselnden Neigung der Bergwände, theils der Grabenanlage auf der Einschnittseite verschieden ausfallen. In Fig. 169 sei FBE das Gelände-

Fig. 169.

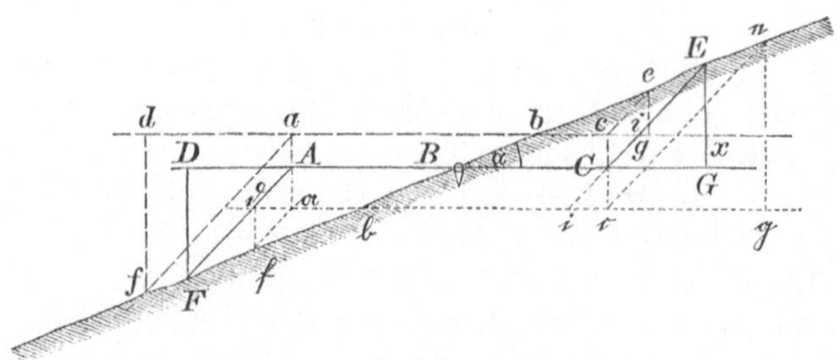

profil, BCE der Querschnitt des Abtrags, BAF jener des Auftrags, ferner

die Wegbreite BC im Abtrag $= b$
" " AB " Auftrag $= c$

und die entsprechende größere oder kleinere Breite aus der Hebung oder Senkung B und C;

die Profilhöhe EG im Abtrag $= h$
" " DF " Auftrag $= d$

und die zu suchende Hebungs- oder Senkungshöhe $= \pm x$, so ist

1. für den Abtrag allein

$\Delta\, BCE = f = \frac{bh}{2}$, dagegen wächst oder mindert sich die Wegbreite BC auf bc oder bc nicht nur im Verhältniß der Höhe, sondern zugleich um $x\beta$ ($= ci = ci$) nach dem Ansatz $B = b\,\frac{h \pm x}{h} \pm x\beta$;

folglich wird Δ bce bezieh. bce $= F$

$$= \left(b\,\frac{h \pm x}{h} \pm x\beta\right)\frac{h \pm x}{2}$$

Wären zwei Querschnitte f gleichgroß und wäre ihr Abstand $= 1$, so wäre demnach aus folgender Gleichung die Größe x zu finden:

$$f \cdot 1 - F \cdot 1 = U$$

$$= \left[\frac{bh}{2} - \left(\frac{b\,(h \pm x)^2}{2h} \pm \frac{x\beta\,(h \pm x)}{2}\right)\right] 1$$

woraus

$$\frac{2U}{1} = x^2\left(\frac{b}{h} + \beta\right) \pm 2x\left(b + \frac{h\beta}{2}\right)$$

und

$$\frac{U}{1\left(b + \frac{h\beta}{2}\right)} = \pm x \text{ (Nw)} \qquad \text{e)}$$

d. h. die Größe der Senkung oder Hebung ergibt sich durch Division mit dem Produkt aus der Weglänge und Kronenbreite plus halber Böschungsbreite in den Abtragsüberschuß oder -Mangel.

Ein ähnliches Ergebniß muß sich herausstellen, wenn

2. Abtrag und Auftrag gleichzeitig in Rechnung gezogen wird. Es wird hier anfänglich die Gleichung bestehen

$$\left(\frac{b \cdot h}{2} - \frac{c \cdot d}{2}\right) l = U$$

und zur Ausgleichung

$$l\left(b \frac{(h \pm x)}{h} \pm x\beta\right) \frac{(h \pm x)}{2} = l\left(c \frac{(d \mp x)}{d} \mp x\beta\right) \frac{(d \mp x)}{2}$$

woraus

$$\frac{2U}{l} = x^2 \left(\frac{c}{d} - \frac{b}{h}\right) \mp x\,[2\,(b + c) + (h + d)\,\beta]$$

und, da $c : d = b : h$,

$$\frac{U : l}{b + c + \beta\left(\frac{h + d}{2}\right)} = \pm x \qquad \text{f)}$$

Beim Hereinziehen so vieler Stationspunkte in die Rechnung, als zur Ausgleichung im Einzelfall nöthig erscheint, wird der erste Rechnungsansatz, wenn die Gesammtmasse des Ab- und Auftrags mit M und N bezeichnet wird, sein:

$$M = \left.\begin{array}{ll} & \frac{b_{,}h_{,}}{2} \\ + & b_{,,}h_{,,} \\ + & \ldots\ldots \\ + & b_{n-1}h_{n-1} \\ + & \frac{b_n h_n}{2} \end{array}\right\} \cdot l_2 \qquad N = \left.\begin{array}{ll} - & \frac{c_{,}d_{,}}{2} \\ - & c_{,,}d_{,,} \\ - & \ldots\ldots \\ - & c_{n-1}d_{n-1} \\ - & \frac{c_n d_n}{2} \end{array}\right\} \cdot l/2$$

Fig. 170.

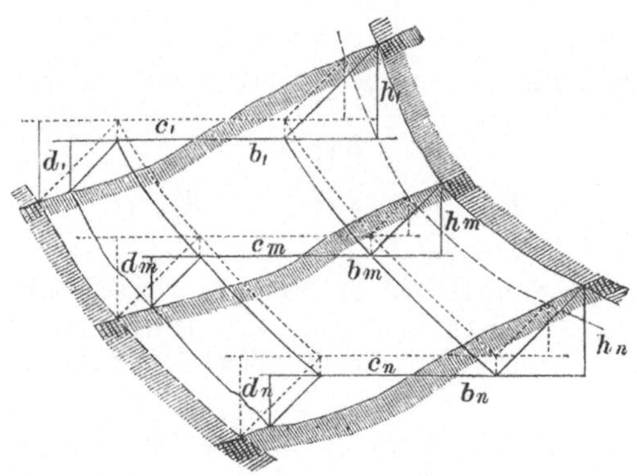

Ergibt sich hieraus die Differenz beider Summen $= \pm U$, so muß jetzt durch Hebung oder Senkung

$$\left.\begin{array}{l}\text{einerseits } h \text{ um } \pm x \\ \text{anderseits } d \text{ um } \mp x\end{array}\right\} \text{sich ändern}$$

und zugleich in dem bereits entwickelten Verhältniß der beiderseitige Antheil der Wegbreite b und c wachsen oder abnehmen. Der etwas weitläufige Rechnungssatz wird also z. B. im ersten und zweiten Gliede sein:

$$\left[\frac{b_{,}}{2}\frac{(h_{,} \pm x)^2}{h_{,}} \pm x\beta\frac{(h_{,} \pm x)}{2}\right.$$

$$\left. + b_{,,}\frac{(h_{,,} \pm x)^2}{h_{,,}} \pm x\beta\,(h_{,,} \pm x) \text{ u. s. w.}\right]\frac{1}{2}$$

$$= \left[\frac{c_{,}}{2}\frac{(d_{,} \mp x)^2}{d_{,}} \mp x\beta\frac{(d_{,} \mp x)}{2}\right.$$

$$\left. + c_{,,}\frac{(d_{,,} \mp x)^2}{d_{,,}} \mp x\beta\,(d_{,,} \mp x) \text{ u. s. w.}\right]\frac{1}{2}$$

Nach einigen Entwicklungen wird hieraus, mit Vernachlässigung von $x^2\left(\frac{c_{,}}{2d_{,}} - \frac{b_{,}}{2h_{,}} + \ldots - \ldots\right)$ als sehr geringfügige Größe*) —

$$\frac{2\,(M - N)}{l} = \mp x\left[(b_{,}+c_{,}) + (b_n + c_n) + 2(b_{,,} + c_{,,} + \ldots + b_{n-1} + c_{n-1})\right.$$

$$\left. + \left(\frac{h_{,} + d_{,} + h_n + d_n}{2} + h_{,,} + d_{,,} + \ldots h_{n-1} + d_{n-1}\right)\beta\right]$$

und schließlich, wenn

$$b_{,} + c_{,} + \frac{(h_{,} + d_{,})\,\beta}{2} = B_{,}$$

$$2\,(b_{,,} + c_{,,}) + (h_{,,} + d_{,,})\,\beta = 2\,B_{,,} \text{ u. s. w.}$$

ferner wenn

$$\left[\frac{(b_{,} + c_{,})}{2} + \frac{(h_{,} + d_{,})\,\beta}{4} + b_{,,} + c_{,,} + \frac{(h_{,,} + d_{,,})}{2}\beta + \ldots\right.$$

$$\left.\ldots + b_n + c_n + \frac{(h_n + d_n)\,\beta}{4}\right] l = \left[\frac{(B_{,} + B_n)}{2} + B_{,,} + \ldots + B_{n-1}\right] l$$

$= \sum(B)$ d. h. Bauflächentheil aus Kronenbreite und halber Böschungsbreite, so ist

$$\pm x = \frac{2U : l}{B_{,} + B_n + 2\,(B_{,,} \ldots + B_{n-1})} \qquad g)$$

$$= U : l \cdot \sum(B)$$

oder mit Worten: **Man erhält die Hebungs- oder Senkungshöhe, wenn man auf jeder Station zur Kronenbreite die halbe Böschungsbreite hinzufügt, durch Multiplikation mit der**

---

*) Wären nämlich die Böschungswinkel im Ab- und Auftrag ungleich, so müßte die Differenz der Quotienten $\frac{c_{,}}{2d_{,}} - \frac{b_{,}}{2h_{,}}$ 2c. um einen Bruchtheil des kleinen Werthes x^2 die Rechnung ändern.

Stationslänge die Bauflächen berechnet und mit ihrer Summe in den Betrag der Ausgleichungsmasse dividirt.

Was bei gleicher Größe der Endflächen gilt, kann also unbedenklich auch auf eine Reihe von ungleichgroßen Querschnitten Anwendung finden, zumal bei gleicher Wegbreite die Schnittflächen nicht allzusehr differiren.

Und da die Ausgleichungsrechnungen ganz selten die vollständige Beseitigung eines Ueberschusses oder Mangels anstreben können oder wollen, so kann auch, ohne besondere Beachtung einzelner örtlicher Wegverbreiterungen, allgemein die einfache Formel, in welcher B = Breite der Baufläche von einer Böschungskante zur andern und L = Länge der betr. Baustrecke, gelten:

$$\frac{U}{L \cdot B} = \pm x$$

Die Größe der entsprechenden Baufläche, innerhalb welcher die Ausgleichung erstrebt wird, ergibt sich jeweils leicht aus den Zeichnungen der Querprofile und ihren bekannten Einzelabständen oder ihrem allgemeinen Abstand l.

Hebung oder Senkung braucht indessen nicht immer parallel zur anfänglichen Straßenachse bewirkt zu werden. Vielmehr hat es, namentlich wenn die Ausgleichung eine bedeutende sein muß, gewisse Vortheile in Bezug auf die Gefällverhältnisse, die Hebung oder Senkung von einem Punkte aus nach einer Richtung oder vorwärts und rückwärts zugleich ins Werk zu setzen.

Fig. 171.

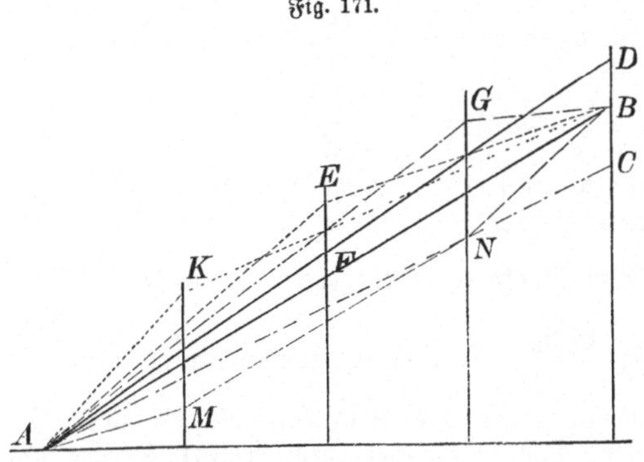

Sie kann alsdann erfolgen (Fig. 171)

a. von einem Endpunkt A mit Drehung der Gefälllinie um BD oder BC = ± x bei B, in welchem Falle x nach den rückwärtigen Profilpunkten sich im Verhältniß der Entfernung mindert;

b. von einem beliebigen Zwischenpunkt z. B. von F um EF = x, wobei halbwegs gegen A und B die Hebung oder Senkung x/2 beträgt.

Letzteres hat den Vorzug, daß die Endpunkte unverrückt bleiben und ein beliebiger Zwischenpunkt gewählt werden kann, wie er den speziellen Steigungsverhältnissen am besten entspricht und der Ausgleichung zu genügen scheint, z. B. an dem höchsten oder tiefsten Geländepunkt oder in G, bezieh. M so nahe vor dem Endpunkt B oder A, daß die Endstrecke eine ganz oder nahezu wagrechte Haltstelle BG bezieh. AM bildet.

c. Eine geschickte Kombination kann darin gefunden werden, eine beliebige Strecke (MN) $\parallel$ AB zu heben oder zu senken und von M und N gegen die Endpunkte wieder einzulenken.

Jedes dieser Verfahren kann nach der Sachlage vorzüglicher oder ausschließlich anwendbar sein z. B. die Hebung der Endpunkte sich verbieten wegen zu großer Steigung oder sich empfehlen, wenn es Gefällwechselpunkte sind.

Zu a. Bei der Hebung oder Senkung im einen Endpunkte wird die Ausgleichungsrechnung, wenn zwei Endprofile

$$\left(\frac{b_, h_,}{2} - \frac{c_, d_,}{2} + \frac{b_n h_n}{2} - \frac{c_n d_n}{2}\right)$$

vorhanden sind, deren jedes Ab- und Auftragsfläche aufweist, und die letztangenommenen Bezeichnungen (Fig. 170) beibehalten werden, sich so gestalten:

$$\left[\frac{b_, h_,}{2} + \frac{b_n}{2}\,\frac{(h_n \pm x)^2}{h_n} \pm x\beta\,\frac{(h_n \pm x)}{2}\right]\frac{l}{2}$$

$$= \left[\frac{c_, d_,}{2} + \frac{c_n}{2}\,\frac{(d_n \mp x)^2}{d_n} \mp x\beta\,\frac{(d_n \mp x)}{2}\right]\frac{l}{2}$$

Hieraus mit den früheren Abkürzungen

$$\frac{4\,(M-N)}{l} = \pm x\,[2\,(c_n + b_n) + \beta\,(d_n + h_n)]$$

und wenn

$$c_n + b_n + \beta\,\frac{(d_n + h_n)}{2} = B_n, \text{ wird}$$

$$\pm x = \frac{2U}{l \cdot B_n} \qquad \text{h)}$$

Dabei wird immer x **negativ**, wenn der zu begleichende Ueberschuß sich auf der **Auftrags-Seite** vorfand.

Soll eine Reihe von Profilen, deren erstes in $A = \frac{b_, h_, - c_, d_,}{2}$ und deren letztes in $B = \frac{b_n h_n - c_n d_n}{2}$, der Ausgleichung unterzogen werden, so berechnet man am einfachsten die kleinste Hebungs- oder Senkungshöhe a b (Fig. 172) in jenem Profil, welches dem Punkt A am nächsten liegt. Wird a b = x genommen, so ist demnach die Hebung (Senkung) am n^{ten} oder Endpunkt B = BX = n x. Alsdann entwickelt sich aus dem Rechnungs-

Fig 172.

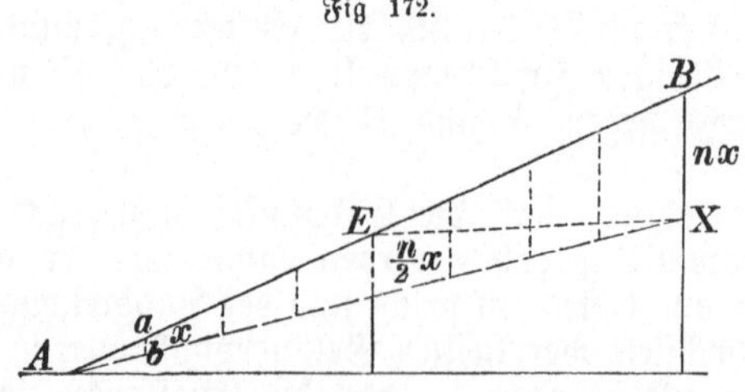

ansatz, dessen Aufführung seiner Weitläufigkeit wegen erlassen sein möge, die Gleichung

$$\frac{2\,(M-N)}{{}^1\!/_2\, l} = \pm\, 2x \left[b_{,,} + c_{,,} + \frac{(h_{,,} + d_{,,})}{2}\,\beta + 2\cdot(b_{,,,} + c_{,,,}) + (h_{,,,} + d_{,,,})\,\beta + \ldots + \frac{n}{2}\,(b_n + c_n) + \frac{n}{2}\,\frac{(h_n + d_n)}{2}\,\beta\right],$$

woraus ähnlich wie oben

$$\pm\, x = \frac{2\,U : l}{B_{,,} + 2\,B_{,,,} + 3\,B_{IV} + \ldots + \frac{n}{2}\,B_n} \qquad \text{i)}$$

In diesem Falle muß also jede Profilbreite in dem Verhältniß ihrer Entfernung vom Drehungspunkt vielfach genommen, aus diesen Größen und der Stationslänge das Produkt berechnet und in die doppelte Ausgleichungsmasse dividirt werden. Jedoch wird es in vielen Fällen der Praxis genügen, unmittelbar nx als Hebungs (Senkungs)-Höhe des Endpunkts B dadurch zu ermitteln, daß man ansetzt:

$$\pm\, n x = \frac{2\,U}{n\cdot l\cdot B_n}$$

Zu b. Nach dieser Darlegung wird es keiner näheren Auseinandersetzung mehr bedürfen, daß die gleiche Rechnung auch Platz greift, wenn zwischen A und B ein Zwischenpunkt E auserwählt wird, von wo als höchstem Punkt die Hebung (Senkung) nach A und B auf Null ausgeht; denn es modificirt sich die Rechnung nur insoweit, daß jetzt die Profilbreite B des Punktes E n-fach, diejenige der beiderseits folgenden Punkte (n—1)-fach, (n—2)-fach und endlich jene der beiden Punkte nächst A und B einfach genommen wird u. s. w. In der praktischen Behandlung der Rechnung aber wird gegen den Fall a) sich kein Unterschied ergeben.

Zu c. Will man zu der angedeuteten Kombination schreiten, daß die Hebung (Senkung) eine beliebige Strecke weit parallel geschieht und im Uebrigen gegen beide Endpunkte, bezieh. den zweiten wieder einlenkt, so wird auch dadurch der Rechnungsgang nur wenig verändert. Man denkt sich auf der Strecke der Einlenkung die Hebung (Senkung) nur auf halber Stationslänge in Vollzug, reducirt also die Gesammtstrecke um diesen hälftigen Betrag und berechnet x nur für die reducirte Summe der Stationslängen z. B. die Ausgleichung soll bei 10 l auf 6 l parallel erfolgen, so wird die totale Hebung (Senkung) nur für $\left(6 + \frac{4}{2}\right) l = 8\,l$ zu berechnen sein. Greifen wir für diesen Fall zur Formel b) und Fig. 165 zurück:

Für durchgehende parallele Hebung (Senkung) hätte auch die Entstehung eines Querprofils bei den Endpunkten M und N von der Höhe x und die Verlängerung oder Verkürzung der äußeren Stationslängen berücksichtigt werden müssen. Nimmt man statt dessen den Gefällzug $M H_I H_n N$ an, so vereinfacht sich die Gefällanordnung und Rechnung, es wird:

$$\frac{U}{l\,(B_{,} + B_{,,} + \ldots + B_n)} = \pm\, x$$

d. h. die Endpunkte bleiben, weil ihre Profilflächen $= \Theta$, außer Ansatz und der Divisor berechnet sich als Produkt aus der Stationslänge und der Summe der Geländebreiten aller Zwischenstationen.

2. Seitliche Verschiebung.

Wenn ein Wegzug aufgesucht worden mit dem Bestreben, die Richtung dem zweckmäßigsten Gefäll unterzuordnen, so hat es keinen rechten Sinn, nachträglich behufs der Massenausgleichung diesem Streben wieder untreu zu werden. Vielmehr wird man zu erwägen haben, ob eine Ausgleichung zwischen Ab- und Auftrag nicht ebenso leicht oder noch *leichter dadurch zu erreichen sei, daß die Straßenachse parallel oder mittelst Verkürzung oder Verlängerung der Kurvenhalbmesser in gleicher Ebene seitlich verlegt wird.*

An einem Wegzuge, einem Berghang entlang, sei ABC eines der aufgenommenen Querprofile, dessen Schnittfläche im Abtrage = BDE, im Auftrage = BFG bei der Absteckung geworden. Die Ungleichheit ihres

Fig. 173.

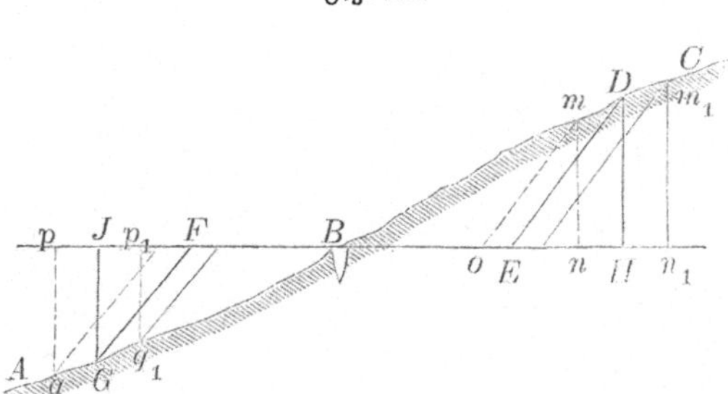

Flächeninhalts (zugleich mit jener der benachbarten Profile) habe einen großen Unterschied U der Ab- und Auftragsmassen veranlaßt. Zu deren Beseitigung ist die horizontale Verschiebung der Wegkrone EF um die Entfernung x zu ermitteln.

Wenn $BE = b$, $DH = h$, $BF = c$, $GJ = d$,

$$\text{so ist } \Delta\, BDE = \frac{bh}{2},\ \Delta\, BFG = \frac{cd}{2}$$

(ein gestrecktes Geländeprofil angenommen).

Durch Verschiebung um x wird die Böschungshöhe DH und GJ in dem Verhältniß größer oder kleiner, als b und c um $\pm$ x sich ändern, daher

$$mn\ (m_{,}n_{,}) = h\left(\frac{b \pm x}{b}\right) = h\left(1 \pm \frac{x}{b}\right)$$

$$pq\ (p_{,}q_{,}) = d\left(\frac{c \mp x}{c}\right) = d\left(1 \mp \frac{x}{c}\right)$$

wonach, zwei gleiche Endprofile zuerst unterstellt, sein muß

$$1 \cdot \frac{(b \pm x)}{2}\, h\left(1 \pm \frac{x}{b}\right) = 1\, \frac{(c \mp x)}{2}\, d\left(1 \mp \frac{x}{c}\right)$$

woraus

$$\frac{l}{2}(b \cdot h - c \cdot d) = \frac{l}{2}\left[x^2\left(\frac{d}{c} - \frac{h}{b}\right) \pm 2x(h+d)\right]$$

und wenn $l \frac{(bh - cd)}{2} = U$ und $d:c = h:b$

$$\frac{U}{l(h+d)} = \pm x \qquad k)$$

d. h. die Größe der seitlichen Verschiebung wird gefunden, wenn man mit dem Produkt aus der Summe der beiden Böschungshöhen und der Stationslänge in den Ueberschuß des Ab- oder Auftrags dividirt. Gewiß eine ebenso einfache als bequeme Rechnung! Gilt die Ausgleichung einer größeren Reihe von Profilen, so führt der dafür nöthige Ansatz, da bei Gleichheit der Böschungswinkel in Ab- und Auftrag $x^2\left(\frac{d_{,}}{c_{,}} + .. + \frac{d_n}{c_n} - \frac{h_{,}}{b_{,}} - \ldots - \frac{h_n}{b_n}\right) = \theta$, zu der Gleichung

$$\frac{2U}{l} = \pm 2x\left(\frac{h_{,} + d_{,}}{2} + h_{,,} + d_{,,} + .. + h_{n-1} + d_{n-1} + \frac{h_n + d_n}{2}\right)$$

woraus, wenn allgemein $h + d = H$ (d. h. ganzer Höhenabstand des Profils $= DH + GJ$) gesetzt wird,

$$\pm x = \frac{U:l}{\frac{1}{2}(H_{,} + H_n) + H_{,,} + \ldots + H_{n-1}} \qquad l)$$

wobei um x die Abtragsbreite b sich mindern muß, wenn Abtragsüberschuß zu beseitigen ist.

Zeigen die Höhenabstände einer der Ausgleichung bedürftigen Wegstrecke keine namhaften Differenzen, oder begnügt man sich überhaupt mit einer nur beiläufigen Ausgleichung, so wird diese schon erzielt, wenn mit dem Produkt aus einem durchschnittlichen H und der wirklichen Länge der betreffenden Wegstrecke in die Ausgleichungsmasse dividirt wird, also

$$\pm x = \frac{U}{L \cdot H}$$

Um das genauer oder beiläufig ermittelte x wird der Kurvenzug jetzt derart verschoben, daß

a. bei Abtragsüberschuß alle Radien der thalseits offenen Kurven $= r - x$, die Radien der bergseits offenen Kurven $= r + x$ genommen werden und
b. bei Abtragsmangel umgekehrt, nur muß an den Endpunkten durch einen vermittelnden Halbmesser der Anschluß wiederhergestellt werden.

Wird, analog der Ausgleichung durch Hebung oder Senkung, von einem Punkt aus auch eine seitliche Verschiebung einseitig beabsichtigt, statt parallel, so wird auch die Rechnung analog geändert.

Es wird für je 2 Profile

$$\pm x = 2U : l H_n \qquad m)$$

und für eine Reihe von Profilen

$$\pm x = 2U : l\left(\frac{H_{,} + H_n}{2} + H_{,,} + \ldots + H_{n-1}\right) \qquad n)$$

Der Kurvenzug ändert sich jedoch in diesem Falle nicht durch Verkürzung oder Verlängerung der Kurvenhalbmesser, sondern durch *Verlegung der Bogencentren* um x, indem die gemeinschaftlichen Tangentialpunkte entgegengesetzter Bögen sich nur um Weniges verrücken. Es sei z. B. (Fig. 174) LMNO der anfängliche Kurvenzug mit den Centren A, B u. C,

Fig. 174.

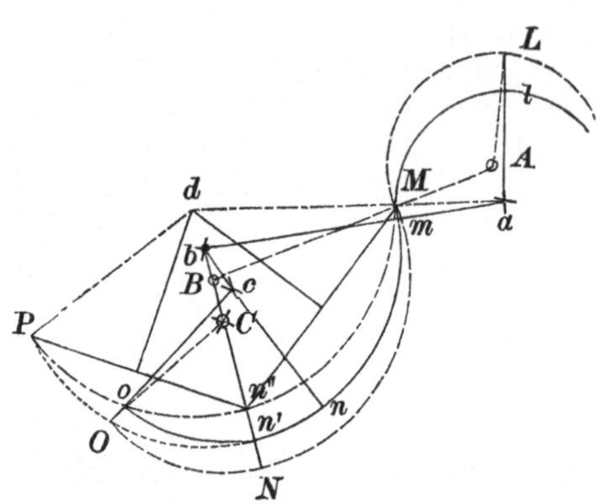

so wird zuerst der Anfangspunkt L um $x = Ll$ nach l, in Folge dessen Centrum A nach a durch Schneiden von l und M aus verlegt, wobei $al = AL$ ꝛc. So entsteht der neue Kurvenzug lmno, an dessen Ende auch $Oo = x$ sein muß.

Ebenso ist eine Ausgleichung an dem Bogen MP *eines* Halbmessers Md ausführbar, indem sein Scheitelpunkt um x von n' nach n'' oder umgekehrt verschoben, demzufolge das Centrum b nach d verlegt wird und vom Scheitelpunkt gegen die Endpunkte M und P die seitliche Verschiebung auf Null ausgeht. —

Schließlich seien beide Verfahren der *vertikalen* und der *seitlichen* Verschiebung bezüglich ihrer Anwendbarkeit einer Vergleichung unterzogen.

Das erstere ist zweifelsohne dort ausschließlich am Platze, wo das Gelände nur schwach abgedacht ist, denn seitliche Verschiebung würde ihren Zweck verfehlen. Weiterhin auch überall, wo die Wegrichtung über ein hügliges Gelände voll Formenwechseln und Gegengefällen hinwegzieht, theils weil ohnedies die Straßensteigungen keine ständigen sind und weitere kleine Aenderungen daran kaum in Betracht kommen, theils weil die zum Voraus gegebene Richtung z. B. von Schneussen, Grenzen, Wegrechten, längs Gewässern, eine Verrückung weniger erträgt.

Dagegen wird die *seitliche* Verschiebung im Gebirge längs den Hängen, wo die Aenderung der Bogenlinien leicht ausführbar und zuweilen sogar noch erwünscht ist, während eine Gefälländerung mißlich und unrathsam erscheint, jede Ausgleichung am ehesten bewirken.

Unter Umständen läßt sie sich sogar benützen, um einzelne Bogenlinien noch zu berichtigen und ihre Halbmesser zu vergrößern, durch Vermeidung von Felsen oder Abstürzen Baukosten zu ersparen und sonstige Vortheile zu erzielen. Wir legen daher für den Gebirgsbau diesem Verfahren allgemein einen größeren Werth bei.

In allen Fällen der Ausgleichung kann man sich damit begnügen, die gefundene Größe x der vertikalen oder seitlichen Verschiebung direkt in die Zeichnungsentwürfe zu übertragen, und die Ueberschüsse in Ab- oder Auftrag für die Kostenanschläge ohne Weiteres als beseitigt ansehen. Kostspielige umfangreiche Bauten stellt man jedoch rathsamer Weise dadurch sicher, daß man zuerst die Normallinien im Längenprofil und in den Querprofilen einträgt und die ganze Berechnung der Ab- und Auftragsmassen wiederholt, um sich von der erzielten Ausgleichung zu überzeugen.

Viertes Kapitel.

Auftrag der endgültigen Zugslinien.

1. Graphische Arbeit.

§ 79.

Ist die Ausgleichung zwischen Ab- und Auftrag bis zu einem zweckentsprechenden Grade durchgeführt, so folgt ihr unmittelbar die Ausführung der definitiven Linienzüge

A. in horizontaler } Projektion.
B. in vertikaler }

Wer an Zeichnungsarbeit sparen will, unterläßt jedes Ausziehen der Bleistift-Linien in seinen Entwürfen in Tusch und Farben bis zur Verläßigung, daß in Richtung und Gefäll die Linienzüge als endgültige gelten können, oder begnügt sich wenigstens damit, die unveränderlichen Linien der Geländeprofile einstweilen in Tusch mit feinen Strichen darzustellen. Hat man jedoch ein Interesse daran, in den Zeichnungen die Art und Ausdehnung der Verrückungen in Richtung oder Gefälle mit darzustellen, so muß, zur Vermeidung von Irrthümern bei den nachherigen Aussteckungen, der definitive Linienkomplex gegenüber dem ersten provisorischen in einer deutlich abstechenden Farbe (roth oder blau) gezeichnet werden.

A. In der horizontalen Projektion tritt nur im Falle seitlicher Verschiebung eine Aenderung ein. Bei paralleler Verschiebung gerader Wegzüge durch Anlegen eines Lineals, Herübertragen der Stationspunkte auf die neue Mittellinie und Ausziehen der beiderseitigen Straßenkante leicht durchführbar, erfordert die Umänderung von Kurvenzügen dagegen eine gewisse Sorgfalt und Achtsamkeit in der Ausführung. Man benützt dazu den früher aufgenommenen Grundriß (§ 70), ändert in den Strecken der Verschiebung die Bogenhalbmesser gemäß der berechneten Größe x und lenkt die neuen Bogenlinien wieder mittelst gemeinsamer Tangentenpunkte in die nächsten Kurven ein. Ist so die endgültige Straßenachse richtig gestellt, so schreitet man zur Einmessung der neuen Stationspunkte, greift ihre Koordinaten auf dem Maaßstabe ab und schreibt sie deutlich ein, um danach den Uebertrag auf das Gelände bewirken zu können. Darauf wird beiderseits noch die Straßenkante aufgetragen und nach der Achsenlinie eingezeichnet. Besondere Berücksichtigung erfahren die Strecken mit

Fig. 175.

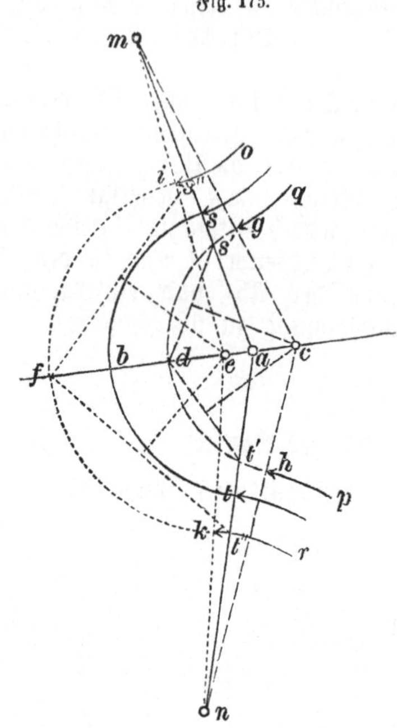

örtlicher Wegverbreiterung. Sind hiefür (Fig. 175) die Halbmesser cd und ef des Innen- und Außenbogens nicht bereits früher nach bekannter Formel berechnet (§ 69. 1.) und hat die Verbreiterung ihren Grund in einer kleinen Ausgleichung der Ab- und Auftragsmassen, so kann durch wiederholtes Einsetzen des Zirkels in der Scheitellinie cb der Halbmesser gesucht werden. Oder besser:

Man stellt zuerst die Punkte d und f fest, sowie die Tangential-Punkte s und t der Mittellinie, mißt auf dem Halbmesser as und at nach Innen und Außen halbe Wegbreite ab, zieht für

die Außenbogen die Sehnen fs'' und ft''
die Innenbogen " " ds' und dt',

errichtet auf ihrer Mitte Senkrechte und findet im Schnittpunkt der letzteren die nöthigen Centripunkte e und c für die Bögen ifk und gdh.

Waren an Rampen und Wendplätzen Verschiebungen behufs der Ausgleichung nöthig, so ist es rathsam, ihre Aenderung zuerst in einer Zeichnung nach größerem Maaßstab zu prüfen und sie nachher erst in den Grundriß des Wegzugs einzufügen.

Schließlich kann an jedem Querprofil der wagrechte Abstand der oberen und unteren Böschungskante von der Mittellinie abgegriffen, nach dem Maaßstab des Grundrisses auf diesen stationsweise übertragen und daraus in entsprechenden Geraden und Bogenlinien die obere und untere Grenze der beanspruchten Baufläche gezogen werden.

Der Grundriß wird alsdann enthalten und darstellen:

den gesammten Wegzug in Länge und Kronenbreite;
die Centrumspunkte und Halbmesser (soweit die Blattfläche sie aufnimmt) von allen Bogenlinien;

Fig. 176.

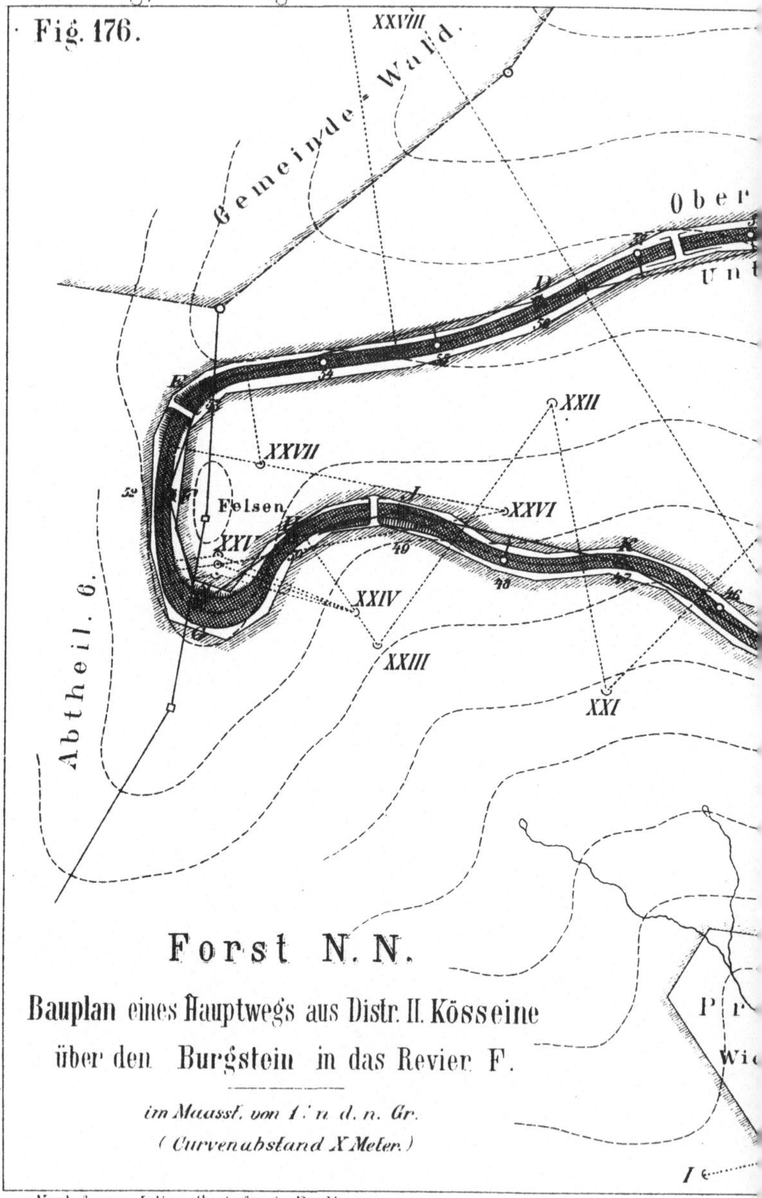

Forst N. N.

Bauplan eines Hauptwegs aus Distr. II. Kösseine über den Burgstein in das Revier F.

im Maasst. von 1 : n d. n. Gr.
(Curvenabstand X Meter.)

Verlag von Julius Springer in Berlin.

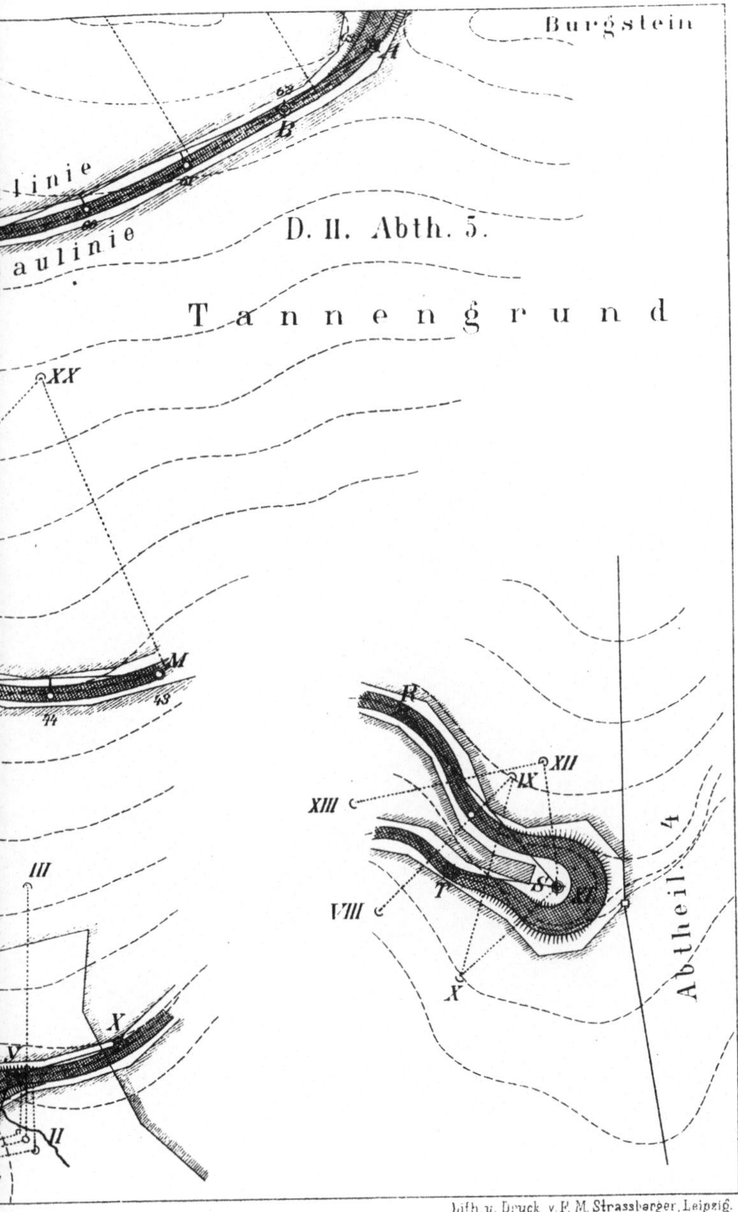

Lith. u. Druck v. F. M. Strassberger, Leipzig.

die Bezeichnungen des durchzogenen Geländes nach Eigenthum, Benutzungsart bezieh. nach Waldtheilen und soweit thunlich nach der Beschaffenheit (Gewässer, Felsparthien, Bodenart u. s. w.)
die Länge und Breite der Baufläche und alle wichtigeren vom Wegzug berührten Punkte und Haltstellen (Wasserscheiden, Gebäude, Lagerplätze u. dergl.);
die Geländeform, angedeutet durch einige Horizontalkurven;
die Länge der Durchstiche und Aufdammungen, der Stützmauern u. dergl. (den Querprofilen entnommen);
die Anstalten für den Wasserabzug (Gräben, Rinnen, Dohlen, Brücken) sowie sonstige Zubehörden.

Als kleines Muster eines solchen Grundrisses diene Fig. 176 auf dem besonderen lithograph. Beiblatt, worin die Buchstaben A, B, C . Z die Winkelpunkte der polygonometrischen Aufnahme, die durchlaufenden Zahlen 63 (bei A) bis 43 (bei M) die Nummern aller Stationspunkte, wie sie das Nivellement ergab, die römischen Zahlen I, II u. s. w. bis XXIX die Reihenfolge der Centrumspunkte, sowie deren Verbindungslinien die Halbmesser, aus welchen die Kurvenzüge hervorgingen, — bedeuten.

Bei A (Gebirgspaß) und Y (Thalrinne mit Ueberdohlung) sind Wegverbreiterungen, bei G und S zweierlei Rampenbauten, bei S ein künftiger Weganschluß angedeutet.

(Die Zeichnung, theilweise einer wirklichen Bauausführung entnommen, ist bezüglich des Maßstabs unbestimmt gehalten, da sie nur eine Darstellungsweise veranschaulichen soll).

Zur Bauleitung und Ausführung genügt, bei ausgedehnten Bauten, eine einzige Ausfertigung gewöhnlich nicht. Man vervielfältigt deßwegen entweder den ganzen Grundriß oder doch die wichtigeren Bautheile durch Kopien, welche in bekannter Weise angefertigt werden können:

a. mittelst der Kopirnadel, indem man dem Grundriß ein leeres Blatt unterlegt, alle wichtigen Punkte (Stationspunkte, Bogencentren, Eckpunkte u. s. w.) durchsticht und danach einen Handriß herstellt;
b. mittelst Durchzeichnens vor hellbeleuchtetem Fenster oder bequemer und sicherer mittelst Auflegens auf einen „Kopirrahmen";
c. mittelst Durchpausens auf Pauspapier, welches nachher mit Gummi oder Pappe auf starkes Papier aufgezogen wird.

Dem letzteren Verfahren geben wir weitaus den Vorzug, doch wird man immer nach den meistgewohnten und leichtest erreichbaren Mitteln greifen.

Die Kopien werden, um das Original unversehrt zu erhalten, bei den endgültigen Absteckungsarbeiten im Walde gebraucht und den Bauaufsehern, mitunter auch den Bauübernehmern, behändigt.

Ueber ausgedehnte Bauten zeichnet man auch Uebersichtspläne des Grundrisses in reducirtem Maaßstab — sowie auch umgekehrt wichtige Bautheile (wie Rampen, Dohlen und Brücken) im vergrößerten Maaßstab, um alle Einzelheiten nach ihren Maaßen während des Baues daraus entnehmen zu können. Zu den Reduktionen dient am einfachsten ein Reduktionszirkel oder ein selbst konstruirtes Reduktionslineal, wenn nicht vorgezogen wird, die berechneten Koordinaten des Grundrisses zu nochmaligem Auftragen in größerem oder kleinerem Maaßstabe zu benützen oder einem ausgedehnten Grundriß den Waldplan zu Grund zu legen.

B. In vertikaler Projektion erleiden in jedem Falle der Verrückung der Zugslinien sämmtliche Querprofile eine Umarbeitung. Entweder erhöht bezieh. vertieft sich Niveau und Abböschung oder es verrücken sich nur die Böschungslinien. Bei den Umzeichnungen ist zugleich zu erwägen, ob nicht in Folge der Verschiebung andere Böschungsverhältnisse zu wählen, Erdböschungen durch Abpflasterungen oder sonstige Mittel zu befestigen oder durch Mauerwerk zu ersetzen seien u. s. w.

Jetzt erst, nachdem die Querschnitte sich endgültig gestalteten, zeichnet man in scharfen feinen Linien mit der Reißfeder ihre Umrisse, führt die Querprofile der Gräben, der Fahrbahnen und Fußbänke, der Mauern, Dohlen u. dergl. aus, füllt die Felder des Ab- und Auftrags mit abstechenden Farbentönen und macht die nöthigen Einschreibungen (z. B. Entfernung der Wegmitte vom Niveaupfahl, Stationslängen, Nummern, Bodenart).

Das Längeprofil erfährt ebenfalls in allen Fällen eine Veränderung, denn bei Hebung oder Senkung entfernt oder nähert sich Wegniveau und Geländeprofil um den Betrag x der Verrückung, dagegen bei seitlicher Verschiebung um $x \cdot tg\, \alpha$, wenn $\alpha =$ Neigungswinkel des Geländes und $x =$ Größe der Verrückung der Wegmitte.

Wo der Richtung des Weges das Gefälle untergeordnet worden, spielt das Längeprofil eine große Rolle und erheischt daher eine pünktliche graphische Darstellung. Es muß enthalten und möglichst genau, durch den Zirkel greifbar, angeben:

- die gesammte Weglänge und Entfernung der Stationen;
- die wesentlichen Geländeerhebungen, die Gefällverhältnisse des Wegzugs und die daran vorgenommenen Aenderungen;
- die Länge der Durchstiche und Aufschüttungen;
- die Breite und Tiefe der querdurchziehenden Wasserläufe, bezieh. die Länge und Tiefe der zu überbauenden stehenden Gewässer und die sämmtlichen Anlagen der Wasserableitung über oder unter der Wegkrone;
- Bodenbeschaffenheit, Kulturart, fremdes Eigenthum;
- die wirthschaftlich und baulich wichtigen Berührungspunkte.

Die Felder der Ab- und Auftragungen werden auch im Längsschnitt, ähnlich wie bei den Querprofilen, mit Farbentönen ausgefüllt und alle wichtigen Zahlen und Bezeichnungen deutlich und übersichtlich eingeschrieben.

Wo die Wegrichtung sich nach der Gefälllinie richtet, kann bei einfachen Verhältnissen die graphische Darstellung des Längeprofils oft gänzlich umgangen werden. Nur für jene Wegstrecken wird es unentbehrlich sein, wo die Zugslinie die nämliche Höhenkurve wiederholt schneidet und der Verlauf des Geländeprofils erst hinlänglichen Aufschluß über die nöthige Massenbewegung ertheilen muß. Einen solchen Fall stellt Fig. 177a und b im Grund- und Aufriß dar.

Fig. 177a.

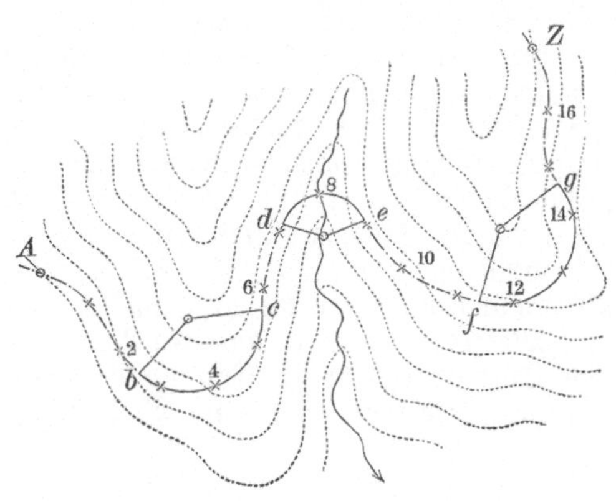

Fig. 177b.

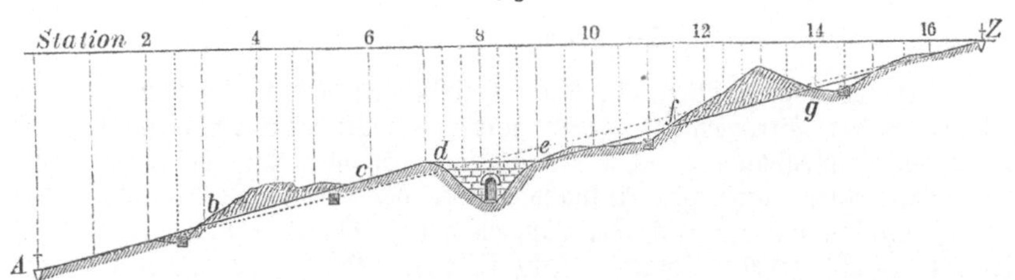

2. Uebertrag auf das Gelände.

§ 80.

Räumung der Baufläche.

Nach Ausarbeitung des Bauentwurfs werden die Ausführungsarbeiten damit eingeleitet, daß man die Baufläche aussteckt und abräumt.

Bei Geländeerwerbungen muß selbstverständlich die Auspfählung der Linien eine genauere sein, um spätere Anstände zu vermeiden und den Ankauf der meist theueren Baufläche nicht über Bedarf auszudehnen.

Auf eigenem Grund und Boden hat die Auspfählung der Baufläche nur den Zweck, die Bestockung oder die etwaige Berasung sowie die anderweitig verwendbare Oberkrume vor dem Baubeginn zur Seite zu schaffen.

Die Auspfählung geschieht von der Straßenachse, nachdem diese klargestellt und selbst augenfällig verpfählt ist, nach beiden Seiten hin bis zur oberen und unteren Böschungskante. Entweder wird dazu der Grundriß zur Hand genommen oder, was bequemer, man entnimmt den Querprofilen die Entfernungen vom Mittelpunkt zu den Böschungskanten, dem Hange nach, trägt sich diese Abstände stationsweise in einen Handriß oder ein Verzeichniß ein, steckt danach berg- und thalseils Stäbe und plattet längs der ausgesteckten oberen und unteren Baulinie die zu belassenden Randbäume an oder kennzeichnet die Linien am Boden. Längs der oberen Böschungskante greift man die Abstände für die Abräumung sogleich weit genug und verhütet dadurch ein späteres Hereinhängen und Nachstürzen von

Bäumen, namentlich flachwurzliger Holzarten. Auf der Thalseite können die Stämme, wenn das Gelände nur mäßig geneigt ist und die Aufschüttungen nicht hoch werden, bis nahe an die Straßenkante stehen bleiben, um später ausgekesselt zu werden. Diese Maßnahme der vorgängigen Abgrenzung und Räumung der Baufläche hat den doppelten Zweck, daß durch die Fällungen keine Lattengestelle mehr beschädigt werden und auf der abgeräumten Fläche ihre Aufrichtung sicherer und rascher von Statten geht.

Zur Fällung aller stärkeren Stämme wählt man das Verfahren der Baumrodung, selbst wenn der Erlös aus den Stöcken die Kosten nicht decken sollte. Die Abräumung ist dabei die gründlichste, das nachtheilige Belassen der Stöcke im Wegkörper verhütet und den Bauarbeitern die zeitraubende und mühselige Stockrodung erspart. Die Aufhiebsergebnisse werden in hinreichender Entfernung beiderseits bis nach Vollendung des Baues gelagert.

§. 81.

Der Lattengestellbau.

Die auf der abgeräumten Baufläche befindlichen Niveaupfähle nebst der Verpfählung der Straßenachse geben nur hinreichende Anhaltspunkte für untergeordnete Wegbauten. Die endgültige Straßenachse vollends mit Zuhilfenahme aller vorherigen Aufnahmen und der Grundrisse, anknüpfend an die Fixpunkte, mit Kreuzscheibe, Längemaaßen, Schnüren und einer hinreichenden Anzahl gerader Stäbe durchzuführen, bedarf nach allem früher Gesagten keiner Erläuterung mehr.

Bei Anlagen, welche man einer sorgfältigen Vorbereitung werth erachtet hat, um seine Baumittel zu Rath zu halten, muß weiterhin die richtige Bauausführung sicher gestellt, der Umfang der Bauten den Unternehmungslustigen vor Augen geführt und einerseits der wirkliche Uebernehmer vor Fehlbauten bewahrt, anderseits die Kontrole seiner Leistungen erleichtert werden.

Dazu dienen die „Lattengestelle", welche man an den Querprofil-Punkten in solcher Form und Ausdehnung errichtet, daß die Ab- und Auftragskörper sich gleichsam im Gerippe darstellen.

Die Lattengestellung oder „Profilirung" besteht im Wesentlichen darin, daß auf beiden Kanten der künftigen Wegkrone und der Seitengräben in den Boden getriebene Pfähle oder Lattenstücke unter Abwägen gleich hoch mit dem Niveaupfahl des betreffenden Stationspunkts abgesägt und an ihnen weitere Lattenstücke in der Richtung der künftigen Böschung befestigt werden. Man bedient sich dazu der Setzlatte und Bleiwage oder eines einfachen Nivellirinstruments und der Visirkreuze.

Zu genauen Profilirungen müssen auch die Zeichnungen der Querprofile zur Hand sein. Bei gleichförmigem Gelände, bei Stellwegen und bei kurzen Stationen profilirt man nur an jedem zweiten oder dritten Stationspunkt — umgekehrt errichtet man bei Hauptwegen Zwischenprofile an wichtigen Punkten.

Die Behandlung ist etwas verschieden, ob Abtrags- oder Auftragskörper allein oder beide neben einander profilirt werden sollen.

a. Lattengestell für Auffüllung.

Am Abhang MN (Fig. 178) sei nach der Niveauhöhe X ein Querprofil herzustellen, dessen Achsenpunkt in Y gelegen und dessen Kronenbreite $A^1B^1 = b$ sei, so wird von Y auf b/2 ein Lattenstück in A und B lothrecht

Fig. 178.

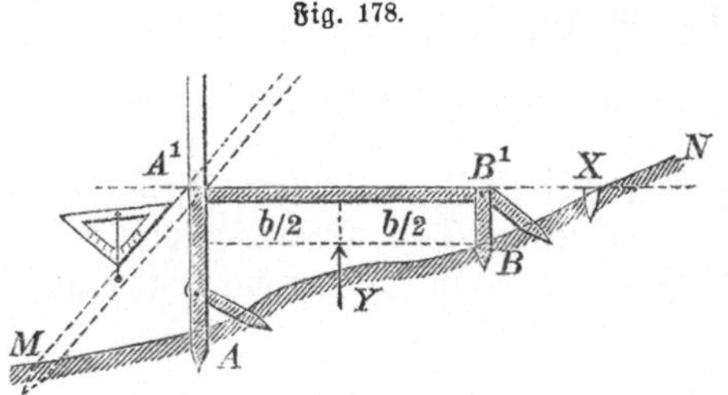

eingeschlagen und wenn zu schwank, mit schief in den Boden getriebenen Stangen- oder Lattenstücken befestigt. Durch Anlegen von Setzlatte und Bleiwage in X wird darauf die Niveauhöhe beider Latten bestimmt und durch Sägenschnitte eine wagrechte Kopffläche in A^1 und B^1 hergestellt.

Bleibt die Böschung unbestimmt, willkürlich wechselnd, so verbindet man die zwei lothrechten Latten durch eine Querlatte A^1B^1. Ist die Ausladung eine bestimmte, so wird am Lattenkopf (A^1) eine zweite Latte A^1M schief angelegt, mit dem Böschungsmesser (bezieh. der Setzwage) eingerichtet, im gefundenen Fußpunkt M eingetrieben, oben an der Lothlatte festgenagelt und wie diese abgeschnitten. Gleiches gilt auf der Bergseite B. Das ganze Lattengerüst muß in die Querprofilrichtung gebracht sein. Für Erdkörper gibt gewöhnlich die äußere Lattenkante die Böschungslinie an (die Latte wird eingebaut); für Mauerwerke gibt die Innenkante die Anzugslinie, um die Mauerflucht nicht zu unterbrechen.

Zum Festnageln führt man Drathstifte, Hammer und Handbeil bei sich, zum Lattenabschneiden eine leichte Schreinersäge oder eine gutverspannte Handsäge.

b. Lattengestelle für Abtragung.

In Querprofil PQ (Fig. 179) gibt die Latte LM die Straßenachse und ihre Aufschrift n die Tiefe an, um welche das Wegniveau unter den Kopf L versenkt werden soll. Wegbreite = b, Grabenbreite = g.

Fig. 179.

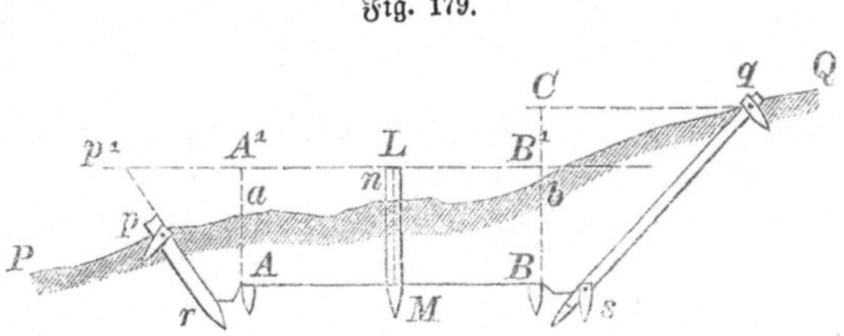

Zunächst werden von L aus durch Messen mit b/2 und Absenkeln die Geländepunkte a und b über der künftigen Kronenkante aufgesucht und wenn das Wegniveau nahe der Oberfläche, nach Ausgraben des Geländes in A und B kleine Pfähle geschlagen; dann wird beiderseits g zugemessen, mit Hülfe eines Böschungsmessers die Böschung pr und qs bestimmt und durch Einfügen von Latten, welche man an eingeschlagene Pfähle nagelt, festgelegt. Scheut man die zeitraubende Grabarbeit, so beschränkt man sich einstweilen auf Bestimmung der Punkte a, b, p und q, welche letztere die Grenze der Baufläche angeben. Gegen Q ergibt sich Punkt q leicht, denn $Cq = BC \cdot \beta + g \left(\text{z. B. für halbfüßige Böschung} = \frac{BC}{2} + g \right)$. Für Punkt p dagegen ist nur p^1 direkt zu bestimmen, die Visur nach A oder r unmöglich.

Läßt sich ap nicht den Profilrissen mit dem Zirkel entnehmen, so muß seine Größe berechnet werden. Der Neigungswinkel α des Geländes (Fig. 180) wird gemessen, $\sphericalangle \gamma$ ist als Böschungswinkel bekannt, nach

Fig. 180.

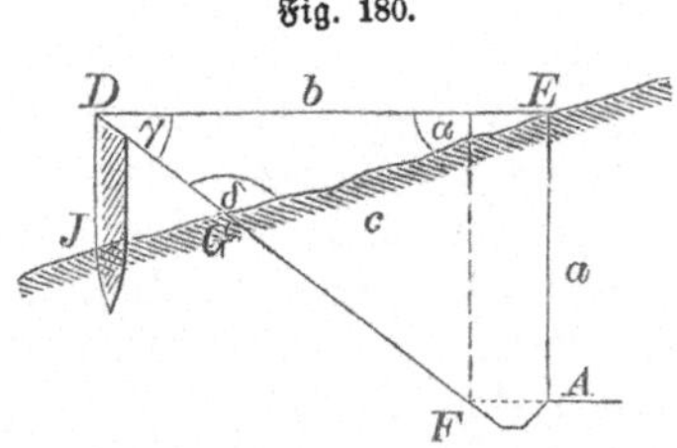

der Größe des letzteren steht EG = c in einem bestimmten Verhältniß zur Tiefe a der Straßenkante A unter dem Gelände und DE = b ist allgemein $= a \cdot \beta + g$.

Es ergibt sich aus dem Verhältniß der Seiten zum sin. der gegenüberliegenden Winkel

$$c = b \frac{\sin \gamma}{\sin \delta}, \text{ woraus, da}$$
$$\sin \delta = \sin [2R - (\alpha + \gamma)],$$
$$c = (a \cdot \beta + g) \frac{\sin \gamma}{\sin (\alpha + \gamma)}$$

Beispielsweise ist

	$\sphericalangle \gamma =$	$\sin \gamma =$	b =
bei $\beta = {}^1\!/_2$	63° 26′	0,8944	0,5 a + g
„ $\beta = 1$	45° 0′	0,7071	a + g
„ $\beta = 1^1\!/_2$	33° 41′	0,5546	1,5 a + g

Wenn also ein Berghang 40° Neigung hätte und $a = 4^m$, $\beta = 1^1\!/_2$ und Grabenbreite $= 0{,}6^m$ wäre, so würde

$$c = (6 + 0{,}6) \frac{\sin 33^\circ\, 41'}{\sin 73^\circ\, 41'} = 3{,}81^m$$

Für zahlreiche Lattengestellungen umgeht man diese Rechnung, indem man für spätere Abgrabungsarbeit den Punkt D durch Messen von E aus bestimmt und die Kopffläche des Pfahles JD in der Richtung der Böschung DG schief abschneidet. Die Bestimmung der Punkte A und F bleibt dann bis zur Bauarbeit ausgesetzt.

c. Lattengestelle für kombinirte Querprofile.

Bei Profilen, welche theils Ab-, theils Auftrag haben, wird meistens nur ein Lattengestell abc für den letzteren Theil errichtet, weil sich daraus der künftige Wegkörper in der Hauptsache darstellt. Außerdem wird

1. ein Lattenpfahl de in der Wegachse auf Niveauhöhe aufgerichtet und befestigt;
2. ein Pfahl f lothrecht über der inneren Straßenkante und
3. ein solcher in g zur Bezeichnung der oberen Böschungskante angebracht.

Fig. 181.

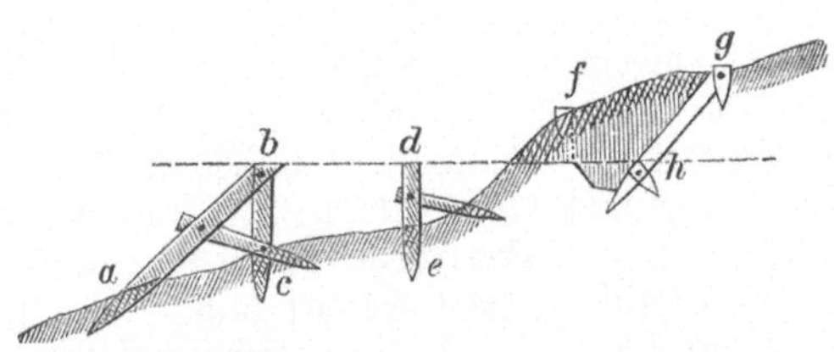

Die ersten Nivellirungspfähle werden dann zur Vermeidung von Irrungen am besten beseitigt.

Die innere Profilirung mag während der Bauarbeit nachfolgen und den Bauunternehmern, wenn zuverlässig, überlassen werden.

Hält man völlige Sicherstellung für geboten, so führt man einen Einschnitt bis zur Böschungslinie gh und legt ebenfalls ein Lattenprofil ein.

Die Seitengräben pflegt man nur auszupfählen. Größere Anstalten für Wasserableitung erfordern immer eine Durchführung der Lattengestelle, mit genauer Feststellung der Einlenkungsprofile für die Seitengräben.

Auf hügeligem Gelände läßt sich mittelst der Visirkreuze oder Meßlatten in Verbindung mit Bleiwage und Richtscheit auch in abkürzender und hinlänglich genauer Weise profiliren, wie es Fig. 182 andeutet.

Fig. 182.

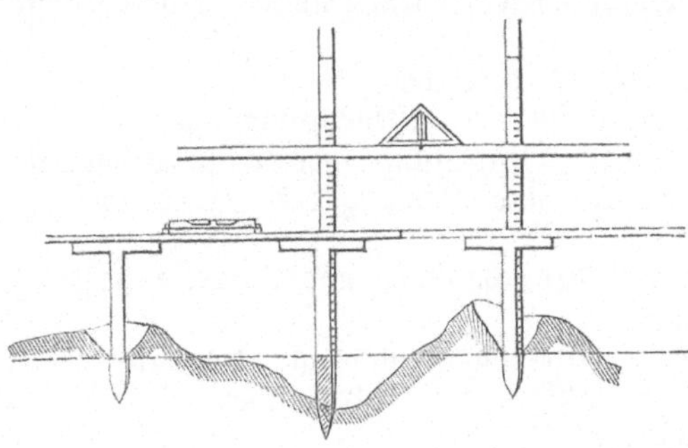

Die **Visirkreuze** unterstützen und fördern den Lattengestellbau weiterhin durch probeweise Aufstellung auf den Nachbarstationen, indem jeweils das Mittelkreuz über die richtige Höhe des in Arbeit befindlichen Profils Verlässigung gibt. Man überzeugt sich dadurch

1. daß das Gefäll ein gleichmäßiges (bezieh. bewirkt die letzte Ausgleichung oder Ausrundung, § 60);
2. daß bei der Profilirung keine Fehler unterlaufen;
3. man ergänzt verloren gegangene Niveaupunkte, wo nöthig mit Hilfe der Rückmarken;
4. man richtet die nöthigen Zwischengestelle mit ihnen ein, wozu ein Mittelkreuz mit wagrechtem Schiebarm gute Dienste leistet.

Eines Nivellirinstruments wird man höchstens noch zu Kontrolmessungen oder sehr breiten und hohen Gestellen bedürfen.

Eine häufige Frage ist, ob die Wölbungshöhe der Fahrbahn im Lattengestellbau zu berücksichtigen sei; sie bedarf kurzer Erörterung.

Nach unserer Erfahrung muß den Bauarbeitern möglichst reichliche Gelegenheit geboten sein, sowohl durch Abwägen aus der Mitte als durch Aufstellen der Visirkreuze auf den Fixpunkten der Straßenkanten den richtigen Fortgang der Arbeiten zu sichern. Die Erhöhung des Mittenniveaus führt sie dabei leicht irre, zumal die Wölbungshöhe mit der Wegbreite sich verändert und man ihrer zu den Erdarbeiten nicht durchaus bedarf, vielmehr die Fahrbahn nachträglich geformt werden kann. Wer jedoch vorzieht, schon den Erdkörper abzuwölben (abzudachen), wird wohlthun, den Mittenpfahl doppelt zu markiren oder zwei Pfähle schlagen zu lassen, welche den Niveauunterschied zwischen Wegmitte und Straßenkante zweifellos hervortreten lassen.

§. 82.

Die Anfertigung von Musterstücken.

Als eine Ergänzung des Lattengestellbaues kann die Herstellung von s. g. Musterstücken gelten. Sie bestehen in kurzen streckenweisen Quer-Einschnitten, durch welche unter sachverständiger Aufsicht der Abtragskörper bis auf die normale Böschungslinie ausgehoben und mittelst des Aushubs zugleich, soweit er ausreicht, ein Stück Auftragskörper aufgebaut wird. Man führt solche Querschnitte entweder auf allen Stationspunkten aus oder nur, wo Gefällübergänge oder überhaupt schwierige Bauten vorkommen und die Beschaffenheit des Bodens näherer Untersuchung bedarf (versteckte Felsen, Quellen).

Man bezweckt mit den Musterstücken

a. sichere Grundlagen für die Kostenvoranschläge;
b. für die Bauarbeiter Beschaffung sicherer Anhaltspunkte und Aufschlüsse über die Art und Richtung des Baues und seine etwaigen Schwierigkeiten;
c. Erleichterung der Arbeitsaufsicht und Kontrole gegen Fälschungen der Uebernehmer.

Man umgeht dabei Erdtransporte und läßt die Musterstücke vorzugsweise an Stationspunkten fertigen, wo Abtrag allein oder Ab- und Auftrag zugleich stattfinden muß.

Mit der Herstellung der Lattengestelle und Musterstücke müssen alle Anstände erledigt sein. Es bedarf nunmehr zum Abschluß der Vorarbeiten allein noch der Berechnung des Bauaufwands. Aus Rücksicht für den Anfänger werden dem bezüglichen Abschnitte die Bauarbeiten selbst vorausgehen.

Anhang.

Hülfstafeln.

I. Potenzentafel.

Dieselbe soll das Berechnen der Quadrat- und Kubikzahlen (Potenzen und Wurzeln) bei den häufigst vorkommenden Zahlen 1—500 ersparen und dadurch sowohl dem Anfänger die Durchführung von Rechnungsbeispielen, wie dem Praktiker manche Formelanwendungen erleichtern.

Für jede Zahl giebt die entsprechende Querlinie nach einander die zweite und dritte Potenz, sowie die Quadrat- und Kubikwurzel.

Soll für eine Zahl mit Dezimalstellen die 2. oder 3. Potenz oder Wurzel gefunden werden, so müssen an der in der entsprechenden Kolonne stehenden Potenz- oder Wurzelgröße für jede Dezimale von n

bei der zweiten Potenz zwei Stellen
" " dritten " drei "

abgeschnitten werden.

Welchem Maaße die gegebenen Werthe angehören, ist gleichgültig; nur muß beachtet werden, daß die gesuchten Werthe die nämliche Maaßeinheit haben.

II. Tafel der natürlichen Zahlen der goniometrischen Funktionen.

Sie gibt die vier allein nöthigen trigonometrischen Liniengrößen von Sinus, Cosinus, Tangente und Cotangente aller Winkel von 0° bis 90° mit Abständen von ½ Grad. Wer genauere Rechnungen auszuführen wünscht, muß auf die bestehenden Hand- und Taschenbücher verwiesen werden.

Die Tafel besteht aus acht Vertikalspalten. Die ersten und letzten zwei geben die ganzen und halben Grade, deren Winkelfunktionen man suchen will; die vorderen Spalten von 0° bis 45° zunehmend in Verbindung mit der Kopfschrift, die hinteren Spalten von 90° bis 45° abnehmend in Verbindung mit der Fußschrift. Die vier Mittelspalten enthalten die zugehörigen trigonometrischen Linien jedes Winkels, für jeden ganzen und halben Grad in Einer Querlinie, nebstdem aber in engerer Nebenspalte die Differenzen für je 10 Minuten je zweier aufeinander folgender Winkelgrößen, so daß auch die Funktionen genauerer Winkelangaben (bis auf Minuten) sicher genug erhoben werden können, indem man das Interpolationsverfahren einschlägt.

Demgemäß ist z. B.

$$\left.\begin{aligned}\sin 24^\circ\, 40' &= 0{,}4147\\ & + \,..26\end{aligned}\right\} = 0{,}4173$$

$$\left.\begin{aligned}\sin 24^\circ\, 47' &= 0{,}4147\\ & + \,..26\\ +(0{,}7 \times 26) &= + \,..18\end{aligned}\right\} = 0{,}4191$$

$$\left.\begin{aligned}\mathrm{tg}\; 37^\circ\, 12' &= 0{,}7536\\ +(1{,}2 \times 46) &= + \,..55\end{aligned}\right\} = 0{,}7591$$

Zugleich sind die gefundenen Größen = cos 65° 20′, bezieh. cos 65° 13′ und cot 52° 48′, weil bekanntlich von 2 Winkeln, deren Summe 90° ausmacht, sin und tg des einen = cos und cot des Ergänzungswinkels u. s. w.

Da cos und cot mit dem Wachsen des Winkels abnehmen, so hat man bei ihnen die Tafelwerthe durch Subtraktion für die Zwischengrößen zu berichtigen. Also ist

$$\left.\begin{array}{l}\cos 6^\circ\,18' \quad = \quad 0{,}9945 \\ -\,1{,}8 \times 3 = -\;\ldots 5\end{array}\right\} = 0{,}9940$$

$$\left.\begin{array}{l}\cos 67^\circ\,39' \quad = \quad 0{,}3827 \\ -\,0{,}9 \times 27 = -\;\ldots 24\end{array}\right\} = 0{,}3803$$

$$\left.\begin{array}{l}\cot 55^\circ\,24' \quad = \quad 0{,}7002 \\ -\,2{,}4 \times 43 = -\;.103\end{array}\right\} = 0{,}6899$$

Für Cotangenten kleinerer Winkel und die Tangenten ihrer Ergänzungswinkel verändern sich die Differenzen sehr rasch und bedeutend und verliert dadurch die Interpolation an Genauigkeit. Man muß daher, will man sichere Zahlenwerthe erlangen, den kleinen Umweg einschlagen, daß man die $\cot = \frac{\cos}{\sin}$ berechnet ꝛc.

Will man, wie man häufig im Falle, aus einer gegebenen trigonometrischen Liniengröße den entsprechenden Winkel finden, so sucht man den Zahlenwerth oder, wenn als Zwischenzahl in der Tafel nicht enthalten,

bei sin und tg den nächst kleineren,
" cos " cotg " " größeren

Zahlenwerth in der Vertikalspalte, welche den Namen der Funktion am Kopfe (oder Fuße) trägt, auf und geht von da links (bezieh. rechts) herüber in die Spalten der ganzen und halben Grade.

Auch dabei ist, da selten die gegebene Größe genau in der Tafel enthalten ist, eine schärfere Winkelbestimmung durch Interpolation möglich. Man nimmt dann die Differenz zwischen dem gegebenen und dem in der Tafel stehenden nächst kleineren (bezieh. größeren) Werth zehnfach, dividirt durch die 10-Minuten-Differenz der entsprechenden Nebenspalte und addirt diesen Quotienten als Minuten (und Dezimale derselben) zu den in der Tafel enthaltenen ganzen und halben Graden, z. B.

$$\begin{array}{rl}\operatorname{tg} x & = 0{,}8500 \\ \operatorname{tg} 40^\circ & = \underline{0{,}8391} \\ \Delta & = \quad\;\; 109\end{array} \qquad \frac{10 \cdot 109}{50} = 21{,}8$$

folglich $\sphericalangle\, x = 40^\circ\, 22'$ (genau $= 40^\circ\, 21'\, 48''$)

III. Tafel der Werthe der Bogenlängen, Sehnen, Bogenhöhen und Schenkellängen.

Die Tafel, deren Zweck und Gebrauch aus § 62, 63 und 66 erhellt, gibt für alle Winkelgrößen bis zu 140° von Grad zu Grad und für die dem gestreckten Winkel nahen von 5 zu 5 Grad die dem Halbmesser = 1 entsprechenden Bogenlängen, ganzen Sehnen, Bogenhöhen („Pfeile“) und Tangenten oder Schenkel (d. h. die Entfernungen zwischen den Tangential- und Winkelpunkten) nach den Formeln

	für:
$\text{arc. } \alpha = \frac{r\,\alpha\,\pi}{180} = \frac{r\,\alpha}{\rho^\circ}$	Bogen
$\text{cho. } \alpha = 2\,r \sin {}^{\alpha}/_{2}$	Sehne
$\text{sag. } \alpha = r\,(1 - \cos {}^{\alpha}/_{2})$	Pfeil
$\text{tang. } \alpha = r \operatorname{tg} {}^{\alpha}/_{2}$	Schenkel

wobei unter α nicht der Scheitel-, sondern der Centriwinkel begriffen ist.

Um einen dieser Werthe auch für die zwischen den ganzen Graden liegenden Winkelgrößen zu finden, sucht man in der Querlinie des nächst kleineren Winkels den entsprechenden Funktionswerth und ergänzt ihn durch Interpolation mittelst der in gleicher Querlinie oder nächst darüber befindlichen „Differenz" der hintersten Spalte auf seinen vollen Werth.

Die Buchstaben des Kopfes deuten an, zu welcher vorderen Spalte jede Differenzreihe gehöre, z. B.

$$\begin{array}{lll} \text{arc.} & 33^\circ\,55' & = 0{,}5760 \\ & +\,5{,}5 \times 29 & = \;..160 \end{array} \Big\} = 0{,}5920$$

$$\begin{array}{lll} \text{cho.} & 52^\circ\,48' & = 0{,}8767 \\ & +\,4{,}8 \times 26 & = \;..125 \end{array} \Big\} = 0{,}8892$$

$$\begin{array}{lll} \text{sag.} & 86^\circ\,20' & = 0{,}2686 \\ & +\,2 \times 10 & = \;...20 \end{array} \Big\} = 0{,}2706$$

$$\begin{array}{lll} \text{tang.} & 113^\circ\,36' & = 1{,}5108 \\ & +\,3{,}6 \times 48 & = \;..173 \end{array} \Big\} = 1{,}5281$$

Für beliebige nmal größere Halbmesser brauchen die so gefundenen Werthe nur nfach genommen zu werden; es ist also für $r = 60^m$

$$\text{arc. } 33^\circ\,55' = 60\;.\;0{,}5920 = 35{,}52^m$$
$$\text{cho. } 52^\circ\,48' = 60\;.\;0{,}8892 = 53{,}35^m$$
$$\text{sag. } 86^\circ\,20' = 60\;.\;0{,}2706 = 16{,}24^m$$

Für sehr große Halbmesser gibt das Interpolationsverfahren die Werthe nicht ganz genau, z. B. für $r = 2000^m$ wäre sag. $86^\circ\,20'$ genau $541{,}267^m$, während unsere Rechnung nur $541{,}2^m$ ergäbe. Noch größer würde diese Differenz für die Schenkellängen bei Centriwinkeln über 80°.

Für ausführliche schärfere Rechnungen ist jedoch unsere Tafel auch nicht bestimmt.

Für die gewöhnliche Kurvenabsteckung reicht sie völlig aus, um

1. für eine Kette von Bögen, deren Halbmesser und Scheitel- (also auch Centri-)Winkel bekannt sind, die Länge der Straßenachse rasch zu ermitteln;
2. einen Bogen, wenn der Scheitelwinkel ermittelt und der Halbmesser angenommen ist, von den Anfangspunkten aus direkt abzustecken, unter Einfügung einer Anzahl von Bogenpunkten, indem man den Centriwinkel viertelt, achtelt 2c. und die entsprechenden Bestimmungsstücke ebenfalls in der Tafel nachschlägt und mit r multiplicirt u. s. w.
3. um umgekehrt aus einem gemessenen Bestimmungsstück den unbekannten Winkel, wenn der Halbmesser bekannt, oder den unbekannten Halbmesser, wenn ersterer gefunden, in Kürze zu erfahren, denn es ist z. B.

für arc. $\alpha = 70^m$, wenn $r = 120^m$, aus $70 : 120 = 0{,}5833$

in der Tafel der entsprechende nächst kleinere Winkel zu 33° und (aus $\frac{0,5833 - 0,5760}{29} = 25'$) $\sphericalangle \alpha = 33° \; 25'$ hinreichend genau bestimmt.

Allgemein ist ferner

$$\frac{\text{cho. } \alpha}{2 \text{ r}} = \sin \frac{\alpha}{2} \text{ oder } \frac{\text{cho. } \alpha}{2 \sin {}^1/_2 \, \alpha} = \text{r}$$

$$1 - \frac{\text{sag. } \alpha}{\text{r}} = \cos \frac{\alpha}{2} \text{ und}$$

$$\frac{\text{tang. } \alpha}{\text{r}} = \text{tg } \frac{\alpha}{2}$$

also r oder α mittelst dieser Tafel oder der Tafel II. zu finden.

IV. Tafeln zur Berechnung der Zu- oder Abnahme der Querprofilflächen bei Hebung oder Senkung der Wegebene.

Diese Tafeln, deren Zweck aus den Entwickelungen in § 78 (nebst Fig. 168) sich ergibt, sind nur für Berechnungen von Durchstichen oder Aufdammungen, also bei einfachen Abtrags- oder Auftragsprofilen anwendbar.

Um zu ermitteln, um wieviel eine Querfläche durch Hebung oder Senkung des Niveaus auf eine bestimmte Höhe x ab- oder zunimmt, wird die Profilhöhe h + x im Kopf der Tabelle, die Profilhöhe h in der vorderen Spalte aufgesucht, die entsprechende Längsspalte von h + x soweit nach unten verfolgt, bis sie mit der Querlinie der Profilhöhe h zusammentrifft und hier die Flächendifferenz Δ unmittelbar gefunden. Es sei z. B. die anfängliche Profilfläche bei einer Wegbreite von 5^{m}, einer Profilhöhe von $3{,}6^{\text{m}}$ und 1füßiger Böschung = $31\square^{\text{m}}$ und die Senkung der Wegebene solle $0{,}4^{\text{m}}$ betragen — so ergibt Tabelle A. im Eckpunkt der Längsspalte 3,6 und der Querlinie 3,2 eine Flächendifferenz $\Delta = 4{,}72^{\text{m}}$. Somit beträgt die neue Querflächengröße

bei Einschnitten $= 31 + 4{,}72 = 35{,}72\square^{\text{m}}$
bei Aufdammungen $= 31 - 4{,}72 = 26{,}28\square^{\text{m}}$

und im Falle der Hebung umgekehrt.

Will man kurzweg überschlagen, welche Steigerung oder Minderung der Abhubs- oder Auftragsmassen durch eine bestimmte vertikale Verschiebung der Wegebene erzielt wird, so ist mittelst der entsprechenden Tafel A, B oder C die Aenderung aller in der Rechnung erscheinenden Querprofilflächen vorzunehmen, z. B:

Es betrug auf einer Wegstrecke von 40^{m} die Fläche des einen Endprofils (von der Profilhöhe $3{,}6^{\text{m}}$) = $31\square^{\text{m}}$ und die Fläche des anderen (von der Profilhöhe $2{,}8^{\text{m}}$) = $22\square^{\text{m}}$, somit die Kubikmasse = $1060^{\text{k}}/_{\text{m}}$ Abtrag, so wird durch Hebung der Wegebene um $0{,}2^{\text{m}}$ die Abtragsmasse, wenn Tafel A. anwendbar,

$$= \frac{31 - 2{,}4 + 22 - 2{,}1}{2} \times 40 = 970^{\text{k}}/_{\text{m}}$$

Umgekehrt wäre demnach, wenn $1060 - 970 = 90^{\text{k}}/_{\text{m}}$ zur Ausgleichung von Ab- und Auftrag beseitigt werden müßten und wenn man die unbekannten Flächenminderungen an beiden Enden mit m und n bezeichnet, die Hebungshöhe direkt mittelst der Tafel (beiläufig) durch den Ansatz zu finden:

$$\frac{2\,(1060 - 90)}{40} = 31 + 22 - (m + n)$$

woraus $m + n = 4{,}5$.

Durch Zerlegen der gefundenen Summe nach annähernder Verhältnißzahl zwischen beiden Profilen, hier $= 3:2$, ergibt sich $m = 2{,}7$ und $n = 1{,}8$. Diese beiden Zahlen, in den Längsspalten der Profilhöhen $h + x = 3{,}6$ bez. $2{,}8$ aufgesucht, weisen auf die Profilhöhen $h = 3{,}4$ bez. $2{,}6$, d. h. übereinstimmend auf die Höhendifferenz $x = 0{,}2^m$.

Auch für kleinere Differenzen der Hebungs- und Senkungshöhen lassen sich die Tafeln benutzen. Man hätte dann allen ihren Zahlen den Werth einer kleineren Maaßeinheit beizulegen und nur für die Wegbreite b, an deren Stelle ein größerer (10 oder 100facher) Zahlenwerth B zu treten hat, eine entsprechende Berichtigung an Δ eintreten zu lassen.

Zwischen der Querfläche von der Höhe $h \pm x$ und jener der Höhe h ist nämlich

$$\Delta = (h \pm x)\,[b + (h \pm x)\,\beta] - (bh + h^2\beta) = x\,(x\beta \pm b \pm 2h\beta)$$

Werden alle Werthe in kleinerer Maaßeinheit z. B. in decim. ausgedrückt, so erscheint für die Wegbreite (5^m) der zehnfache Zahlenausdruck B ($= 50^{dm}$). Folglich wird

$$\Delta_1 = x\,(x\beta \pm B \pm 2h\beta)$$

$$\text{und } \Delta_1 - \Delta = x\,(B - b)$$

z. B. für die Rechnung mit Dezimetern erhöhen sich auf jede Höhenstufe von 0,1 der Tafeln alle Flächendifferenzen um $0{,}1\,(50 - 5) = 4{,}5$, lauten aber dann auf Quadrat-Dezimeter. Demnach hätte beispielsweise bei Tafel B ($b = 5^m$ und $\beta = 1/2$) die Hebung oder Senkung von 2,8 auf $2{,}0^{dm}$ eine Veränderung der Querprofilfläche um $5{,}92 + (2{,}8 - 2{,}0)\,4{,}5 = 41{,}92\square^{dm}$ zur Folge.

Bei Annahme des Zentimeters als Maaßeinheit würde sich also die Flächendifferenz für jede Höhenstufe von $0{,}1^{zm}$ um $0{,}1\,(500 - 5) = 49{,}5$ verändern u. s. w.

Daß die 3 Tafeln A, B und C mittelst einer einfachen Zahlenkorrektion auch für größere oder kleinere Wegbreiten als 5^m anwendbar gemacht werden können, wurde bereits an anderem Orte (in § 78) nachgewiesen.

I.
Tafel der Potenzen
2, 3, ½, ⅓
für die gemeinen Zahlen 1—500.

n	n^2	n^3	$\sqrt{n}$	$\sqrt[3]{n}$
1	1	1	1,000	1,000
2	4	8	1,414	1,260
3	9	27	1,732	1,442
4	16	64	2,000	1,587
5	25	125	2,236	1,710
6	36	216	2,449	1,817
7	49	343	2,646	1,912
8	64	512	2,828	2,000
9	81	729	3,000	2,080
10	100	1000	3,162	2,154
11	121	1331	3,317	2,224
12	144	1728	3,464	2,289
13	169	2197	3,606	2,351
14	196	2744	3,742	2,410
15	225	3375	3,873	2,466
16	256	4096	4,000	2,520
17	289	4913	4,123	2,571
18	324	5832	4,243	2,621
19	361	6859	4,359	2,668
20	400	8000	4,472	2,714
21	441	9261	4,583	2,759
22	484	10648	4,690	2,802
23	529	12167	4,796	2,844
24	576	13824	4,899	2,884
25	625	15625	5,000	2,924
26	676	17576	5,099	2,962
27	729	19683	5,196	3,000
28	784	21952	5,292	3,037
29	841	24389	5,385	3,072
30	900	27000	5,477	3,107
31	961	29791	5,568	3,141
32	1024	32768	5,657	3,175
33	1089	35937	5,745	3,207
34	1156	39304	5,831	3,240
35	1225	42875	5,916	3,271
36	1296	46656	6,000	3,302
37	1369	50653	6,083	3,332
38	1444	54872	6,164	3,362
39	1521	59319	6,245	3,391
40	1600	64000	6,325	3,420
41	1681	68921	6,403	3,448
42	1764	74088	6,481	3,476
43	1849	79507	6,557	3,503
44	1936	85184	6,633	3,530
45	2025	91125	6,708	3,557
46	2116	97336	6,782	3,583
47	2209	103823	6,856	3,609
48	2304	110592	6,928	3,634
49	2401	117649	7,000	3,659
50	2500	125000	7,071	3,684
51	2601	132651	7,141	3,708
52	2704	140608	7,211	3,732
53	2809	148877	7,280	3,756
54	2916	157464	7,348	3,780
55	3025	166375	7,416	3,803
56	3136	175616	7,483	3,826
57	3249	185193	7,550	3,848
58	3364	195112	7,616	3,871
59	3481	205379	7,681	3,893
60	3600	216000	7,746	3,915
61	3721	226981	7,810	3,936
62	3844	238328	7,874	3,958
63	3969	250047	7,937	3,979
64	4096	262144	8,000	4,000
65	4225	274625	8,062	4,021
66	4356	287496	8,124	4,041
67	4489	300763	8,185	4,061
68	4624	314432	8,246	4,082
69	4761	328509	8,307	4,102
70	4900	343000	8,367	4,121
71	5041	357911	8,426	4,141
72	5184	373248	8,485	4,160
73	5329	389017	8,544	4,179
74	5476	405224	8,602	4,198
75	5625	421875	8,660	4,217
76	5776	438976	8,718	4,236
77	5929	456533	8,775	4,254
78	6084	474552	8,832	4,273
79	6241	493039	8,888	4,291
80	6400	512000	8,944	4,309
81	6561	531441	9,000	4,327
82	6724	551368	9,055	4,344
83	6889	571787	9,110	4,362
84	7056	592704	9,165	4,380
85	7225	614125	9,220	4,397
86	7396	636056	9,274	4,414
87	7569	658503	9,327	4,431
88	7744	681472	9,381	4,448
89	7921	704969	9,434	4,465
90	8100	729000	9,487	4,481
91	8281	753571	9,539	4,498
92	8464	778688	9,592	4,514
93	8649	804357	9,644	4,531
94	8836	830584	9,695	4,547
95	9025	857375	9,747	4,563
96	9216	884736	9,798	4,579
97	9409	912673	9,849	4,595
98	9604	941192	9,899	4,610
99	9801	970299	9,950	4,626
100	10000	1000000	10,000	4,642

n	n^2	n^3	$\sqrt{n}$	$\sqrt[3]{n}$	n	n^2	n^3	$\sqrt{n}$	$\sqrt[3]{n}$
101	10201	1030301	10,050	4,657	161	25921	4173281	12,689	5,440
102	10404	1061208	10,100	4,672	162	26244	4251528	12,728	5,451
103	10609	1092727	10,149	4,688	163	26569	4330747	12,767	5,462
104	10816	1124864	10,198	4,703	164	26896	4410944	12,806	5,474
105	11025	1157625	10,247	4,718	165	27225	4492125	12,845	5,485
106	11236	1191016	10,296	4,733	166	27556	4574296	12,884	5,496
107	11449	1225043	10,344	4,747	167	27889	4657463	12,923	5,507
108	11664	1259712	10,392	4,762	168	28224	4741632	12,961	5,518
109	11881	1295029	10,440	4,777	169	28561	4826809	13,000	5,529
110	12100	1331000	10,488	4,791	170	28900	4913000	13,038	5,540
111	12321	1367631	10,536	4,806	171	29241	5000211	13,077	5,550
112	12544	1404928	10,583	4,820	172	29584	5088448	13,115	5,561
113	12769	1442897	10,630	4,835	173	29929	5177717	13,153	5,572
114	12996	1481544	10,677	4,849	174	30276	5268024	13,191	5,583
115	13225	1520875	10,724	4,863	175	30625	5359375	13,229	5,593
116	13456	1560896	10,770	4,877	176	30976	5451776	13,266	5,604
117	13689	1601613	10,817	4,891	177	31329	5545233	13,304	5,615
118	13924	1643032	10,863	4,905	178	31684	5639752	13,342	5,625
119	14161	1685159	10,909	4,919	179	32041	5735339	13,379	5,636
120	14400	1728000	10,954	4,932	180	32400	5832000	13,416	5,646
121	14641	1771561	11,000	4,946	181	32761	5929741	13,454	5,657
122	14884	1815848	11,045	4,960	182	33124	6028568	13,491	5,667
123	15129	1860867	11,091	4,973	183	33489	6128487	13,528	5,677
124	15376	1906624	11,136	4,987	184	33856	6229504	13,565	5,688
125	15625	1953125	11,180	5,000	185	34225	6331625	13,601	5,698
126	15876	2000376	11,225	5,013	186	34596	6434856	13,638	5,708
127	16129	2048383	11,269	5,027	187	34969	6539203	13,675	5,718
128	16384	2097152	11,314	5,040	188	35344	6644672	13,711	5,729
129	16641	2146689	11,358	5,053	189	35721	6751269	13,748	5,739
130	16900	2197000	11,402	5,066	190	36100	6859000	13,784	5,749
131	17161	2248091	11,446	5,079	191	36481	6967871	13,820	5,759
132	17424	2299968	11,489	5,092	192	36864	7077888	13,856	5,769
133	17689	2352637	11,533	5,104	193	37249	7189057	13,892	5,779
134	17956	2406104	11,576	5,117	194	37636	7301384	13,928	5,789
135	18225	2460375	11,619	5,130	195	38025	7414875	13,964	5,799
136	18496	2515456	11,662	5,143	196	38416	7529536	14,000	5,809
137	18769	2571353	11,705	5,155	197	38809	7645373	14,036	5,819
138	19044	2628072	11,747	5,168	198	39204	7762392	14,071	5,829
139	19321	2685619	11,790	5,180	199	39601	7880599	14,107	5,838
140	19600	2744000	11,832	5,192	200	40000	8000000	14,142	5,848
141	19881	2803221	11,874	5,205	201	40401	8120601	14,177	5,858
142	20164	2863288	11,916	5,217	202	40804	8242408	14,213	5,867
143	20449	2924207	11,958	5,229	203	41209	8365427	14,248	5,877
144	20736	2985984	12,000	5,241	204	41616	8489664	14,283	5,886
145	21025	3048625	12,042	5,254	205	42025	8615125	14,318	5,896
146	21316	3112136	12,083	5,266	206	42436	8741816	14,353	5,906
147	21609	3176523	12,124	5,278	207	42849	8869743	14,387	5,916
148	21904	3241792	12,166	5,290	208	43264	8998912	14,422	5,925
149	22201	3307949	12,207	5,301	209	43681	9129329	14,457	5,935
150	22500	3375000	12,247	5,313	210	44100	9261000	14,491	5,944
151	22801	3442951	12,288	5,325	211	44521	9393931	14,526	5,954
152	23104	3511808	12,329	5,337	212	44944	9528128	14,560	5,963
153	23409	3581577	12,369	5,348	213	45369	9663597	14,595	5,972
154	23716	3652264	12,410	5,360	214	45796	9800344	14,629	5,981
155	24025	3723875	12,450	5,372	215	46225	9938375	14,663	5,990
156	24336	3796416	12,490	5,383	216	46656	10077696	14,697	6,000
157	24649	3869893	12,530	5,395	217	47089	10218313	14,731	6,010
158	24964	3944312	12,570	5,406	218	47524	10360232	14,765	6,019
159	25281	4019679	12,610	5,417	219	47961	10503459	14,799	3,028
160	25600	4096000	12,649	5,429	220	48400	10648000	14,832	6,037

n	n^2	n^3	$\sqrt{n}$	$\sqrt[3]{n}$	n	n^2	n^3	$\sqrt{n}$	$\sqrt[3]{n}$
221	48841	10793861	14,866	6,046	281	78961	22188041	16,763	6,550
222	49284	10941048	14,900	6,055	282	79524	22425768	16,793	6,558
223	49729	11089567	14,933	6,064	283	80089	22665187	16,823	6,565
224	50176	11239424	14,967	6,073	284	80656	22906304	16,852	6,573
225	50625	11390625	15,000	6,082	285	81225	23149125	16,882	6,581
226	51076	11543176	15,033	6,091	286	81796	23393656	16,912	6,589
227	51529	11697083	15,067	6,100	287	82369	23639903	16,941	6,596
228	51984	11852352	15,100	6,109	288	82944	23887872	16,971	6,604
229	52441	12008989	15,133	6,118	289	83521	24137569	17,000	6,611
230	52900	12167000	15,166	6,127	**290**	84100	24389000	17,029	6,619
231	53361	12326391	15,199	6,136	291	84681	24642171	17,059	6,627
232	53824	12487168	15,232	6,145	292	85264	24897088	17,088	6,634
233	54289	12649337	15,264	6,153	293	85849	25153757	17,117	6,642
234	54756	12812904	15,297	6,162	294	86436	25412184	17,146	6,649
235	55225	12977875	15,330	6,171	295	87025	25672375	17,176	6,657
236	55696	13144256	15,362	6,180	296	87616	25934336	17,205	6,665
237	56169	13312053	15,395	6,188	297	88209	26198073	17,234	6,672
238	56644	13481272	15,427	6,197	298	88804	26463592	17,263	6,679
239	57121	13651919	15,460	6,206	299	89401	26730899	17,292	6,687
240	57600	13824000	15,492	6,214	**300**	90000	27000000	17,321	6,694
241	58081	13997521	15,524	6,223	301	90601	27270901	17,349	6,702
242	58564	14172488	15,556	6,232	302	91204	27543608	17,378	6,709
243	59049	14348907	15,588	6,240	303	91809	27818127	17,407	6,717
244	59536	14526784	15,620	6,249	304	92416	28094464	17,436	6,724
245	60025	14706125	15,652	6,257	305	93025	28372625	17,464	6,731
246	60516	14886936	15,684	6,266	306	93636	28652616	17,493	6,739
247	61009	15069223	15,716	6,274	307	94249	28934443	17,521	6,746
248	61504	15252992	15,748	6,283	308	94864	29218112	17,550	6,753
249	62001	15438249	15,780	6,291	309	95481	29503629	17,578	6,761
250	62500	15625000	15,811	6,300	**310**	96100	29791000	17,607	6,768
251	63001	15813251	15,843	6,308	311	96721	30080231	17,635	6,775
252	63504	16003008	15,875	6,316	312	97344	30371328	17,664	6,782
253	64009	16194277	15,906	6,325	313	97969	30664297	17,692	6,790
254	64516	16387064	15,937	6,333	314	98596	30959144	17,720	6,797
255	65025	16581375	15,969	6,341	315	99225	31255875	17,748	6,804
256	65536	16777216	16,000	6,350	316	99856	31554496	17,776	6,811
257	66049	16974593	16,031	6,358	317	100489	31855013	17,804	6,818
258	66564	17173512	16,062	6,366	318	101124	32157432	17,833	6,826
259	67081	17373979	16,093	6,374	319	101761	32461759	17,861	6,833
260	67600	17576000	16,125	3,382	**320**	102400	32768000	17,889	6,840
261	68121	17779581	16,155	6,391	321	103041	33076161	17,916	6,847
262	68644	17984728	16,186	6,399	322	103684	33386248	17,944	6,854
263	69169	18191447	16,217	6,407	323	104329	33698267	17,972	6,861
264	69696	18399744	16,248	6,415	324	104976	34012224	18,000	6,868
265	70225	18609625	16,279	6,423	325	105625	34328125	18,028	6,875
266	70756	18821096	16,310	6,431	326	106276	34645976	18,055	6,882
267	71289	19034163	16,340	6,439	327	106929	34965783	18,083	6,889
268	71824	19248832	16,671	6,447	328	107584	35287552	18,111	6,896
269	72361	19465109	16,401	6,455	329	108241	35611289	18,138	6,903
270	72900	19683000	16,432	6,463	**330**	108900	35937000	18,166	6,910
271	73441	19902511	16,462	6,471	331	109561	36264691	18,193	6,917
272	73984	20123648	16,492	6,479	332	110224	36594368	18,221	6,924
273	74529	20346417	16,523	6,487	333	110889	36926037	18,248	6,931
274	75076	20570824	16,553	6,495	334	111556	37259704	18,276	6,938
275	75625	20796875	16,583	6,503	335	112225	37595375	18,303	6,945
276	76176	21024576	16,613	6,511	336	112896	37933056	18,330	6,952
277	76729	21253933	16,643	6,519	337	113569	38272753	18,358	6,959
278	77284	21484952	16,673	6,526	338	114244	38614472	18,385	6,966
279	77841	21717639	16,703	6,534	339	114921	38958219	18,412	6,973
280	78400	21952000	16,733	6,542	**340**	115600	39304000	18,439	6,980

n	n^2	n^3	$\sqrt{n}$	$\sqrt[3]{n}$	n	n^2	n^3	$\sqrt{n}$	$\sqrt[3]{n}$
341	116281	39651821	18,466	6,986	401	160801	64481201	20,025	7,374
342	116964	40001688	18,493	6,993	402	161604	64964808	20,050	7,380
343	117649	40353607	18,520	7,000	403	162409	65450827	20,075	7,386
344	118336	40707584	18,547	7,007	404	163216	65939264	20,100	7,393
345	119025	41063625	18,574	7,014	405	164025	66430125	20,125	7,399
346	119716	41421736	18,601	7,020	406	164836	66923416	20,149	7,405
347	120409	41781923	18,628	7,027	407	165649	67419143	20,174	7,411
348	121104	42144192	18,655	7,034	408	166464	67917312	20,199	7,417
349	121801	42508549	18,682	7,041	409	167281	68417929	20,224	7,423
350	122500	42875000	18,708	7,047	410	168100	68921000	20,248	7,429
351	123201	43243551	18,735	7,054	411	168921	69426531	20,274	7,435
352	123904	43614208	18,762	7,061	412	169744	69934528	20,298	7,441
353	124609	43986977	18,788	7,067	413	170569	70444997	20,322	7,447
354	125316	44361864	18,815	7,074	414	171396	70957944	20,347	7,453
355	126025	44738875	18,841	7,081	415	172225	71473375	20,372	7,459
356	126736	45118016	18,868	7,087	416	173056	71991296	20,396	7,465
357	127449	45499293	18,894	7,094	417	173889	72511713	20,421	7,471
358	128164	45882712	18,921	7,101	418	174724	73034632	20,445	7,477
359	128881	46268279	18,947	7,107	419	175561	73560059	20,469	7,483
360	129600	46656000	18,974	7,114	420	176400	74088000	20,494	7,489
361	130321	47045881	19,000	7,120	421	177241	74618461	20,518	7,495
362	131044	47437928	19,027	7,127	422	178084	75151448	20,543	7,501
363	131769	47832147	19,053	7,133	423	178929	75686967	20,567	7,507
364	132496	48228544	19,079	7,140	424	179776	76225024	20,591	7,513
365	133225	48627125	19,105	7,147	425	180625	76765625	20,616	7,518
366	133956	49027896	19,131	7,153	426	181476	77308776	20,640	7,524
367	134689	49430863	19,137	7,160	427	182329	77854483	20,664	7,530
368	135424	49836032	19,183	7,166	428	183184	78402752	20,688	7,536
369	136161	50243409	19,209	7,173	429	184041	78953589	20,712	7,542
370	136900	50653000	19,235	7,179	430	184900	79507000	20,736	7,548
371	137641	51064811	19,261	7,186	431	185761	80062991	20,761	7,554
372	138384	51478848	19,287	7,192	432	186624	80621568	20,785	7,560
373	139129	51895117	19,313	7,198	433	187489	81182737	20,809	7,565
374	139876	52313624	19,339	7,205	434	188356	81746504	29,833	7,571
375	140625	52734375	19,365	7,211	435	189225	82312875	20,857	7,577
376	141376	53157376	19,391	7,218	436	190096	82881856	20,881	7,583
377	142129	53582633	19,416	7,224	437	190969	83453453	20,905	7,589
378	142884	54010152	19,442	7,230	438	191844	84027672	20,928	7,594
379	143641	54439939	19,468	7,237	439	192721	84604519	20,952	7,600
380	144400	54872000	19,494	7,243	440	193600	85184000	20,976	7,606
381	145161	55306341	19,519	7,250	441	194481	85766121	21,000	7,612
382	145924	55742968	19,545	7,256	442	195364	86350888	21,024	7,617
383	146689	56181887	19,570	7,262	443	196249	86938307	21,048	7,623
384	147456	56623104	19,596	7,268	444	197136	87528384	21,072	7,629
385	148225	57066625	19,621	7,275	445	198025	88121125	21,095	7,635
386	148996	57512456	19,647	7,281	446	198916	88716536	21,119	7,640
387	149769	57960603	19,672	7,287	447	199809	89314623	21,142	7,646
388	150544	58411072	19,698	7,294	448	200704	89915392	21,166	7,652
389	151321	58863869	19,723	7,300	449	201601	90518849	21,190	7,657
390	152100	59319000	19,748	7,306	450	202500	91125000	21,213	7,663
391	152881	59776471	19,774	7,312	451	203401	91733851	21,237	7,669
292	153664	60236288	19,799	7,319	452	204304	92345408	21,260	7,674
393	154449	60698457	19,824	7,325	453	205209	92959677	21,284	7,680
394	155236	61162984	19,849	7,331	454	206116	93576664	21,307	7,686
395	156025	61629875	19,875	7,337	455	207025	94196375	21,331	7,691
396	156816	62099136	19,900	7,343	456	207936	94818816	21,354	7,697
397	157609	62570773	19,925	7,350	457	208849	95443993	21,378	7,703
398	158404	63044792	19,950	7,356	458	209764	96071912	21,401	7,708
399	159201	63521199	19,975	7,362	459	210681	96702579	21,424	7,714
400	160000	64000000	20,000	7,368	460	211600	97336000	21,448	7,719

n	n^2	n^3	$\sqrt{n}$	$\sqrt[3]{n}$	n	n^2	n^3	$\sqrt{n}$	$\sqrt[3]{n}$
461	212521	97972181	21,471	7,725	481	231361	111284641	21,932	7,835
462	213444	98611128	21,494	7,731	482	232324	111980168	21,954	7,841
463	214369	99252847	21,517	7,736	483	233289	112678587	21,977	7,846
464	215296	99897344	21,541	7,742	484	234256	113379904	22,000	7,851
465	216225	100544625	21,564	7,747	485	235225	114084125	22,023	7,857
466	217156	101194696	21,587	7,753	486	236196	114791256	22,045	7,862
467	218089	101847563	21,610	7,758	487	237169	115501303	22,068	7,868
468	219024	102503232	21,633	7,764	488	238144	116214272	22,091	7,873
469	219961	103161709	21,656	7,769	489	239121	116930169	22,113	7,878
470	220900	103823000	21,679	7,775	490	240100	117649000	22,136	7,884
471	221841	104487111	21,702	7,780	491	241081	118370771	22,159	7,889
472	222784	105154048	21,726	7,786	492	242064	119095488	22,181	7,894
473	223729	105823817	21,749	7,791	493	243049	119823157	22,204	7,900
474	224676	106496424	21,772	7,797	494	244036	120553784	22,226	7,905
475	225625	107171875	21,794	7,802	495	245025	121287375	22,249	7,910
476	226576	107850176	21,817	7,808	496	246016	122023936	22,271	7,916
477	227529	108531333	21,840	7,813	497	247009	122763473	22,293	7,921
478	228484	109215352	21,863	7,819	498	248004	123505992	22,316	7,926
479	229441	109902239	21,886	7,824	499	249001	124251499	22,338	7,932
480	230400	110592000	21,909	7,830	500	250000	125000000	22,361	7,937

II.
Tafel der natürlichen Zahlen
der trigonometrischen Funktionen
(von 30′ zu 30′).

Grad	Min.	sin.	Diff.	tg.	Diff.	cot.	Diff.	cos.	Diff.		
0		0,0000		0,0000		∞		1,0000			90
	30	0,0087	29	0,0087	29	114,5886		1,0000	1	30	
1		0,0175		0,0175		57,2900		0,9998			89
	30	0,0262		0,0262		38,1885		0,9997		30	
2		0,0349		0,0349		28,6363	1,1250	0,9994			88
	30	0,0436		0,0437		22,9038		0,9990		30	
3		0,0523		0,0524		19,0811	6230	0,9986	2		87
	30	0,0610		0,0612		16,3499		0,9981		30	
4		0,0698		0,0699		14,3007	3960	0,9976			86
	30	0,0785		0,0787		12,7062		0,9969		30	
5		0,0872		0,0875		11,4301		0,9962			85
	30	0,0958		0,0963		10,3854	2740	0,9954	3	30	
6		0,1045		0,1051		9,5144	2010	0,9945			84
	30	0,1132		0,1139		8,7769		0,9936		30	
7		0,1219		0,1228		8,1443	1530	0,9925	4		83
	30	0,1305		0,1317		7,5958		0,9914		30	
8		0,1392	28	0,1405	30	7,1154	1210	0,9903			82
	30	0,1478		0,1495		6,6912		0,9890		30	
9		0,1564		0,1584		6,3138	980	0,9877	5		81
	30	0,1650		0,1673		5,9758		0,9863		30	
10		0,1736		0,1763		5,6713		0,9848			80
	30	0,1822		0,1853		5,3955	810	0,9833		30	
11		0,1908		0,1944		5,1446	680	0,9816	6		79
	30	0,1994		0,2035		4,9152		0,9799		30	
12		0,2079		0,2126		4,7046	580	0,9781			78
	30	0,2164		0,2217	31	4,5107		0,9763		30	
13		0,2250		0,2309		4,3315	500	0,9744	7		77
	30	0,2334		0,2401		4,1653		0,9724		30	
14		0,2419		0,2493		4,0108	440	0,9703			76
	30	0,2504		0,2586		3,8667		0,9681		30	
15		0,2588		0,2679		3,7321		0,9659			75
	30	0,2672		0,2773		3,6059	390	0,9636	8	30	
16		0,2756		0,2867	32	3,4874	340	0,9613			74
	30	0,2840		0,2962		3,3759		0,9588		30	
17		0,2924		0,3057		3,2709	310	0,9563	9		73
	30	0,3007		0,3153		3,1716		0,9537		30	
18		0,3090		0,3249		3,0777	280	0,9511			72
	30	0,3173	27	0,3346		2,9887		0,9483		30	
19		0,3256		0,3443	33	2,9042	250	0,9455	10		71
	30	0,3338		0,3541		2,8239		0,9426		30	
20		0,3420		0,3640		2,7475		0,9397			70
	30	0,3502		0,3739		2,6746	230	0,9367	11	30	
21		0,3584		0,3839		2,6051	210	0,9336			69
	30	0,3665		0,3939		2,5386		0,9304		30	
22		0,3746		0,4040	34	2,4751	190	0,9272			68
	30	0,3827		0,4142		2,4142		0,9239		30	
23		0,3907		0,4245		2,3559	180	0,9205			67
	30	0,3987		0,4348	35	2,2998		0,9171	12	30	
24		0,4067	26	0,4452		2,2460	170	0,9135			66
	30	0,4147		0,4557		2,1943		0,9100		30	
25		0,4226		0,4663		2,1445		0,9063			65
		cos.	Diff.	cot.	Diff.	tg.	Diff.	sin.	Diff.	Min.	Grad

Grad	Min.	sin.	Diff.	tg.	Diff.	cot.	Diff.	cos.	Diff.		
	30	0,4305		0,4770	36	2,0965	152	0,9026		30	
26		0,4384		0,4877		2,0503		0,8988	13		64
	30	0,4462		0,4986		2,0057	142	0,8949		30	
27		0,4540		0,5095	37	1,9626		0,8910			63
	30	0,4617		0,5206		1,9210	133	0,8870		30	
28		0,4695		0,5317		1,8807		0,8829	14		62
	30	0,4772		0,5430	38	1,8418	125	0,8788		30	
29		0,4848	25	0,5543		1,8040		0,8746			61
	30	0,4924		0,5658		1,7675	117	0,8704		30	
30		0,5000		0,5774	39	1,7321		0,8660	15		60
	30	0,5075		0,5890		1,6977	110	0,8616		30	
31		0,5150		0,6009	40	1,6643		0,8572			59
	30	0,5225		0,6128		1,6319	104	0,8526		30	
32		0,5299		0,6249		1,6003	101	0,8480			58
	30	0,5373		0,6371	41	1,5697	98	0,8434		30	
33		0,5446	24	0,6494		1,5399	96	0,8387	16		57
	30	0,5519		0,6619	42	1,5108	93	0,8339		30	
34		0,5592		0,6745		1,4826	91	0,8290			56
	30	0,5664		0,6873	43	1,4550	89	0,8241		30	
35		0,5736		0,7002		1,4281	87	0,8192			55
	30	0,5807		0,7133	44	1,4019	85	0,8141	17	30	
36		0,5878		0,7265		1,3764	83	0,8090			54
	30	0,5948	23	0,7400	45	1,3514	81	0,8039		30	
37		0,6018		0,7536		1,3270	79	0,7986			53
	30	0,6088		0,7673	46	1,3032	77	0,7934		30	
38		0,6157		0,7813	47	1,2799	76	0,7880	18		52
	30	0,6225		0,7954		1,2572	75	0,7826		30	
39		0,6293		0,8098	48	1,2349	73	0,7771			51
	30	0,6361		0,8243		1,2131	70	0,7716		30	
40		0,6428	22	0,8391	49	1,1918	68	0,7660			50
	30	0,6494		0,8541	50	1,1708	67	0,7604	19	30	
41		0,6561		0,8693	51	1,1504	66	0,7547			49
	30	0,6626		0,8847		1,1303	65	0,7490		30	
42		0,6691		0,9004	52	1,1106	64	0,7431			48
	30	0,6756		0,9163	53	1,0913	63	0,7373		30	
43		0,6820		0,9325	54	1,0724	62	0,7314	20		47
	30	0,6884		0,9490	55	1,0538	61	0,7254		30	
44		0,6947		0,9657	56	1,0355	60	0,7193			46
	30	0,7009		0,9827	57	1,0176	59	0,7133		30	
45		0,7071	21	1,0000	58	1,0000	58	0,7071	21		45
			Diff.		Diff.		Diff.		Diff.		
		cos.		cot.		tg.		sin.		Min.	Grad

III.

Tafel

zur Bestimmung der

Bogenlänge, Sehne, Bogenhöhe und Schenkellänge

für Zentriwinkel von 1—180° und den Radius 1.

Zentri-winkel α°	a. Bogenlänge $\frac{\alpha}{180}\pi = \frac{\alpha}{\rho}$	b. Sehne $2 \sin \frac{\alpha}{2}$	c. Bogenhöhe $1 - \cos \frac{\alpha}{2}$	d. Schenkel-länge $\mathrm{tg}\, \frac{\alpha}{2}$	Differenz auf je 10 Min. für Spalte a.	b.	c.	d.
1	0,0175	0,0175	0,00004	0,0087	29	29	0	15
2	0,0349	0,0349	0,00015	0,0175	.	.	.	.
3	0,0524	0,0524	0,00034	0,0262	.	.	.	.
4	0,0698	0,0698	0,00061	0,0349	.	.	.	.
5	0,0873	0,0872	0,00095	0,0437	.	.	.	.
6	0,1047	0,1047	0,00137	0,0524	.	.	1	.
7	0,1222	0,1221	0,00186	0,0612	.	.	.	.
8	0,1396	0,1395	0,00244	0,0699	.	.	.	.
9	0,1571	0,1569	0,00308	0,0787	.	.	.	.
10	0,1745	0,1743	0,00381	0,0875	.	.		.
11	0,1920	0,1917	0,0046	0,0963	.	.	.	.
12	0,2094	0,2091	0,0055	0,1051	.	.	.	.
13	0,2269	0,2264	0,0064	0,1139	.	.	2	.
14	0,2443	0,2437	0,0075	0,1228	.	.	.	.
15	0,2618	0,2611	0,0086	0,1317	.	.	.	.
16	0,2793	0,2783	0,0097	0,1405	.	.	.	.
17	0,2967	0,2956	0,0110	0,1495	.	.	.	.
18	0,3142	0,3129	0,0123	0,1584	.	.	.	.
19	0,3316	0,3301	0,0137	0,1673	.	.	.	.
20	0,3491	0,3473	0,0152	0,1763	.	.	3	.
21	0,3665	0,3645	0,0167	0,1853	.	28	.	.
22	0,3840	0,3816	0,0184	0,1944	.	.	.	.
23	0,4014	0,3987	0,0201	0,2035	.	.	.	.
24	0,4189	0,4158	0,0219	0,2126	.	.	.	.
25	0,4363	0,4329	0,0237	0,2217	.	.	.	.
26	0,4538	0,4499	0,0256	0,2309	.	.	.	.
27	0,4712	0,4669	0,0276	0,2401	.	.	.	.
28	0,4887	0,4838	0,0297	0,2493	.	.	.	.
29	0,5061	0,5008	0,0319	0,2586	.	.	4	.
30	0,5236	0,5176	0,0341	0,2679	29	.	.	16

Zentriwinkel α°	a. Bogenlänge $\frac{\alpha}{180}\pi = \frac{\alpha}{\rho}$	b. Sehne $2\sin\frac{\alpha}{2}$	c. Bogenhöhe $1-\cos\frac{\alpha}{2}$	d. Schenkellänge $\operatorname{tg}\frac{\alpha}{2}$	Differenz auf je 10 Min. für Spalte a.	b.	c.	d.
31	0,5411	0,5345	0,0364	0,2773	29	28	4	16
32	0,5585	0,5513	0,0387	0,2867	.	.	.	.
33	0,5760	0,5680	0,0412	0,2962	.	.	.	.
34	0,5934	0,5847	0,0437	0,3057	.	.	.	.
35	0,6109	0,6014	0,0463	0,3153	.	.	.	.
36	0,6283	0,6180	0,0489	0,3249	.	.	.	.
37	0,6458	0,6346	0,0517	0,3346	.	.	5	.
38	0,6632	0,6511	0,0545	0,3443	.	27	.	.
39	0,6807	0,6676	0,0574	0,3541	.	.	.	.
40	0,6981	0,6840	0,0603	0,3640	.	.	.	.
41	0,7156	0,7004	0,0633	0,3739	.	.	.	17
42	0,7330	0,7167	0,0664	0,3839	.	.	.	.
43	0,7505	0,7330	0,0696	0,3939	.	.	.	.
44	0,7679	0,7492	0,0728	0,4040	.	.	.	.
45	0,7854	0,7654	0,0761	0,4142	.	.	6	.
46	0,8029	0,7815	0,0795	0,4245	.	.	.	.
47	0,8203	0,7975	0,0829	0,4348	.	.	.	.
48	0,8378	0,8135	0,0865	0,4452	.	26	.	.
49	0,8552	0,8294	0,0900	0,4557	.	.	.	18
50	0,8727	0,8452	0,0937	0,4663	.	.	.	.
51	0,8901	0,8610	0,0974	0,4770	.	.	.	.
52	0,9076	0,8767	0,1012	0,4877	.	.	.	.
53	0,9250	0,8924	0,1051	0,4986	.	.	.	.
54	0,9425	0,9080	0,1090	0,5095	.	.	7	.
55	0,9599	0,9235	0,1130	0,5206	.	.	.	.
56	0,9774	0,9389	0,1171	0,5317	.	.	.	19
57	0,9948	0,9543	0,1212	0,5430	.	.	.	.
58	1,0123	0,9696	0,1254	0,5543	.	25	.	.
59	1,0297	0,9848	0,1296	0,5658	.	.	.	.
60	1,0472	1,0000	0,1340	0,5774	.	.	.	.
61	1,0647	1,0151	0,1384	0,5890	.	.	.	20
62	1,0821	1,0301	0,1428	0,6009	.	.	8	.
63	1,0996	1,0450	0,1474	0,6128	.	.	.	.
64	1,1170	1,0598	0,1520	0,6249	.	.	.	.
65	1,1345	1,0746	0,1566	0,6371	.	.	.	.
66	1,1519	1,0893	0,1613	0,6494	.	24	.	21
67	1,1694	1,1039	0,1661	0,6619	.	.	.	.
68	1,1868	1,1184	0,1710	0,6745	.	.	.	.
69	1,2043	1,1328	0,1759	0,6873	.	.	.	.
70	1,2217	1,1472	0,1808	0,7002	29	.	.	22

Zentriwinkel $\alpha°$	a. Bogenlänge $\frac{\alpha}{180}\pi = \frac{\alpha}{\rho}$	b. Sehne $2 \sin \frac{\alpha}{2}$	c. Bogenhöhe $1 - \cos \frac{\alpha}{2}$	d. Schenkellänge $\operatorname{tg} \frac{\alpha}{2}$	Differenz auf je 10 Min. für Spalte a.	b.	c.	d.
71	1,2392	1,1614	0,1859	0,7133	29	24	8	22
72	1,2566	1,1756	0,1910	0,7265	.	23	9	.
73	1,2741	1,1896	0,1961	0,7400	.	.	.	23
74	1,2915	1,2036	0,2014	0,7536	.	.	.	.
75	1,3090	1,2175	0,2066	0,7673	.	.	.	.
76	1,3265	1,2313	0,2120	0,7813	.	.	.	24
77	1,3439	1,2450	0,2174	0,7954	.	.	.	.
78	1,3614	1,2586	0,2229	0,8098	.	.	.	.
79	1,3788	1,2722	0,2284	0,8243	.	22	.	.
80	1,3963	1.2856	0,2340	0,8391	.	.	.	25
81	1,4137	1,2989	0,2396	0,8541	.		.	.
82	1,4312	1,3121	0,2453	0,8693	.	.	.	26
83	1,4486	1,3252	0,2510	0,8847	.	.	10	.
84	1,4661	1,3383	0,2569	0,9004	.	.	.	
85	1,4835	1,3512	0,2627	0,9163	.	21	.	27
86	1,5010	1,3640	0,2686	0,9325	.	.	.	
87	1,5184	1,3767	0,2746	0,9490	.	.	.	28
88	1,5359	1,3893	0,2807	0,9657	.	.	.	.
89	1,5533	1,4018	0,2867	0,9827	.	.	.	29
90	1,5708	1,4142	0,2929	1,0000	.	20	.	.
91	1,5882	1,4265	0,2991	1,0176	.	.	.	30
92	1,6057	1,4387	0,3053	1,0355	.	.	11	31
93	1,6232	1,4507	0,3116	1,0538	.	.	.	
94	1,6406	1,4627	0,3180	1,0724	.	.	.	32
95	1,6581	1,4746	0,3244	1,0913	.	19	.	
96	1,6755	1,4863	0,3309	1,1106	.		.	33
97	1,6930	1,4979	0,3374	1,1303	.	.	.	34
98	1,7104	1,5094	0,3439	1,1504	.	.	.	
99	1,7279	1,5208	0,3506	1,1708	.	.	.	35
100	1,7453	1,5321	0,3572	1,1918	.		.	
						18		36
101	1,7628	1,5432	0,3639	1,2131	.		.	
102	1,7802	1,5543	0,3707	1,2349	.	.	.	37
103	1,7977	1,5652	0,3775	1,2572	.	.	.	38
104	1,8151	1,5760	0,3843	1,2799	.	.	12	39
105	1,8326	1,5867	0,3912	1,3032	.	.	.	40
106	1,8500	1,5973	0,3982	1,3270	.	17	.	41
107	1,8675	1,6077	0,4052	1,3514	.	.	.	42
108	1,8850	1,6180	0,4122	1,3764	.	.	.	43
109	1,9024	1,6282	0,4193	1,4019	.	.	.	
110	1,9199	1,6383	0,4264	1,4281	29	.	.	44

Zentriwinkel α°	a. Bogenlänge $\frac{\alpha}{180}\pi = \frac{\alpha}{\rho}$	b. Sehne $2 \sin \frac{\alpha}{2}$	c. Bogenhöhe $1 - \cos \frac{\alpha}{2}$	d. Schenkellänge $\operatorname{tg} \frac{\alpha}{2}$	Differenz auf je 10 Min. für Spalte a.	b.	c.	d.
111	1,9373	1,6483	0,4336	1,4550	29	16	12	46
112	1,9548	1,6581	0,4408	1,4826	.	.	.	48
113	1,9722	1,6678	0,4481	1,5108	.	.	.	50
114	2,9897	1,6773	0,4554	1,5399	.	.	.	
115	2,0071	1,6868	0,4627	1,5697	.	15	.	51
116	2,0246	1,6961	0,4701	1,6003	.		.	53
117	2,0420	1,7053	0,4775	1,6319	.	.	13	54
118	2,0595	1,7143	0,4850	1,6643	.	.		56
119	2,0769	1,7233	0,4925	1,6977	.	.	.	57
120	2,0944	1,7321	0,5000	1,7320	.	14	.	59
121	2,1118	1,7407	0,5076	1,7675	.	.	.	61
122	2,1293	1,7492	0,5152	1,8040	.	.	.	63
123	2,1468	1,7576	0,5228	1,8418	.	.	.	65
124	2,1642	1,7659	0,5305	1,8807	.	13	.	67
125	2,1817	1,7740	0,5383	1,9210	.		.	69
126	2,1991	1,7820	0,5460	1,9626	.	.	.	72
127	2,2166	1,7899	0,5538	2,0057	.	.	.	74
128	2,2340	1,7976	0,5616	2,0503	.	.	.	77
129	2,2515	1,8052	0,5695	2,0965	.	12	.	80
130	2,2689	1,8126	0,5774	2,1445	.	.	.	83
131	2,2864	1,8199	0,5853	2,1943	.	.	.	86
132	2,3038	1,8271	0,5933	2,2460	.	.	.	90
133	2,3213	1,8341	0,6013	2,2998	.	11	.	93
134	2,3387	1,8410	0,6093	2,3558	.		.	97
135	2,3562	1,8478	0,6173	2,4142	.	.	14	101
136	2,3736	1,8544	0,6254	2,4751	.	.		106
137	2,3911	1,8608	0,6335	2,5387	.	.	.	111
138	2,4086	1,8672	0,6416	2,6051	.	10	.	116
139	2,4260	1,8733	0,6498	2,6746	.	.	.	121
140	2,4435	1,8794	0,6580	2,7475	.	.	.	.
145	2,5307	1,9074	0,6993	3,1716				
150	2,6180	1,9319	0,7412	3,7320				
155	2,7053	1,9526	0,7836	4,5106				
160	2,7925	1,9696	0,8264	5,6713				
165	2,8798	1,9829	0,8695	7,5960				
170	2,9671	1,9924	0,9128	11,4300				
179	3,0543	1,9980	0,9564	22,9037				
180	3,1416	2,0000	1,0000	∞				

Ta

zur Berechnung der Zu- oder Abnahme der Q

für eine Wegbreite = 5m und d

A. Für b = 5m und da

Aus der Profilhöhe h in Metern	Bei Hebung oder Senkung										
	5,0	4,8	4,6	4,4	4,2	4,0	3,8	3,6	3,4	3,2	30,
	wird Δ										
4,8	2,96										
4,6	5,84	2,88									
4,5	7,25	4,29									
4,4	8,64	5,68	2,80								
4,2	11,36	8,40	5,52	2,72							
4,0	14,00	11,04	8,16	5,36	2,64						
3,8	16,56	13,60	10,72	7,92	5,20	2,56					
3,6	19,04	16,08	13,20	10,40	7,68	5,04	2,48				
3,5	20,25	17,29	14,41	11,61	8,89	6,25	3,69	1,21			
3,4	21,44	18,48	15,60	12,80	10,08	7,44	4,88	2,40			
3,2	23,76	20,80	17,92	15,12	12,40	9,76	7,20	4,72	2,32		
3,0	26,00	23,04	20,16	17,36	14,64	12,00	9,44	6,96	4,56	2,24	
2,8	28,16	25,20	22,32	19,52	16,80	14,16	11,60	9,12	6,72	4,40	2,16
2,6	30,24	27,28	24,40	21,60	18,88	16,24	13,68	11,20	8,80	6,48	4,24
2,5		28,29	25,41	22,61	19,89	17,25	14,69	12,21	9,81	7,49	5,25
2,4		29,28	26,40	23,60	20,88	18,24	15,68	13,20	10,80	8,48	6,24
2,2			28,32	25,52	22,80	20,16	17,60	15,12	12,72	10,40	8,16
2,0				27,36	24,64	22,00	19,44	16,96	14,56	12,24	10,00
1,8					26,40	23,76	21,20	18,72	16,32	14,00	11,76
1,6						25,44	22,88	20,40	18,00	15,68	13,44
1,5							23,69	21,21	18,81	16,49	14,25
1,4							24,48	22,00	19,60	17,28	15,04
1,2								23,52	21,12	18,80	16,56
1,0									22,56	20,24	18,00
0,8										21,60	19,36
0,6											20,64
0,5											
0,4											
0,2											
0,0											

n

ächen in Folge von Hebung oder Senkung,

ngsverhältnisse 1, ½ und 1½

ngsverhältniß β = 1

ilhöhe h + x in Metern												
6	2,4	2,2	2,0	1,8	1,6	1,4	1,2	1,0	0,8	0,6	0,4	0,2
drat-Metern												
01												
00												
92	1,92											
76	3,76	1,84										
52	5,52	3,60	1,76									
20	7,20	5,28	3,44	1,68								
01	8,01	6,09	4,25	2,49	0,81							
80	8,80	6,88	5,04	3,28	1,60							
32	10,32	8,40	6,56	4,80	3,12	1,52						
76	11,76	9,84	8,00	6,24	4,56	2,96	1,44					
12	13,12	11,20	9,36	7,60	5,92	4,32	2,80	1,36				
40	14,40	12,48	10,64	8,88	7,20	5,60	4,08	2,64	1,28			
01	16,01	13,09	11,25	9,49	7,81	6,21	4,69	3,25	1,89	0,61		
60	15,60	13,68	11,84	10,08	8,40	6,80	5,28	3,84	2,48	1,20		
72	16,72	14,80	12,96	11,20	9,52	7,92	6,40	4,96	3,60	2,32	1,12	
	17,76	15,84	14,00	12,24	10,56	8,96	7,44	6,00	4,64	3,36	2,16	1,04

B. Für b = 5^{m} und da

Aus der Profilhöhe h in Metern	Bei Hebung oder Senkung									
	5,0	4,5	4,0	3,8	3,6	3,4	3,2	3,0	2,8	2,6
	wird Δ									
4,5	4,87									
4,0	9,50	4,62								
3,5	13,87	9,00	4,37	2,59	0,85					
3,0	18,00	13,12	8,50	6,72	4,98	3,28	1,62			
2,8	19,58	14,70	10,08	8,30	6,56	4,86	3,20	1,58		
2,6	21,12	16,24	11,62	9,84	8,10	6,40	4,74	3,12	1,54	
2,5	21,87	17,00	12,37	10,60	8,85	7,15	5,50	3,87	2,30	0,7
2,4	22,62	17,74	13,12	11,34	9,60	7,90	6,24	4,62	3,04	1,5
2,2	24,08	19,20	14,58	12,80	11,06	9,36	7,70	6,08	4,50	2,9
2,0	25,50	20,62	16,00	14,22	12,48	10,78	9,12	7,50	5,92	4,3
1,8				15,60	13,86	12,16	10,50	8,88	7,30	5,7
1,6					15,20	13,50	11,84	10,22	8,64	7,1
1,5						14,15	12,50	10,87	9,29	7,7
1,4						14,80	13,14	11,52	9,94	8,4
1,2							14,40	12,78	11,20	9,6
1,0								14,00	12,42	10,8
0,8									13,60	12,0
0,6										13,2
0,5										
0,4										
0,2										
0,0										

ngsverhältniß $\beta = 1/2$

ilhöhe h+x in Metern										
2,2	2,0	1,8	1,6	1,4	1,2	1,0	0,8	0,6	0,4	0,2
drat-Metern										
1,42										
2,80	1,38									
4,14	2,72	1,34								
4,79	3,37	2,00	0,65							
5,44	4,02	2,64	1,30							
6,70	5,28	3,90	2,56	1,26						
7,92	6,50	5,12	3,78	2,48	1,22					
9,10	7,68	6,30	4,96	3,66	2,40	1,18				
10,24	8,82	7,44	6,10	4,80	3,54	2,32	1,14			
10,79	9,37	8,00	6,65	5,35	4,09	2,87	1,69	0,54		
11,34	9,92	8,54	7,20	5,90	4,64	3,42	2,24	1,10		
12,40	10,98	9,60	8,26	6,96	5,70	4,48	3,30	2,16	1,06	
	12,00	10,62	9,28	7,98	6,72	5,50	4,32	3,18	2,08	1,02

C. Für $b = 5^{m}$ und d

Aus der Profilhöhe h in Metern	Bei Hebung oder Senkun									
	5,0	4,5	4,0	3,8	3,6	3,4	3,2	3,0	2,8	2
	wird Δ									
4,5	9,62									
4,0	18,50	8,87								
3,5	26,62	17,00	8,12	4,78	1,56					
3,0	34,00	24,37	15,50	12,16	8,94	5,84	2,86			
2,8	36,74	27,11	18,24	14,90	11,68	8,58	5,60	2,74		
2,6	39,36	29,73	20,86	17,52	14,30	11,20	8,22	5,36	2,62	
2,5	40,62	31,00	22,12	18,78	15,56	12,46	9,48	6,62	3,88	1
2,4	41,86	32,23	23,36	20,02	16,80	13,70	10,72	7,86	5,12	2
2,2	44,24	34,61	25,74	22,40	19,18	16,08	13,10	10,24	7,50	4
2,0	46,50	36,87	28,00	24,66	21,44	18,34	15,36	12,50	9,76	7
1,8				26,80	23,58	20,48	17,50	14,64	11,90	9
1,6					25,60	22,50	19,52	16,66	13,92	11
1,5						23,46	20,48	17,62	14,88	12
1,4						24,40	21,42	18,56	15,82	13
1,2							23,20	20,34	17,60	14
1,0								22,00	19,26	16
0,8									20,80	18
0,6										19
0,5										
0,4										
0,2										
0,0										

Buchdruckerei von Gustav La

chungsverhältniß $\beta = 1^1/_2$

rofilhöhe $h+x$ in Metern											
	2,2	2,0	1,8	1,6	1,4	1,2	1,0	0,8	0,6	0,4	0,2
uadrat-Metern											
8											
4	2,26										
8	4,40	2,14									
0	6,42	4,16	2,02								
6	7,38	5,12	2,98	0,96							
0	8,32	6,03	3,92	1,90							
8	10,10	7,84	5,70	3,68	1,78						
4	11,76	9,50	7,36	5,34	3,44	1,66					
8	13,30	11,04	8,90	6,88	4,98	3,20	1,54				
0	14,72	12,46	10,32	8,30	6,40	4,62	2,96	1,42			
6	15,38	13,12	10,98	8,96	7,06	5,28	3,62	2,08	0,66		
0	16,02	13,76	12,52	9,60	7,60	5,92	4,26	2,72	1,30		
	17,20	14,94	13,70	10,78	8,88	7,10	5,44	3,90	2,48	1,18	
		16,00	14,76	11,84	9,94	8,16	6,50	4,96	3,54	2,24	1,06

Lange), Friedrichsstraße 103.